Argo 科学研讨会论文集

许建平　主编

海洋出版社

2014 年·北京

内 容 简 介

本文集是"中国第二届 Argo 科学研讨会"上的交流论文及部分国家重点基础研究发展计划、国家科技基础性工作专项和国家自然科学基金等项目研究成果的汇编。内容涉及 Argo 观测网建设、Argo 资料质量控制技术、海洋数据同化方法和 Argo 资料应用等方面的研究进展回顾，以及利用 Argo 资料对海洋混合层深度、海洋热含量、温跃层、上层海洋对台风的响应等方面的应用研究成果和数据同化方法、资料质量控制方法、数据库及其共享平台建设等方面的技术研究成果。

本文集可供从事海洋事业的科研、教学和管理人员以及研究生们阅读和参考。

图书在版编目（CIP）数据

Argo 科学研讨会论文集/许建平主编. —北京：海洋出版社，2014.9
ISBN 978 - 7 - 5027 - 8951 - 0

Ⅰ. ①A… Ⅱ. ①许… Ⅲ. ①海洋监测 - 文集 Ⅳ. ①P715 - 53

中国版本图书馆 CIP 数据核字（2014）第 216297 号

责任编辑：高 英 朱 林
责任印制：赵麟苏

海洋出版社 出版发行

http：//www. oceanpress. com. cn
北京市海淀区大慧寺路 8 号 邮编：100081
北京画中画印刷有限公司印刷 新华书店发行所经销
2014 年 9 月第 1 版 2014 年 9 月北京第 1 次印刷
开本：787mm×1092mm 1/16 印张：23.5
字数：500.0 千字 定价：120.00 元
发行部：62132549 邮购部：68038093 总编室：62114335
海洋版图书印、装错误可随时退换

前　言

　　国际 Argo 计划实施至今已近 15 年。早在 2007 年底，全球海洋上的 Argo 剖面浮标总数就已达到了该计划早期提出的 3 000 个目标。目前，在全球海洋上正常工作的浮标总数维持在 3 500 个以上，累计获得的温、盐度剖面达到了 100 多万条，且还在以每年 10 万条剖面的速度增长。为了促进 Argo 资料应用研究的进程，在国际 Argo 指导组（原称"国际 Argo 科学组"）的倡议下，曾于 2003 年 11 月在日本东京召开了首届国际 Argo 科学研讨会（ASW－1），当时有 19 个国家和地区的 200 余名代表出席了会议；2006 年 3 月在意大利威尼斯举行了第二届国际 Argo 科学研讨会（ASW－2），被列为"国际雷达高度计 15 年进展学术会议"的重要分会之一，有来自世界上近 30 个国家、地区和国际组织的 300 余名代表参加；2009 年 3 月在中国杭州举行了以"Argo 未来"为主题的第三届国际 Argo 科学研讨会（ASW－3），有 13 个国家的 102 名代表参加了会议；2012 年 9 月在意大利威尼斯举行了以"Argo 计划十年来的发展及下一个十年面临的机遇和挑战"为主题的第四届国际 Argo 科学研讨会（ASW－4），并被列为"国际雷达高度计 20 年进展学术讨论会"的重要分会，有 25 个国家的 220 名代表参加了会议。在国际 Argo 计划的推波助澜下，以及在国家科技部基础研究司、国家海洋局科学技术司和国际合作司，以及国家海洋局第二海洋研究所卫星海洋环境动力学国家重点实验室的高度重视和大力支持下，我国曾于 2006 年 6 月在杭州举行了首届 Argo 科学研讨会，有 20 多个部门和单位的 50 多名专家、学者参加了本次会议，部分交流成果汇编在《Argo 应用研究论文集》中（海洋出版社，2006 年）。Argo 科学研讨会为引起各国政府对国际 Argo 计划的重视和全社会对全球 Argo 实时海洋观测网的关注，推动 Argo 资料在海洋和气象业务预测预报、海洋和大气科学基础研究，以及海洋交通运输、海洋渔业生产和防灾减灾等相关领域中的应用等都起到了积极的作用。

　　为了进一步促进海洋资料同化方法研究和业务化应用，以及 Argo 资料在海洋与大气科学领域中的应用，国家海洋局和中国科学院等下属相关单位于 2013 年 11 月 5—8 日在浙江舟山市举办了第八届全国海洋资料同化研讨会暨第二届 Argo 科学研讨会。本次会议由国家海洋局第二海洋研究所和卫星海洋环境动力学国家重点实验室主办，浙江海洋学院和浙江省海洋开发研究院承办，以及中国科学院大气物理研究所、中国科学院南海海洋研究所、国家海洋环境预报中心和国家海洋信息中心等单位共同协办，来自国内外 26 个单位的 103 名代表出席了会议。会议围绕海洋资料同化系统的发展、海洋资料同化科学理论方法与技术研究、海洋资料同化技术的业务化应用，以及 Argo 大洋观测系统的发展、Argo 资料在基础研究和海洋数据同化系统与业务化预测预报系统中的应用、国产自动剖面浮标技术的研制与发展等主题，进行了大会报告和墙报交流。会议收到的 50 多个交流报告，其中涉及 Argo 资料及其应用研究的占了半数以上。不难发现，在海洋资料同化系统中，Argo 资料已经成为重要的数据源，各种网格化数据产品也是层出不穷。Argo 资料不仅在国家级天气和海洋业务化预测预报中得到了广泛应用，而且在海洋科学研究中，尤其在研究不同尺度海洋变化过程（如大尺度年际变化、中尺度海洋现象和天气尺度海洋响应过程等）中显示出越来越重要的作用，其应用领域也已从物理海洋学拓展到了业务化海洋学、全球气候变化和大洋渔业等。

尽管我国在海洋资料同化技术研究与应用、Argo 资料基础研究与业务化应用和国产剖面浮标研制等方面已经取得了一批可喜的研究与应用成果，但与欧美等发达国家相比，仍存在较大差距；且也满足不了国内大气、海洋等科学领域的基础研究和业务化应用，特别是应对全球气候变化和人类防灾减灾对这些新颖技术及其所获资料与衍生数据产品的迫切需求。为此，除了从事该领域的广大科技工作者仍需倍加努力、不断探索、辛勤耕耘外，也希望国家主管部门能在项目立项中给予倾斜和重点支持，尤其是长期的，甚至是业务化的持续资助更是难能可贵，以鼓励和吸引更多的青年科研人员加入到这支年轻的、充满生机和活力的队伍中来，为我国海洋科学事业的发展做出贡献。

本论文集汇编的 21 篇论文，部分来自本届 Argo 科学研讨会上的大会交流报告，还有一部分来自承担国家重点基础研究发展计划项目、国家科技基础性工作专项、全球变化研究国家重大科学研究计划项目、国家海洋公益性行业科研专项经费项目、国家科技支撑计划项目和一批国家自然科学基金项目的研究成果。内容涉及 Argo 观测网建设，Argo 资料质量控制技术、海洋数据同化方法和 Argo 资料应用等方面的研究进展回顾，以及利用 Argo 资料对海洋混合层、海洋热含量、温跃层、上层海洋对台风的响应等方面的应用研究成果和数据同化方法、资料质量控制方法、数据库及其共享平台建设等方面的技术研究成果。

中国 Argo 计划实施得到了国家科技部、国家自然科学基金委员会、国家海洋局、中国气象局、中国科学院等部门、单位的重视和支持。

本文集由国家科技基础性工作专项"西太平洋 Argo 实时海洋调查"重点项目（项目编号：2012FY112300）资助出版。

中国 Argo 计划首席科学家
国际 Argo 指导组成员　　许建平

2014 年 3 月 8 日于　杭州

目　次

Contents

全球 Argo 实时海洋观测最新进展与展望

许建平[1,2]，刘增宏[1,2]

1. 卫星海洋环境动力学国家重点实验室，浙江 杭州 310012
2. 国家海洋局 第二海洋研究所，浙江 杭州 310012

摘要： 最早由美国和日本等国家科学家发起的国际 Argo 计划已经走过了 10 多个年头。10 余年来，该计划从无到有、从小到大，得到迅速发展。最初确定的由 3 000 个自动剖面浮标组成的全球 Argo 实时海洋观测网于 2007 年 10 月末已经正式建成，成为全球海洋观测系统的重要支柱，正以前所未有的规模和速度，源源不断地为国际社会提供全球海洋 0～2 000 m 深度范围内的海洋温度、盐度和海流资料，迄今所获剖面资料总数已超过 100 万条，并正以每年约 12 万条剖面的速度增加。Argo 已经成为从海盆尺度到全球尺度物理海洋学研究的主要数据源，而且也已在海洋和大气科学领域的基础研究及其业务化预测预报中得到广泛应用。然而，Argo 计划也还面临着严峻的挑战：一是未来 10 年常规观测网（温度、盐度观测）的维持问题，每年需要投放 800～900 个浮标；二是扩展 Argo 计划覆盖区域（包括高纬度海域、边缘海和西边界流区等）后的浮标数量增加问题，由目前的"核心 Argo"向"全球 Argo"扩展需要增加约 1 000 个浮标。这样一个庞大的系统工程，无论是浮标的布放和维护还是海量观测资料的处理与分发，单靠任何一个国家或地区的力量都是难以完成的，国际或多边合作是使 Argo 计划继续进行并不断发展的唯一途径。随着 Argo 计划的不断深入，特别是史无前例的深海大洋环境资料的不断积累，全球 Argo 实时海洋观测网在促进海洋和大气科学发展及其在业务化预测预报中的作用将会得到不断加强，并有望帮助人类应对日益严重的海洋和气象灾害，尤其是全球气候变化所带来的影响。

关键词： 国际 Argo 计划；全球海洋观测系统；全球气候变化；进展；展望

基金项目： 国家科技基础性工作专项（2012FY112300）；国家海洋公益性行业科研专项经费项目（201005033）。

作者简介： 许建平（1956—），男，江苏省常熟市人，研究员，从事物理海洋学调查研究。E-mail: sioxjp@139.com

1 引言

最早由美国和日本等国科学家发起的国际 Argo 计划[1-2]已经走过了 10 多个年头。10 余年来，该计划从无到有、从小到大，得到迅速发展。最初确定的由 3 000 个自动剖面浮标组成的全球 Argo 实时海洋观测网（Argo 是英文"Array for Real-time Geostrophic Oceanography"的缩写，即"实时地转海洋学观测阵"，俗称"全球 Argo 实时海洋观测网"）于 2007 年 10 月末已经正式建成，成为全球海洋观测系统的重要支柱，正以前所未有的规模和速度，源源不断地为国际社会提供全球海洋 0 ~ 2 000 m深度范围内的海洋温度、盐度和海流资料，迄今所获剖面资料总数已超过 100 万条[3]，并正以每年约 12 万条剖面的速度增加。随着 Argo 资料数量的快速增加和质量的不断提高，它们在海洋和大气等多个领域的科学研究和业务活动中的应用也得到了长足的发展，正有效地改变着人们对许多重大自然环境问题的认识，提高着人们对重大海洋和天气事件的预测预报能力。

2 Argo 资料全球共享

国际 Argo 计划是由美国和日本等国家的海洋科学家在 1998 年提出来的，并得到 1999 年世界海洋观测大会（OceanObs99）的认可。该计划设想用 5 ~ 10 年时间，在全球大洋中每隔 300 km 布放一个由卫星跟踪的剖面漂流浮标（即 Argo 剖面浮标），总计为 3 000 个，组成一个庞大的全球 Argo 实时海洋观测网，以便快速、准确、大范围地收集全球海洋 0 ~ 2 000 m 深度的海水温度、盐度和浮标的漂移轨迹等资料[1-2]。到 2007 年底，通过全体国际 Argo 计划参与国和相关国际组织在信息共享和技术攻关方面的通力合作，Argo 计划实现了最初提出的 3 000 个浮标的目标。即使在全球经济下滑的大背景下，Argo 观测网中正常工作的浮标也都一直保持在 3 000 个以上（目前维持在 3 600 个左右）。更为重要的是，所有的 Argo 数据一如既往地与全球 Argo 用户免费共享。

2012 年 11 月 4 日，Argo 观测网收集到了具有象征意义的第 100 万条观测剖面[3]。自从 19 世纪末深海海洋学诞生以来，海洋调查船在过去 100 多年时间里从全球深海大洋中只得到了约 50 万条 0 ~ 1 000 m 水深范围和 20 万条 0 ~ 2 000 m 水深范围内的温盐度剖面（见图 1）。然而，据目前的速度估算，Argo 观测网仅仅需要 8 年时间就可以再收集到另 100 万条温、盐度剖面。这是人类海洋观测史上自 Argo 剖面浮标问世以来，取得的又一具有"里程碑"意义的重大成就。

全球 Argo 实时海洋观测网（见图 2）目前正以每 4 分钟一条剖面的惊人速度，提供来自深海大洋中的温、盐度信息（同时也含有次表层的海流信息），每天可提供 360 条剖面，每月提供 11 000 条剖面。

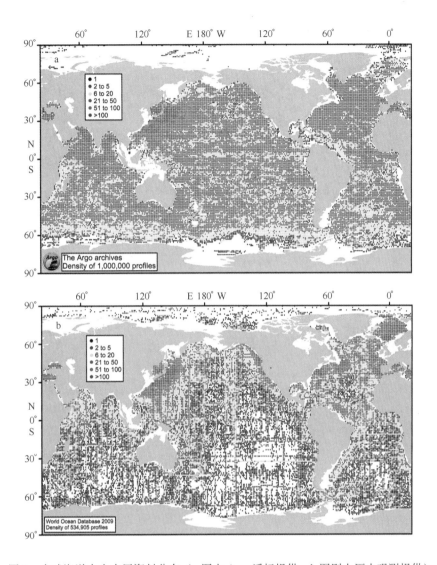

图 1   全球海洋中次表层资料分布（a 图由 Argo 浮标提供；b 图则由历史观测提供）

Fig. 1   Distribution of the subsurface data over the global oceans（a. provided by Argo floats;

b. provided by historical observations）

　　虽然，Argo 资料的观测时间序列还不长，但它已经成为海洋气候模式中的重要数据来源，用以补充地球观测卫星所无法获取的海洋次表层信息，而这些信息对于了解全球水循环变化和开展季节气候预报都具有十分重要的科学意义[4-8]。获得 100 万条观测剖面这一重大成就只是 Argo 计划的目标之一，今后还会在保证 Argo 计划核心任务（即对全球无冰覆盖的开阔海域进行温、盐度剖面观测）的同时，其观测区域将会不断向冰覆盖海区和边缘海区扩展，并且还会增加海洋生物地球化学要素（如 pH、溶解氧、叶绿素等）的观测内容[9]。

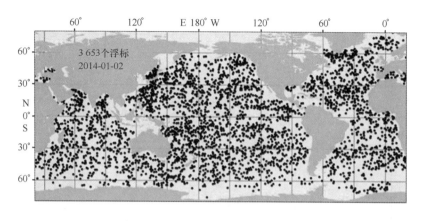

图 2   全球 Argo 实时海洋观测网中的浮标分布（由 28 个国家和团体提供）

Fig. 2   Distribution of the active floats over the global oceans

(provided by 28 countries and organizations)

3   Argo 资料应用研究硕果累累

Argo 计划的主要目标是观测与气候变化相关的海洋信息，包括海水温度、盐度和海流等。温度和盐度是海洋水团的基本属性，其时空分布对了解大洋热收支起着极其重要的作用。Argo 的问世，使监测海洋温、盐度的时空变化成为可能。尽管目前 Argo 资料的时间跨度还不足以取得全球变化的信息，但它在相关研究中的作用已经得到初步验证。

国际 Argo 科学组联合主席、美国斯克里普斯海洋研究所 Reommich 和 Gilson[4] 曾尝试利用 Argo 观测网在 2004 – 2008 年间获得的 45 万条温、盐度剖面资料，建立了上层海洋气候场和全球 Argo 观测区 60 个月的异常场，目的是了解 Argo 观测网的布局对观测大范围海洋变化是否恰当，并为与历史资料和今后 Argo 观测资料的比较提供基础，同时也检验 Argo 资料与其他相关海洋观测资料的一致性。结果表明，在海洋中不同深度，Argo 观测资料都比历史气候资料显得暖和，而且越接近海面变暖的幅度越大。由 Argo 观测的温、盐度年循环与 2001 版世界海洋图集（WOA 01）、英国国家海洋中心（NOC）海气通量气候学资料、美国国家海洋与大气管理局（NOAA）最佳内插（OI）海面温度产品，以及 AVISO 卫星高度计海面高度资料进行的比较表明，在全球和半球尺度上 Argo 资料与这些产品完全一致，但在区域尺度上仍有差异。这种差异可能来自系统误差，也有可能是物理过程的结果，需要进一步调查和研究。

就局部海区而言，蒸发与降水的不平衡，导致海水变淡或变咸。海洋的淡水容量（某水层的盐度异常）是观测全球水文周期变化最敏感的指标。盐度的另一个应用，是诊断全球冰的容量，无论是浮冰、冰山还是冰盖的融化，都会降低海洋的盐度。

Argo 资料以其前所未有的覆盖范围和对南、北半球无偏袒观测而不同于先前的其他研究，其丰富的观测资料提供了海洋热量与淡水储存及其大尺度输运的估算，使全面研究大洋的变化状况第一次成为可能。通过观测海洋的温、盐度信息，Argo 可以记录热含量和净淡水输入（降雨减去蒸发）在某一区域或全球范围内的变化情况（图 3）。由图可以看出，南、北半球和全球范围内海洋热含量和净淡水输入显著的年变化和全球变暖趋势。

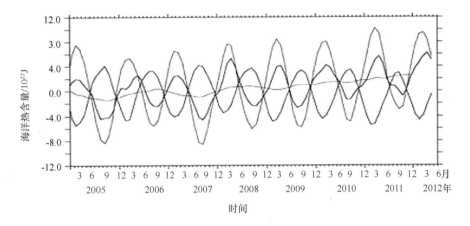

图3　南、北半球和全球范围内海洋热含量和净淡水输入的变化趋势
黑线：全球范围；蓝线：北半球范围；红线：南半球范围
Fig. 3　Trends of the ocean heat content and net freshwater input in the southern and the
northern hemispheres and the global scope

　　众所周知，业务海洋学严重依赖具有足够时、空分辨率和全球覆盖率的近实时高质量现场观测资料和卫星资料。1950－2000 年间，数据同化模式只能使用历史上极其有限的海洋次表层资料，而且这些资料不具有全球规则覆盖的特性，从而造成多方面的不足。历史资料大多是根据区域目的采集的，而且受调查船或商船航线的限制。这就必然会导致资料在时间和空间分布上的稀少和不均匀，即使是在资料相对丰富的北半球也是如此。30°S 以南海域的资料更少。历史资料除数量少以外，质量也参差不齐，既有仪器混杂的问题，又有系统误差带来的问题。Argo 计划提供了弥补这些缺陷的独一无二的机会，其收集的海洋状态资料更连续、统一而精确。无论在质量方面还是数量方面都是无与伦比的，是目前业务海洋学唯一、也是最重要的现场观测系统。大部分全球性和区域性模拟和同化系统都在使用 Argo 资料。例如，Argo 资料已经在全球海洋资料同化实验（GODAE）中与其他现场观测资料和遥感资料一起，被用于全球海洋模式的日常同化业务中，以提供全球海洋状态的综合描述。在法国，Argo 资料已经被用于墨卡托业务海洋预报系统来约束每天的后报和现报[4]。经过 SAM 滤波器同化，既降低了上层 2 000 m 温度和盐度的不吻合概率，也限制了密度场

和相关的地转流，从而大大提高了高纬度区 14 天预报的水平。Argo 资料还被用于业务化产品和预报系统误差的特征化验证。

Argo 资料通过数据同化来限制各种模式，与卫星观测资料（特别是卫星高度计资料）具有很强的互补性。没有 Argo 资料，数据同化系统的约束就不充分，也就无法为几个关键性的应用（如天气、季节性与 10 年际变化、气候监测）提供服务。英国气象局报告了使用观测系统估计实验（Observing System Evaluation Experiment, OS-EE）来评估 Argo 数据在英国气象局业务化海洋预测系统 – FOAM 耦合模式（Fast O-cean Atmosphere Model, FOAM）中的价值，指出"如果没有 Argo 数据，观测减去背景场的协方差将增大 5% 左右，并且其他变量也会发生变化，说明 Argo 资料在 FOAM 耦合模式中是不可缺少的"[6]。虽然 Argo 资料无法解决中尺度问题，但它提供了高分辨率模式中所需的非常重要的温盐垂直结构资料。有了 Argo 数据，使解决区域模式的缺陷和它们的时间依赖性成为可能。由 Argo 获得的气候学资料和大范围的温、盐度信息对模式的验证也起着非常重要的作用。没有 Argo 资料，很多同化系统中就会出现大尺度温度和盐度场的时间偏差。英国气象局哈德雷中心所做的理想化可预报性研究表明，目前的 Argo 温、盐度剖面资料，有可能为以 10 年尺度预报的经向翻转环流（MOC）提供足够信息。同时还指出，如果有 2 000 m 以下的观测资料，预报海洋热异常的全球性形态（尤其是更长时间的超前预报）技术会进一步提高。

虽然 Argo 观测的重点不是短暂的天气现象，但 Argo 资料在研究全球和区域尺度上海洋对热带气旋响应中的作用已经得到证明。由于 Argo 浮标不受气旋产生的恶劣环境的影响，可以跟踪热带气旋的踪迹并观测其发生前后海洋温度和盐度的变化，由此提供上层海洋温盐结构及其对热带气旋的响应而发生变化的完整图形。局地实时观测资料的缺乏是当前热带气旋预报不准确的主要障碍，而 Argo 资料有望填补这一空白。中国科学院大气物理研究所成里金博士尝试利用 Argo 资料研究了全球尺度范围内海洋热状态对热带气旋的响应[7]，他首先将热带气旋分为热带风暴和台风（或称飓风）两类。其研究结果表明，在热带风暴经过的 3 天内，海洋向大气提供能量以维持热带风暴，其年平均总值约为 9.1 W/m²，其中 3.2 W/m² 来自热带风暴，剩余的 5.9 W/m² 来自台风。且在台风经过后（4 ~ 20 d 平均），海洋得到能量，而热带风暴经过后，海洋则损失能量，揭示了超强热带气旋和强热带气旋对于海洋热状态影响的不同。

由此可见，Argo 已经成为从海盆尺度到全球尺度物理海洋学研究的主要数据库。据国际 Argo 信息中心的统计，从 1998 年以来，31 个国家和地区的科学家在国际主流学术刊物上发表的与 Argo 有关的研究论文数量呈逐年上升的趋势（见图 4）[10]。2008 年论文数量达到了 100 篇，2010 年以来每年论文数量则已超过 200 篇，其研究内容涉及水团的性质与形成、海气相互作用、海洋环流、中尺度涡和海洋动力学以及从季节到 10 年际的变化等。

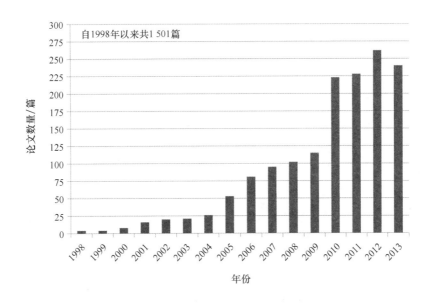

图4　1998－2013 年全球使用 Argo 资料发表的研究论文数量
Fig. 4　The annual number of research papers using Argo data during 1998 to 2013

4　Argo 浮标技术发展迅速

　　综上所述，不难看出 Argo 在海洋、大气和气候等领域的科学研究和业务化应用中有重要的地位和作用。随着时间的推移，Argo 的价值还将不断地体现出来。然而，Argo 实时海洋观测网是 10 年以前规划设计的，由于受到当时人们的认识和技术条件等因素的限制，最初的设计可能会存在某些缺陷。例如，当初确定的 Argo 核心观测区域为大西洋、太平洋、印度洋和南大洋的无冰海区，即水深大于 2 000 m 的大洋区，因为当时的浮标技术还无法在冰覆盖海区进行观测，但冰覆盖海区的气候信息，可能比其他洋区更重要。随着浮标技术的发展，今天装备有探冰传感器的浮标可以等到在无冰海区浮出水面时再发送观测资料，也可以把资料储存起来，等夏天冰盖融化后再把资料发回地面。这种浮标与铱卫星通讯结合已经进行了试验，其失效率与无冰海区相当，说明把 Argo 的核心观测区域扩大到高纬度海区是完全可行的。此外，也需要 Argo 观测网中的部分海区观测 2 000 m 更深的海域，如北大西洋，该洋区 2 000 m 处的温盐关系变化很快，对 Argo 资料的延时模式校正非常困难，需要更深的观测资料。这种资料还有可能有助于全球海平面变化的研究并获得气候变化相关的信息[8-9,11]。

　　目前，几种很有前途的新型浮标均已进入试验或正式批量生产阶段，且呈向小型化、双向通讯、全海区适用等方向发展的趋势（图5）。ARVOR 是一种专门为解决

Argo 的 CTD 观测问题而开发的新浮标，与 PROVOR 浮标一样由法国 NKE 公司生产。为了方便投放、降低成本和能耗，ARVOR 浮标的重量和体积都比 PROVOR 小。装备有铱卫星发射器的 ARVOR 浮标也已成功地布放，这种发射器用来发送大量由额外传感器（Provcarbo 浮标的 optode + 发射计；Provbio 浮标的辐射计 + 发射计 + 荧光机）采集的资料。此外，铱卫星的上行链路已经被成功地用于 PROVOR 浮标修改任务参数，或完成一个短期的观测后来回收浮标。PROVOR－DO 是装备有 Aanderaa 氧传感器的 ARVOR 浮标，经过多次海上试验后又进行了改进，把 Optode 传感器从浮标的底部移到顶部，使其能够更好地工作。

图 5   各种类型的 Argo 剖面浮标

图中从左到右分别为 APEX、SOLO（SOLO－Ⅱ）、PROVOR（ARVOR）和 NINJA 型浮标

Fig. 5   Various types of Argo profiling float

Panels from left to right are APEX, SOLO (SOLO－Ⅱ), PROVOR (ARVOR) and NINJA profiler, respectively

日本海洋科技中心与 TSK 公司一起，已经在研制深水型 NINJA 浮标，目标是观测 3 000 m 以下的深海区。该浮标由油箱、泵和 50 cm³ 气缸、三向阀、活塞和 500 cm³ 气缸、马达和制动器组成。泵的往复运动和三向阀门最大可产生 500 cm³ 的浮力。整个浮标在高压仓试验时，浮力控制系统在 3 000 m 深度上工作良好。500 cm³ 气缸和活塞在高压仓试验时，可在 3 500 m 正常工作。浮力控制能力大约为 500 cm³。在大洋试验时，浮标需要用合成泡沫套管产生的额外浮力。

美国斯克里普斯海洋研究所仪器开发组研制的 SOLO－Ⅱ型浮标比前一代 SOLO 浮标更小（短 40 cm）、更轻（19 kg，原来的是 40 kg）、更高效，可在世界任何海区观测 0 ~ 2 000 m 深的剖面。浮标寿命为 200 个周期，还有做更多周期或增加传感器的余地。SOLO－Ⅱ采用往复式水泵，使之有可能执行大于 2 000 m 水深的任务。而美国 Teledyne Webb 公司则提出了研制适用于更深层次（近 6 000 m）观测的 APEX－Deep 剖面浮标。

现有 Argo 浮标还有一些在 10 年以前没有考虑到的潜力，如：只需对浮标在海面采集位置的方法稍作修改，就可以使深层漂移速度的估算大大改进；只要稍微消耗一点额外的能量，就能够用现有的 CTD 传感器测定海面温度。目前，带有溶解氧传感器的浮标也已施放了 200 多个，人们对化学、物理和生物学之间的相互作用有了新的认识。溶解氧传感器技术还在不断改进，今后大部分浮标都能携带溶解氧传感器。其他已经试验的传感器还包括叶绿素、硝酸盐、风和降水等。虽然它们都很成功，但有可能过于昂贵，相关的能量消耗也可能严重影响浮标的寿命。Argo 在鼓励这些传感器的开发的同时，对于是把它们作为 Argo 计划的一部分使用，还是作为独立的具有不同采样目标的辅助观测网的问题尚需考虑。与此相关的是，Argo 的资料管理系统也必须进行相应的改进，以便能够处理不断增加的各种观测资料。

Dean Reommich 教授指出："剖面浮标的不断改进、海洋滑行艇和传感器能力的提高，为 Argo 计划的扩展提供了新的机会。更深的剖面观测、季节性冰区、边缘海和边界流的采样都可能突破 Argo 的局限。新传感器的使用可增加重要的地球化学和生物学信息。使用双向通信系统对 Argo 浮标网实施控制以改变其剖面深度、循环时间以及其他参数等，将有可能在很多用途中提高 Argo 的价值"[8]。可以说，Argo 的真正价值在未来。随着其覆盖范围的完善、新的观测仪器的使用，资料数量的不断增加和质量的提高，以及应用研究的不断扩大和深入，Argo 资料在气候监测和气候变化预测、灾害性天气事件的预报、渔业和海洋生态系统的监测和管理，以及交通运输和军事等领域的应用成果将不断突显出来。

5　中国 Argo 大洋观测网初步建成

中国于 2001 年 10 月正式加入国际 Argo 计划，成为继美国、日本、加拿大、英国、法国、德国、澳大利亚和韩国后第 9 个加入 Argo 计划的国家。

在科学技术部、国家海洋局和国家自然科学基金会以及政府间海洋学委员会中国委员会的重视和支持下，从 2002 年第一个 Argo 计划的启动项目——"Argo 大洋观测网试验"开始，已经在国家"全球气候变化及其区域影响科学研究计划"、"国际科技合作重点项目计划"、"973 计划"、"海洋公益性行业科研专项"和"科技基础性工作专项"等计划和专项中批准了多个资助 Argo 大洋观测网建设和 Argo 资料应用研究的项目或课题，使我国 Argo 计划得到了较快的发展。到 2013 年 12 月底，我国在太平洋和印度洋海域共布放了 171 个 Argo 剖面浮标，目前仍在海上正常工作的浮标有 84 个，初步建成了中国 Argo 大洋观测网（见图6）。

自"十五"计划开始，国家海洋技术中心就已着手国产剖面浮标（称

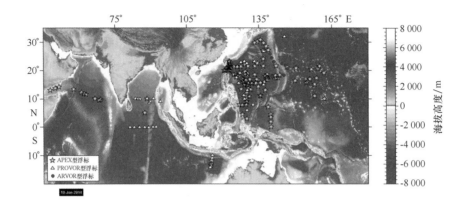

图6   中国 Argo 大洋观测网中的浮标分布

Fig. 6   Distribution of floats in the array of China Argo ocean observation

"COPEX"）关键技术的开发工作，并逐一解决了浮标壳体的密封耐压、液压驱动系统、自动潜入、上浮和定深控制、卫星通讯、浮标配重标定方法等技术难题，研制出了浅海型自持式剖面漂流浮标，采用北斗卫星导航系统对浮标定位和数据传输，并进行了海上布放试验，但至今未见批量商业化生产。中船重工第 710 研究所自 2007 年开始自筹资金研制剖面浮标，已经在卫星数据传输终端、控制模块组件、耐压壳体、沉浮调节模块等浮标主要单元的设计和研制中，取得了一批具有自主知识产权的发明专利和技术成果，同样研制出了浅海型自持式剖面漂流浮标，也能用北斗卫星导航系统对浮标定位和数据传输，并进行了海上布放试验，但至今亦未见批量商业化生产。上述两个海洋仪器设备研制单位，在国家 863 计划的资助下，也在研制深海型自持式剖面漂流浮标，但至今未见在海上试验成功或被用于科研项目需求并获得有效观测资料的报道。

　　中国 Argo 计划在法国 Argos 卫星地面站资料服务中心（CLS）登记注册，与之建立起长期的合作关系；同时还建立了"中国 Argo 数据中心"和"中国 Argo 实时资料中心"，中国 Argo 网（http：//www. argo. gov. cn 和 http：//www. argo. org. cn）架起了与外界联系的快速通道。中国 Argo 实时资料中心建立了 Argo 资料质量控制系统，不仅能快速接收和处理我国布放的 Argo 浮标观测资料，而且还能接收和处理全球海洋中其他国家布放的 Argo 浮标观测资料，及时提供给国内广大用户使用。2002 年至今，累计获取并提供的 Argo 观测剖面达 100 多万条，且目前仍以每月约 12 万条剖面的速度增加。同时，该中心还承担着把中国大陆布放的 Argo 浮标观测资料上传给 Argo 全球资料中心的任务，递交经延时模式质量控制的剖面资料近 10 000 条。中国 Argo 计划的组织实施明显缩小了中国与世界各国在海洋科学领域中的差距，使中国大洋实时观测水平上了一个新的台阶。

　　Argo 资料及其衍生产品也已经在中国大陆业务化和基础研究中得到较为广泛的

应用。相关部门已经建立起一套能够同化 Argo 和卫星高度计等资料的业务化海洋资料同化系统，其中"热带太平洋温度与盐度同化业务化系统"已经在国家海洋环境预报中心得到业务化应用，可以发布热带太平洋月平均同化再分析产品；利用近海面 Argo 温、盐度数据与船舶报等数据进行加权平均的数据融合方法，取得了热带太平洋表层海温场，被用于国家海洋环境预报中心"海表温度旬实况分析"。利用 Argo 资料对西太平洋多尺度海气相互作用过程的研究也取得了可喜的成果。据不完全统计，从 2001 年以来，Argo 资料在 5 个领域（海洋科学、气象科学、大气科学、水产科学、军事科学）、4 个系统（教育、科研、管理、海洋/气象业务化）的近 40 个单位（部门）得到应用，其中有约 300 余人在直接利用 Argo 资料开展相关研究。2004 年 11 月、2006 年 6 月和 2013 年 11 月先后举办了国内首次 Argo 资料应用研讨会，以及中国第一、二届 Argo 科学研讨会，为国内海洋、气象、渔业和军事等部门的专家、技术人员和管理人员交流 Argo 资料应用方面的经验提供了平台，有力地推动了中国 Argo 资料在海洋和大气等领域的科学研究和业务工作中的应用研究进程。由国际 Argo 信息中心提供的一份统计资料[9]表明，从 1998 年以来，中国科学家在国际主流学术刊物上发表的与 Argo 有关的研究论文已达 180 余篇（图 7）。

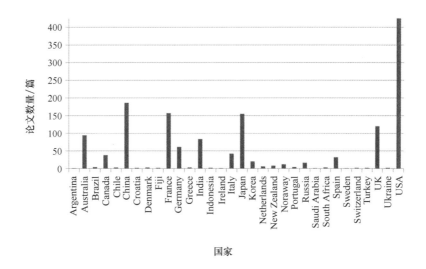

图 7　1998 年以来 32 个国家的科学家在国际主流学术刊物上发表
与 Argo 有关的研究论文数量

Fig. 7　The number of research papers related to Argo published in international journals by
scientists from 32 countries since 1998

　　Argo 资料不仅在海洋和大气科学领域的基础研究和业务化预测预报中得到广泛应用，而且在国家经济社会建设中也将发挥愈来愈大的作用。自从 2004 年以来，由国家海洋局、中国气象局和中国科学院等下属单位科研人员共同完成的多项科研成果，已经获得了多项国家级和省部级奖励，为促进国家海洋和大气科学的发展，以及提高海洋和天气业务化预测预报水平做出了积极贡献。

与此同时，中国大陆还积极参与了国际 Argo 计划的活动。除每年派代表出席 Argo 科学组会议和 Argo 资料管理组会议以及其他相关的 Argo 国际会议外，还于 2003 年 3 月在杭州承办了第五次国际 Argo 科学组会议；2006 年 11 月在天津承办了第七次国际 Argo 资料管理组会议，并从 2007 年开始每年为国际 Argo 计划提供 1 万美元的协调经费，成为继美国、英国、法国、加拿大和澳大利亚之后第 6 个提供这项经费的国家，充分显示了中国对国际 Argo 计划以及政府间海委会/世界气象组织海洋学和大洋气象学联合技术委员会海上观测平台支援中心（JCOMMOPS）的重视和支持。

2009 年 3 月第十次国际 Argo 科学组会议和第三届国际 Argo 科学研讨会在杭州举行，科技部基础司司长张先恩在开幕致辞中指出，Argo 是人类海洋调查研究历史上前所未有的创举，它使一些对海洋和气候研究至关重要的海洋要素的收集产生了革命性的变化。Argo 计划是通过国际合作应对全球性问题的典范。科技部非常重视中国 Argo 计划，在国家海洋主管部门尚未把中国 Argo 计划纳入业务化运行之前，科技部将一如既往地对 Argo 浮标布放和资料质量控制等工作给予支持，并将重点支持和促进 Argo 资料在海洋和大气等科学领域的基础性研究工作。国家海洋局国际合作司陈越副司长表示，中国将一如既往地继续支持 Argo 计划，为全球 Argo 实时海洋观测网的长期维持做出应有的贡献。近十年来，通过国家多项科技计划项目的支持，大大提升了中国在国际 Argo 计划中的地位和作用，提高了中国在该计划中的显示度，受到国际 Argo 计划组织的高度评价。国际 Argo 计划前联合主席、加拿大海洋研究所 Howard Freeland 教授于 2007 年初给中国 Argo 计划首席科学家的来信中说："中国的第一个 Argo 浮标是在 2002 年 3 月 21 日布放的。从那以后，中国对 Argo 的贡献不断扩大。在西太平洋，澳大利亚、中国、日本和韩国的合作确保了该海域 Argo 浮标系统的建立和维持。值得指出的是，中国从布放第一个浮标起，你们的科学家就能够满足 Argo 资料系统非常复杂而又繁琐的要求并提供资料，说明中国 Argo 做得很好。"他在第三届国际 Argo 科学研讨会在杭州成功举行后代表国际 Argo 科学组发来的感谢信中说："国际 Argo 计划是成功的，这是许多国家密切合作的结果，在这些国家中，中国尤为突出。我非常赞赏中国所做的贡献，也希望中国今后继续做出贡献。"

中国是一个海洋大国，随着改革开放的不断深入，海洋在社会和经济发展以及国家安全中的地位越来越突出。但是，长期以来，由于受到经济和科技发展水平的限制，使中国大陆的海洋调查研究和海洋观测手段长期处于比较落后的状态，海洋信息资源严重不足，无法满足科学研究和业务工作的需要。参与国际 Argo 计划，与该计划其他成员国共享全球 Argo 观测资料，无疑是我国海洋观测领域的一次跨越式发展，大大缩短了中国与发达国家在海洋和气候观测领域的差距，必将对中国海洋和大气等领域的科学研究以及重大海洋和气象事件的预测预报水平的提高产生深远的影响。通过 Argo 计划的实施，使中国在国际合作计划中发挥了实质性的重要作用，扩大了中国在国际上的影响，创造了良好的国际合作环境，带动了与周边国家的海洋科技合作，也培养了一批能够适应国际合作需要的人才队伍。

6　Argo 计划展望

Argo 观测网是一个庞大的系统工程，无论是浮标的布放和维护还是海量观测资料的处理与分发，单靠任何一个国家或地区的力量都是难以完成的，国际或多边合作是使 Argo 计划继续进行并不断发展的唯一途径。随着 Argo 计划的不断深入，特别是史无前例的深海大洋环境资料的不断积累，全球 Argo 实时海洋观测网在促进海洋和大气科学领域发展及其在业务化预测预报中的作用，并有望帮助人类应对日益严重的海洋和气象灾害，尤其是应对全球气候变化所带来的憧憬，使得愈来愈多的国家加入其中。欧盟更是在许多成员国经济日趋萧条的情况下，毅然决定启动欧洲 Argo 计划（Euro-Argo），且所有国家一致同意设立欧洲新的法定机构"Euro-Argo 研究基础设施联合体（ERIC）"，以便进一步扩大 Argo 在欧洲的影响，提高欧洲在国际 Argo 计划中的作用，并协助全球 Argo 观测网的长期维持[11-12]。Euro-Argo 的经费预算每年约810 万欧元，其中欧盟直接拨款每年约 330 万欧元，其余部分由欧盟及其计划成员国共同分担。欧洲 Argo 计划的目标是要建设、维持和运行一个由 800 个浮标组成的观测网，从而为全球 Argo 浮标观测网提供四分之一浮标，同时增加在欧洲近海（北欧海洋、地中海和黑海）的浮标数量，以满足欧洲海洋与气候科学研究和业务化应用的需要。目前，国际上许多 Argo 成员国（如美国、澳大利亚、日本、印度、法国和德国等国）均已把本国 Argo 计划的组织实施纳入了财政年度预算中，有较充足和稳定的经费来确保浮标观测网的正常维护，以及观测资料的接收、处理和交换等日常工作[11-12]。

Argo 计划面临的挑战之一是未来 10 年常规观测网（温度、盐度观测）的维持问题，每年需要投放 800 ~ 900 个浮标。气候变化研究要求像 Argo 计划这样的全球海洋观测系统至少持续一个相当长的时期（> 20 年），并且 Argo 计划本身的潜在价值也需要数十年才能得到体现。没有一个持续稳定的 Argo 观测网，业务化海洋服务、季节和年代际预测预报和气候服务都无法持续。Argo 计划面临的另一挑战则是扩展 Argo 计划的覆盖区域（包括高纬度海域、边缘海和西边界流区等），将由"核心 Argo"向"全球 Argo"扩张，观测区域的扩展也意味着布放浮标数量的增加，将目前由3 000 多个 Argo 剖面浮标组成的"核心 Argo"观测网增加到由近 4 000 个 Argo 剖面浮标组成的"全球 Argo"观测网，这将是 Argo 计划未来十年的发展目标[9,11]。

早在 2009 年全球海洋观测大会上，向 2 000 m 以深的深海扩展被公认为是使 Argo 计划成为真正意义上的全球海洋观测系统的一个关键指标。这对正确了解不断变化的全球热量、淡水和其他属性的储存，以及全球能量收支、海平面上升、经向翻转流等问题都是必不可少的[8]。也就是说，Argo 将迎来一些新的观测需求（例如生物地球化学观测、深海、极地海洋、边缘海等）。目前，已经有数百个 Argo 浮标布放在南极海冰带及北半球高纬度海区。在北极地区，一种适用于常年冰封海域的冰系浮标收集到了数万条剖面，已经可以提供海冰覆盖区域的平均状况和季节变化。由于极地海洋与冰冻圈的变化，人们也越来越迫切地需要对极地海域进行实时监测，以及时了解海冰的变化情况。在未来的 10 年里，随着 Argo 浮标扩展到西边界流海域，对解决诸如锋面弯曲与不稳定过程，中尺度涡与跨锋面交换，上层海洋热/盐含量异常，再生环流，通风/潜沉过程，以及与整个西边界流系统内在变化的关系等各种时空尺度的相关科学问题之间关系将显得意义重大。下一个 10 年，Argo 计划也将在海洋生物地球化学循环研究中发挥越来越重要的作用，从而能更详细地揭示出海洋对气候变化的响应过程[9,11]。

　　总结 Argo 计划实施 10 多年来所取得的成就，各国际 Argo 计划成员国齐心协力，加强 Argo 浮标的投放工作十分重要，这是确保全球 Argo 实时海洋观测网长期维持的前提。中国同样应有计划，持续不断、分期分批地在邻近的大洋区域布放浮标，但要改变目前由研究项目出资购置浮标、且时断时续布放的被动局面，以便长期、广泛地收集这些海域的海洋环境资料，提高中国在国际 Argo 计划中的显示度。目前中国所投放的浮标还都是从国外引进的，为此应加强国产 Argo 剖面浮标的联合攻关研究，以便尽早掌握这一高新海洋观测技术，为海洋观测提供长期技术支撑。同时，应不断完善中国 Argo 实时资料中心的职能，建立一支稳定的、长期从事 Argo 浮标检测、布放，以及资料接收、处理和数据产品开发、服务的技术队伍，增强接收和处理准实时和海量 Argo 资料的能力，确保 Argo 资料的高质量，为深海大洋研究和全球气候变异研究积累长时间系列的全球海洋次表层观测资料。进一步拓宽 Argo 资料的应用研究领域，充分发挥中国科学家在利用 Argo 资料和相关资源解决全球或区域重大海洋与大气科学问题中的作用，努力提高天气预报和气候预测水平。

参考文献：

[1]   Argo Science Team. On the design and implementation of Argo—An initial plan for a global array of profiling floats [R]. International CLIVAR project Office ICPO Report No. 21. GODAE Report No. 5. c/o Bureau of Meteorology, Melbourne. Australia: the GODAE International Project Office, 1998: 32.

[2]   Gould J, Roemmich D, Wijffels S, et al. Argo profiling floats bring New Era of in situ ocean observations [J]. Eos, 2004, 85 (19): 179, 190－191.

[3]   Argo Project Office. Argo Brochure celebrating 1 000 000 temperature/salinity profiles [Z]. UCSD, USA: Argo Project Office, 2012. http://www－argo. ucsd. edu/Argo_ Brochure2012. pdf.

[4]   Roemmich D, Gilson J. The 2004－2008 mean and annual cycle of temperature, salinity and steric height in the global ocean from the Argo Program [J]. Progr Oceanogr, 2009, 82: 81－100.

[5]   Bahurel P, De Mey P, De Prada T, et al. Mercator, Forecasting Global Ocean [Z]. Toulouse,

France：AVISO newsletter, 2001: 14 – 16.

[6] UK Argo programme report for Argo Steering Team 14th Meeting[R]. 14th meeting of the International Argo Steering Team, Wellington, New Zealand, March 19 – 21, 2013.

[7] Cheng Lijing, Zhu Jiang, Ryan Sriver. Global representation of tropical cyclone – induced ocean thermal changes using Argo data[R]. The 4th Argo Science Workshop, Venice, Italy, Septemper 27 – 29, 2012.

[8] Dean Roemmich and the Argo Steering Team. Argo: The Challenge of Continuing 10 Years of Progress[J]. Oceanography, 2009, 22 (3): 26 – 35.

[9] Le Traon P Y. 4th Argo Science Workshop Meeting and final round table summary[R]. 4th Argo Science Workshop-Meeting Report, 2009. http：//www. argo. ucsd. edu/ASW4_ report. pdf.

[10] Argo Project Office. Argo bibliograph[R]. 2014. http：//www – argo. ucsd. edu/Bibliography. html.

[11] Argo Science Team. Report of the Fourteenth Argo Steering Team Meeting (AST – 14) [R]. 2013. http：//www. argo. ucsd. edu/Meeting_reports. html.

[12] Argo Science Team. Report of the Thirteenth Argo Steering Team Meeting (AST – 13) [R]. 2012. http：//www. argo. ucsd. edu/Meeting_reports. html.

The latest progress and future prospects for the global Argo real-time ocean observation

XU Jianping[1,2], LIU Zenghong[1,2]

1. *State Key Laboratory of Satellite Ocean Environment Dynamics (SOED), State Oceanic Administration, Hangzhou 310012, China*
2. *The Second Institute of Oceanography, State Oceanic Administration, Hangzhou 310012, China*

Abstract：The international Argo project launched by scientists from USA and Japan and other countries has been implemented for more than 10 years. Over the ten years, the program developed rapidly from scratch and from small to large. The initial Argo real-time ocean observing network composed of 3 000 automatic profiling floats has been formally accomplished by the end of October of 2007. It has become an important backbone of the global ocean observing system. Moreover, the network is continuously providing 0 to 2 000 m temperature, salinity profiles and ocean current information over the global oceans to the international community, with a unprecedented speed and scope. So far, the total number of the observed profiles has been more than one million, with an annual increasing number of about

120 000. Argo has not only become a main data source for the scientific research about physical oceanography, from basin scale to global scale, but also widely used in the basic research about oceanic and atmospheric sciences, as well as their operational predicting and forecasting. However, the Argo project is also faced with severe challenges: Firstly, 800 to 900 floats per year are required to maintain the network (temperature and salinity) in the next ten years; Secondly, the expansion of Argo coverage (including high latitudes, the marginal seas and the western boundary currents areas) will increase the number of floats. It was estimated that the extension of "core Argo" to "global Argo" will need to deploy about 1 000 extra floats. In such a huge system, both deployment of floats and maintenance of the network, or processing and distribution of the massive data are difficult to accomplish relying on any country or region. International or multilateral cooperation is the only way to make Argo go on and develop constantly. With the further implementation of the international Argo project, especially the accumulation of environment data in the deep oceans, the effect of the global Argo real-time ocean observing network to promote the development of oceanic and atmospheric sciences, and operational forecasting service will continually be strengthened, which is expected to help humans deal with the increasingly serious marine and meteorological disasters, especially the effects caused by global climate change.

Key words: international Argo project; global ocean observing system; global climate change; progress; prospect

Argo 大洋观测资料的同化及其在短期气候预测和海洋分析中的应用

张人禾[1]，朱江[2]，许建平[3]，刘益民[1]，李清泉[4]，牛涛[1]

1. 中国气象科学研究院 灾害天气国家重点实验室，北京 100081
2. 中国科学院 大气物理研究所 国际气候与环境科学中心，北京 10029
3. 国家海洋局 第二海洋研究所 卫星海洋环境动力学国家重点实验室，浙江 杭州 310012
4. 国家气候中心，北京 100081

摘要： 国际 Argo 计划的实施，提供了前所未有的全球深海大洋 0 ~ 2 000 m 水深范围内的海水温度和盐度观测资料，在大气和海洋科研业务中应用这一全新的资料，是深入认识大气和海洋变异、提高我国气候预测、海洋监测分析和预报能力的一个关键所在。通过开发非线性温 – 盐协调同化方案和利用同化高度计资料来调整模式的温度和盐度场，建立了可同化包括 Argo 等多种海洋观测资料的全球海洋资料变分同化系统，提高了对全球海洋的监测分析能力。实现了海洋资料同化系统与全球海气耦合模式的耦合，显著提高了短期气候预测水平。利用 Argo 资料改进了海洋动力模式中的物理过程参数化方案，有效提高了海洋模式对真实大洋的模拟能力和对厄尔尼诺/拉尼娜的预测能力。开发了利用 Argo 浮标漂流轨迹推算全球海洋表层和中层流的方法，提高了推算的全球表层流、中层流资料质量，有效弥补了洋流观测的匮乏。

关键词： Argo 大洋观测资料；资料同化；短期气候预测；海洋物理过程参数化；海流估算

1 引言

近年来与全球气候变暖相伴随的极端气候事件频发，给国民经济和社会发展带来

资助项目： 国家重点基础研究发展计划 (2012CB417404)；国家科技基础性工作专项 (2012FY112300)；国家自然科学基金项目 (40921003，41075064)。

作者简介： 张人禾 (1962—)，男，研究员，从事季风和气候动力学研究。E-mail：renhe@ cams. cma. gov. cn

重大影响。海洋是气候系统中的一个重要成员，对气候异常的产生具有重要的作用。中国气候异常与海洋热状况的变异具有密切的联系，已有的研究表明，各大洋的海温异常均会对中国气候产生影响，如厄尔尼诺/南方涛动（ENSO）[1-2]、热带西太平洋暖池[3-4]、热带印度洋[5-7]、大西洋[8-9]。因此，深入了解全球海洋的变异特征，是认识中国气候变异的一个重要基础，对于中国的气候预测具有重要的作用。

海洋观测数据的匮乏，特别是大尺度、实时、深海观测资料的空缺，一直是制约大气和海洋科学发展的瓶颈。为了提高海洋的监测能力，从 1998 年起，国际上开始筹建 Argo（Array for Real-time Geostrophic Oceanography）全球实时海洋观测网。该计划利用先进的自持式剖面自动循环探测技术，在全球海洋上形成一个由 3 000 个以上卫星跟踪浮标组成的海洋观测阵列，即全球 Argo 实时海洋观测网，对 0 ~ 2 000 m 水深内的海水温度和盐度实施长期、高分辨率和大范围的实时监测[10]。自 Argo 计划实施以来，到目前已布放在全球海洋中 8 500 多个 Argo 浮标，已观测到 88 万余条剖面资料，并以每年 10 万条剖面的速度持续增长。Argo 大洋观测网是目前唯一能够立体观测全球大洋的实时观测系统，为研究大气和海洋提供了前所未有的深广视角。它的建立是海洋观测的一场划时代革命，填补了实时监测大洋物理海洋环境的空白。截至 2012 年 10 月 1 日，布放在全球海洋中仍处于工作状态的 Argo 剖面浮标已达 3 564 个，图 1 给出了 Argo 浮标目前在全球大洋中的分布状况。

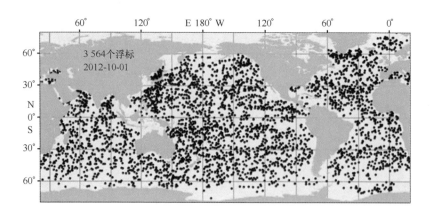

图 1　全球海洋中处于工作状态的 3 564 个 Argo 剖面浮标分布
（截至 2012 年 10 月 1 日，引自 http：//www. argo. net/）
Fig. 1 Distribution of 3 564 active Argo profiling floats in global oceans
(up to October 1, 2012; from http：//www. argo. net/)

中国对 Argo 计划的参与，始于黄荣辉院士主持的《国家重点基础研究发展规划项目》（973 项目）"我国重大气候灾害的形成机理和预测理论研究"（1998 - 2003）。该项目于 2000 年 5 月，派出了以巢纪平院士为代表团团长的"ENSO 监测、预测考察团"，访问了美国国家海洋大气局（NOAA）、Woods Hole 海洋研究所、太平洋海洋环境实验室（PMEL）以及 Scripps 海洋研究所等，对 Argo 浮标技术、资料质量控制方法以及浮标布放、Argo 大洋观测网建立等相关情况进行了深入细致的学习考察。经我国海洋和大气等科学领域的专家学者的积极推动和共同努力，我国于 2001 年 10 月经国务院批准加入国际 Argo 计划，计划在西太平洋和东印度洋布放 100 ~ 150 个 Argo 剖面浮标，构成我国的 Argo 大洋观测网，并参与全球 Argo 实时海洋观测网建设[11-12]。2002年，中国在印度洋海域投放了第一个 Argo 剖面浮标，并被正式接纳为国际 Argo 计划成员国。到目前为止，中国已累计投放了 140 多个 Argo 剖面浮标，建成了中国 Argo 大洋观测网，建立了 Argo 剖面浮标检测规程、资料实时接收程序、资料处理和质量控制方法等，能快速接收和处理由我国 Argo 计划布放的全部浮标观测资料，并能按国际 Argo计划的要求对观测资料实施质量控制，确保了测量数据的准确和可靠[11-14]。同时，还能及时将全球海洋中的 Argo 资料提供给广大用户免费共享，使得我国海洋和大气等领域的科研和业务部门能与国际同步获取广阔海洋上的丰富数据源，并展开相关前沿研究和业务应用。我国已成为世界上 9 个（美国、英国、法国、日本、韩国、印度、澳大利亚、加拿大和中国）有能力向全球 Argo 资料中心实时上传 Argo 资料的国家之一。图 2给出了中国 Argo 大洋观测网从浮标布放、资料接收、质量控制、到提供给用户的结构图。中国加入国际 Argo 计划，为我国科学家了解和掌握 Argo 剖面浮标的性能和特点，以及利用这些全新的观测资料开展海洋和大气科学研究提供了基础条件。

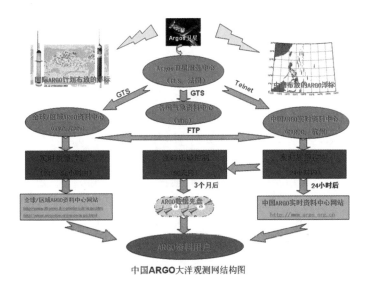

图 2　中国 Argo 大洋观测网从浮标布放、资料接收、质量控制到提供给用户的结构图
Fig. 2　A schematic diagram of float deploying, data receiving, quality control and user
providing in Chinese Argo observing network

国际 Argo 计划及其全球实时海洋观测网的成功实施，取得了过去利用常规观测

仪器设备测量而无法得到的全球海洋信息，极大地提高了对海洋的监测水平[15-16]。由于海洋在气候变异中的重要作用，在气象和海洋科研业务中应用这一全新的资料，是深入认识气候变异、提高我国气候预测、海洋监测分析和预报能力的一个关键所在。利用 Argo 大洋观测资料，开展海洋资料同化、海洋模式改进的研究，并应用于海洋分析和气候预测研究，是提高我国短期气候预测业务水平以及海洋监测分析业务能力的重要研究内容。本文针对这些问题，对我国开展的 Argo 资料质量控制、利用 Argo 资料开展的有关海洋资料同化、短期气候预测、海洋模式改进、海洋表层流、温盐变化特征、厄尔尼诺/拉尼娜（El Niño/La Niña）等方面的研究进行了综述。这些研究实现了我国对 Argo 大洋监测资料的充分应用，研究成果也成功应用到国家级业务中心，有效地提高了我国气候预测、海洋监测分析和预报能力。

2   Argo 资料质量控制

Argo 剖面浮标自由漂移的特点决定了其一旦被投放就难以回收，即无法对传感器进行实验室标定。而浮标上装载的 CTD 传感器，尤其是电导率传感器容易受到海洋生物污染、生物杀伤剂泄漏等因素的影响，导致传感器产生漂移，会使观测值产生较大的偏差[17-18]。国际 Argo 计划预期的剖面浮标观测精度为压力（深度）±5 dbar，温度 ±0.005℃和盐度 ±0.01[19]。温度和压力传感器的测量精度目标在 Argo 计划实施前就已经能实现，但盐度观测资料的精度正面临挑战。利用传统船载 CTD 仪进行测量时，可以通过采水样来对盐度观测值进行实验室校正，而 Argo 剖面浮标无法获得这种"真实"的盐度资料。Oka[20] 利用 JAMSTEC（日本海洋科技中心）回收的 3 个 Argo 浮标，对传感器进行了实验室后校正，但这样的回收由于费用极其昂贵而无法推广[21]。Wong 等[22] 利用历史水文观测资料，开发了一种校正 Argo 浮标盐度资料的技术（称 WJO 方法），并被国际 Argo 资料管理组确定为 Argo 延时模式质量控制的标准方法[23]；Böhme[24] 则在 WJO 方法的基础上，对历史资料的选取方法进行了改进，并考虑了正压行星涡度，在北大西洋亚极地海区取得了较好的校正结果。然而，WJO 方法十分依赖于历史水文观测资料的数量和质量，在一些历史观测资料稀少的海区（如南大洋）将无法取得理想的校正结果，而历史资料质量的高低或观测时间的长短等因素，都有可能影响校正的效果，甚至可能会把真实的水团性质变化误认为传感器的漂移，对 Argo 资料的质量控制始终不尽人意[25]。

中国 Argo 实时资料中心在国际上率先提出了利用误差消除法对浮标盐度观测资料进行校正[12,26]，即采用在浮标活动海域的船载 CTD 仪观测或者采用布放新浮标的办法来校正老浮标观测的资料。该方法主要以现场 CTD 资料或假设浮标的第一条观测剖面没有偏差为前提，尽管具有一定的局限性，但对历史观测资料稀少或缺乏的海区，无疑是一种简便而有效的方法。刘增宏等[27] 进一步引入位势电导比的概念，利用浮标附近的现场、历史 CTD 资料，以及邻近浮标的观测资料来检验浮标电导率传感器的漂移,尽可能降低对浮标长期观测资料的误判,并利用现场 CTD 资料对出现漂移误差的盐度资料进行校正。他们利用该方法对一个在海上观测长达 4 年的 5900019 号浮标的电导率传感器性能进行了检验,并通过与邻近浮标、CTD 仪观测资料及历史水文观测资料的比较,较好地分辨出了 5900019 号浮标电导率传感器产生的漂移故障,并利用浮标附近的现场 CTD 资料及误差消除法对该浮标的盐度观测资料进行了校正,并取得了较好的校正效果[27]。

在进行资料同化时,针对 Argo 观测资料,从资料的绝对大小和梯度两个方面对 Argo 资料也进行了初步质量控制[28]。剔除 ARGO 观测资料值中温度高于 35℃ 和小于 −5℃ 明显不合理的剖面资料,同时与历史观测资料 Levitus94[29] 在相应格点的差的绝对值不能大于随深度的增加而减少的判据(从 8℃ 到 4℃),剔除梯度超过历史观测资料(Levitus94)在相应格点梯度的 2.5 倍的剖面。

3　可同化包括 Argo 等多种海洋观测资料的全球海洋变分同化系统

国家气候中心全球海洋资料四维变分同化系统(NCC – GODAS)[30] 是在"太平洋和印度洋资料同化系统"(PIODAS)[31] 的基础上建立的。NCC – GODAS 包含观测资料预处理系统、插值分析系统和所应用的动力模式。插值分析系统采用四维同化技术方案,在时间上设置一个 4 周的窗口,将此窗口之内的观测资料以一定的权重插入插值分析系统,在空间上采用三维变分方案。在未与大气模式耦合前,NCC – GODAS 还附带一个海表风应力计算子系统,该系统是基于最优插值(OI)分析的观测海表大气风场和海洋模式流场。NCC – GODAS 同化的观测资料包括海表气温、海表气压、海表大气风场和海温垂直廓线的 XBT(Expendable Bathythermograph)报文、以及船舶观测资料 XBT、太平洋的 TOGA/TAO 和日本的浮标观测资料 MOORING。随着国际 Argo 计划的实施,Argo 的全球温盐观测资料也被引入了 NCC – GODAS[28,32]。通过考虑将温盐之间的弱相关性引入其垂直相关,NCC – GODAS 可以同时同化温盐资料。

图 3 和图 4 分别给出了 NCC – GODAS 全球海洋资料同化系统中包含和不包含 Argo 资料时,与 OISST – V2 海洋表面温度[33] 之间的均方根误差(rms)的全球分布情况。从全球纬圈平均的 rms 随经度的分布(见图 3)来看,除了 0°~45°E 的区域外,同化 Argo 资料后的 rms 明显减小,表明在 NCC – GODAS 中同化 Argo 资料,使得海洋表面温度与 OISST – V2 之间的差异明显变小,更接近于 OISST – V2 的分析场。对于从全球经向平均的 rms 随纬圈的分布(见图 4),除了南半球热带外区域和北半球大约 80°N 以北的区域外,包含 Argo 资料后同化的海洋表面温度有明显的改善。事实上,在同化时段内,南半球热带外以及北极极区附近的 Argo 浮标很少,导致了同化效果不明显。另外,图 3 中 0°~45°E 的范围主要位于南大洋的中高纬度区域,这与图 4 中给出的结果是一致的。

建立了基于三维变分方法的通用海洋资料同化系统 OVALS(Ocean Variational A-

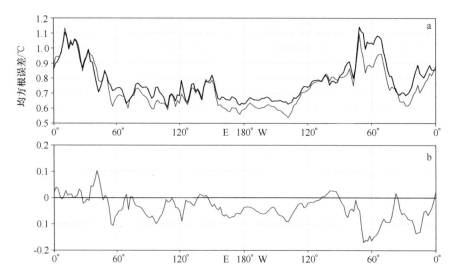

图3 NCC – GODAS 全球海洋资料同化系统中，全球海面温度与 OISST – V2
之间的均方根误差的纬圈平均（引自文献［32］）

a 图中红线和黑线分别为同化和不同化 Argo 资料的结果，b 图为二者之差。
同化时段为 2001 年 1 月 – 2003 年 8 月

Fig. 3 Root-mean-square error（rmse）of SST between OISST – V 2 and NCC – GODAS
（from January 2001 to August 2003, averaged in meridional direction）（from Rerference［32］）

a. Red line is NCC – GODAS with Argo and the black without Argo,

b. the difference between NCC – GODAS with Argo and NCC – GODAS without Argo

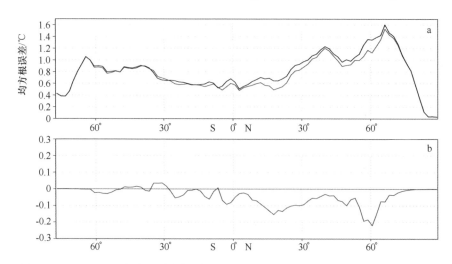

图4 NCC – GODAS 全球海洋资料同化系统中，全球海面温度与 OISST – V2 之间的
均方根误差的经圈平均（引自文献［32］）

a 图中红线和黑线分别为同化和不同化 Argo 资料的结果，b 图为二者之差。
同化时段为 2001 年 1 月 – 2003 年 8 月

Fig. 4 Root-mean-square error（rmse）of SST between OISST – V 2 and NCC – GODAS
（from January 2001 to August 2003, averaged in zonal direction）（from Rerference［32］）

a. Red line is NCC – GODAS with Argo and the black without Argo,

b. the difference between NCC – GODAS with Argo and NCC – GODAS without Argo nalysis System)[34]。该系统利用了不同海洋观测系统的实时观测数据,是目前国内能够同时同化地基和空基海洋观测资料种类最多的同化系统。此系统是一个具有广泛适应性的实用、先进的海洋资料同化系统,能够同化 Argo 浮标、TAO 浮标、XBT 船舶报和高度计海面高度异常资料。而能够同化这些资料是目前国际上衡量一个海洋资料同化系统是否完整的主要标志。在 OVALS 同化系统中,采用了温盐协调同化方案。盐度调整方案不仅考虑了平均温盐关系,也考虑了温盐关系的方差[35];在海面高度计资料同化中同时考虑了温盐背景误差和非线性温盐关系的垂直相关,通过同化高度计资料来直接调整模式的温度和盐度场[36]。图 5 给出了这种温盐协调同化方案对盐度的影响,可以看出在海洋表层的 10 m 深处,温盐协调同化方案的效果不明显;但在 50 m 和 100 m 深处,不经调整时盐度几乎不变,与实际观测不符,引入协调同化方案之后,盐度与实际观测有很好的符合。

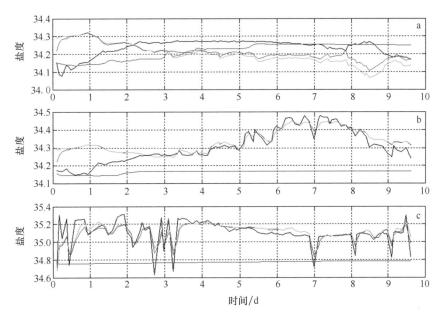

图 5   温盐协调同化方案对盐度的影响(引自文献 [35])
黑线为盐度观测值,蓝线为不调整时的值,绿线和红线分别为利用不同方案调整后的盐度
a、b、c 图分别为深度 10 m、50 m、100 m
Fig. 5   Effects of the temperature – salinity coordinated assimilation scheme on salinity
(from Rerference [35])
Black and blue lines are observations and assimilated salinity without using the coordinated assimilation scheme,
respectively. Green and red lines are those using different coordinated assimilation schemes. a, b and c are for
the depth of 10 m, 50 m, and 100 m, respectively

与国际上变分同化系统相比,美国 NCEP 的同化系统[37]是通过温盐关系由温度观测获得相应的盐度,但这种方法在无温度观测的区域,盐度也无法得到修正。高度计观测几乎覆盖全球,通过非线性温盐关系,可以从海面高度信息中获取次表层的温

盐信息，这在一定程度上弥补了盐度观测稀少或缺乏造成的无法修正盐度场的问题。Usui 等[38] 和 Kamachi 等[39] 的同化系统使用了温盐垂直 EOF 模态，EOF 模态是通过大量的观测资料分析得到的，工作量非常大，且没有观测的区域误差较大，非线性温 – 盐关系的引入克服了这一问题，使该同化系统不依赖于观测的数量，既能够同化现场观测也能同化遥感资料，无论是近海还是大洋都有广泛的适用性。OVALS 同化系统在太平洋的同化结果与独立观测的比较表明[40]，总体上温度的误差不超过 1.5℃，盐度不超过 0.2。国外最新的澳大利亚 BLUELINK 同化系统[41] 的结果在太平洋与独立观测的比较，其温度同化结果均方根误差最大值也在 1.5℃ 左右，而其盐度结果均方根误差的最大值在 0.2 ~ 0.3，即其盐度同化结果稍逊于本系统的盐度同化结果。

4   短期气候预测

利用国家气候中心全球海气耦合模式（NCC – CGCM）[42]，实现了 NCC – GODAS 海洋资料同化系统与全球海气耦合模式的耦合[43]。多年（1998 – 2003 年）夏季平均的模式回报中国降水距平百分率与观测值的相关系数分布如图 6 所示。多年回报试验结果表明，当初始场中不包含 Argo 资料时（见图 6a），回报的夏季中国降水与观测值之间的正相关区域（图中填色区）主要出现在我国东部黄河下游以北和 115°E 以东的黄河和长江下游之间、长江中游以南和以北地区以及西北偏西部等区域。当初始场中包含 Argo 资料时（见图 6b），回报的夏季中国降水与观测值之间的正相关区域明显扩大，除了初始场中不包含 Argo 资料时的正相关区域外，在长江以南、黄河下游和淮河流域以及西北的大范围地区出现了正相关区域，原来在华北、黄淮、江淮、长江以南地区以及新疆东部的负相关区大部分都变为正相关。采用 Argo 资料后除了长江中下游附近的显著正相关区域明显变大外，在西北和华东地区也出现了显著正相关区域。实际计算表明，模式回报的降水距平与观测降水距平的相关为正的格点数占到了总格点数的 51.88%，比未采用 Argo 资料时的正相关格点数（42.50%）增加了 9.38%。

图 7 给出了以 NCC – GODAS 海洋同化资料为初始场，NCC – CGCM 全球海 – 气耦合模式自每年 4 月起报，预报的热带太平洋厄尔尼诺/拉尼娜关键海区 Nino3.4（5°S ~ 5°N，120° ~ 170°W）的海面温度距平与实况的比较。自 2005 年起采用同化了 Argo 资料的 NCC – GODAS 后，NCC – CGCM 预报系统预报的热带太平洋 Nino3.4 区海面温度距平与观测值的相关系数达到 0.5 左右。利用一个热带太平洋 – 全球大气海气耦合模式[44]，进行了 Argo 资料对 ENSO 预测改进效果的试验。图 8 给出了该海气耦合模式在海洋资料同化系统中同化和不同化 Argo 资料对 Nino3 区（5°S ~ 5°N，150° ~ 90°W）海温异常回报结果的影响。可看出同化 Argo 资料后，回报效果得到明显的改进。从 1 个月到 8 个月的回报结果来看，观测和回报的 Nino3 区海温异常之间的平均相关系数提高了 0.1 以上。对于取相关系数超过 0.6 的预报技巧，在不同化 Argo 资料时，只有 5 个月左右；同化 Argo 资料后，预报技巧明显提高，超过了 8 个月。

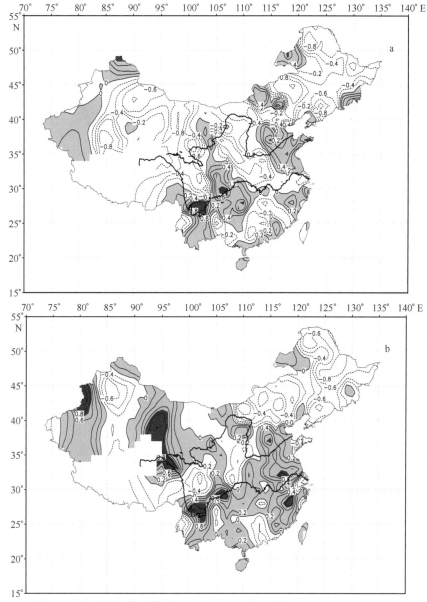

图 6　利用 NCC 全球海气耦合模式对 1998 - 2003 年回报与观测的中国夏季（6 - 8 月）
降水距平百分率相关系数分布（引自文献 [43]）

实线和虚线分别为正相关和负相关，黄色阴影区为正相关区域，紫色区域为显著正相关区域。
a 图为不包含 Argo 观测资料的同化资料作为初始场，b 图为包含 Argo 观测资料的同化资料作为初始场。

Fig. 6　Correlation coefficients of the summer rainfall anomalies in 1998 - 2003 between observations
and hindcasts of the coupled global climate model of National Climate Center without（a）and with
（b）Argo data being assimilated（from Reference [43]）

Real and dotted lines represent positive and negative correlations, respectively. Yellow and purple colored areas
are positive correlation ones without and with statistical significance, respectively

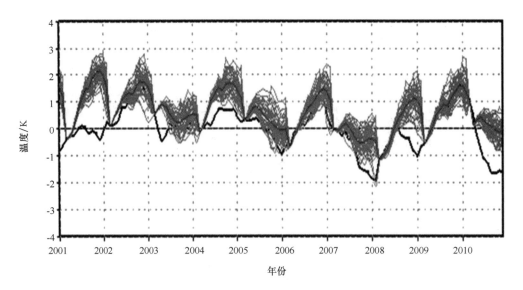

图 7   全球海气耦合模式 NCC – CGCM 自每年 4 月起报的热带太平洋 Niño3. 4 区
（5°S ~ 5°N，120° ~ 170°W）海面温度距平（红线）与实况（粗黑线）

Fig. 7   Forecasts of the sea surface temperature anomalies（SSTAs）in Niño3. 4 region
（5°S ~ 5°N，120°W ~ 170°W）in tropical Pacific from April by NCC – CGCM
（red line）and observations（thick black line）

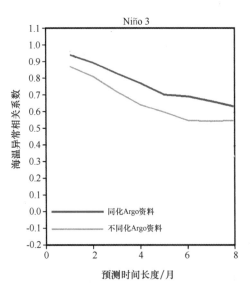

图 8   海气耦合模式 ENSO 预测系统对热带太平洋 Niño3 区海面温度距平的预报技巧
红线和蓝线分别为同化和不同化 Argo 资料的结果

Fig. 8   Forecast skill for SSTAs in the Niño3 region in the tropical Pacific based on the 12-year hidcasts of
the ENSO prediction system of Institute of Atmospheric Physics，Chinese Academy of Sciences（IAP – NCP）
Red and blue lines stand for the results with and without Argo data being assimilated，respectively

5　海洋动力模式物理过程参数化方案的改进

在 NCC-GODAS 全球海洋同化系统中，海洋动力模式为中国科学院大气物理研究所大气科学和地球流体力学数值模拟国家重点实验室（LASG）的 L30T63 OGCM1.0 模式[45]。该模式采用了两种垂直混合参数化方案，在 $30°S \sim 30°N$ 之间采用了基于 Richardson 数的参数化方案，而在其他区域采用了等密度混合方案。由于采用不同的垂直混合参数化方案，夏季海面温度在过渡带上出现了与观测不符的不连续现象[32]。利用海水状态方程以及 Argo 浮标的观测结果，考虑到等密度混合方案中的稳定度临界值依赖于密度梯度，在过渡带上将其重新定义为空间的函数而不是一个常数[32]。模式结果表明，利用 Argo 观测资料对垂直混合参数化方案的修正，改进了过渡带区域夏季海面温度的模拟结果，与观测有更好的一致性。在 NCC – GODAS 全球海洋同化系统中，采用了改进后的 L30T63 OGCM1.0 海洋动力模式。

Zebiak-Cane 海洋模式[46]是在科研和 ENSO 预测业务中广泛应用的一个中间复杂程度一般的海洋模式，模式中次表层温度距平和海洋混合层深度的关系由经验关系给出，与观测资料的比较表明，此经验关系对赤道中东太平洋有较好的描述，而在赤道西太平洋的预测值与观测值之间存在着较大差异[28]。根据 Argo 观测资料，对 Zebiak-Cane 海洋模式中次表层温度距平和海洋混合层深度的参数化方案进行了改进。图 9 给出了按原方案和改进后的新方案计算的热带西太平洋次表层温度距平和海洋混合层深度的关系与实况的对比，由图可看出，观测到的实况表明随着温跃层距平的增加，次表层温度距平也随之增大；原参数化方案并没有显示出这种特征，随着温跃层距平的增加次表层温度距平几乎没有变化；改进后的参数化方案则显示了与观测到的实况具有一致的变化特征。由于原方案在热带西太平洋不能反映出实际观测到的次表层温度距平随混合层深度的变化关系，使得 Zebiak – Cane 海洋模式对热带西太平洋海温的模拟与观测之间存在着较大的差异，而改进后的新方案显著提高了模式对热带西太平洋海温变异的模拟能力，模拟结果与观测之间有了较好的一致性[28]。

对 Zebiak-Cane 海洋模式中次表层温度距平和海洋混合层深度参数化方案的改进，提高了该模式对热带西太平洋海温变异的模拟能力，改进了 Zebiak-Cane 海洋模式对 ENSO 的预测能力。将改进后的方案应用于 Zebiak – Cane 海洋模式，并将其与一个简单地考虑了海温和风应力关系的统计大气模式耦合；将此动力海洋 – 统计大气热带海气耦合模式进行了 24 年（1981 – 2005 年）的长期积分，开展了 ENSO 的回报试验[43]。图 10 给出了分别利用改进后和原次表层温度距平和海洋混合层深度参数化方案、由动力海洋 – 统计大气热带海气耦合模式提前 6 个月回报的热带太平洋海面温度与观测之间的相关系数分布，可看出新参数化方案的预报技巧显著高于原参数化方

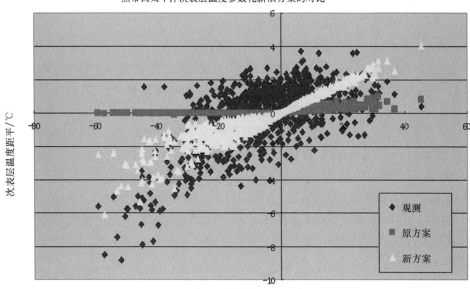

图 9   热带西太平洋次表层温度距平与海洋混合层深度的关系及其与实况的对比
深蓝色为实况，粉红色和黄色分别为原参数化方案和利用 Argo 资料改进后方案的计算结果
Fig. 9   Comparison of observed relationship between subsurface temperature anomaly and
mixed layer depth in tropical western Pacific calculated by the parameterization scheme
in Zebiak-Cane oceanic model
Blue color stands for observations. Pink and yellow colors represent original
parameterization scheme and improved one by Argo data, respectively

案。对于采用原参数化的回报结果（见图10b），相关系数大于 0.6 的区域只出现在美洲沿岸 5°～10°N 之间的小范围区域内，而在采用新方案的回报结果（见图10a）中，相关系数大于 0.6 的区域向西延伸到大约 170°E 并几乎覆盖了 10°S～10°N 之间的区域，在整个热带太平洋区域回报与观测的海面温度之间的相关系数明显提高，特别是在原模式几乎没有预测能力的热带西太平洋区域，预测能力得到明显的改善。模式回报结果显示出与观测一致的年际变化特征，并且年际变化的振幅也与观测非常一致，基本上回报出了赤道太平洋区域海面温度异常的演变特征，对厄尔尼诺和拉尼娜都能够给出较准确的回报[43]。

海洋模式对热带西太平洋海温模拟的改善，显著提高了模式对 ENSO 的预报技巧，其原因主要在于热带西太平洋的海洋和大气异常与 ENSO 循环有重要的内在联系。已有研究表明，与发生在中东太平洋的厄尔尼诺和拉尼娜事件相联系的大气异常风场，首先在热带西太平洋区域出现，当热带西太平洋对流层低层出现西风异常时，

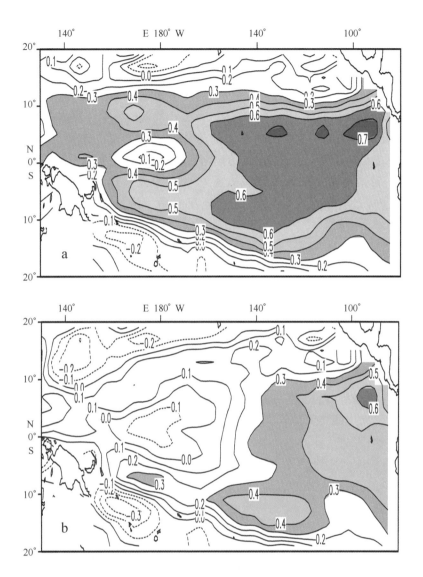

图 10　由动力海洋 – 统计大气热带海气耦合模式提前 6 个月回报的热带太平洋

海面温度与观测之间的相关系数分布（引自文献［43］）

a、b 图为分别采用改进后和原 Zebiak-Cane 海洋模式中次表层温度距平和海洋

混合层深度参数化方案的结果

Fig. 10　Correlation coefficients of SSTAs in the tropical Pacific between observations and hindcasts with

a dynamical ocean – statistical atmospheric coupled model by leading 6 months

（from Reference［43］）

a and b are results with original parameterization scheme of subsurface temperature anomaly and mixed – layer

depth in Zebiak – Cane oceanic model and improved one by Argo data，respectively

赤道东太平洋海面温度开始升高,出现东风异常时赤道东太平洋海面温度从最高点开始下降[47-49]。对于与厄尔尼诺事件相联系的热带太平洋次表层海温正异常,也是首先出现在热带西太平洋,随后向东传播,次表层海温正异常到达赤道东太平洋后发生厄尔尼诺事件[50-51]。因此,海洋模式对热带西太平洋海温的成功模拟,必然会提高海气耦合模式对 ENSO 的预报技巧。另外,海洋模式对西太平洋海温的合理描述,也是利用海气耦合模式研究热带海洋对中国以及东亚气候的影响、预测中国气候变异的一个重要基础。这是因为热带西太平洋的热状况对中国以及东亚气候有重要的影响[3-4];厄尔尼诺对中国以及东亚气候的影响,也是通过与厄尔尼诺相联系的热带西太平洋上空的对流异常,导致热带西太平洋上空的大气热源变化,激发出的大气 Rossby 波引起西北太平洋上空的反气旋环流异常,进而对东亚和中国气候产生影响[2,52-53]。

6 利用 Argo 浮标漂流轨迹推算海洋流场

覆盖全球大洋的 Argo 浮标除了观测 2 000 m 水深以上海洋的温度和盐度外,也提供了 Argo 浮标在海洋表面的漂移轨迹,这些轨迹资料可用于推断海洋表面和海洋中层洋流。但是,由于浮标在海面漂流的时间短、定位精度相对较低以及在一条轨迹中的样本少,使得利用卫星定位直接估计的表面流场精度较低。使用浮标轨迹定位点序列直接推断出的表层和中层海流,由于定位点自身的误差从 150 ~ 1 000 m 不等,使得所估计出的流速不确定性较大。另外,表层漂流和海流垂直切变等的不确定性也对中层流的估计产生影响。针对 Argo 浮标表面漂流轨迹定位点少且定位误差较大,可能使表层流估计包含较大误差这一缺陷,提出和发展了一个新的方法可以显著减少由 Argo 浮标表面漂流轨迹及推断表层流的误差。考虑到 Argo 浮标在海面自由漂流的轨迹主要受线性平均运动和惯性运动控制,忽略风应力与潮汐等小噪声,针对 Argo 浮标在海面的定位点序列,提出了基于 Kalman 滤波思想的最优化分析方法[54]。该方法可利用 Argo 浮标的表面轨迹,实时估计全球海洋表面流场和海洋中层流。

图 11 给出了利用该方法,采用 2001 年 11 月至 2004 年 10 月太平洋海域 Argo 浮标轨迹估计出的平均表层流场。从图 11 可看出,由 Argo 浮标轨迹估计出的平均表层流场反映出了太平洋表层环流的基本特征。东太平洋的南赤道洋流出现在 20°S 到赤道之间,6°N 附近为北赤道逆流(NECC),10° ~ 20°N 之间为北赤道洋流。北赤道洋流在西太平洋 130°E 附近,可看出明显的南北分叉。在其他区域,也可以清楚地看出 60°S 附近的南极绕极流、台湾岛以东的黑潮,以及 130°W 附近从 40°N 向南流到 20°N 的加利福尼亚海流。经过上述最优化分析所估计的表层海流误差能由滤波前的 5.3 cm/s 减少至 4.4 cm/s,从而达到与表面漂流浮标估计流速相当的精度;此外,该方法还可以通过考虑流速垂直切变影响,提高了中层流估计的质量,与不考虑海流

垂直切变的估算相比,中层流的估计误差减少到 0.21 cm/s[54],与国际上其他分析方法所得精度相当(如 Park 等[55])。

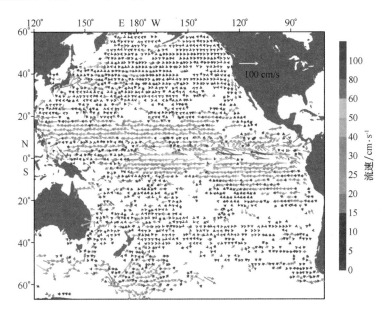

图 11　利用 2001 年 11 月至 2004 年 10 月太平洋海域 Argo 浮标轨迹
估计出的平均表层流场(引自文献[54])

Fig. 11　Averaged ocean currents in November 2001 to October 2004 at the surface layer of Pacific
estimated by trajectories of Argo floats (from Reference[54])

7　结束语

本文回顾了我国利用深海大洋上的 Argo 剖面浮标观测资料,在质量控制、资料同化、短期气候预测、海洋模式物理参数化方案改进、海洋流场估计等方面的研究,研究成果不仅对大气和海洋变异的深入认识具有重要的作用,也在国家气象和海洋业务中得到了充分的应用,对提高我国气候预测、海洋监测分析和预报能力发挥了重要作用。

NCC – GODAS 全球海洋同化资料被美国哥伦比亚大学国际气候预测研究所(IRI)的气候资料库吸纳,在其网页公开发布,是当时(2005 年)国际上公开发布的 3 类海洋同化资料之一。NCC – GODAS 于 2005 年 12 月通过中国气象局审批正式业务化,海洋同化资料作为业务产品在国家气候中心的网站上发布。海洋资料同化系统 OVALS 在国家海洋环境预报中心得到业务应用,目前其业务化厄尔尼诺实时监测分析系统是在 OVALS 基础上开发的,在国家海洋监测分析中发挥了重要作用。在 OVALS 基础上,发展了一个南海高度计资料同化系统,较好地改进了盐度的估计[56]。另外，也在 OVALS 的基础上进行了海洋中尺度涡的同化研究，结果表明利用 OVALS 将高度计资料同化到海洋模式中，可以很大程度上改进中尺度涡的模拟[57]。利用 Kalman 滤波的最优化分析方法[54]，形成了基于 Argo 浮标表面轨迹观测的全球表层流资料集，有效填补了洋流资料的匮乏，该资料集已在网上公开发布，供国内外有关研究和业务使用。

全球海洋资料同化系统的开发，不仅提高了国家海洋监测分析能力，也为海－气耦合模式进行季节和跨季度气候预测提供更好的海洋初始场，从而改善模式的短期气候预测能力。包含了 Argo 资料的同化结果为海－气耦合模式进行季节气候预测提供了更真实的海洋初始场资料，对预测水平的提高起到了重要作用。NCC－GODAS 系统自 2005 年 12 月在国家气候中心正式投入业务运行以来，为国家气候中心全球海－气耦合模式进行季节气候预测业务提供了更好的海洋初始场资料，在全球海－气耦合业务气候预测模式 NCC_ CGCM 对我国气候和 ENSO 的预测中发挥了重要作用。另外，预报模式系统的整体能力不仅依赖于同化系统，而且依赖于模式本身。由于以前海洋观测资料很少，海洋模式物理过程参数化方案中参数的选取往往是基于非常有限的观测资料，在很大程度上是一种物理推断，存在着很大的随意性和不确定性。因此在建立同化系统的同时，还利用 Argo 浮标资料对模式中的物理参数化方案进行改进，提高了模式对真实海洋的描述能力。

观测资料是大气和海洋科学发展的基础，也是开展预报和预测业务的必要条件。观测手段的创新所产生的新的大气和海洋观测资料，往往带来大气和海洋科学的重大进展，并进一步推动大气和海洋业务的发展。卫星跟踪的 Argo 剖面浮标技术的应用，被誉为"海洋观测手段的一场革命"。类似于大气中的无线电探空观测，国际 Argo 计划的成功实施，实现了由 3 000 多个 Argo 剖面浮标进行快速、准确、大范围地探测全球海洋 0 ~ 2 000 m 水深的海水温度、盐度和浮标在海面的漂移轨迹，获得了大量来自海洋内部的观测资料，在很大程度上解决了海洋观测资料匮乏这一长期制约大气和海洋科学和业务发展的瓶颈，给海洋和大气科学以及业务的发展带来了难得的机遇和挑战。这些资料的获取及其在科研和业务中的应用，将会大大促进对大气和海洋变异的深入了解和认识，提高大气和海洋的预测和监测能力，在有效防御和减轻全球日益严重的大气和海洋灾害方面具有重要的意义。

参考文献：

[1] Huang R, Wu Y. The influence of ENSO on the summer climate change in China and its mechanism [J]. Adv Atmos Sci, 1989, 6: 21 – 32.

[2] Zhang R, Sumi A, Kimoto M. A diagnostic study of the impact of El Niño on the precipitation in China[J]. Adv Atmos Sci, 1999, 16: 229 – 241.

[3] Nitta T. Convective activities in the tropical western Pacific and their impact on the northern hemi-

sphere summer circulation[J]. J Meteor Soc Japan, 1987, 65: 373 – 390.

[4]　Huang R, Sun F. Impacts of the tropical western Pacific on the East Asian summer monsoon[J]. J Meteor Soc Japan, 1992, 70: 243 – 256.

[5]　Li C, Mu M. The influence of the Indian ocean dipole on atmospheric circulation and climate[J]. Adv Atmos Sci, 2001, 18: 831 – 843.

[6]　Li S, Lu J, Huang G, et al. Tropical Indian Ocean basin warming and East Asian summer monsoon: A multiple AGCM study[J]. J Climate, 2008, 21: 6080 – 6088.

[7]　Hu K, Huang G, Huang R. The impact of tropical Indian Ocean variability on summer surface air temperature in China[J]. J Climate, 2011, 24: 5365 – 5377.

[8]　Lu R, Dong B, Ding H. Impact of the Atlantic Multidecadal Oscillation on the Asian summer monsoon[J]. Geophys Res Lett, 2006, 33: L24701.

[9]　容新尧, 张人禾, Li Tim. 大西洋海温异常在 ENSO 影响印度 – 东亚夏季风中的作用[J]. 科学通报, 2010: 55 (14): 1397 – 1408.

[10]　许建平. 阿尔戈全球海洋观测大探秘[M]. 北京: 海洋出版社, 2002: 1 – 115.

[11]　许建平. Argo 应用研究论文集[M]. 北京: 海洋出版社, 2006: 1 – 240.

[12]　许建平, 刘增宏. 中国 Argo 大洋观测网试验[M]. 北京: 气象出版社, 2007: 1 – 174.

[13]　刘增宏, 许建平, 修义瑞, 等. 参考数据集对 Argo 剖面浮标盐度观测资料校正的影响[J]. 海洋预报, 2006, 23 (4): 1 – 12.

[14]　许建平. 西太平洋 Argo 剖面浮标观测及其应用研究论文集[M]. 北京: 海洋出版社, 2010: 1 – 344.

[15]　许建平, 刘增宏, 孙朝辉, 等. 全球 Argo 实时海洋观测网全面建成[J]. 海洋技术, 2008, 27 (1): 68 – 70.

[16]　刘仁清, 许建平. Argo: 成功的十年[J]. 中国基础科学, 2009, 11 (4): 15 – 21.

[17]　Freeland H. Calibration of the conductivity cells on P – ALACE floats[M]. U. S. WOCE Implementation Report No. 9, 1997: 37 – 38.

[18]　Oka E, Ando K. Stability of temperature and conductivity sensors of Argo profiling floats[J]. J Oceanogr, 2004, 60: 253 – 258.

[19]　Argo Science Team. Report of the Argo Science Team 2nd Meeting[C]. The Argo Science Team 2nd Meeting, 7 – 9 March 2000, Southampton Oceanography Centre, Southampton, U. K. 2000.

[20]　Oka E. Long-term sensor drift found in recovered Argo profiling floats[J]. J Oceanogr, 2005, 61: 775 – 781.

[21]　Oka E, Izawa K, Inoue A, et al. Is retrieve of Argo floats possible? [C]. Report of Japan Marine Science and Technology Center, 2002, 46: 147 – 155.

[22]　Wong A P S, Johnson G C, Owens W B. Delayed – mode calibration of autonomous CTD profiling float salinity data by $\theta – S$ climatology[J]. J Atmos Oceanic Tech, 2003, 20: 308 – 318.

[23]　Argo Data Management Team. Report of Argo Data Management Meeting[C]. Argo Data Management 3rd Meeting, 18 – 20 September 2002, Marine Environmental Data Service, Ottawa, Canada, 2002.

[24]　Böhme L. Quality Control of Profiling Float Data in the subpolar North Atlantic[D]. Diploma the-

sis, Christian – Albrechts – Universität Kiel（http：//www. lars – bohme. de），2003：79.

[25] Kobayashi T, Shinya M. Importance of reference dataset improvements for Argo delayed – mode quality control[J]. J Oceanogr, 2005, 61：995 – 1009.

[26] 童明荣，刘增宏，孙朝辉，等. Argo 剖面浮标数据质量控制过程剖析[J]. 海洋技术，2003：22（4）：79 – 84.

[27] 刘增宏，许建平，孙朝辉. Argo 浮标电导率漂移误差检测及其校正方法探讨[C] // 许建平. 西太平洋 Argo 剖面浮标观测及其应用研究论文集. 北京：海洋出版社，2010：250 – 259.

[28] 张人禾，刘益民，殷永红，等. 利用 ARGO 资料改进海洋资料同化和海洋模式中的物理过程[J]. 气象学报，2004, 62（5）：613 – 622.

[29] Levitus S, Boyer T P, Antonov J. World Ocean Atlas, Vol. 5：Interannual variability of upper thermal structure [R]. NOAA Atlas NESDIS 5, Washington D. C：U. S. Government Printing Office, 1994.

[30] 刘益民，李维京，张培群. 国家气候中心全球海洋资料四维同化系统在热带太平洋的结果初步分析[J]. 海洋学报，2005, 27（1）：27 – 35.

[31] 刘益民，周江兴，马强. 太平洋印度洋四维海洋同化系统[M] //短期气候预测业务动力模式的研制. 北京：气象出版社，2000：401 – 407.

[32] Liu Y, Zhang R, Yin Y, et al. The application of ARGO data to the global ocean data assimilation operational system of NCC[J]. Acta Meteor Sinica, 2005, 19（3）：355 – 365.

[33] Reynolds R W, Rayner N A, Smith T M, et al. An improved in situ and satellite SST analysis for climate[J]. J Clim, 2002, 15：1609 – 1625.

[34] 朱江，周广庆，闫长香，等. 一个三维变分海洋资料同化系统的设计和初步应用[J]. 中国科学（D 辑），2007, 37（2）：261 – 271.

[35] Han G, Zhu J, Zhou G. Salinity estimation using T – S relation in the context of variational data assimilation[J]. J Geophys Res, 2004, 109：C03018.

[36] Yan C, Zhu J, Li R, et al. The roles of vertical correlation of the background covariance and T – S relation in estimation temperature and salinity profiles from surface dynamic height[J]. J Geophys Res, 2004, 109：C08010.

[37] Behringer D W. The global ocean data assimilation system（GODAS）at NCEP[C] // Proc. NOAA 31st Ann. Climate Diagnostics Prediction Workshop, Boulder, USA, October 23 – 27, 2006.

[38] Usui N, Ishizaki S, Fujii Y, et al. Meteorological Research Institute multivariate ocean variational estimation（MOVE）system：Some early results[J]. Advances in Space Research, 2006, 37：806 – 822.

[39] Kamachi M, Matsumoto S, Nakano T, et al. Ocean reanalysis and its application to water mass analyses in the Pacific[C] // Proc. the Third WCRP International Conference on Reanalysis Conference, Tokyo, Japan, January 28 – February 1, 2008.

[40] Xie J, Zhu J. Optimal ensemble interpolation schemes for assimilation of Argo profiles into HYCOM [J]. Ocean Modelling, 2010, 33：283 – 298.

[41] Oke P R, Brassington G B, Griffin D A, et al. The Bluelink ocean data assimilation system（BO-

DAS）［J］. Ocean Modelling, 2008, 21：46 - 70.

［42］　李清泉, 丁一汇, 张培群. 一个全球海气耦合模式跨季度汛期预测能力的初步检验和评估［J］. 气象学报, 2004, 62（6）：740 - 751.

［43］　张人禾, 殷永红, 李清泉, 等. 利用 ARGO 资料改进 ENSO 和我国夏季降水气候预测［J］. 应用气象学报, 2006, 17（5）：538 - 547.

［44］　周广庆, 李旭, 曾庆存. 一个可供 ENSO 预测的海气耦合环流模式及 1997/ 1998 ENSO 的预测［J］. 气候与环境研究, 1998, 3（4）：349 - 357.

［45］　金向泽, 俞永强, 张学洪, 等. L30T63 海洋模式模拟的热盐环流和风生环流［M］//短期气候预测业务动力模式的研制. 北京：气象出版社, 2000：170 - 182.

［46］　Zebiak S E, Cane M A. A model El Niño - Southern Oscillation［J］. Mon Wea Rev, 1987, 115：2262 - 2278.

［47］　张人禾, 黄荣辉. El Niño 事件发生和消亡中热带太平洋纬向风应力的动力作用：Ⅰ. 资料诊断和理论分析［J］. 大气科学, 1998, 22（4）：597 - 609.

［48］　严邦良, 黄荣辉, 张人禾. El Niño 事件发生和消亡中热带太平洋纬向风应力的动力作用：Ⅱ. 模式结果分析［J］. 大气科学, 2001, 25（2），160 - 172.

［49］　黄荣辉, 张人禾, 严邦良. 热带西太平洋纬向风异常对 ENSO 循环的动力作用［J］. 中国科学（D 辑）, 2001, 31：697 - 704.

［50］　李崇银, 穆明权. 厄尔尼诺的发生与赤道西太平洋暖池次表层海温异常［J］. 大气科学, 1999, 23（5）：513 - 521.

［51］　巢清尘, 巢纪平. 热带西太平洋和东印度洋对 ENSO 发展的影响［J］. 自然科学进展, 2001, 11（12）：1293 - 1300.

［52］　Zhang R, Sumi A, Kimoto M. Impact of El Niño on the East Asia Monsoon：A diagnostic study of the'86/87 and'91/92 events［J］. J Meteor Soc Japan, 1996：74：49 - 62.

［53］　Zhang R, Sumi A. Moisture circulation over East Asia during El Niño episode in northern winter, spring and autumn［J］. J Meteor Soc Japan, 2002, 80：213 - 227.

［54］　Xie J, Zhu J. Estimation of the surface and mid - depth currents from ARGO floats and error analysis in Pacific［J］. J Marine System, 2008, 73：61 - 75.

［55］　Park J J, Kim K, King B A, et al. An advanced method to estimate deep currents from profiling floats［J］. J Atmos Ocean Technol, 2005, 22（8）：1294 - 1304.

［56］　肖贤俊, 王东晓, 闫长香, 等. 南海三维变分海洋同化模式及其验证［J］. 自然科学进展, 2007, 17（3）：353 - 361.

［57］　高山, 王凡, 李明悝, 等. 中尺度涡的高度计资料同化模拟［J］. 中国科学（D 辑）, 2007, 37（12）：1669 - 1678.

Argo global ocean data assimilation and its applications in short-term climate prediction and oceanic analysis

ZHANG Renhe[1], ZHU Jiang[2], XU Jianping[3], LIU Yimin[1],
LI Qingquan[4], NIU Tao[1]

1. *State Key Laboratory of Severe Weather, Chinese Academy of Meteorological Sciences, Beijing 100081, China*
2. *International Center for Climate and Environment Sciences, Institute of Atmospheric Physics, Chinese Academy of Sciences, Beijing 100029, China*
3. *State Key Laboratory of Satellite Ocean Environment Dynamics, The Second Institute of Oceanography, State Oceanic Administration, Hangzhou 310012, China*
4. *National Climate Center, Beijing 100081, China*

Abstract: The implementation of the International Argo Project provides unprecedented global ocean observations for sea water temperature and salinity from sea surface to 2 000 m depth. Applying these new oceanic data in atmospheric and oceanic research and operation is crucial in understanding the atmospheric and oceanic variability, and raising abilities of climate prediction and oceanic monitoring and analysis. Through developing nonlinear temperature-salinity coordinated assimilation scheme and adjusting temperature and salinity by altimetry data, the global ocean data assimilation systems are set up, which enhance the monitoring and analyzing capability of the global oceans. The coupling of the global ocean data assimilation systems with coupled atmosphere-ocean models is realized, which increases the forecast skill of the short-term climate prediction. Argo data are applied into improving physical parameterization schemes in oceanic models, and the model capabilities in describing the real oceans and forecasting El Niño/Southern Oscillation are raised. New method for estimating surface and mid-layer ocean currents by trajectories of Argo float drifting is developed, which improves the quality of the estimated global surface and mid-layer oceanic currents and remedies the defect of observed oceanic currents.

Key words: Argo global ocean observations; data assimilation; short-term climate prediction; physical ocean process parameterization; ocean current estimation

(该文发表于《大气科学》37 卷第 2 期, 411－424 页)

Argo 资料处理及其在海洋热力动力学研究中的应用与进展

安玉柱[1,2]，张韧[2]，陈奕德[2]，王辉赞[2]，李璨[2]，张阳[1]

1. 北京 5111 信箱，北京 100094
2. 解放军理工大学 气象海洋学院 军事海洋环境军队重点实验室，江苏 南京 211101

摘要： 全球实时海洋观测网（Argo 计划）是目前唯一的全球尺度海洋实时三维观测系统，自 2001 年正式实施以来，Argo 资料已在海洋科学研究中得到了广泛应用，取得了丰硕的成果。本文基于近年来国内外 Argo 研究成果，分别从 Argo 资料质量控制、对上层海洋物理状况的描述和温盐结构特征的揭示、气候变化与海洋变异监测、海洋资料同化以及短期气候预测等角度，系统地总结和评述了 Argo 资料在海洋动力和热力学研究中取得的新成果、新进展及其未来在深海和极地海洋研究、海洋盐度与气候变化、多源数据同化等领域中的发展前景。

关键词： Argo 资料；温盐结构；气候变化；海洋热力动力状态；资料同化；短期气候预测

1 引言

海洋是整个地球系统的重要组成部分，海洋的热力和动力过程调节着海水和热量的全球分布。海洋科学是以观测为基础的学科，然而观测资料的匮乏，特别是大洋上大范围、立体、同步观测资料的短缺一直是制约其发展的瓶颈。随着 Argo（Array for Real-time Geostrophic Oceanography，地转海洋学实时观测阵列）计划的实施，这一局面将得到有效改善。Argo 计划 2001 年正式启动，于 2007 年底全面建成，截至目前共累计投放了近 10 000 个浮标。Argo 观测网是当前唯一能进行实时海洋观测的立体监测系统，可以快速、准确地收集全球上层海洋（0～2 000 m）的温度、盐度剖面和漂移轨迹资料[1]。迄今所获剖面总数已经超过 100 万条，并以每年 12 万余条的速度增

基金项目： 国家自然科学基金项目（41276088，41306010，41206002）。

作者简介： 安玉柱（1985—），男，博士，从事海洋数据处理和物理海洋学研究。E-mail：ayz_276521@sina.com

加，基本覆盖了全球大洋。Argo 资料可详尽描述上层海洋的物理状况、结构特征、演变过程以及海洋气候变化的模态，可进一步深化人们对多尺度海洋动力系统及海气相互作用的认识，提升对海洋和天气气候变化的预测水平[2]。

随着 Argo 资料数量的增长和质量的提高，其已经在大气、海洋科学研究中发挥了巨大作用。本文基于近年来国内外有关 Argo 资料在大气、海洋研究中的成果，分别从 Argo 资料质量控制、Argo 资料对上层海洋特征的描述、气候和海洋变异监测以及在海洋资料同化和短期气候预测等方面总结其应用进展，并展望了 Argo 资料未来的应用前景。

2   Argo 资料质量控制

Argo 剖面浮标是一种抛弃式自动沉浮式观测设备，易受到环境变化、电池功率不稳、传感器污损及信号传输干扰等影响而导致观测结果欠佳或出错。因此，质量控制是确保观测数据精度的前提，当前有两种质控模式：一为"实时（24 ~ 72 h 内）质控模式"，包括范围检验、稳定度检验以及气候学检验等过程，其特点是处理快速，但精度一般，适用于普通的业务预报和海上作业使用；另一个为"延时（90 d 以内）质控模式"，该模式可达到 Argo 计划要求的技术指标，适用于科学研究和海气耦合模式以及长期气候预报模式。温度和压力传感器的测量精度（温度 ±0.005℃，压力 ±5×10^4 Pa）在 Argo 计划实施前已经实现。然而，盐度的精度一直是观测和质量控制的难点，这是因为盐度不能直接观测，而是通过海水电导率间接导算出来的。鉴于浮标抛弃式布放特点，通过回收浮标进行实验室标校的方法难以大范围推广[3]。针对该质控问题，近年来开展了许多的研究，其中 Wong 等[4] 提出的 WJO 方法，利用客观估计技术和历史水文资料对盐度进行校正，被国际 Argo 资料管理小组确定为 Argo 延时质量控制的标准方法。Böhme[5] 在 WJO 方法基础上，对历史资料的选取方法做了改进，考虑了正压行星涡度。但是，WJO 方法十分依赖于参数和历史数据集的质量和密度，进而表现出一定的不确定性。针对上述问题，中国 Argo 实时资料中心的童明荣等[6] 提出了利用误差消除法对盐度观测资料进行校正；刘增宏等将时间窗口、空间尺度以及历史数据集进行了细致比较和划分，明确了 WJO 方法使用时参数和数据集的选取问题[7]；进而又引入了位势电导比，通过检验电导率传感器的漂移，对存在漂移的盐度数据进行校正[8]。尽管经过多种方式的质控，王辉赞等[9] 发现 Argo 剖面仍存在如下典型问题：剖面位置异常、可疑剖面、毛刺以及盐度漂移等，并开展了 Argo 资料质量再控制研究。基于可靠历史观测数据集，通过寻找"最佳匹配"的历史剖面，对比甄别不同类的盐度偏移现象并订正，还提出"三倍标准差"与传统异常判别相结合的方法，提高数据校正的质量和时效。

随着 Argo 剖面数量的持续增加，需要寻求更高效的质控手段以满足对数据时效性的要求。Thadathil 等[10] 提出判断传感器是否出现漂移的新方法，即把时空相关尺度引入盐度偏移订正中。该方法不受水团性质影响，但在捕捉上层盐度错误的能力有限。Gailiard 等[11]将经典最优插值用于大量 Argo 数据的质量控制，通过分析残差可检测到仪器误差及更小的传感器漂移，但该方法需要不断更新参考气候态背景场的方差和协方差。卫星遥感技术的发展为 Argo 资料的质量控制带来了新契机，通过比较卫星高度计观测的海面高度异常与 Argo 温、盐度计算的动力高度异常，识别出剖面中依旧存在的传感器漂移、毛刺等问题，从而订正观测的系统误差，这种方法是对现有质控手段的有效补充[12]。目前，Argo 剖面浮标观测资料质量控制业务化运行早已开展，包括法国海洋开发研究院、美国全球海洋同化数据实验中心和中国 Argo 实时资料中心等，这些机构均在定期发布实时、延时质量控制数据，实现了 Argo 资料的全球免费共享。

　　质量控制是 Argo 资料应用的前提，直接关系到研究结果的科学性和可靠性。但鉴于 Argo 浮标工作环境的差异性以及误差产生机理的复杂性，目前尚无完美的质控方法。因此，将来可从两个方面予以改进：一是提高传感器的精度和抗干扰性，从源头上提高数据可靠性；二是建立动态高分辨率的气候态背景场，减少人为阈值的设定，增强延时质量控制的客观定量化性能。

3　上层海洋物理状况与温盐结构特征描述

　　温度和盐度是海洋水团的基本属性，其时空分布对了解大洋热收支起着极其重要的作用。北太平洋是 Argo 浮标分布密集的海域之一，Argo 资料是揭示该海区海洋物理状况与温盐结构特征的重要信息源。

3.1　西北太平洋水团和水交换

　　海洋水团与海洋环流密切关联，相互作用。海洋环流是海洋水团运动的主要动力学过程和形式之一，海流携带热量、盐量等特征量运动，影响着水团的生消、变性以及不同水团间的混合；水团的分布和热力学特征反映了各个尺度的环流运动及海洋现象的变化。西北太平洋是全球大洋变化最复杂的海域。由于水团的区分对于温盐要素的观测要求较高，尽管已开展过 TOGA（热带海洋与全球大气研究计划）、WOCE（世界海洋环流实验）和 CLIVER（气候变化及预测计划）等国际联合调查研究，但资料信息和分辨率还远远不够。Argo 计划的开展，为进一步细化区分不同水团提供了条件。Argo 资料分析研究表明：西北太平洋存在 8 个水团，包括北太平洋热带表层水、北太平洋次表层水、北太平洋中层水、北太平洋亚热带水、北太平洋深层水、赤道表层水、南太平洋次表层水和南太平洋中层水[13]。这些水团中，北太平洋热带表层水和赤道表层水源地是本海域，南太平洋中层水来自于南太平洋接近极地的海域，它自南向北越过赤道进入北太平洋后，温盐特性发生改变，而且水团深度向上抬升。由于 Argo 资料信息源自海洋内部，因而基于 Argo 资料的水团分布特征的描述更具代表性。

水交换是水团运动的一种形式,通过对比水团性质变化可以描述水交换及环流过程。西北太平洋拥有强大的西边界流,通过吕宋海峡与南海有显著的水交换,穿越海峡的水、热、盐通量对南海环流和水团特性具有重要影响。一般认为吕宋海峡水交换总体特征呈"三明治"结构:即上层和下层太平洋海水进入南海,而中层则从南海流出到太平洋[14-15]。Qu[16]发现西北太平洋进入南海的水主要来自 600 m 以浅的黑潮上层水体,但是这些水体是如何进入南海以及黑潮水入侵的季节变化问题尚存在争议,尤其是对夏季表层太平洋水的入侵还没有统一的认识。表层漂流浮标资料证实:冬季漂流浮标容易进入南海,夏季则没有。Argo 剖面浮标相对于表层漂流浮标的优势在于除漂移轨迹外,还能观测到次表层下温度和盐度,这是研究吕宋海峡水交换最直接有力的工具。2008 年和 2009 年先后开展了吕宋海峡 Argo 观测实验[17],在黑潮主流轴两侧布放了 10 个 Argo 浮标,结果显示:吕宋海峡附近流场结构受黑潮、南海环流、中尺度涡以及它们之间相互作用的影响,有 2 个浮标在 1 000 m 层跨过黑潮主轴向西进入南海,说明吕宋海峡深层存在西向流,且在冬季更为显著;在流轴靠南海一侧的 4 个浮标未向东进入太平洋,也说明海峡的深层流以西向为主。沿浮标轨迹的温盐剖面清楚地显示了太平洋与南海不同海区的水文特征,特别是温盐层结的变化。Argo 观测表明:在 19° ~ 23°N、120.5° ~ 122.75°E 海域内,水团性质介于南海水体和北太平洋水体之间。北太平洋热带水(North Pacific Tropical Water,NPTW)和北太平洋中层水(North Pacific Intermediate Water,NPIW)通过吕宋海峡入侵南海的趋势在夏季非常弱,且有南海水进入北太平洋的迹象;秋季,东北季风爆发促使 NPTW 入侵南海趋势增强;冬季,受东北季风控制,NPTW 入侵程度最强,但并未有明显的 NPIW 进入南海。相对高盐的南海中层水可通过吕宋海峡流入太平洋,其强度在秋、冬季节达到最大[18]。上述分析结果比较清楚地勾画出了南海和西北太平洋水交换的时空变化基本图像。然而,由于吕宋海峡的流况复杂,水交换时空变异大,使之目前对吕宋海峡水交换的认识仍不完善,对流场和温盐结构的时空变化尚有待继续、深入的研究。

北太平洋边界强流区和边缘海的 Argo 浮标布放,不仅为该海域的水团分布和变化研究提供了新手段,促进了人们对北太平洋水团来源、结构、分布和消长规律的理解;同时,Argo 定位信息也可作为示踪物揭示该海区水团交换特征。当然,吕宋海峡海域地形、强西边界流以及季风等影响因素复杂,需要选取合适的漂移深度、观测周期、布放位置和季节,以便在该海域获取更多的观测资料来支持吕宋海峡水团性质及交换研究。

3.2   混合层和模态水

海洋混合层位于温跃层之上,以强垂直混合和强耗散为典型特征,温、盐、密度垂向基本均匀,它是直接与大气相互作用的海洋上边界层。混合层深度(Mixed Layer Depth,MLD)则直接反映了上层海洋对各种外界强迫的响应强度,由机械混合过程和海表浮力通量过程之间的平衡决定。MLD 对净热通量的分布、海表温度异常的季节变化、障碍层的生成、模态水的形成和变化以及海洋声学和生态动力学等都有重要影响。以前的研究受限于观测的资料时空分辨率不够,对混合层的特征认识大都局限于局部区域、时域或气候态,且在 Argo 计划之前,MLD 的计算基本上都采用温度判据,盐度作用没有被纳入考虑,这在很大程度上造成了 MLD 计算的偏差,尤其在靠近极地的高纬度海区,盐度在密度和稳定度计算中发挥着更重要的作用。Dong 等[19]采用 Argo 剖面证实南大洋(30°~65°S)上层海洋会出现逆温层,且逆温不仅发生在冬季,在其他季节也会出现。因此盐度在海洋密度层结中起着决定性作用,但是用温度和密度计算混合层深度时存在较大差别。在西北太平洋上,Argo 描述的 MLD 与 WOA01 气候态的 MLD 具有相似特征,但也存在局部差异:如在黑潮延伸体(Kuroshio Extensino,KE)以南海域,MLD 偏深而在以北则偏浅,且季节变化的时间和幅度也明显不同于气候态[20]。就 Argo 资料揭示的全球 MLD 时空特征来看,MLD 夏季浅而冬季深。北太平洋和北大西洋的 MLD 分布和变化相似;印度洋 MLD 受季风影响,呈现出半年的周期变化。EOF 分析进一步表明,MLD 存在显著的年和半年周期[21]。Argo 盐度观测资料也细化了障碍层(Barrier Layer,BL)和补偿层(Compensated Layer,CL)研究:在副热带环流区全年平均情况下,障碍层厚度较气候态要厚,并且呈现出片状分布[22]。赤道西太平洋、赤道西大西洋、孟加拉湾,以及赤道东印度洋、拉布拉多海、北极和南大洋部分海域也都存在永久性障碍层;而在北半球副极地海域、南印度洋和阿拉伯海,障碍层则是季节性出现;在南北半球副热带海域(25°~45°N,25°~45°S)和热带、副热带沿岸上升流区域则不会出现障碍层,冬季北太平洋副热带海域(30°N 附近)和东北大西洋海域(40°~60°N,0°~30°W)是补偿层发生的区域[21](见图 1)。东北太平洋副极地海域混合层内盐度的变化具有强烈的季节性循环特征,受地转平流、降水、蒸发和夹卷作用的共同影响,盐度在秋季和冬季增加,在春季和夏季减小[23]。

　　与混合层密切相关的一种物理海洋现象是模态水。模态水是出现在温跃层中温度、盐度和位势涡度垂直均一的一类特殊类型水体,其垂直均一性来自于冬季深对流过程,包含了外部大气强迫的长期记忆,对于海洋环流和气候变化有重要作用。目前对模态水形成机制的共识是:模态水的形成依赖于温跃层的通风过程,是在副热带环流背景下混合层季节变化的产物。但是先前模态水的研究并未解决副热带模态水的形成机理、形成海区以及下沉速度等问题,2000 年之后,包括 Argo 浮标在内的现场观测捕捉到模态水的一些结构细节。Oka 等[24]发现冬季黑潮延伸体北部混合层结构和副热带环流的位势涡度是影响中部模态水(CMW)形成和下沉的主要因子;而在黑潮延伸体北部,冬季混合层往下游逐渐变浅,170°E 以西形成的模态水在翌年冬天重新夹卷入混合层,导致其密度变小而不能下沉到永久性密度跃层之下;而在东部(170°E~160°W)模态水形成区,冬季混合层向东变浅密度变小,使密度较大的模态水下沉到永久性密跃层之下,并随北副热带环流的反气旋平流向南输运。后来,人们

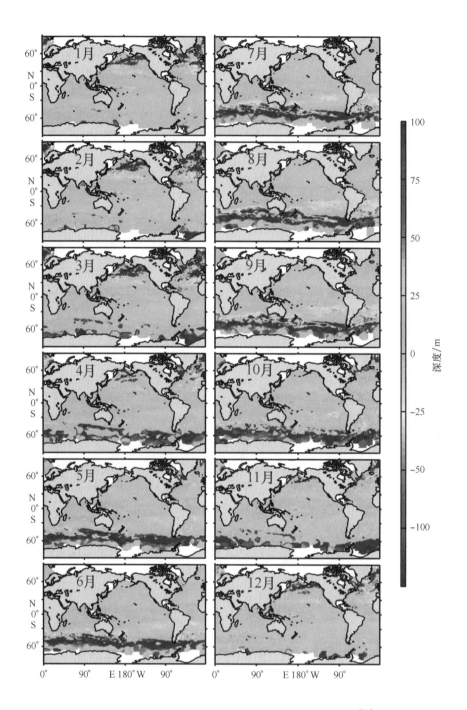

图1　2005–2009 年全球障碍层和补偿层的逐月分布[21]

正值为障碍层深度，负值为补偿层深度

Fig. 1　Distributions of monthly mean BL and CL over the period 2005–2009

Positive values indicate BLD（Barrier Layer Depth），negative values indicate CLD（Compensated Layer Depth）

发现中尺度涡旋和反气旋环流对模态水的形成和下沉作用显著。Suga 等[25]首先证实在西部模态水形成区,具有显著的冬季深混合层及深温跃层,他们推断该深混合层及深温跃层可能是由反气旋涡引起。Uehara 等[26]利用 Argo 资料研究了涡旋在西部副热带模态水形成和输运中的作用,指出反气旋涡对应较深的冬季混合层和温跃层,并在向南运动过程中携带较厚的模态水,但是他们没有定量估计海洋涡旋对冬季海洋混合层变化及西部模态水形成的贡献。为此,Pan 等[27]结合 Argo 等多源数据研究发现:反气旋式的暖涡增强了冬季局地的垂向混合过程,形成较深的混合层及温度跃层,有助于西部副热带模态水的形成,并且量化了涡旋与混合层深度的数量关系,涡旋的累积效应影响了模态水形成的年际变化。

Argo 次表层观测资料与其他观测资料的结合促进了海洋混合层和模态水的研究,一些重要的特征和相互关联得到了深入细致的探讨,比如混合层与模态水形成与变化、输运和下沉、涡旋作用等问题,丰富了上层海洋层结研究的理论体系。但是,Argo 资料的垂向分辨率还较粗,对于分辨更小尺度的混合过程尚无能为力。

4   气候变化和海洋热力动力状态监测

4.1   海面高度变化监测

Argo 计划目的之一是与卫星高度计结合,全面动态地描述海平面高度变化及其次表层的成因,提高对全球温室效应引起的海平面上升的估算和预报精度。海面高度(Sea Surface Height,SSH)变化主要包含了两类过程:一类是由地球系统水循环造成的海水总质量的变化,包括结冰和融冰,大气和陆地通过蒸发、降水和表面径流的质量交换等;另一类是质量恒定情况下,海水温、盐度结构改变引起的体积变化所导致的海面高度变化,即由温度和盐度变化引起的比容海平面(Steric Sea Level,SSL)变化。中纬度 SSL 引起的海面高度变化贡献率,能占到海平面变化的 70% 以上。由于 SSL 的变化完全取决于次表层温盐结构,所以精确的次表层温盐观测对于计算精度非常重要。相比气候态的温盐场而言,Argo 数据具有更高覆盖率和深度层次等优点。Guinehut 等[28]验证了 Argo 剖面温盐计算的水文动力高度异常(Hydrographic Dynamic Height Anomaly,DHA)与高度计海面异常(Altimeter Sea Surface Anomaly,SLA)的异同,揭示了两者很好的一致性和互补性,指出了正压模态和斜压模态对海面高度变化的贡献比例。Argo 观测还证实:在北印度洋阿拉伯海的部分海域,海平面变化主要是由于温盐层结的静力效应引起,特别是盐度效应对计算动力高度的影响更为重要[29]。在季节到年际尺度上,全球海平面变化均以斜压信号为主,但在高纬度地区,季节内和中尺度的海平面变化则是正压的,并伴随深层斜压性的影响[30]。Roemmich 和 Gilson[31]将 2004 - 2008 年间 Argo 数据计算的比容高度与 WOA01 气候态比较发现,在热带大西洋、西太平洋与 30°S 以南大洋上,由 Argo 数据得到的比容高度是增加的。

随着全球变暖，全球海平面呈上升趋势，第 4 次 IPCC 报告中指出，1993 – 2003 年间全球平均海平面上升速率为 3.1 mm/a，其中海水热膨胀贡献率约为 50%。Argo 观测的显著优势体现在明显减少了海洋蓄热计算的不确定性，并在确定全球气候变暖和海平面上升的速度方面起到关键作用。Argo 观测资料揭示：自 2003 年以来全球海平面仍以约 2.5 mm/a 的速率上升。其中，2004 – 2008 年间 Argo 数据计算的比容海平面的变化速率为 0.37 mm/a[32]。Willis 等[33]通过分析 2003 – 2007 年 Argo 观测的温度、盐度和卫星高度计测量的海表面高度以及重力场，在研究全球平均海平面上升时发现：比容海平面的上升速率为（ – 0.5 ± 0.5）mm/a，海平面的年际和季节波动是质量分量和密度分量共同作用下的结果，但是各种观测系统自身也存在着系统性的长周期误差。Argo 浮标只能测量上层海洋和年代际尺度的密度变化，而深层比容变化也能引起海平面显著上升。

4.2　海洋温度变异和 ENSO 监测

海表温度（Sea Surface Temperature，SST）和海洋热含量（Ocean Heat Content，OHC）是表征海洋热状态的两个重要参数，因热含量更具稳定性，其对天气、气候持续发展的作用更大。上层海洋热含量与水温、盐度、上混合层厚度和温跃层深度有关。以往受观测深度的限制，热含量研究主要集中在上混合层，由于计算使用的历史观测资料是在不同时期、采用不同仪器获得的，导致了很大误差。Argo 浮标观测克服了这些缺点，而且 Argo 观测网把以前集中在热带太平洋的观测系统扩展到了整个全球海洋，海洋蓄热的估算精度也已在北大西洋得到了很好的验证，如图 2 所示，Argo 资料反映了南、北半球和全球范围内海洋热含量显著的年变化和全球变暖趋势[34]。Argo 等观测资料结合卫星高度计资料的结果显示：1993 – 2003 年期间全球海洋上层（0 ~ 750 m）的平均增暖速度约（0.86 ± 0.12）W/m^2，由增温效应引起的海平面上升速率为（1.6 ± 0.3）mm/a，热含量异常变化关系着 ENSO（厄尔尼诺和南方涛动，El Niño-Southern Oscillation）循环发生发展[35]。刘增宏等[36]指出全球 0 ~ 750 m 海洋上层，在 1993 – 2009 年期间平均增暖速率为 1.24 W/m^2，海洋增暖最显著海区出现在 40°S 附近，而且全球海洋热储的年际变化都与 ENSO 相关。热带海洋热含量变化相对比较稳定，中、高纬度海区，特别是在南大洋海域，热含量增加速度超过了热带海域。Levitus 等[37]综合新颖 Argo 数据和 WOD09 历史观测对全球 0 ~ 700 m 和 0 ~ 2 000 m 的热含量进行了重新估算：发现 1995 – 2010 年间，全球 0 ~ 2 000 m 热含量增加了（24.0 ± 1.9）×10^{22} J，0 ~ 700 m 的热含量增加了（16.7 ± 1.6）×10^{22} J，两者相应的海平面增加趋势分别为（0.54 ± 0.05）mm/a 和（0.41 ± 0.04）mm/a。Argo 的出现，极大提高了海洋热含量的估算精度，利于进一步挖掘其分布变化与 ENSO 事件的关联，丰富了对全球变暖的局部特征研究，为全球气候变化系统研究提供了重要科学依据。

Argo 观测网有助于建立一个包含热含量和淡水贮存，以及中层水团和温跃层水体的温盐结构与体积信息的数据库，用来研究和确定温盐变化的形式和演变过程，为

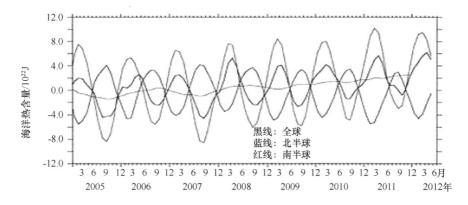

图 2   南、北半球和全球范围内海洋热含量的变化趋势（引自 Argo 简讯[34]）

Fig. 2   The trends of heat content for northern hemisphere, south hemisphere and global

大气－海洋模式提供约束条件，描述大尺度海洋环流和状态变化。Argo 剖面浮标结合 Jason/TOPEX 卫星高度计对全球大洋的持续观测，使得耦合海洋－大气模型、季节性气候和下层海洋的常规分析与预测成为可能，如公海石油泄漏的预测以及对捕鱼业的援助，重要的是能够定量研究全球气候变化中海洋的作用。

4.3   海洋环流和中尺度涡监测

海洋环流的直接观测比较困难，且费用昂贵。目前全球性海流观测主要有卫星遥感观测和全球漂流浮标计划（Global Drifter Program，GDP）。卫星遥感的风场和海面高度场可以反演海面的 Ekman 漂流和地转流，GDP 表层漂流浮标悬浮在水面下 15 m 处，测量的是混合层内的流速。与之相比，Argo 剖面浮标不仅可以对表层海流直接进行拉格朗日观测，而且还可以对次表层海流进行跟踪观测。Park 等[38]由 Argo 浮标的漂移轨迹计算了次表层流场，指出如何准确定浮标的海表轨迹是解决次表层流场估算精度的关键。Lebedev 等[39]利用 Argo 轨迹开发了表层和停留层深度的流场数据产品（YoMaHa'07，http：//apdrc. soest. hawaii. edu/projects/yomaha/），促进了 Argo 浮标轨迹流场的推广应用。由于 Argo 资料具有沿轨迹并存温盐观测剖面的优势，其能合理描述全球热盐环流情况。Liu 等[40]利用 SODA 资料和 Argo 资料证实了多年平均情况下，北太平洋存在 4 个经向翻转环流圈，两个顺时针环流（热带经圈环流 TC、副热带环流 STC）和两个逆时针环流（深层热带经圈环流 DTC 和副极地经圈环流），而且 TC、STC 和 DTC 都存在着明显的季节变化。在北大西洋，Argo 数据被用来研究经向翻转流的输送，相比其他单一温盐断面，Argo 可显著减小平均经向输送中涡旋噪声的影响[41]。在揭示中尺度环流方面，Argo 浮标的轨迹显示棉兰老岛以东海域中层环流的时空变化性很大，且包含非常显著的中尺度信号特征，在中层（1 000 ~ 2 000 m）深度上存在非常活跃的涡旋运动[42]。尽管海表温度、海面高度以及叶绿素浓度等卫星遥感手段可以从海表探测到中尺度涡，但由于海洋次表层观测稀缺，人们对于中尺度涡的水下结构信息依然知之甚少。Argo 浮标对海洋上层 0 ~ 2 000 m 连续、实时的温度和盐度观测，在揭示中尺度涡结构及其热盐输送中凸显了巨大潜力。在北太平洋，Argo 数据不仅用来刻画中尺度涡的垂向结构，并与卫星遥感反演的海面高度信号建立关联，发现涡旋的热输送主要限制在上层 200 m 以内，该层中尺度涡轴西倾导致向极地的净热量输送，但在季节性温跃层下涡轴则趋向对称，几乎没有净热输送[43]。在南海，吕宋暖涡（Luzon Warm Eddy，LWE）可达到 500 m 深，温度异常 5℃，盐度异常 - 0.5 PSU，LWE 混合了黑潮和南海水，具有高温和低盐特征[44]。Chaigneau 等[45]通过合成中尺度涡内的 Argo 剖面方法，重构了中尺度涡垂向平均结构和三维结构，在东南太平洋，气旋涡的涡核位于 150 m 深处，对应着温跃层深度；而反气旋的涡核位于 400 m 处，居温跃层之下，这种差异与两者的产生机制不同有关；气旋涡中心的温度异常和盐度异常分别为 - 0.1℃和 - 0.1 PSU，反气旋涡分别为 0.1℃和 0.1 PSU，相应热输送异常和盐输送异常分别为（ ±1 ~ 3）× 10^{11} W 和（ ±3 ~ 8）× 10^3 kg/s。

虽然 Argo 计划主要为观测大尺度（季节时间尺度和上千千米空间尺度）的次表层海洋信息，但随着 Argo 温盐剖面信息的日益丰富，用 Argo 剖面资料来探究中尺度涡三维结构和温盐输送是一个非常有生命力的课题。前人在中尺度涡研究上做了很多工作，但是关于中尺度涡的三维结构以及相应的热盐输送大都还限于中尺度涡的个例研究上，目前仍没有统一的认识。

4.4　海洋对热带气旋响应和反馈监测

上层海洋与热带的响应和反馈是一种极端天气条件下的中尺度海气相互作用，了解其相互作用机制和过程有助于理解 TC 的产生、发展以及强度、路径变化原因，进而为 TC 预报、预警提供依据。虽然 Argo 的观测重点不是短暂的天气现象，但是全天候的 Argo 浮标能帮助人们更好地了解热带气旋生成海域的海况以及发展过程中观测海域的海 - 气热交换、淡水容量和输送等过程。

热带气旋经过的海洋存在着强烈的海气相互作用，能导致强烈混合、涡旋等过程，Argo 浮标不受气旋产生的恶劣环境的影响，适宜于上层海洋响应和反馈研究。海洋在台风经过之前、经过时和经过之后的响应是不同的，台风经过时主要是垂向的湍流混合，而台风过后则主要是近惯性流引起的埃克曼涌升和惯性抽吸，且模式结果已表明，台风导致的海表降温主要是由于上升流或深层海水混合，而不是海表失热[46]。成里京利用 Argo 资料研究了全球尺度范围内海洋热状态对热带气旋的响应，他将热带气旋分为热带风暴和台风（飓风）两类。研究表明：在热带风暴经过的 3 天内，海洋向大气提供能量以维持热带风暴，其年平均总值约为 9.1 W/m²，其中 3.2 W/m² 来自于热带风暴，剩余的 5.9 W/m² 来自台风。且在台风经过（4 ~ 20 d 平均），海洋得到能量，而热带风暴经过后，海洋则损失能量，揭示了超强热带气旋和强热带气旋对于海洋热状态影响的不同[34]。台风经过前后，混合层温度（Mixed Layer Temperature，MLT）和混合层厚度变化的统计结果显示，北太平洋 MLT 平均降温 1℃，MLD 平均加深 56 m[47]。比较台风经过前后海洋近表层和次表层热含量变化表明：强 TC 下，垂直混合导致次表层的升温和近表层的冷却量级相当；在弱 TC 下，近表层的冷却显著但次表层升温不明显，这说明在弱 TC 里海气热交换和垂直对流作用更显著。近表层热含量恢复时间大于 30 d，而海表温度则仅需 10 d[48]。剖面观测显示在西北太平洋暖池区，大部分台风导致了海表盐度（Sea Surface Salinity，SSS）下降，台风经过时 SSS 的变化取决于降雨、蒸发增加、混合层内混合增强和跃层涌升 4 个效应间的竞争结果[49]。台风强度变化不仅与海表温度有关，而且还与海洋的垂向温盐结构特征有关。台风在经过有障碍层海域时，稳定的海洋层结减弱了垂向的混合冷却，热量从海洋传向大气导致台风强度增强，同时盐度结构可以作为海洋状态的指示来预报台风强度变化[50]。

5　资料同化及短期气候预测

Argo 浮标轨迹信息[51]、温度和盐度剖面[52-55]应用于局部海域和全球海洋数值模式的日常同化业务中，均对同化结果产生了重大改进。目前的业务化海洋数据同化系统多采用三维变分和最优插值方法，如美国国家环境预报中心（NCEP）的 GODAS 全球资料同化系统、法国气象局的 FOAM 同化系统，以及我国的 OVALS 同化系统[56]等。法国墨卡托业务海洋预报系统，还采用 Argo 资料对每天的后报和现报进行约束。经过 SAM 滤波器同化，提高了高纬度区 14 d 预报的水平。法国气象局评估了 Argo 数据在 FOAM 耦合模式中的价值，指出若没有 Argo 数据，那么观测减去背景场的协方差将增大约 5%。英国气象局哈德雷中心的研究表明，目前的 Argo 剖面资料有可能为 10 年尺度预报的经向反转流提供足够信息，并指出 2 000 m 以深的观测会使预报海洋异常的全球形态技术得到提高。我国的"热带太平洋温度与盐度同化业务系统"将 Argo 资料作为重要数据源，已经在国家海洋环境预报中心得到业务化应用，可发布热带太平洋月平均同化再分析产品。国家气候中心肖俊贤等[57]开发了第二代海洋同化系统（BCC_GODAS2.0），涵盖了卫星遥感的海表温度和高度资料、Argo 温盐剖面资料，以及由 GTS 上传的观测资料等。

Argo 资料的应用改进了海洋模式中的物理过程参数化方案，提高了模式对大气状态的预测能力。Liu 等[58]利用 Argo 资料对国家气候中心全球海洋资料四维变分同化系统（NCC - GODAS）中海洋动力模式（L30T63 OGCM1.0）的垂直混合参数化方案进行修正，改进了过渡带区域夏季海面温度的模拟结果，如图 3 所示为 NCC - GODAS 中包含和不包含 Argo 资料时的同化结果，与 OISST - V2 海洋表面温度之间的均方根误差（rmse）全球分布情况，除了 0° ~ 45°E 区域外，同化 Argo 资料后的 rmse 明显减小，表明同化 Argo 资料后，海表面温度的模拟结果更接近 OISST - V2 的分析场[58-59]。张人禾等[60]用 Argo 资料改进 Zebiak - Cane 海洋模式（简称 ZC 模式）的次表层温度距平和海洋混合层深度的参数化方案，显著提高了模式对热带西太平洋海温变异的模拟能力，改进了 ZC 模式对 ENSO 的预测能力。对比试验表明：采用带有 Argo 资料的海洋同化初始场，对我国夏季降水分布形式的回报水平有明显提高[61]。朱江等[62]将 Argo 资料应用于 OVALS 同化系统（通用海洋资料同化系统），结果表明：Argo 资料和其他的海洋资料形成互补，在改进盐度场方面作用突出；Argo 资料可以在海洋模式结果的不确定性估计中发挥重要作用，尤其是在深层；Argo 浮标提供的全球温、盐资料能够对高度计同化结果进行详细的验证和评估。

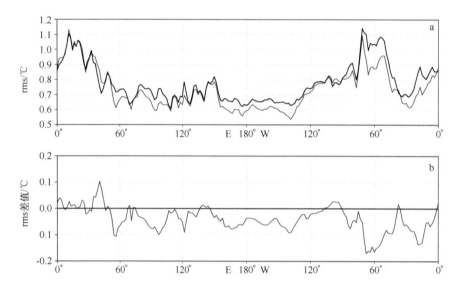

图 3　NCC – GODAS 全球海洋资料同化系统中，全球海面温度与 OISST – V2
之间的均方根误差（rmse）的纬圈平均（引自 Liu 等[58]）

a 中红线和黑线分别为同化和不同化 Argo 资料的结果，b 为二者之差。同化时段为 2001 年 1 月至 2003 年 8 月

Fig. 3　Root – mean – square error（rmse）of SST between OISST – V 2 and NCC – GODAS

（time from January 2001 to August 2003，averaged in meridional direction）（From Liu et al. ，2005）

a. Red line is NCC – GODAS with Argo and the black without Argo.

b. The difference between NCC – GODAS with Argo and NCC – GODAS without Argo

Argo 提供了高分辨率模式中非常重要的温盐垂直结构资料，使得解决区域模式的缺陷和时间依赖性成为可能，对模式验证起着非常重要的作用，将使人们加深对海洋过程的了解，揭示海气相互作用的机理，为长期天气预报和短期气候预测提供模式初始场，提高长期天气预报和短期气候预测的能力。

6　研究展望

自 Argo 计划实施以来的 10 多年期间，Argo 观测资料在海洋科学领域中得到了广泛的应用、取得了许多重要成果。由于 Argo 资料覆盖全球的信息优势,使得过去观测资料很少或很难触及的一些特殊海域,如南大洋、极地海区等,也因 Argo 计划的实施而成为了新的研究热点;深层海洋混合、海气耦合以及淡水通量效应的一系列影响气候和海洋变化的新问题成为新的研究方向。

(1)新型浮标技术带来极地和深层海洋研究的新机遇

浮标技术创新使得观测的最浅深度能够更接近海气相互作用的界面。装备有探冰软件的浮标可以等到在无冰海区浮出水面时再发送观测资料,也可以把资料存储起来,等夏天冰盖融化之后再把资料发回地面。铱卫星通讯技术可将浮标在海表停留的时间缩短到几分钟,且剖面垂向分辨率更高。可在冰层覆盖的极地海域和在深于 2 000 m 观测的浮标技术以及溶解氧和生物化学探测传感器等一系列新的探测技术,进一步扩展了极地海洋和深层海洋的研究视野,为认识极地和深层海洋年代际变化和增暖对海平面变化的作用提供了可能。

(2)海洋盐度在气候变化中的作用

海洋盐度在海洋环流与气候变化中具有重要作用,特别是确定气候异常在年代际时间尺度上的变化特性中作用巨大[63],海洋盐度变化也认为是局地和全球水文循环的一个良好指示剂,可以诊断全球冰容量。在全球变暖背景下,极地融冰产生的淡水通量正在缓慢而深刻地改变地球气候系统。Argo 盐度资料是当前仅有的全球范围的盐度观测资料,随着南大洋 Argo 浮标密度的逐渐加密,Argo 盐度观测资料将是促使气候变化进一步深化的重要数据信息。

(3)多源资料融合与数据同化

Argo 计划及众多卫星观测计划构成了庞大的全球海洋观测网络,在理论上初步形成海洋实时预报和气候预测的观测数据要求。如何有效利用这些不同观测资料仍是一个有待解决的重要课题。开展 Argo 等多源观测资料融合和数据同化研究,将是大气、海洋数据模式研究的重点和热点问题。

Argo 计划实施开启了海洋学研究的新篇章,从根本上改变了对海洋内部信息缺少了解的局面。Argo 观测资料已被广泛应用于海洋科学和大气科学研究,在海气相互作用、长期天气预报和短期气候预测等科学研究和业务化运行保障中得到了成功的运用,展示了广阔的应用前景。随着 Argo 计划的持续实施和数据产品的有效运用,将会进一步推动海洋和大气科学的发展。

参考文献:

[1]　许建平. 阿尔戈全球海洋观测大探秘[M]. 北京:海洋出版社,2002:1 – 115.

[2]　陈大可,许建平,马继瑞,等. 全球实时海洋观测网(Argo)与上层海洋结构、变异及预测研究[J]. 地球科学进展,2008,23(1):1 – 7.

[3]　Oka E. Long-term sensor drift found in recovered Argo profiling floats[J]. J Oceanogr,2005,61

　　　　（4）：775 - 781.

[4]　Wong A P, Johnson G C, Owens W B. Delayed-mode calibration of profiling float salinity data by historical hybrographic data[C]. Fifth Symposium on Integrated Observing System, 14 - 19 Janaury 2001, Albuquerque, NM.

[5]　Böhme L. Quality control of profiling float data in the subpolar North Atlantic[D]. Ph. D. dissertation, Christian - Albrechts - Universität Kiel, 2003：79.

[6]　童明荣, 刘增宏, 孙朝辉, 等. Argo 剖面浮标数据质量控制过程剖析[J]. 海洋技术, 2003, 22 （4）：79 - 84.

[7]　刘增宏, 许建平, 朱伯康, 等. Argo 资料延时质量控制及其应用探讨[G]//许建平. Argo 应用研究论文集. 北京：海洋出版社, 2006：224 - 240.

[8]　刘增宏, 许建平, 孙朝辉. Argo 浮标电导率漂移误差检测及其校正方法探讨[G]//许建平. 西太平洋 Argo 剖面浮标观测及其应用研究论文集. 北京：海洋出版社, 2010：250 - 259.

[9]　王辉赞, 张韧, 王桂华, 等. Argo 浮标温盐剖面观测资料的质量控制技术[J]. 地球物理学报, 2012, 55 （2）：577 - 588, doi：10. 6038/j. issn. 0001 - 5733. 2012. 02. 020.

[10]　Thadathil P, Bajish C C, Swadhin Behera, et al. Drift in salinity data from Argo profiling floats in the sea of Japan[J]. J Atmos Oceanic Technol, 2012, 29：129 - 138.

[11]　Gaillard F, Autret E, Thierry V, et al. Quality Control of Large Argo Datasets[J]. J Atmos Oceanic Technol, 2009, 26：337 - 351.

[12]　Guinehut S, Coatanoan C, Dhomps A L, et al. On the use of satellite altimeter data in Argo quality control[J]. J Atmos Oceanic Technol, 2009, 26：395 - 402.

[13]　许建平, 刘增宏, 孙朝辉, 等. 利用 Argo 剖面浮标研究西北太平洋环流和水团[G]//许建平. Argo 应用研究论文集. 北京：海洋出版社, 2006：1 - 15.

[14]　Qu T. Evidence for water exchange between the South China Sea and the Pacific Ocean through the Luzon Strait[J]. Acta Oceanol Sin, 2002, 21：175 - 185.

[15]　Yuan D L. A numerical study of the South China Sea deep circulation and its relation to the Luzon Strait transport[J]. Acta Oceanol Sin, 2002, 21：187 - 202.

[16]　Qu T D. Upper-layer circulation in the South China Sea[J]. J Phys Oceanogr, 2000, 30：1450 - 1460.

[17]　陈大可, 裴玉华, 章向明. 吕宋海峡 Argo 观测试验[G]//陈大可. Argo 研究论文集. 北京：海洋出版社, 2011：57 - 71.

[18]　许建平, 刘增宏, 孙朝辉, 等. 吕宋海峡附近海域水团分布及季节变化特征[J]. 热带海洋学报, 2011, 30 （1）：11 - 19.

[19]　Dong, S, Sprintall J, Gille S T, et al. Southern Ocean mixed-layer depth from Argo float profiles [J]. J Geophys Res, 2008, 113：C06013, doi：10. 1029/2006JC004051.

[20]　OhnoY, Kobayashi T, Iwasaka N, et al. The mixed layer depth in the North Pacific as detected by the Argo floats[J]. Geophys Res Lett, 2004, 31：L11306, doi：10. 1029/ 2004GL019576.

[21]　安玉柱, 张韧, 王辉赞, 等. 全球大洋混合层深度的计算及其时空变化特征分析[J]. 地球物理学报, 2012, 55 （7）：2249 - 2258, doi：10. 6038/j. issn. 0001 - 5733. 2012. 07. 011

[22]　Sato K, Suga T, Hanawa K. Barrier layers in the subtropical gyres of the world's oceans[J]. Geo-

phys Res Lett, 2006, 33：L08603, doi：10. 1029/2005GL025631.

[23] Ren L, Riser S C. Seasonal salt budget in the northeast Pacific Ocean[J]. J Geophys Res, 2009, 114：C12004, doi：10. 1029/2009JC005307.

[24] Oka E, Kouketsu S, Toyama K, et al. Formation and subduction of central mode water based on profiling float data, 2003 −08[J]. J Phys Oceanogr, 2011, 41：113 −129

[25] Suga T, Hanawa K. The mixed-layer climatology in the northwestern part of the North Pacific subtropical gyre and the formation area of Subtropical Mode Water[J]. J Mar Res, 1998, 48：543 −566.

[26] Uehara H, Suga T, Hanawa K, et al. A role of eddies in formation and transport of North Pacific Subtropical mode water [J]. Geophys Res Lett, 2003, 30 (13)：1705, doi：10. 1029/ 2003GL 017542

[27] Pan A J, Liu Q Y. Mesoscale eddy effects on the wintertime vertical mixing in the formation region of the North Pacific Subtropical Mode Water[J]. Chinese Science Bulltin, 2005, 50 (1)：1 −8.

[28] Guinehut S, Le Traon P-Y, Larnicol G. What can we learn from Global Altimetry/Hydrography comparisons[J]. Geophys Res Lett, 2006, 33：L10604.

[29] George S, Sharma R, Agarwal N, et al. Dynamic height anomaly from Argo profiles and sea-level anomaly from satellite altimetry：A comparative study in the Indian Ocean[J]. International Journal of Remote Sensing, 2011, 32：5105 −5113.

[30] Dhomps A-L, Guinehut S, Le Traon P-Y, et al. A global comparison of Argo and satellite altimetry observations[J]. Ocean Sci, 2011, 7：175 −183.

[31] Roemmich D, Gilson J. The 2004 −2008 mean and annual cycle of temperature, salinity, and steric height in the global ocean from the Argo Program[J]. Progr Oceanogr, 2009, 82：81 −100.

[32] Cazenave A, Dominh K, Guinehut S, et al. Sea level budget over 2003 −2008：A reevaluation from GRACE space gravimetry, satellite altimetry and Argo[J]. Glob Planet Change, 2008, 65 (1)：83 −88.

[33] Willis J K, Chambers D P, Nerem R S. Assessing the globally averaged sea level budget on seasonal to interannual timescales[J]. J Geophys Res, 2008, 113：C06015.

[34] 中国 Argo 实时资料中心. Argo 简讯[R]. 杭州：国家海洋局第二海洋研究所, 2013, 2.

[35] Willis J K, Roemmich D, Cornuelle B. Interannual variability in upper ocean heat content, temperature, and thermosteric expansion on global scales[J]. J Geophys Res, 2004, 109：C12036.

[36] 刘增宏, 许建平, 孙朝辉. 利用温度剖面资料结合海面高度估算全球海洋上层热含量异常 [G] // 陈大可. Argo 研究论文集. 北京：海洋出版社, 2011：106 −116.

[37] Levitus S, Antonov J I, Boyer T P, et al. World ocean heat content and thermosteric sea level change (0 −2 000 m), 1955 −2010[J]. Geophys Res Lett, 2012, 39：L10603.

[38] Park J J, Kim K, King B A, et al. An advanced method to estimate deep currents from profiling floats[J]. J Atmos Oceanic Technol, 2005, 22 (8)：1294 −1304.

[39] Lebedev K V, Yoshinari H, Maximenko N A, et al. YoMaHa07：Velocity data assessed from trajectories of Argo floats at parking level and at the sea surface[J/OL]. IPRC Technical Note, 4(2), June 12, 2007, 16p. http：//apdrc. soest. hawaii. edu/projects/yomaha/.

[40] Liu H W, Zhang Q L, Duan Y L, et al. The three-dimensional structure and seasonal variation of the North Pacific meridional overturning circulation[J]. Acta Oceanol Sin, 2011, 30(3): 33 – 42.

[41] Hernández-Guerra A, Joyce T M, Fraile-Nuez E, et al. Using Argo data to investigate the Meridional Overturning Circulation in the North Atlantic[J]. Deep-Sea Res Part Ⅰ, 2010, 57: 29 – 36.

[42] Zhou H, Yuan D L, Guo P F. Meso-scale circulation at the intermediate – depth east of Mindanao observed by Argo profiling floats[J]. Science China: Earth Sciences. 2010, 53(3): 432 – 440.

[43] Qiu B, Chen S. Eddy-induced heat transport in the subtropical North Pacific from Argo, TMI and altimetry measurements[J]. J Phys Oceanogr, 2005, 35: 458 – 473.

[44] Chen G X, Hou Y J, Chu X Q, et al. Vertical structure and evolution of the Luzon Warm Eddy [J]. Chin J Oceanol Limn, 2010, 28 (5): 955 – 961, doi: 10.1007/s00343 – 010 – 9040 – 3.

[45] Chaigneau A, Le Texier M, Eldin G, et al. Vertical structure of mesoscale eddies in the eastern South Pacific Ocean: A composite analysis from altimetry and Argo profiling floats[J]. J Geophys Res, 2011, 116: C11025, doi: 10.1029/2011JC007134.

[46] Price J F. Upper ocean response to a hurricane[J]. J Phys Oceanogr, 1981, 11: 153 – 175.

[47] Park J, Park K-A, Kim K, et al. Statistical analysis of upper ocean temperature response to typhoons from ARGO floats and satellite data[J]. IEEE International, 2005, 4: 2564 – 2567.

[48] Park J J, Kwon Y-O, Price J F. Argo array observation of ocean heat content changes induced by tropical cyclones in the north Pacific[J]. J Geophys Res, 2011, 116: C12025.

[49] 许东峰，刘增宏，徐晓华，等. 西北太平洋暖池区台风对海表盐度的影响[J]. 海洋学报, 2005, 27(6): 9 – 15.

[50] Balaguru K, Chang P, Saravanan R, et al. Ocean barrier layers' effect on tropical cyclone intensification[J]. PNAS, 2012, 109(36): 14343 – 14347.

[51] Taillandier V, Griffa A, Poulain P-M, et al. Assimilation of Argo float positions in the north western Mediterranean Sea and impact on ocean circulation simulations[J]. Geophys Res Lett, 2006, 33: L11604, doi: 10.1029/2005GL025552.

[52] Griffa A, Molcard A, Raicich F, et al. Assessment of the impact of T – S assimilation from Argo floats in the Mediterranean Sea[J]. Ocean Science, 2006, 2: 237 – 248.

[53] Agarwal N, Sharma R, Basu S, et al. Impact of Argo data assimilation in an Ocean General Circulation Model[J]. Proc SPIE, 2006, 6404, 64040Z.

[54] Agarwal N, Sharma, Basu S, et al. Assimilation of sub-surface temperature profiles from Argo floats in the Indian Ocean in an Ocean General Circulation Model[J]. Curr Sci India, 2008, 95: 495 – 501.

[55] Huang B, Xue Y, Behringer D W. Impacts of Argo salinity in NCEP Global Ocean Data Assimilation System: The tropical Indian Ocean[J]. J Geophys Res, 2008, 113: C08002.

[56] 朱江，周广庆，闫长香. 一个三维变分海洋资料同化系统的设计和初步应用[J]. 中国科学 (D 辑: 地球科学), 2007, 37: 261 – 271.

[57] 肖贤俊，何娜，张祖强，等. 卫星遥感海表温度资料和高度计资料的变分同化[J]. 热带海洋学报, 2011, 30: 1 – 8.

[58] Liu Y M, Zhang R H, Yin Y H, et al. The application of ARGO data to the global ocean data assimilation operational system of NCC[J]. Acta Meteorolgica Sinica, 2005, 19(3): 355 – 365.

[59] 张人禾, 朱江, 许建平, 等. Argo 大洋观测资料的同化及其在短期气候预测和海洋分析中的应用[J]. 大气科学, 2013, 37 (2): 411 – 424, doi: 10. 3878/j. issn.

[60] 张人禾, 刘益民, 殷永红, 等. 利用 Argo 资料改进海洋资料同化和海洋模式中的物理过程[J]. 气象学报, 2004, 62(5): 613 – 622.

[61] 张人禾, 殷永红, 李清泉, 等. 利用 Argo 资料改进 ENSO 和我国夏季降水气候预测[J]. 应用气象学报, 2006, 17(5): 538 – 547.

[62] 朱江, 闫长香, 万莉颖. Argo 资料在太平洋海洋资料同化中的应用[G] //许建平. Argo 应用研究论文集. 北京: 海洋出版社, 2006: 111 – 127.

[63] Ludas R, Lindstrom E. The mixed layer of the Western Equatorial Pacific ocean[J]. J Geophys Res, 1991, 96: 3343 – 3357.

Argo data processing and its applications and progresses in ocean thermodynamic and dynamic studies

AN Yuzhu[1,2], ZHANG Ren[2], CHEN Yide[2], WANG Huizan[2],
LI Can[2], ZHANG Yang[1]

1. *P. O. Box* 5111, *Beijing* 100094, *China*
2. *PLA Key Labortory of Ocean Environment, Institute of Meteorology and Oceanography, PLA University of Science and Technology, Nanjing* 211101, *China*

Abstract: Array for Real-time Geostrophic Oceanography (Argo) is the only global ocean observation system for real-time and comprehensive measurements in the world. The applications of Argo data to the oceanographic researches have developed steadily since 2001. This paper reviews the advances of Argo data quality control, describing upper ocean thermohaline structure, monitoring the variability of climate and ocean, data assimilation, short-term climate prediction and supporting other studies. And some brief comments are appended. At last, we propose the prospects of Argo data usage on the abyssal ocean, climate change related salinity, and the multiple-source data assimilation. The Argo data applications will further broaden.

Key words: Argo data; thermohaline structure; climate change; ocean thermodynamic and dynamic conditions; data assimilation

海洋温盐度资料多变量同化研究进展

张春玲[1,3]，李宏[1]，许建平[1,2]，王振峰[4]

1. 国家海洋局 第二海洋研究所，浙江 杭州 310012
2. 卫星海洋环境动力学国家重点实验室，浙江 杭州 310012
3. 中国海洋大学 海洋环境学院，山东 青岛 266003
4. 东海舰队司令部 海洋水文气象中心，浙江 宁波 312122

摘要： 早期海洋资料同化仅考虑温度的调整而忽略盐度的变化，这往往会带来虚假信息，可能导致密度场被严重恶化，同化后的结果甚至比没有同化任何观测资料时还要差。为了解决这个问题，海洋资料同化中的一些温、盐度多变量调整方案便被提出来了。本文对广泛应用于多变量分析的资料同化方法及不同温、盐度多变量调整方案进行了系统的回顾，对它们的优缺点进行了分析与讨论，并指出了不同调整方案的适用条件及应用现状，最后对 Argo 资料在海洋资料同化中的重要性及今后的研究重点进行了探讨。

关键词： 海洋资料同化；多变量调整；Argo 资料；网格化；海洋模式

1 引言

至少在 Argo 计划出现以前，海洋盐度观测资料比较匮乏，海温观测资料相对丰富些；另一方面，在平均状态下，由温度引起的密度变化要远大于由盐度引起的密度变化[1-2]，这使得人们在研究一般海洋环流特征时，通常忽略盐度的影响。所以早期的海洋资料同化主要考虑单个变量即海温资料的同化问题，而盐度和流场在同化中保持不变，仅仅是通过动力学模式来调整。

近些年来，人们研究发现盐度变化对密度场和海洋环流的影响是不可忽略的，单变量（海温）的数据同化有时会严重地恶化密度场，导致模式计算的流场比没有同化观测资料时还要差[3]，所以有关盐度的变化对全球海洋的影响成了人们非常关注的

基金项目： 国家海洋公益性行业科研专项经费项目（201005033）；国家科技基础性工作专项（2012FY112300）；国家海洋局第二海洋研究所基本科研业务费专项（JT0904）。

作者简介： 张春玲（1981—），女，山东省德州市人，博士研究生，主要从事物理海洋学资料分析研究。E-mail：zhangchunling81@163.com

问题。实际上，对于一致的模式动力学来说，温度和盐度应该同时被监测，尤其在西太平洋海域，这一点显得更为重要[4]。盐度垂直结构对于西太平洋热量再分布具有重大的影响，盐度变化对海水层化的改变可以影响西太平洋地区上层海洋的热量和动量收支[5-6]；在太平洋暖池，由盐度控制下的热传输代表了影响此区域热预算的一个重要过程；并且，近些年的研究表明，只修正温度的单变量同化系统是有缺陷的，如1996年美国国家环境预报中心西太平洋赤道海区的业务化海洋分析结果中，海面动力高度就有 5~10 cm 的误差，这很可能是由于缺乏盐度实测资料而忽略盐度变化引起的[7]；Troccoli 等[8]发现当只同化温度时，要得到一个好的温度同化场就必须正常地调整盐度廓线。这些研究都表明了在海洋资料同化中纠正盐度的重要性。

为了弥补盐度观测资料的不足，解决同化中只有温度没有盐度的问题，需要把盐度和温度或海面高度关联起来，比如可以引入温、盐度之间的约束关系。因此，许多学者针对一些目前被广泛应用的资料同化方法，例如最优插值（OI）、集合卡尔曼滤波（EnKF）、集合最优插值（EnOI）和三维变分（3D-VAR）等，提出了不同的温、盐度多变量调整方案，力求在同化过程中，能够保证温、盐度场均能得到调整。

2 用于多变量分析的几种主要的海洋资料同化方法

目前的资料同化方法根据其理论可分为两类，一类是基于统计估计理论的，如最优插值、卡尔曼滤波、集合卡尔曼滤波、集合最有插值等；另外一类是基于变分方法的，如三维变分、强约束四维变分和弱约束四维变分等。这里简单回顾广泛用于多变量分析的海洋资料同化方法的基本原理，主要包括：最优插值、集合卡尔曼滤波、集合最优插值和三维变分等 4 种。

2.1 最优插值法（OI）

在 OI 方法中，分析场是背景场与由权重矩阵加权的修正量之和，采用最小二乘方法求得最佳线性无偏估计方程中的最优权重矩阵[9]。此方法的基本假设是，对于一个模型变量，在确定它的增量时，只有几个观测值是重要的。因此，OI 易于编码，并且计算量相对较小，这是它的主要优点。但基于这一假设，也使得 OI 分析结果并非全局最优，分析在空间上不协调[10]，并且，OI 所用协方差矩阵是固定的，不随时间变化，这就限制了它不能将动力模式和观测信息很好地融合在一起。另外，OI 是针对线性系统发展起来的，难以处理观测算子非线性的情况，且无法确保大小尺度分析的一致性。

2.2 集合卡尔曼滤波（EnKF）

1994 年，Evensen[11]在 Kalman 滤波方法[12]的基础上，发展了基于蒙特卡罗算法的集合卡尔曼滤波方法。它结合了 Kalman 滤波和集合预报的优点，即用有限的集合样本来估算误差协方差矩阵的不确定性，这样计算量明显减小。在系统为线性，且样本数量趋于无穷时，EnKF 和 KF 是等价的[13]。由于其概念简单，不需要作线性假设，无需求解模式的切线性及其伴随，适合于并行计算等优点，是一个目前比较流行的方法。但由于 EnKF 是通过选取有限的样本来构造背景场误差协方差，这势必使得样本集合离散度不够（样本量有限），产生样本误差问题。在实际操作中，系统的非线性性，以及通常利用扰动观测法获取样本初值，使得样本误差问题更为明显。另外，EnKF 计算量依然很大。

2.3　集合最优插值（EnOI)）

Evensen[14-16]将集合思想吸收到最优插值同化技术中，提出了集合最优插值数据同化法：格点的分析值在一个固定的模式向量样本集合（如长时间序列的模式积分）空间内进行计算，模式统计误差不随时间变化，从而减少计算量。但在误差计算时仍沿用 EnKF 集合预报的方式，以获得比传统 OI 方法更优的分析值。EnOI 能够保持准动力一致性，避免假设均匀和各向同性等[17]，并且 EnOI 的计算量要比 EnKF 小得多。但由于模式误差不随模式积分时间改变，EnOI 较 EnKF 得到一个次优解。我国学者[18-19]将此方法与其他同化方法进行了对比同化试验，认为 EnOI 是一种崭新的数据同化方法。近年来，EnOI 方法逐渐被国内外学者广泛应用[20-22]。

2.4　三维变分（3D - VAR）

三维变分基于极大似然估计的理论基础，通过求解一个目标函数（也称代价函数）的极小值（一般利用目标函数的梯度求其极小值），产生一个分析时刻的综合考虑背景场和观测值的大气或海洋真实状态的最大似然估计，并且给出背景场和观测场各自相应的精度。3D - VAR 进行的是三维空间的全局分析，避免了分析不是全局最优的问题；也可以处理观测算子是非线性的情况，这样可以同化各种不同来源的观测资料[23-24]。但此方法是在某一时刻进行的分析，前一时刻的同化结果可作为后一时刻模式运行的初始场。所以在使用时，无法用后面时刻的资料来订正前面的结果，况且同化的解在时间上也不连续。

3　不同的温、盐度多变量调整方案

单纯的温度资料同化只能够调整温度场，而盐度场得不到任何订正，即便是温、盐度两种观测资料同时进入同化系统中，独立地订正温度场和盐度场，而不考虑温、盐度之间的约束关系，也往往会带来虚假信息。那么在缺乏盐度直接观测的情况下，如何来估计和调整盐度场成为海洋学家们备受关注的问题。目前，国内外学者提出了一些能够同时调整温度和盐度的方案，并将其应用于上述海洋资料同化方法中。

3.1 基于温－盐关系估计盐度场

海水温度和盐度是反映海水物理性质的两个基本变量，某一地区的水团特性通常对应某种特定的温－盐关系。Stommel[25]基于从气候态数据集得到的温度与盐度之间的统计相关性，即温－盐（T－S）关系，首次提出了由温度观测来估计盐度的设想。后来，许多学者[26-27]对这种设想又做了改进，以扩展其应用范围。

这种方法的基本思想是，当温度分析场在单变量温度资料同化中获取后，通过局地 T－S 关系，计算出对应的盐度分析场，而当有盐度资料时，再同化盐度资料，进而修正 T－S 关系。此方案基于两个基本假设：一是仅考虑海水的温度和盐度随深度的变化关系，并且温、盐度垂直剖面数据的物理（或统计）相关性（T－S 关系）在一定时间和区域内是保持不变的。Troccoli 等[28-29]的研究指出，在热带海域，这种 T－S 关系能够保持 2 到 4 周；二是假定海洋混合层深度对温度和盐度来说是一致的。而第一个基本假设是该方法的核心。

构造一种较好的 T－S 关系是此方法的关键。Reynolds 等[30]曾指出，如果我们能够选取一种表现形式来有效刻画海表盐度观测信息，那么我们可以借助这一信息来改善上层（500 m 以浅）海洋的盐度垂直剖面。最初有学者从气候态温、盐度资料通过函数拟合来构造 T－S 关系，但气候态资料一般是长时期的平均态资料，不能捕捉到季节变化特征，且不能充分构建出密度场的变化特性[7]。通常情况下，这是一种可行但比较粗略的方法。因此，更为可靠的方法是，利用时间和空间上更为连续的温、盐度场来构造这一关系。Troccoli 等[31]建议利用模式预报温、盐度场，也有学者[32]提出利用附近的由船载 CTD 仪观测的温、盐度资料。韩桂军等[32]借鉴 Troccoli 的盐度调整方案，利用多重网格三维变分海洋数据同化方法，开发了中国近海及邻近海域海面高度和三维温盐流的 23 年海洋再分析产品。

然而，T－S 关系并不是一个很精确的假设，而且在海洋非等熵动力过程存在的地方（比如混合层、河流入海口等区域），温度和盐度剖面会变得高度不相关。此时，利用 T－S 关系由温度场来构造盐度场就显得不切实际。对海洋混合层而言，额外的海表盐度观测值的加入能够弥补 T－S 约束在此时的不适用性。在这些特殊区域，对盐度一般不作调整[7]。

3.2 利用耦合温－盐 EOF 方法构造盐度场

通过温－盐关系来调整盐度场，虽然简单易行，但在某些海区 T－S 关系具有很大的不确定性。Maes[1]呼吁要关注 T－S 关系随时间的变化，并建议用一种新的途径来估计上层盐度剖面数据，即将以温－盐函数关系为基础的经验正交函数（Empirical Orthogonal Functions，EOFs）与海表盐度及海表动力高度数据相结合来估计温、盐度廓线，简称为"耦合温－盐 EOF 方法"。通过采用原始的独立数据集进行的误差估计表明，该方法与利用传统的温－盐关系调整盐度场方法相比，在一定程度上是成功的。该方法是通过把观测到的海面变率、海表温度和海表盐度从诸多模态中分离出来实现的，充足的温、盐度观测资料是这种方法的基础。

在热带太平洋海域，海洋观测资料比较其他海区相对充足。Maes 等[33]在这一海域，使用历史 CTD 资料，先将一段时期的温、盐度剖面资料按区域进行划分，在选取的每个小区域中，构造耦合的温 – 盐 EOF 模态，并选取几个主要的模态作为重新构造温、盐度变化场的基函数，再现温、盐度变率，通过求权重函数最小值来确定系数，并在权重函数中加入盐度约束项，以保证盐度值在合理的范围之内；而后，他们又通过增添高度计数据拓展了上述方法[29]。Fujii 等[34]用同样的方法，借助于变分同化方法重构了日本东部海域的温、盐度分布场。另外，Bellucci 等[35]借鉴 Maes 提出的耦合温 – 盐 EOF 模态，针对盐度同化的困难，利用耦合温 – 盐来构建背景场误差协方差，同时考虑背景场协方差的时空结构对盐度的影响，发展了一个多变量降秩最优插值同化系统。

利用耦合温 – 盐 EOF 方法来构造盐度场可以将不同的海洋观测信息加入到权重函数中作为约束条件，从而提高精确度，并能根据人们重点关心的问题来选择对应的 EOF 信号。值得指出的是，虽然用耦合温 – 盐 EOF 方法能提高构造的盐度场的精度，但要求温、盐度剖面数据越多越好，其反映的信号也就越全面真实。然而，由于海洋观测资料空间分布的不均匀，特别是盐度资料，在一些海区比温度资料要少得多，所以此方法难以推广到全球海洋。

3.3　借助海面动力高度订正盐度场

海面动力高度也是海洋中一个很重要的变量，能捕捉到海洋中固定参考层上的所有斜压过程，而这些斜压过程又与温度和盐度的变化有着密切联系。因此，在海洋资料同化中，海面高度信息对盐度场的订正有着积极的意义。Vossepoel 等[36-37]提出了一种基于海面动力高度信息的盐度调整方案，并将其融入到三维变分同化系统中，在常规三维变分代价函数的基础上加入了与海面动力高度相关的温、盐度订正项，以此来强迫海面动力高度对温、盐度的一致性约束。该方案先利用温度观测资料和气候态 T – S 关系获取盐度估计值，然后根据由温、盐度观测值计算的动力高度观测值与由温度观测值和盐度估计值计算的动力高度估计值之差来计算盐度订正值。在此基础上，闫长香等[38]考虑了背景误差协方差矩阵的垂向相关，利用海面动力高度观测数据来估计温、盐度剖面。目前，海面动力高度观测资料较为丰富，继 20 世纪 90 年代成功实施 TOPEX/Poseidon 卫星高度计观测计划后，Jason – 1 海面高度观测卫星（Jason – 1 Mission）也在 2001 年 12 月发射升空，这个观测系统可以提供几乎全球覆盖（范围为 66°N ~ 66°S）、时间分辨率为 10 d 的海面高度观测资料。因此利用这一方法来构造温、盐度场，可以弥补某些区域资料的不足，也可作为订正温、盐度资料的一个参考方法。

3.4 基于平衡约束的温、盐度多变量调整方案

平衡约束是另外一种可以订正盐度的方案。在温、盐度两个模式变量的最优插值或三维变分同化方案中，背景场误差协方差是一个至关重要的量，其决定了不同变量之间的空间分布信息。如果不考虑温、盐度之间的任何约束，那么背景误差协方差矩阵就是一个块对角矩阵，而实际海洋中温盐关系是存在的。Derber 和 Bouttier[39] 提出了一种线性平衡约束方案，假设温度和盐度的背景场与真实场的偏差之间存在线性约束关系，引入一个约束温度和盐度关系的线性平衡算子，从而保证温、盐度场之间具有相关性。此时，仅同化温度或盐度资料时，可以将温度和盐度间的信息相互传递，使得温、盐度场都能同时得到调整。在此基础上，Ricci 等[2] 沿用 Troccoli 等[7] 的方式，采用了一种代表局地背景场温、盐度约束关系的方案：假设在任何分析格点，盐度可表示为一个背景场温度的函数，并且此函数是可微分的，盐度扰动量可以根据温度扰动量来计算。鉴于温–盐关系在海洋混合层难以得到保持，又引进了一个控制系数来控制不同深度上的温度和盐度扰动量之间的关系，使得在混合层等一些特殊区域，对盐度不作调整。

线性约束方案的一个优点是，单一的观测资料进入同化系统时能够对温、盐度资料进行同步调整。然而在海洋中，平衡约束可以是非线性的，甚至是强非线性的。

韩桂军等[31]人的研究表明，一些温–盐关系具有高阶多项式（如四阶）的形式，并提出了一个把温–盐关系作为弱约束的 3D–VAR 同化方案，利用历史 CTD 资料，通过多项式拟合来构造局地温–盐关系，给出了包含温、盐度两个分析变量的垂向一维代价函数，其最后一项包括非线性的温盐约束关系，并通过代价函数最小化同时求得温度和盐度的最优分析场。基于三维变分中 Derber[38] 提出的线性平衡约束形式，朱江[23] 针对那些作用于模式变量（而不是增量变量）上的约束，导出背景场能很好满足平衡关系，以及背景场不必满足平衡约束两种情况下的非线性形式，提出了在三维变分同化中考虑非线性平衡约束的方案；并利用该方案，进行了从海面动力高度来估计温、盐度的资料同化数值试验。结果表明，采用了非线性平衡约束可以提高同化的质量；如果背景场的平衡关系满足不好的话，第二种形式将产生较第一种形式更好的结果。朱江等[40] 介绍了新完成的一个海洋资料三维变分同化系统 OVALS（Ocean Variational Analysis System）的设计方案，并利用热带太平洋的大洋环流模式进行了实际海洋温度、盐度和卫星高度计资料 21 年的同化实验，对此系统的性能进行了检验。结果表明，经过同化后，温度和盐度场较非同化试验产生了显著的改善。OVALS 的设计方案考虑了背景误差的垂向相关和非线性的温–盐关系，通过同化高度计资料来直接调整模式的温度和盐度场。就当前的观测系统而言，OVALS 可以说是一个比较全面的同化系统，可以对多种观测资料进行同化，并对多变量进行分析。

4　小结与讨论

随着研究的加深，这些不同的盐度调整方案将对大型海洋数值模式及同化系统的建立起到积极的推动作用。但任何温盐约束调整方案都无法完全解决由单变量同化所带来的一系列问题，必须依靠直接同化温度和盐度观测资料来解决这些问题，特别是次表层盐度观测资料的同化，而盐度观测在时空分布上的严重不足是阻碍直接对其同化的一个重要因素。

2000 年底正式启动的国际 Argo 计划，其观测目标是能取得世界大洋中精确度分别为 ±0.005℃ 和 ±0.01 的海水温度和盐度资料[41]。由 3 000 个自动剖面观测浮标（简称 Argo 浮标）组成的全球 Argo 实时海洋观测网也已于 2007 年 10 月末初步建成。截至 2010 年 12 月底，国际 Argo 计划在全球海洋 0～2 000 m 深度范围内累计获得的温、盐度剖面已达 70 余万条，并正以每年 10 万条剖面以上的速度在增加。Argo 剖面浮标观测资料以其水平分布广，观测深度深、层次密以及数据量大和测量精度高的优势，在很大程度上改善了海洋盐度观测资料匮乏的现状。由 2011 年 5 月召开的第六届全国海洋资料同化研讨会的情况来看，随着 Argo 资料的逐渐积累，盐度资料相对匮乏的问题已经得到改善，使直接进行海洋温盐同步同化成为可能。

但由于 Argo 资料空间分布不均匀，而且缺少表层（0 m）观测，一般海洋模式用户在直接使用时存在较大困难，从而使得丰富的 Argo 温、盐度观测资料不能充分发挥其优势。而 2005 年开始实施的高分辨率海面温度计划（High-resolution Sea Surface Temperature Pilot Project，简称 GHRSST – PP），针对业务化海洋学和气候研究与预测，可提供全球覆盖的高时空分辨率的海面温度观测资料，其空间分辨率为 10 km（部分地区可以达到 2 km），时间分辨率可达到 6 h[42]。纵观其余如卫星遥感资料的应用过程，其获得普遍使用主要是解决了网格化和等时间间隔数据集的制作问题，从而便于模式引用。因此，将 Argo 资料与卫星遥感 SST 数据融合，尽快推出适用于海洋模式的 Argo 数据产品或网格数据集，是进一步扩大和推进 Argo 数据应用的重中之重。

参考文献：

[1]　Maes C. A note on the vertical scales of temperature and salinity and their signature in dynamic height in the western Pacific Ocean: Implications for data assimilation[J]. J Geophys Res, 1999, 104: 15575 – 15585.

[2]　Ricci S, Weaver J, Vialard J, et al. Incorporating state dependent temperature salinity constraints in the background error covariance of variational ocean data assimilation[J]. Mon Wea Rev, 2005, 133: 317 – 338.

[3]　Cooper N S. The effect of salinity in tropical ocean models[J]. J Phys Oceanogr, 1988, 18: 1333 –

1347.

[4]　Woodgate R A. Can we assimilate temperature data alone into a full equation of state model[J]. Ocean Model, 1997, 114: 4 - 5.

[5]　Vialard J, Delecluse P. An OGCM study for the TOGA Decade. Part Ⅰ: Role of salinity in the physics of the western Pacific fresh pool[J]. J Phys Oceanogr, 1998, 28: 1071 - 1088.

[6]　Vialard J, Delecluse P. An OGCM study for the TOGA decade. Part Ⅱ: Barrier layer formation and variability[J]. J Phys Oceanogr, 1998, 28: 1089 - 1106.

[7]　Troccoli A, Coauthors. Salinity adjustments in the presence of temperature data assimilation[J]. Mon Wea Rev, 2002, 130: 89 - 102.

[8]　Ji M, Reynolds R W, Behringer D. Use of TOPEX/Poseidon sea level data for ocean analysis and ENSO prediction: Some early results[J]. J Clim, 2000, 13: 216 - 231.

[9]　Gandin L S. Objective analysis of meteorological fields[M]. Gidromet: Leningrad, 1963: 1 - 242.

[10]　Kalnay E. Atmospheric Modeling, Data Assimilation and Predictability[M]. Cambridge: Cambridge University Press, 2003: 1 - 343.

[11]　Evensen G. Sequential data assimilation with a nonlinear quasi-geostrophic model using Monte Carlo methods to forecast error statistics[J]. J Geophys Res, 1994, 99: 10143 - 10162.

[12]　Kalman R E, Bucy R. New results in linear filtering and predication theory[J]. Journal of Basic Engineering, 1961, 83: 95 - 108.

[13]　Houtekamer P L, Mitchell H L. Ensemble Kalman filtering[J]. Meteorol Soc, 2005, 131: 3269 - 3289.

[14]　Evensen G. The Ensemble Kalman Filter: theoretical formulation and practical implementation[J]. Ocean Dyn, 2003, 53: 343 - 367.

[15]　Oke P, Brassington G B, et al. The bluelink ocean data assimilation system (BODAS)[J]. Ocean Model, 2008, 21: 46 - 70.

[16]　Counillon F, Bertino L. Ensemble Optimal Interpolation: multivariate properties in the Gulf of Mexico[J]. Tellus - A, 2009, 61: 296 - 308.

[17]　Oke P, Brassington G B, et al. Ocean data assimilation: a case for ensemble optimal interpolation [J]. Australian Meteorological and Oceanographic Journal, 2010, 59: 67 - 76.

[18]　Fu W, Zhu J, Yan C. A comparison between 3DVAR and EnOI techniques for satellite altimetry data assimilation[J]. Ocean Model, 2009, 26: 206 - 16.

[19]　Wan L, Bertino L, Zhu J. Assimilating Altimetry Data into a HYCOM Model of the Pacific: Ensemble Optimal Interpolation versus Ensemble Kalman Filter[J]. Journal of Atmospheric and Oceanic Technology, 2010, 27: 753 - 765.

[20]　Bertino L, Lisaeter K A. The TOPAZ monitoring and prediction system for the Atlantic and Arctic Oceans[J]. Operat Oceanogr, 2008, 2: 15 - 18.

[21]　Xie J, Zhu J. Ensemble optimal interpolation schemes for assimilating Argo profiles into a hybrid coordinate ocean model[J]. Ocean Model, 2010, 33: 283 - 298.

[22]　Yan Changxiang, Zhu Jiang, Xie Jiping. An ocean reanalysis system for the joining area of Asia and Indian - Pacific ocean[J]. Atmospheric and Oceanic Science Letters, 2010, 3(2): 81 - 86

[23]　朱江，闫长香. 三维变分资料同化中的非线性平衡约束[J]. 中国科学（D 辑：地球科学），
　　　　2005，35（12）：1187 – 1192.

[24]　高山，王凡，李明. 中尺度涡的高度计资料同化模拟[J]. 中国科学 D 辑：地球科学，2007，
　　　　37（12）：1669 – 1678.

[25]　Stommel H M. Note on the use of T – S correlation for dynamic height anomaly computation[J]. J
　　　　Mar Res, 1947, 6：85 – 92.

[26]　Flierl G R. Correcting expendable bathythermograph（XBT）data for salinity effects to compute dy-
　　　　namic heights in Gulf Stream rings[J]. Deep-Sea Res Ⅰ, 1978, 25：129 – 134.

[27]　Kessler W S, Taft B A. Dynamic heights and zonal geostrophic transports in the central tropical Pa-
　　　　cific during 1979 – 84[J]. J Phys Oceanogr, 1987, 17：97 – 122.

[28]　Emery W J, Dewar L J. Mean temperature – salinity, salinity-depth, and temperature-depth curves
　　　　in the North Atlantic and North Pacific[J]. Progress in Oceanography, 1982, 16：219 – 305.

[29]　Maes C, Behringer D. Using satellite-derived sea level and temperature profiles for determining the
　　　　salinity variability：A new approach[J]. J Geophys Res, 2000, 105：8537 – 8547.

[30]　Reynolds R W, Ji M, Leetmaa A. Use of salinity to improve ocean modeling[J]. Phys Chem
　　　　Earth, 1998, 23：545 – 555.

[31]　Han G, Zhu J, Zhou G. Salinity estimation using the T – S relation in the context of variational data
　　　　assimilation[J]. J. Geophys Res, 2004, 109, C03018, doi：10. 1029 /2003 JC 001781.

[32]　韩桂军，李威，张学峰，等. 中国近海及邻近海域海洋再分析技术报告[R]. 天津：国家海
　　　　洋信息中心，2009：1 – 6.

[33]　Maes C, Behringer D, Reynolds R W. Retrospective analysis of the salinity variability in the west-
　　　　ern Tropical Pacific Ocean using an indirect minimization approach[J]. J Atmos Ocean Technol,
　　　　2000, 17：512 – 524.

[34]　Fujii Y, Kamachi M. A reconstruction of observed profiles in the Sea East of Japan using vertical
　　　　coupled temperature – salinity EOF modes[J]. J Oceanogr, 2003, 59：173 – 186.

[35]　Bellucci A, Masina S, Dipietro P, et al. Using temperature-salinity relations in a global ocean im-
　　　　plementation of a multivariate data assimilation scheme[J]. Mon Weather Rev, 2007, 135：3785
　　　　– 3807.

[36]　Vossepoel F, Reynolds R W, Miller L. The use of sea level observations to estimate salinity varia-
　　　　bility in the tropical Pacific[J]. J Atmos Oceanic Technol, 1999, 16：1400 – 1414.

[37]　Vossepoel F, Behringer D. Impact of sea level assimilation on salinity variability in the western e-
　　　　quatorial Pacific[J]. J Phys Oceanogr, 2000, 30：1706 – 1721.

[38]　Yan Changxiang, Zhu Jiang, Li Rongfeng, et al. Roles of vertical correlations of background error
　　　　and T – S relations in estimation of temperature and salinity profiles from sea surface dynamic height
　　　　[J]. J Geophys Res, 2004, 109, C08010, doi：10. 1029/2003JC0022 24.

[39]　Derber J, Bouttier F. A reformulation of the background error covariance in ECMWF global data as-
　　　　similation[J]. Tellus, 1999, 51：195 – 221.

[40]　朱江，周广庆，闫长香，等. 一个三维变分海洋资料同化系统的设计和初步应用[J]. 中国
　　　　科学（D 辑：地球科学），2007，37（2）：261 – 271.

［41］　许建平，刘增宏．中国 Argo 大洋观测网试验［M］．北京：气象出版社，2007：4 - 5.

［42］　GHRSST Porject Office. The GHRSST - PP Development and Im - plementation Plan［R］. UK：
Met Office, 2003：1 - 6.

Research progress of data assimilation
for temperature and salinity

ZHANG Chunling[1,3], LI Hong[1], XU Jianping[1,2], WANG Zhenfeng[4]

1. *The Second Institute of Oceanography, State Oceanic Administration, Hangzhou 310012, China*
2. *State Key Laboratory of Satellite Oceanography Environment Dynamics, Second Institute of Oceanography, State Oceanic Administration, Hangzhou 310012, China*
3. *College of Physical and Environmental Oceanography, Ocean University of China, Qingdao 266003, China*
4. *Marine Hydrologic Meteorological Center, East China Sea Fleet Command, Ningbo 312122, China*

Abstract：Early data assimilation of the ocean observation only considered temperature adjustment and ignore the salinity changes, this will often bring about false information, and lead to density field being serious deteriorated. The assimilation results are even worse than that without assimilating any observation data. In order to solve this problem, some assimilation schemes fort temperature and salinity multivariable have been brought up. In this paper, we reviewed the data assimilation methods widely used in multivariate analysis and different temperature and salinity multivariable adjustment schemes, discussed the advantages and disadvantages of them and pointed out their application situation respectively. The importance of Argo data and the key research of future data assimilation were discussed in this paper.

Key words：ocean data assimilation; multivariable adjustment; Argo data; gridding; ocean model

（该文发表于《海洋预报》30 卷第 1 期，86 - 92 页）

Argo 剖面浮标观测资料质量控制方法研究概述

卢少磊[1,2]，许建平[1,2]

1. 卫星海洋环境动力学国家重点实验室，浙江 杭州 310012
2. 国家海洋局 第二海洋研究所，浙江 杭州 310012

摘要： 随着 Argo 剖面浮标观测资料的广泛应用，人们对该新颖观测技术所提供的资料质量倍加关注。为了使广大资料用户对浮标观测数据质量有一全面的认识和了解，本文就 Argo 观测中存在的问题、资料质量控制过程和校正方法等方面进行了扼要回顾与叙述，并对 Argo 资料质量控制中存在的某些缺陷和问题进行了剖析，提出了改进意见建议。目前，国际 Argo 计划正在向边缘海和高纬度海域，以及向生物、地球化学等学科拓展，如何对这些新要素的观测资料进行质量控制，特别是处于边缘海和西边界强流区域的 Argo 剖面资料进行有效质量控制，不仅是国际 Argo 资料管理组亟需解决的问题，也是各国 Argo 资料中心面临的严峻挑战。

关键词： Argo 剖面浮标；观测资料；传感器；漂移；质量控制

1 引言

国际 Argo 计划实施以来，已经在全球海洋中收集到了 100 多万条 0 ~ 2 000 m 水深范围内的温度、盐度等剖面资料，并正以每年 12 万条的速度增长。尽管 Argo 计划启动至今才实施了近 15 年时间，由 3 000 个 Argo 剖面浮标组成的全球实时海洋观测网也还建成不久（2007 年 11 月底），但其作用和价值已经在许多科学领域中得到了体现。Argo 资料已经被世界气候变化与预测计划（CLIVAR）和全球海洋数据同化试验（GODAE）等国际计划用于海洋环流模式中[1-4]；美国国家环境预报中心（NCEP）、英国 Hadley 气候中心和澳大利亚气象局（BMRC）等国家级业务机构已经将 Argo 同化资料投入到业务预报中；海洋热含量[5-6]、中尺度涡[7-8]、深层海

基金项目： 国家科技基础性工作专项（2012FY112300）。

作者简介： 卢少磊（1988—），男，硕士研究生，主要从事物理海洋学方面的研究。E-mail：lsl324004@163.com

流[9-10]和碳循环[11]等科学问题的研究也都在利用 Argo 资料作为分析和研究的重要基础数据。

由于 Argo 剖面浮标携带的用于探测海水温度、电导率和压力等要素的电子传感器，其测量数据容易受到传感器的响应时间、制造工艺缺陷、电子器件老化、海水腐蚀和海洋生物附着，以及其他如电子讯号、恶劣海况等因素的干扰和影响，产生各种误差甚至错误。尤其是如当前海水盐度还无法直接测量的情况下，只能利用海水电导率间接计算，而测量海水电导率传感器只要受到轻微的物理变形或生物污损的影响，其测量值就会产生较大的误差。同时，Argo 剖面浮标抛弃式、随波逐流的特点，布放后很难对其传感器进行实验室标定校准。因此，要确保传感器长期（4～5 a）工作的稳定性似乎难以做到。而无论是海洋和天气的业务化预测预报，还是海洋和大气科学领域的基础研究，均需要可靠、高质量的 Argo 资料。于是，人们在 Argo 剖面浮标这一新颖的海洋观测技术问世不久，就在不断探索和研究提高 Argo 剖面浮标观测资料的技术和方法，以确保由全球 Argo 实时海洋观测网提供的资料是值得信赖，其数据质量也是可靠的。

2　Argo 观测中存在的主要问题

国际 Argo 计划的观测目标是，确保来自深海大洋中的温度、盐度和压力资料分别达到 0.005℃、0.01 和 ±2.4×10⁴ Pa 的观测精度。通过与船载 CTD 仪准同步观测和实验室盐度计测量，以及附近的历史观测资料的对比分析表明[1,12]，绝大部分 Argo 温、盐度剖面资料是可以达到规定精度要求的，特别是温度资料能在较长时间（3～4 a）内保持较高的观测精度。

然而，由于 Argo 剖面浮标一旦投放进入海洋后，长期在复杂而又恶劣的海洋环境中工作，出现诸如电子原器件老化、海水腐蚀和海洋生物附着，以及电子讯号干扰等引起的观测资料问题，也是情理之中。通常，电导率传感器在浮标布放约 1 a 后，由于生物附着或物理变形等原因会导致观测数据产生"漂移"或"偏移"误差，最终造成盐度误差，最大可超过 0.1；也有为了防止传感器受到海洋生物附着影响而喷涂生物杀伤剂 TBTO（有机锡化物）泄漏进入电导率传感器后，造成的测量误差。压力传感器漂移也会使观测的深度数据出现大约 10×10⁴ Pa 左右的误差，极端情况下甚至会到达 20×10⁴ Pa。此外，还会出现定位信息错误、剖面编码混乱、盐度"尖峰"和重复剖面等等影响资料质量的问题。在此不再累赘，感兴趣的读者可以查阅参考文献[12-17]。

针对 Argo 剖面浮标在海上长期工作出现的各种问题，有些是可以预料到的，但有些则是无法预测的。为此，需要使用更加科学、合理的处置措施和方法对观测资料进行严格的筛选和质量控制，以确保 Argo 资料的观测精度和可靠性。

3　资料质量控制过程及其方法

根据用户对 Argo 资料质量的不同要求，目前国际上开发了两种不同的资料质量控制方法。一种称为"实时质量控制方法"，其特点是处理快速、时间短，通常要求在浮标观测后 24 h 内完成，以保证资料的实时性。经实时质量控制的资料已无明显错误，但资料质量一般（仅对有疑问的数据标记质量控制符，提醒用户使用时留意），仅适用于海洋和天气业务预报部门使用。另一种称为"延时质量控制方法"，需要积累一定数量的观测剖面后方可分辨或判断出传感器是否发生了漂移或偏移，是否需要采取更高的质量控制措施，故对时间不求快速，关键是要做出正确判断，所以通常要求在浮标布放后 6 个月内完成。经过延时模式处理的资料，需达到 Argo 计划所设定的精度要求，适用于科学研究和数值模式，以及长期气候预报模式中[13]。Argo 资料质量控制过程如图 1 所示。

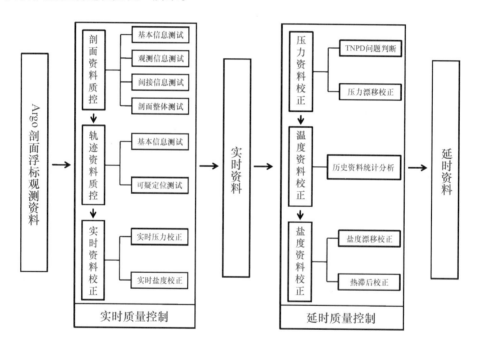

图 1　Argo 资料质量控制流程

Fig. 1　Argo data quality control process

3.1　实时质量控制

为了满足海洋和天气业务预报部门需快速获取海上实时观测资料的要求，早在 2000 年，国际 Argo 资料管理组就以 GTSPP（全球温盐剖面计划）的测试程序为基础，并根据 Argo 资料的特点以及各个海域不同海洋环境状况，对原测试程序进行了适当调整和完善，建立了包含剖面资料质量控制、轨迹资料质量控制和实时资料校正等三部分组成的 Argo 资料实时质量控制系统（见图 1）。

（1）剖面资料质量控制

剖面资料质量控制主要是对每条观测剖面的基本信息、观测信息、间接信息和整体剖面数据等进行测试。其中基本信息测试主要针对浮标编号、剖面观测日期和位置等信息进行判断检验，例如剖面观测时间必须在 1997 年 1 月 1 日（即国际 Argo 计划发起时间）之后，以及剖面位置必须落在全球海洋范围内等；观测信息测试是判断 Argo 浮标观测的温、盐、压等物理参数是否落在合理区间内，如温度需在 $-2.5 \sim 40℃$ 之间，盐度在 $2 \sim 41$ 之间，压力在 $-5 \times 10^4 \sim 2\,200 \times 10^4$ Pa 之间等；间接信息测试则是根据浮标的定位信息与观测的温、盐度资料计算出浮标漂移速度、海水密度等参数，然后通过预先设定的阈值，如浮标的漂移速度不能超过 3 m/s，海水密度需随深度的增加而增大，即使出现密度反转的情况，相邻观测层之间的密度差也不能超过 0.03 kg/m^3 等，来判断观测数据是否存在质量问题；整体剖面数据测试是通过相邻两个剖面的整体对比分析（是否出现完全相同的剖面资料，深层海水温、盐是否发生较大的变化等），判断浮标传感器以及存储设备是否发生故障，从而确定资料的质量[18-19]。

（2）轨迹资料质量控制

Argo 剖面浮标在海上定期下潜、上升进行循环剖面观测，并在到达海面后会停留一段时间（一般为 $6 \sim 12$ h）与卫星建立通讯，以便发送浮标在上浮过程中测量的温、盐度和压力等环境要素资料；同时，卫星也会给浮标所在的位置定位，通常每隔 1 h 就会有 1 个浮标位置信息。根据这些定位信息，人们就可以描绘出某个浮标在海上的漂移轨迹，而轨迹资料质量控制就是要检测这些定位信息是否正确。一般规定，若相邻两个定位点（A 点和 B 点）之间的距离超过了 $\sqrt{Er_A^2 + Er_B^2}$（Er_A^2 和 Er_B^2 分别是卫星定位系统在 A、B 两点上的定位精度半径）[20]，或者浮标漂移速度超过了设定的阈值（如 3 m/s），则可判定这两个定位信息为可疑数据。然后，可以通过该浮标整个漂移路径上前后定位信息的判断，对可疑数据做删除或者插值处理[12-14]。

3.2　延时质量控制

由于实时质量控制过程以快速、自动处理为目标，难免会因设定的阈值过大或限制过宽而遗漏一些错误的信息，也就是说，实时质量控制过程以删除明显错误信息或对可疑信息标记质量控制符为主，提醒用户使用这些信息或数据时要特别留意。为此，对经过实时质量控制的 Argo 资料，仍需进行更加严格、甚至苛刻的质量控制，才能满足广大用户和科学研究的需求。于是，人们又提出了对 Argo 资料进行延时质量控制的措施。当然，对 Argo 资料校正的理想方法是，利用浮标观测剖面附近的船载 CTD 仪观测资料作为检验或校正的标准。尽管近些年国际 Argo 指导组和 Argo 资料管理组一直在呼吁各国 Argo 资料中心应尽可能多地收集和提交船载 CTD 资料，以便建立一个高质量的参考数据库，用于对 Argo 资料进行延时质量控制，但这种方法显然不可能应用到所有的 Argo 观测剖面中，必须借助一些间接的办法，针对不同的问题寻找不同的解决方案或校正方法。

3.2.1 压力资料质量控制

Argo 剖面浮标携带的压力传感器由于其性能和制造工艺的缺陷，有时会出现约 $5 \times 10^4 \sim 10 \times 10^4$ Pa 的漂移误差。针对这一问题，国际 Argo 资料管理组提出了利用浮标数据中的海表面压力（Surface Pressure，SP）参数，对 Argo 浮标观测的压力数据进行质量控制和校正处理[21]。

（1）海表压力序列

Argo 剖面浮标在完成一个观测周期，将剖面资料发送给卫星、并开始下沉之前，会通过压力传感器将 SP 值记录下来，待浮标下一个观测周期浮出海面后，先前记录的 SP 值将会随着观测剖面资料一起通过卫星发送回资料接收中心。因此，可从同一个 Argo 剖面浮标的所有剖面资料中提取出 SP 值并组成一个数列（若有缺测情况出现，则 SP = NaN），然后通过窗口大小为 40 d（剖面日期的 ±20 d）的滑动平均进行滤波，这样可以充分消除掉天气尺度的影响，又可以保留大气季节变化的作用[22]。滤波后再将缺测资料插值补充完整，最后就得到了用来进行浮标压力校正的海表压力序列。

（2）TNPD 问题

APEX 型剖面浮标是国际 Argo 计划实施以来较早选用、也是数量占比最多的一种常规观测设备，其装载的 Druck 压力传感器曾发现存在微泄露问题，会引起 $5 \times 10^4 \sim 10 \times 10^4$ Pa 的负压力漂移误差，极端情况下会达到 20×10^4 Pa。由于早期 APEX 型浮标控制器制造工艺上的原因，当浮标 SP 观测值小于 0 时不能被正常记录，而是直接截断负压力并记录为"0"值。这就导致了 SP 序列无法反应压力传感器发生负压力漂移，并称之为负压力漂移截断问题（Truncated Negative Pressure Drift，TNPD）[16,23-24]。

当浮标出现 TNPD 问题时，由于 SP 值会连续出现"0"值，所以可以根据 SP 序列来判断浮标是否发生了 TNPD 问题。国际 Argo 指导组规定：如果浮标记录的 SP 值连续 6 个月出现"0"值，且之后也不再出现正值，那么就可以判定该浮标存在 TNPD 问题。

TNPD 问题有时也会导致观测的温、盐度剖面出现异常，如在温跃层处会出现温度异常偏低、等温线变浅、盐度出现微小的正偏差等。但需指出的是，由压力传感器漂移引起的盐度异常与电导率传感器的漂移相比要小得多，并且这种情况大都发生在早期布放的 APEX 型 Argo 剖面浮标上。随着 2007 年新的浮标控制器和压力传感器开发成功并投入使用，TNPD 问题也就已经不复存在。

（3）校正方法

尽管在 2007 年以后，APEX 型剖面浮标安装上新的浮标控制器和压力传感器后，再也没有发现 TNPD 问题，但对早期由这类浮标观测的压力资料，仍需进行校正，以便能与其他类型浮标观测的压力资料相匹配。当然，首先需要判断浮标是否发生了 TNPD 问题。若浮标没有发生 TNPD 问题，校正方法相对比较简单，只需将浮标剖面压力数据减去下一个观测周期中的 SP 值，即 $P_{adju}^n = P^n - SP^{n+1}$（其中 P_{adju}^n 代表第 n 个剖面的压力校正值，P^n 代表第 n 个剖面文件的压力观测值，SP^{n+1} 代表海表压力序列的第 $n+1$ 个 SP 值），就可方便地获得压力校正值。但如果最终的压力校正值出现负值的情况，那么仍需将其标记为可疑资料。倘若浮标经判断确实存在 TNPD 问题，目前似乎还没有找到一种有效的校正方法。由于浮标控制器直接将压力传感器观测到的负海面压力采取了截断处理的方式，从而没有任何可以用来进行校正的信息。延时质量控制也只能将发生 TNPD 问题的浮标标记出来，提醒 Argo 用户这些浮标的压力数据可能存在问题。

3.2.2　温度资料质量控制

国际 Argo 计划伊始，温度传感器的制造技术已经成熟，其性能比较稳定。十几年的海上应用也表明，温度传感器几乎不存在漂移现象[25]，但也难免会受外界环境因素干扰造成数据异常。虽然在实时质量控制过程中，对发现严重错误的温度数据已经进行了剔除处理，但对一些可疑的异常温度数据，仅标记了质量控制符。延时质量控制就是要对这些可疑数据进行辨别，将其与经过严格筛选的周围 Argo 温度剖面资料或历史温度观测资料进行比较，若发现明显不符，则将异常数据剔除即可。

3.2.3　盐度资料质量控制

早期研究人员在对 Argo 剖面浮标观测资料进行分析时，均发现浮标在等位温面上的盐度观测值会出现比较大的变化[26-27]（最大可达到 0.15），国际 Argo 指导组就开始认识到有必要对 Argo 盐度剖面资料进行延时质量控制。随后几年，研究人员根据对回收的 Argo 剖面浮标进行的实验室标定也发现，浮标携带的电导率传感器平均以 0.005 a^{-1}（换算成盐度）的速率发生漂移[28-30]。为此，有必要采取有效措施对 Argo 盐度资料进行校正及严格的质量控制。

（1）盐度漂移校正

早期的研究发现，除了深层水形成海域（如拉布拉多海、威德尔海等）以外，盐度在全球大洋深层变化非常缓慢[31]，故可以认为 Argo 剖面浮标在有限的观测期（3~4 a）内，其观测到的深层盐度值会比较恒定，这就为盐度漂移校正提供了一个较为可行的方法，即利用 Argo 观测剖面周围的历史观测资料对存在盐度漂移误差的资料进行校正。

2003 年美国 PMEL（太平洋海洋环境实验室）的 Wong 等首先提出了一种利用客观估计法[32]和历史资料校正 Argo 盐度的方法，简称 WJO 方法[33]。该方法利用最优插值和根据合适时空尺度选择的 Argo 剖面浮标周围的历史资料，估计得到 Argo 剖面位置处标准位温层上的气候态盐度值，并将 Argo 剖面资料插值到标准位温层上；然后再根据各个标准位温层上的盐度观测值与气候态盐度值之间的差异进行加权平均，从而得到整个剖面上的盐度校正值；最后将该浮标所有剖面的盐度校正值利用分段线性拟合，完成盐度校正工作。

由于该方法的广泛适用性和计算过程的自动化，很快就被国际 Argo 资料管理组确定为延时质量控制模式的标准方法。但是经过几年的实践后，资料管理人员发现该方法存在着一些缺陷，例如 WJO 方法在北大西洋、南大洋等垂向层化较弱、水团性质时空变化较大的海域几乎没有校正效果[34]；在浮标观测温度插值到标准位温层时无意中引入了不必要的插值误差；在计算气候态盐度值的误差时，将所有标准位温层都考虑了进去，又会引入表层海水盐度正常变化所带来的误差，进而对校正结果的误差估计过高；在进行最后的分段线性拟合时需要人为选择间断点，从而给校正结果带来了人为影响等。

针对 WJO 方法的缺点，Bohme 和 Send 于 2005 年提出了一种改进的客观分析方法，简称 BS 方法[34]。研究表明，北大西洋的地形特点对该海域水团分布起到了关键性的作用[35]，为此 BS 方法在选择历史水文数据时不仅考虑了时间与空间两个因素，还加入了相对涡度，从而提高了气候态盐度的计算精度，校正效果也得到了相应提高。此外，BS 方法不再将浮标观测温度插值到标准位温层上，而是直接在浮标观测温度层次上进行计算，也就避免了插值过程中引入的误差；而在估计气候态盐度误差时，不再考虑所有的标准位温层，而是选取 500×10^4 Pa 以下最大和最小压力、最大和最小温度、最大和最小盐度、以及温 – 压关系和盐 – 压关系最稳定的两个压力层等 10 个层次，这样既保证了垂直方向的代表性，又避免了过高估计校正误差。

BS 方法研发伊始只针对位于北大西洋海域的 Argo 剖面浮标的盐度校正，不利于全球海域范围内的推广，另外其估计气候态盐度误差时选取的层次虽然在垂直方向上具有广泛的代表性，但是太过平均，反而没有达到最大程度上减小校正误差的目的。为此，Owens 和 Wong 于 2008 年整合了 WJO 和 BS 方法各自的优点，并为了更能客观准确的描绘出 Argo 剖面浮标电导率传感器发生漂移的真实状况，引入了一种自动选择间断点的分段线性拟合方法[36]，最后形成了目前在各个国家 Argo 资料中心通用的 OW 方法[37]。该方法在扩大海域适应性、减小校正误差和消除人为影响等方面，都比 WJO 和 BS 方法有了较大改进。

值得一提的是，也有很多研究人员针对 Argo 盐度资料漂移问题提出过其他的一些校正方案[14 - 15,38 - 40]，如利用误差消除法校正 Argo 盐度漂移、基于气候性温盐关系模型对 Argo 盐度资料进行质量控制、利用卫星高度计资料对 Argo 资料进行质量控制，以及利用"最佳匹配"历史剖面资料鉴别 Argo 剖面误差等。由于这些方法只能适用于某种特定的情况，不具有广泛的适用性，有的还只是探讨性的，所以未能在各国资料中心推广应用。

（2）热滞后校正

由于 Argo 剖面浮标装载的电导率传感器的响应时间比温度传感器的响应时间长，这会使盐度在温度梯度较大的层（如温跃层）上容易出现盐度"尖峰"[40]；同时也有证据表明，浮标在密度梯度较大的区域中其上升速度极其缓慢，这就加重了电导率热滞后效应的影响。故对热滞后校正需根据不同的 CTD 型号（不同的采样频率和响应时间）、浮标上升速度来建立不同的校正系数[41]，通常与船载 CTD 资料的处理过程相同[42-43]，在此不再赘述。

4 讨论与展望

到目前为止，经过质量控制的 Argo 资料已经广泛应用到海洋和天气业务预测预报，以及海洋、大气等科学领域的基础研究中[44-47]。但人们在应用和研究中也还不断发现 Argo 资料中存在着这样那样的质量问题，这也说明了对 Argo 资料质量控制工作依然任重道远。

如果对目前使用的 Argo 资料质量控制流程以及方法（见图1）进行深入剖析，可以发现，在实时质量控制过程中，各项测试内容都涉及到一些人为设定的检测标准或阈值，如在检测浮标定位信息中设定的速度最大值为 3 m/s，而实际情况中在西边界流（公认的强流区）区域的最大流速也仅为 2 m/s 左右，大洋内部的流速几乎不超过 0.6 m/s[48-49]；又如盐度的检测标准为（2，41），即最低盐度为 2，最高为 41，而在太平洋中盐度分布实际仅为（20，39）之间[50-51]。可以看到，资料质量控制过程为了追求在全球海洋上的适用性，各种检测标准或阈值范围往往设置得太过宽泛，使得实时资料中仍然会存在许多异常数据。针对这样的问题，不妨可以通过对不同海域、不同深度区间设定不同的检测标准或阈值来改进和解决。

此外，人们在进行 Argo 盐度延时质量控制和校正处理时发现，一些海域内的浮标会出现过度校正问题[52]，进一步的研究还表明，估计气候态盐度时使用的时空尺度参数对盐度校正结果有很大影响[17,53]。然而目前延时质量控制和校正方案中对这些参数的设定显然存在着不合理之处：由于 Argo 计划早期缺乏高质量的 CTD 参考资料，所以在估计气候态盐度值时设定了较大的时空尺度参数（其中时间参数为 10 a 左右，空间参数为 24°左右），以便能利用足够多的历史观测资料来校正浮标资料；但与此同时，参考数据中也就不可避免的混杂了一些不合适的历史资料，从而给校正结果带来误差甚至错误。这个问题在水团组成较复杂、年际变化较大的海域（如大西洋亚北极环流海域、南大洋海域和黑潮亲潮交汇区等）更加突出。

近年来在国际 Argo 指导组的呼吁下，各 Argo 成员国加快了对船载 CTD 观测资料的收集和汇交工作，特别是经过严格筛选的 Argo 剖面浮标观测资料的加入，使得参考数据库得到了较大补充，资料质量也有了明显提高，为采用更加合理的时空尺度参数对浮标资料进行有效校正创造了条件。张春玲等提出的梯度依赖相关尺度参数估计方案，可根据海洋要素水平梯度变化来控制空间相关尺度的大小。该方法已经用在 Argo 网格数据集的制作中，收到了较好的效果[54-55]。如果将该方法移植应用到对观测资料的质量控制中，就可以从历史数据库中有效地选取合适的参考资料，从而更精确地估计气候态盐度值，有效提高盐度校正的效果。

　　2012 年 9 月在意大利威尼斯召开的第四届国际 Argo 科学研讨会上，已经把 Argo 计划向边缘海和高纬度海域，以及向生物、地球化学等学科拓展明确写入了会议纪要中。近年来，已经有越来越多的浮标加装了生物地球化学传感器，还有些浮标能获取近表层温、盐度数据，这些新数据的获取势必会对传统的 Argo 数据管理产生冲击。如何对这些新要素的观测资料进行质量控制，特别是处于边缘海和西边界强流区域的 Argo 剖面资料进行有效质量控制，不仅是国际 Argo 资料管理组亟需解决的问题，也是各国 Argo 资料中心面临的严峻挑战。

致谢：作者感谢中国 Argo 实时资料中心刘增宏副研究员对文章修改提出的宝贵意见。

参考文献：

[1] 许建平，刘增宏. 中国 Argo 大洋观测网试验[M]. 北京：气象出版社，2007：1-6.

[2] Argo Science Team. Report of the Argo Science Team 2nd Meeting[C]. The Argo Science Team 2nd Meeting, Southampton Oceanography Centre, Southampton, U. K. , 2000：1-35.

[3] 许建平，刘增宏，孙朝辉，等. 全球 Argo 实时海洋观测网全面建成[J]. 海洋技术，2008，27（1）：68-70.

[4] Freeland H, Roemmich D, Garzoli S, et al. Argo—A Decade of Progress. doi：10.5270/Ocean-Obs09. cwp. 32

[5] Balmaseda M, Anderson D, Vidard A. Impact of Argo on analyses of the global ocean[J]. Geophysical Research Letters, 2007, 34：1-6.

[6] Levitus S, Antonov J, Boyer T. World ocean heat content and thermosteric sea level change (0-2 000 m), 1955-2000[J]. Geophysical Research Letters, 2012, 39：1-5.

[7] Zhang Z W, Zhong Y S, Tian J W. Estimation of eddy heat transport in the global ocean from Argo data[J]. Acta Oceanologica Sinica, 2014, 33（1）：42-47.

[8] Chaigneau A, Texier M, Eldin G. Vertical structure of mesoscale eddies in the eastern South Pacific Ocean：A composite analysis from altimetry and Argo profiling floats[J]. Journal of Geophysical Research, 2011, 116：1-16.

[9] Park J, Kim K, King B. An advanced method to estimate deep currents from profiling float[J]. Journal of Atmospheric and Oceanic Technology, 2005, 22：1294-1304.

[10] Ollitranlt M, Verdiere A. The ocean general circulation near 1 000 m depth[J]. Journal of Physical Oceanography, 2014, 44：384-409.

[11] Anav A, Friedlingstein P, Kidston M. Evaluating the land and ocean components of the global carbon cycle in the CMIP5 Earth system models[J]. Journal of Climate, 2014, 26：6801-6843.

[12] 童明荣. Argo 剖面浮标观测资料的处理与校正方法探讨[D]. 杭州：国家海洋局第二海洋研究所，2004.

[13] 童明荣，刘增宏，孙朝辉，等. Argo 剖面浮标数据质量过程剖析[J]. 海洋技术，2003，22（4）：79 – 84.

[14] 王辉赞，张韧，王桂华，等. Argo 浮标温盐剖面观测资料的质量控制技术[J]. 地球物理学报，2012，55（2）：577 – 588.

[15] 童明荣，许建平，马继瑞. Argo 剖面浮标电导率传感器漂移问题探讨[J]. 海洋技术，2004，23（3）：105 – 124.

[16] 朱伯康，刘增宏，刘仁清，等. Argo 剖面浮标压力测量误差问题剖析[J]. 海洋技术，2009，28（3）：127 – 129.

[17] 刘增宏，许建平，修义瑞，等. 参考数据集对 Argo 剖面浮标盐度观测资料校正的影响[J]. 海洋预报，2006，23（4）：1 – 12.

[18] Intergovernmental Oceanographic Commission. GTSPP Real-Time Quality Control Manual[Z]. IOC Manual and Guides，1990.

[19] Schmid C，Molimari R，Sabina R. The Real-Time data management system for Argo profiling float observations[J]. Journal of Atmospheric and Oceanic Technology，2007，24：1608 – 1628.

[20] Nakamura T，Ogita N，Kobayashi T. Quality control method of Argo float position data[J]. JAMSTEC Research and Development，2008，7：11 – 18.

[21] Wong A，Keeley R，Carval T. Argo quality control manual[Z]. 2013，Version 2.9：1 – 21.

[22] Barnett T. Variation in near-global Sea Level Pressure[J]. Journal of Atmospheric Sciences，1985，42：478 – 501.

[23] Barker P，Dunn J，Domingues C，et al. Pressure Sensor Drifts in Argo and Their Impacts[J]. Journal of Atmospheric and Oceanic Technology，2011，28：1036 – 1049.

[24] Riser S. A review of recent problems with float CTD units and Druck pressure sensors[J]. Argonautics，2009，11：2 – 3.

[25] Oka E，Ando k. . Stability of temperature and conductivity sensors of Argo Profiling floats[J]. Journal of Oceanography，2004，60：253 – 258.

[26] Reverdin G. Correction of salinity of floats with FSI sensors[R]. The 1st Argo Science Team Meeting，Maliland，USA，Mar 22 – 23，1999.

[27] Bacon S，Centurioni L，Gould W. The evaluation of salinity measurements from PALACE floats[J]. Journal of Physical Oceanography，2001，31：1258 – 1266.

[28] Oka E. Long-term sensor drift fount in recovered Argo profiling floats[J]. Journal of Oceanography，2005，61：775 – 781.

[29] Riser S，Swift D. Long-term measurements of salinity from profiling floats[J]. Journal of Atmospheric and Oceanic Technology，2005，22：1125 – 1132.

[30] Thandathil P，Baish C，Behera S，et al. Drift salinity fata from Argo profiling floats in the sea of Japan[J]. Journal of Atmospheric and Oceanic Technology，2012，29：129 – 138.

[31] Worthington L. The water masses of the world ocean：Some results of a fine-scale census[M]. Cambridge，USA：The MIT Press，1981：42 – 69.

[32] McIntosh P. Oceanographic Data Interpolation Objective Analysis and Splines[J]. Journal of Geophysical Research, 1990, 95: 13529 – 13541.

[33] Wong A, Johnson G, Owens W. Delayed-mode calibration of autonomous CTD profiling float salinity data by $\theta - S$ climatology[J]. Journal of Atmospheric and Oceanic Technology, 2003, 20: 308 – 318.

[34] Bohme L, Send U. Objective analyses of hydrographic data for referencing profiling float salinities in highly variable environments[J]. Deep-Sea Research II, 2005, 52: 651 – 664.

[35] Fukumori I, Wunsch C. Efficient representation of the North Atlantic hydrographic and chemical distributions[R]. Progress in Oceanography, 1991, 27: 111 – 195.

[36] Jones R, Dey I. Determining one or more change points[J]. Chemistry and Physics of Lipids, 1995, 76: 1 – 6.

[37] Owens W, Wong A. An improved calibration method for the drift of the conductivity sensor on autonomous CTD profiling floats by $\theta - S$ climatology[J]. Deep-Sea Research I, 2009, 56: 450 – 457.

[38] 纪风颖, 苗春葆, 张书东. 基于气候性温盐关系模型对 Argo 数据进行质量控制的研究[J]. 海洋通报, 2004, 23 (6): 8 – 15.

[39] Guinehut S, Coatanoan C, Traon L, et al. On the use of satellite altimeter data in Argo quality control[J]. Journal of Atmospheric and Oceanic Technology, 2009, 26: 395 – 402.

[40] Durand F, Reverdin G. A statistical method for correcting salinity observations from autonomous profiling floats: An Argo perspective[J]. Journal of Atmospheric and Oceanic Technology, 2005, 22: 292 – 301.

[41] Johnson G, Toole J, Larson N. Sensor Corrections for Sea – Bird SBE – 41CP and SBE – 41 CTDs [J]. Journal of Atmospheric and Oceanic Technology, 2007, 24: 1117 – 1130.

[42] 许建平. 温盐深剖面仪资料的校正和处理技术[J]. 海洋技术, 1987, 6 (4): 39 – 48.

[43] Fofonoff N, Hayer S, Millard R. WHOI/Brown CTD Microprofiler: Methods of calibration and data handing[R]. Woods Hole Oceanographic Institute Tech. Rep. WHOI – 74 – 89, 1974: 1 – 66.

[44] 张人禾, 朱江, 许建平, 等. Argo 大洋观测资料的同化及其在短期气候预测和海洋分析中的应用[J]. 大气科学, 2013, 37 (2): 411 – 424.

[45] Hasegawa T, Ando I, Ueki I. Upper – ocean salinity variability in the Tropical Pacific: Case study for Quasi-decadal shift during the 2000s using TRITON Buoys and Argo Float[J]. Journal of Climate, 2003, 26: 8126 – 8138.

[46] Hu R J, Wei Meng. Intraseasonal oscillation in global ocean temperature inferred from Argo[J]. Advances in Atmospheric Sciences, 2013, 30 (1): 29 – 40.

[47] Traon P Y L. From satellite altimetry to Argo and operational oceanography: three revolution in oceanography[J]. Ocean Science, 2013, 9: 901 – 915.

[48] 冯士筰, 李凤岐, 李少菁. 海洋科学导论[M]. 北京: 高等教育出版社, 1999: 168 – 172.

[49] Pond S, Pickard G. Introductory Dynamic Oceanography[M]. New York: Pergamon Press, 1979: 182 – 206.

[50] Antonov J, Locarnini R, Boyer T. World Ocean Atlas 2009, Vol. 2, Sanility[R]. NOAA Atlas

NESDIS 69, 2010: 1 – 182.

[51] Talley L, Pickard G, Emery W. Descriptive Physical Oceanography[M]. San Diego: Academic Press, 2011: 34 – 37.

[52] Thierry V, Pouiquen E, Mamaca E. French National report on Argo – 2012[R]. The 14th Argo Steering Team Meeting, Wellington, New Zealand, 2013: 71 – 72.

[53] Kobayashi T, Minato S. Importance of Reference Dataset Improvements for Argo Delayed – Mode Quality Control[J]. Journal of Oceanography, 2005, 61: 995 – 1009.

[54] Zhang C L, Xu J P, Bao X W. An effective method for improving the accuracy of Argo objective analysis[J]. Acta Oceanologica Sinica, 2013, 32 (7): 66 – 77.

[55] 张春玲. Argo 资料再分析方法及其三维网格数据重构研究[D]. 青岛：中国海洋大学，2013.

Overview of research on the quality control method of the Argo profiling float data

LU Shaolei[1,2], XU Jianping[1,2]

1. *State Key Laboratory Satellite Ocean Environment Dynamics, Second Institute of Oceanography, State Oceanic Administration, Hangzhou 310012, China*
2. *The Second Institute of Oceanography, State Oceanic Administration, Hangzhou 310012, China*

Abstract: With the widely application of Argo profiling floats data, the users paid more and more attention to the data quality. In order to make the users have a comprehensive knowledge and understanding, this paper reviewed the studies on the problems in Argo data, its quality control process and correction methods, and analyzed the defects, problems in the quality control process, and proposed some improvement suggestions. At present Argo extended into the marginal seas, high latitudes, and biogeochemistry. It was a problem to be solved and a severe challenge, to control the quality of these new measuring elements, especially the ones in the marginal seas and western boundary regions, not only for international Argo Data Management Team, but also every national data center.

Key words: Argo profiling floats; measuring data; sensor; drift; quality control

全球大洋混合层深度的计算及其时空变化特征分析

安玉柱[1]，张韧[1]，王辉赞[1]，陈建[1]，陈奕德[1]

1. 解放军理工大学 气象海洋学院 军事海洋环境军队重点实验室，江苏 南京 211101

摘要： 本文利用 2005—2009 年期间的全球海洋 Argo 网格数据，分别采用温度判据和密度判据计算了全球大洋混合层深度（Mixed Layer Depth，MLD），讨论了障碍层（Barrier Layer，BL）和补偿层（Compensated Layer，CL）对混合层深度计算的影响，得到了合成的混合层深度，并研究了其时空变化特征。研究结果表明：（1）在赤道西太平洋（10°S～5°N，150°E～150°W）、孟加拉湾和热带西大西洋（10°～20°N，30°～60°W）海域是障碍层的高发区域。冬季的北太平洋副热带海域（30°N 附近）以及东北大西洋（40°～60°N，0°～30°W）海域是补偿层发生的区域。（2）在南、北半球的夏季 MLD 都比较浅，而在冬季 MLD 则普遍比较深。北太平洋和北大西洋 MLD 的分布和变化比较相似，印度洋 MLD 受季风影响显著，呈现半年周期变化。太平洋和大西洋 MLD 的经向分布大致呈现出"两端深、中间浅"的拱形特点。（3）混合层深度距平场 EOF 第一模态时间变化为周期的年信号，北太平洋、北大西洋和南大洋（尤其是南极绕流区）都是 MLD 变化剧烈的海域，第二模态显示全球大洋混合层深度距平存在着一个半年的变化周期。

关键词： Argo；混合层深度；障碍层；补偿层；等温层深度；时空变化

1 引言

海洋近表层由于受到太阳辐射、降水、风力强迫等作用，形成温、盐、密度几乎垂向均匀的混合层（Mixed Layer，ML）[1]。混合层在海气相互作用过程中起着重要作用，海洋与大气的能量、动量、物质交换主要通过混合层进行。此外，混合层

基金项目： 国家自然科学基金（41075045）资助。

作者简介： 安玉柱（1985—），男，河北省武安市人，博士，从事海洋数据处理和物理海洋研究。E-mail：ayz_276521@ sina. com

的观测对于验证和改进大洋环流模式中的混合层参数化方案具有重要价值[2-3]。近年来有不少关于混合层的研究，施平等[4]通过分析 Levitus 气候平均温盐资料，得到南海混合层的时空分布特征，剖析了混合层深度及其内部温度的季节变化规律，指出季风通过流场调整对南海混合层分布有明显影响；Ohno 等[5]将 Argo 浮标观测得到的混合层深度和基于气候学的混合层深度相比，研究了北太平洋混合层深度的空间分布和随时间的变化，并指出了气候学混合层深度的不足；芦静等[6]利用散点 Argo 资料计算了准全球海洋夏季的混合层深度，并与 Levitus 资料计算的结果进行了比较，发现前者普遍大于后者；李泓等[7]研究了太平洋区域混合层深度年际变率的地理分布和季节变化，指出 1980 年以来，伴随强 El Niño 事件发生，有混合层的正常东传；巢纪平等[8]指出深厚混合层与弱海气相互作用相联系；赵永平等[9]研究了热带太平洋混合层水体振荡与 ENSO 循环的关系，指出混合层水体振荡在 ENSO 循环中的重要作用。

　　鉴于混合层在科学研究中的重要作用，其恰当定义和准确计算至关重要．潘爱军等[10]在研究南海东北部障碍层（Barrier Layer, BL）时，指出等温层深度（温跃层顶界深度）与等盐度层深度或混合层深度（密度跃层顶界深度）并不一定重合。目前，关于混合层深度的计算有多种定义，概括起来可分为两种：①差值法：与参考深度处的温度或密度相差一定值的深度；②梯度法：温度梯度或密度梯度达到一定值的深度。差值法的优势体现在可用于垂直分辨率较低的剖面，计算简单易行，但是计算的混合层的深度偏差较大；梯度法的优势在于计算的混合层深度更精确，但是需要较高的垂向分辨率，而且容易受到"淡盖"的影响，出现虚假的浅混合层。Brainerd 和 Gregg[11]研究指出，基于差值法要比基于梯度计算得到的混合层深度结果更理想；贾旭晶等[12]分别采用海洋调查规范[13]及 Sprintall 和 Tomczak[14]关于混合层和温跃层的定义，分析了混合层和温跃层两种定义下的共同点和差异，认为南海春季的混合层和温跃层研究采用差值法比较合适；de Boyer Montégut 等[15]采用差值法，分别以温度和密度判据，利用全球剖面数据（1994－2002 年，PFL，MBT，XBT，CTD 数据）计算了全球混合层深度的气候态平均数据集。

　　差值法和梯度法都用温度或者密度作为判据。温度判据的优点是温度数据覆盖范围广、且时空分辨率高，但确定的混合层深度比较粗糙；密度为判据的优点是综合考虑了温度和盐度的影响，混合层深度的计算更为准确，但是盐度数据稀缺。由于受限于温盐资料，目前的研究大多集中在局部海域，对全球混合层深度的计算和研究还不是很多。令人可喜的是全球 Argo 实时海洋观测网于 2007 年宣布正式建成，每年可提供多达 10 万个剖面（0~2 000 m）的温度、盐度资料，为采用多种判据计算混合层的深度提供了很好的数据基础。本文目的是要利用新的 Argo 网格化温、盐度数据产品，计算全球海洋混合层深度，通过判断是否存在障碍层和补偿层，并得出合成混合层深度，然后分析其时空变化特征。

2 数据

本文所使用的全球网格化 Argo 数据产品来自于中国 Argo973 网站（http：//www. argo. org. cndatadata1. html）。该数据产品由国家海洋信息中心制作[16]，方法如下：首先对来源于法国 Argo 数据中心 1998—2009 年期间的 Argo 浮标剖面原始观测资料进行质量控制，在常规实时质控和盐度延时订正（WJO[17]方法和 OW[18]方法）的基础上，人工审核剔除局部毛刺和尖峰数据；然后采用时空加权平均技术对质控后的数据在全球范围进行网格化，构造出气候态背景场；再采用全三维空间多重网格三维变分数据同化方法，同化 2005 - 2009 年期间各月的 Argo 观测资料，形成全球网格化 Argo 数据产品。该同化方法以网格的粗细来描述背景场误差协方差矩阵中的相关尺度，在一组由粗到细的网格上依次对观测场相对于背景场的增量进行三维变分分析，在每次分析的过程中，将上次较粗网格上分析得到的分析场作为新的背景场代入到下次较细网格的分析中，而每次分析的增量也是指相对于上次较粗网格分析得到的新背景场的增量，最后将各重网格的分析结果相叠加得到最终的网格数据。

该产品完全以 Argo 数据作为分析对象，包含了温度和盐度要素，资料长度是2005 年 1 月至 2009 年 12 月，时间分辨率为逐年逐月，空间范围为全球海洋，分辨率为 1°×1°，垂向共有 26 个（0，10，20，30，50，75，100，125，150，200，250，300，400，500，600，700，800，900，1 000，1 100，1 200，1 300，1 400，1 500，1 750，2 000 m）标准深度层。

3 方法

3.1 混合层的计算依据

本文采用的混合层深度定义[14]如下，定义 1（温度判据）：比表层温度低0.5℃的温度所在的深度作为混合层深度，文中称为 ILD（Isothermal Layer Depth）；定义 2（密度判据）：由表层盐度和比表层温度低 0.5℃的温度值计算出一个密度，这个密度所在的深度处即混合层底所在处，文中称为 MLD（在这里，ILD 和 MLD分别代表了由温度和密度判据计算得来的混合层深度）。若 ILD 大于 MLD，则存在障碍层（Barrier Layer，BL），障碍层厚度（Barrier Layer Thickness，BLT）为（ILD -MLD）；若 ILD 小于 MLD，则存在补偿层（Compensated Layer，CL），补偿层厚度（Compensated Layer Thickness，CLT）为（MLD - ILD）。实际海洋中，10 m 以浅的表层温度和盐度分布基本上是均匀的，将表层温度和盐度取其 10 m 处的值，可以忽略海洋表层异常热力过程的影响，例如淡水的输入，急剧的蒸发等。另外，以

10 m 作为参考层符合 Argo 浮标的观测特点（通常缺少 5 m 以浅水层的数据），可以减小 Argo 数据在表层的误差。

在大部分海域，由于存在较强的温跃层，ILD 和 MLD 是一致的，但是在一些区域如赤道西太平洋和南半球高纬度地区，ILD 和 MLD 则有很大的差异，所以在这些地方只采用定义 1 或定义 2 则会造成计算的混合层深度有很大的差异[19]。图 1 为 de Boyer Montégut 等[15,20]在研究混合层时列举的实例。图 1a 为存在障碍层时的温、盐、密度垂直分布。以温度作为判据时计算的 ILD 为 D_{T-02}，以密度判据时计算的 MLD 为 D_σ，故障碍层的厚度为 $D_{T-02} - D_\sigma$，可见在障碍层内温度基本不变，但密度已经发生了较大的变化，用 D_{T-02} 作为混合层深度显然偏大，取 D_σ 则更准确；图 1b 为存在补偿层时的温、盐、密度垂直分布，以温度作为判据时计算得到的 ILD 为 210 m，以密度判据时计算的 MLD 为 280 m，所以补偿层厚度为 70 m，补偿层内密度基本不变，但温度发生了较大的变化，所以混合层的深度应该取 210 m。从以上的分析可知，混合层深度的确定受 BL 和 CL 的影响，所以本文首先用温度判据计算 ILD，再用密度判据计算 MLD，判断是否存在 BL 和 CL，最终确定出合成的混合层深度。

3.2　混合层深度算法

根据 3.1 节的定义，本文采用下述算法[21]计算混合层深度。该方法以 10 m 作为初始参考层，计算过程中能够动态调整参考温度值或参考密度值，对于存在逆温层或者多个温度跃层有比较好的适应性。图 2 是计算方法的示意图，图 2a 采用定义 1 计算 ILD，图 2b 用定义 2 计算 MLD。

结合图 2b，以密度判据为例，说明该方法的具体计算流程（ILD 的计算方法与此类似）。如图 3 所示。

①选择 10 m 深处的密度 σ_{ref} 作为参考密度，即 $\sigma_{ref} = \sigma_2$，下标 2 表示第二个标准深度 10 m；

②根据 $\Delta\sigma = \sigma(T_2 - \Delta T, S_2, P_0) - \sigma(T_2, S_2, P_0)$ 计算出密度差 $\Delta\sigma$，其中 T_2 和 S_2 分别为第二个标准深度 10 m 深处的温度和盐度，温度差值 $\Delta T = 0.5$℃，P_0 为海表面压强且取 $P_0 = 0$，计算海水密度采用 UNESCO1980 海水状态方程；

③寻找密度均匀层，更新参考密度值。从 10 m 处（即 $n = 2$）开始，判断 n 和 $n+1$ 层相邻两层之间的密度差是否小于 $0.1\Delta\sigma$，若密度差小于 $0.1\Delta\sigma$，则认为是均匀层，并且用第 n 层的密度 σ_n 作为新的参考密度 σ_{ref}，此时 $\sigma_b = \sigma_{ref} + \Delta\sigma$ 是 MLD 底的密度，线性插值得 MLD $= H_n + (\sigma_b - \sigma_n) / (H_{n+1} - H_n)$。

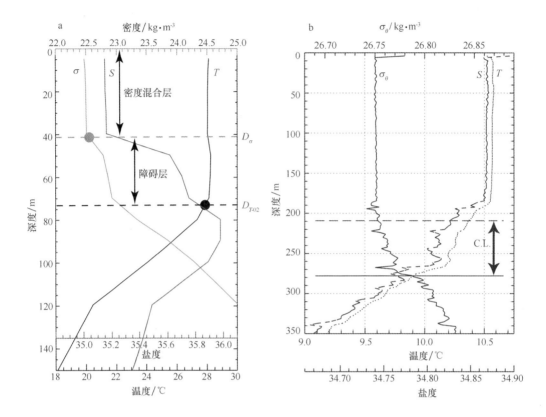

图 1　存在障碍层或补偿层时的温、盐、密度垂直分布

a. 存在障碍层：2002 年 1 月 31 日位于东南阿拉伯海（7.4°N，67.3°E）Argo 浮标的温度、盐度、密度剖面，左侧实圆点表示根据密度判据得到的 MLD，右侧实圆点表示根据温度判据得到的 ILD（引自 de Boyer Montégut 等[20]）；b. 存在补偿层：1995 年 7 月 17 日位于澳大利亚南部海域（44.4°S，146.2°E）CTD 的温度、盐度、密度剖面，虚直线表示根据温度判据得到的 ILD，实直线表示根据密度判据得到的 MLD（引自 de Boyer Montégut 等[15]）

Fig. 1　Vertical distribution of temperature, salinity and density in the presence of barrier layer or the compensated layer

a. An example of BL case：Temperature, salinity and density profiles were measured from an Argo float on 31 January 2002 in the southeastern Arabian Sea（7.4°N，67.3°E）. The left solid dot showed the depth where the density criteria reached. The right solid dot showed the depth where the temperature criteria reached（from de Boyer Montégut et al. , 2007）. b. An example of CL case：Temperature, salinity and density profile were measured from CTD, on 17 July 1995 in the south of Australia（44.4°S，146.2°E）. The dashed line showed the depth where the temperature criteria reached. The solid line showed the depth where the density criteria reached（from de Boyer Montégut et al. , 2004）

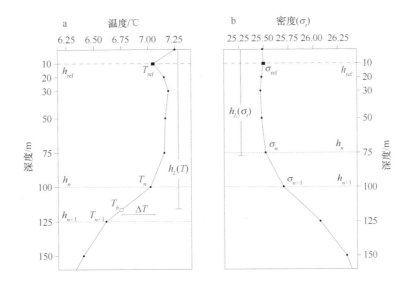

图 2　采用温度判据计算 ILD（h_L（T））

a. 采用密度判据计算 MLD（$h_L(T)$），b. 采用密度判据计算 MLD（$h_L(\delta_t)$）的示意图（引自 Kara 等[21]）

Fig. 2　A schematic illustration of the ILD（h_L（T））based on temperature criteria

and MLD（h_L（σ_t））based on density criteria（from Kara et al.，2002）

4　结果与讨论

4.1　全球大洋混合层深度的空间分布特征

图 4a 和图 4b 分别为利用 Argo 网格化数据计算得到的 ILD 和 MLD 的各月平均分布，图 4c 为 ILD – MLD 的值，正值区为障碍层，负值区为补偿层。在讨论混合层深度时空变化特征时，根据 Levitus 的定义[22]，将北半球的季节划分如下：1 – 3 月为冬季，4 – 6 月为春季，7 – 9 月为夏季，10 – 12 月为秋季．从图 4a 和图 4b 可以发现，ILD 和 MLD 的分布非常相似，都能揭示全球大洋混合层深度的基本分布特征，如北太平洋、北大西洋以及南大洋的混合层冬深夏浅的季节变化等。在大部分海域，ILD 和 MLD 都能得出比较一致的混合层深度。但是在某些海域两者存在着较大的深度差异，结合图 4c 可见，在赤道西太平洋（10°S ~ 5°N，150°E ~ 150°W）、孟加拉湾和热带西大西洋（10° ~ 20°N，30° ~ 60°W）等海域，ILD 都要大于 MLD，即是障碍层高发的区域，尤其是在冬季的高纬度地区如北太平洋（40°N 以北）和拉布拉多海以及南大洋副极地海域（45°S 以南），混合层深度都超过了 300 m，说明单纯依靠温度判据计算的 ILD 在定义混合层深度时会出现很大偏差。冬季的北太平洋副热带海域

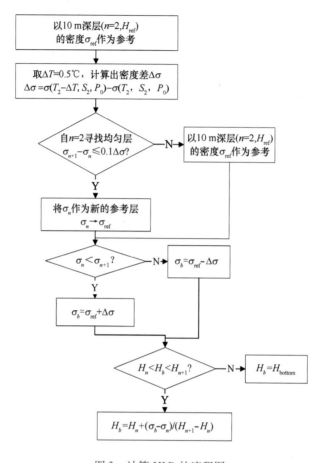

图3 计算 MLD 的流程图

Fig. 3 Flow chart of calculating MLD

（30°N 附近）以及东北大西洋（40°~60°N，0°~30°W）海域，MLD 则大于 ILD，存在着补偿层。因此，根据 3.1 节的分析，存在障碍层的区域，以 MLD 作为该区域的混合层深度，同理存在补偿层的区域，以 ILD 作为该区域的混合层深度，这样综合了定义 1 和定义 2，消除障碍层和补偿层的影响，得到较为合理的全球大洋混合层深度，即合成混合层深度（Hybrid MLD）。

图 4d 为合成的全球大洋混合层深度（为讨论方便，除非特别说明，下文将合成的混合层深度简称为 MLD）的各月平均分布。最显著的特征是在南、北半球的夏季 MLD 都比较浅，而在冬季 MLD 则普遍比较深，而且大致呈纬向带分布。夏季，北太平洋和北大西洋的 MLD 分布很相似，从高纬度向中低纬度，即从北大西洋延伸至 10°N 纬线海域和太平洋延伸到 30°N 纬线海域，MLD 都逐渐变浅；冬季，北太平洋和北大西洋的 MLD 都比较深，尤其是北大西洋从 40°N 向极地的区域，MLD 的最大深度大于 300 m，并且从 1 月维持到 4 月，从春季到夏季 MLD 逐渐变浅，从秋季到冬季则

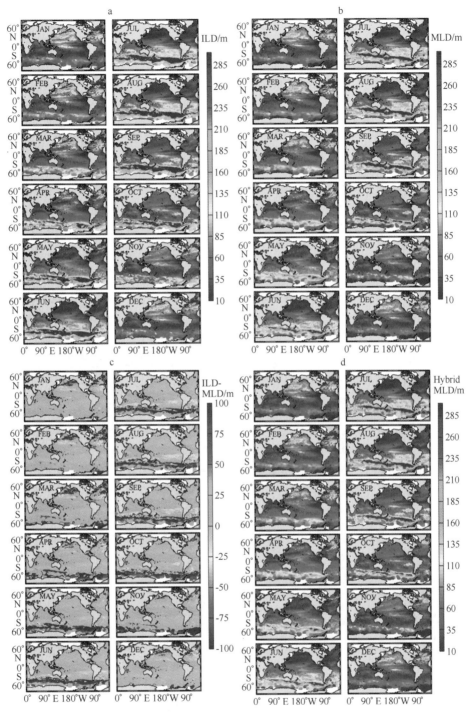

图 4　基于 Argo 网格化数据计算的 2005 – 2009 年逐月平均的
ILD（a），MLD（b），ILD – MLD（c）和合成 MLD（d）分布
Fig. 4　Monthly mean ILD（a），MLD（b），ILD – MLD（c）and
Hybrid MLD（d）calculated from Gridded – Argo data over the period 2005 – 2009

重新成为深 MLD 区域。相比而言，冬季副极地太平洋 MLD 没有同纬度大西洋的深，主要是在北太平洋因降水和下层水上翻形成了盐度跃层[19]。在强的西边界流地区（如黑潮和湾流）冬季 MLD 最深，到夏季则很快变浅。印度洋上夏季受西南季风控制，冬季受东北季风控制，季风和与之相关的感热、潜热通量是影响印度洋 MLD 的主要因素，尤其在阿拉伯海海域，受季风影响，MLD 的季节变化非常显著。在赤道海域特别是在赤道西太平洋上，在冬季有一个浅的 MLD 舌，向南延伸到约 20°S 的位置，结合图 4c，在该海域也是障碍层频发的地区[20]，到夏季浅 MLD 舌则消失。在 40°~60°S 的南大洋上明显的特征是 MLD 普遍较深，且成纬向带分布，贯穿全球。在南半球高纬度海域，因热膨胀系数很小，盐度的变化作用相对就更大一些，从而形成了稳定的层结。在 60°S 以南海域，MLD 则全年小于 20 m，这主要是由于南极大陆的淡水注入，使得靠近南极大陆边缘海的 MLD 很浅。以上分析揭示了全球大洋平均 MLD 的水平时空分布特征，受季风、海气间的热交换等因素的影响，MLD 存在着明显的季节性变化。

图 5 显示了沿 160°E 和 30°W 两个经向断面上温度、盐度和 MLD 月平均分布（只给出 2、5、8、11 月，分别代表冬春夏秋四季），讨论其垂直时空分布。其中，160°E 断面位于太平洋，30°W 断面位于大西洋。在 160°E 断面上清楚的看到：在 4 个代表月份中，10°~20°N 的混合层深度基本上与等温线平行或者重合，位于 30°~40°N 的 MLD 随月份变化比较大，冬季赤道以北 MLD 加深，到春季逐渐变浅，在夏季则最浅，到秋季又逐渐变深；赤道以南 MLD 变化和赤道以北相反，在 30°W 断面上季节变化与 160°E 类似。MLD 的这种变化显然受到海表动力（风、流等）和热力（太阳辐射，蒸发等）因素的作用，引起湍流混合强度变化造成的。在北半球冬季，海面风大浪高，海面降温增密引起海水强烈湍流混合，MLD 厚度增加。在北半球夏季，海面风小，海表面增温密度减小，海水对流减弱，MLD 变薄。从两个经向断面可以发现：在副极地海区，MLD 都比较深，然而随着从高纬向低纬变化，MLD 逐渐变浅。太平洋和大西洋的 MLD 经向分布大致呈现出"两端深、中间浅"的拱形特点。

4.2　全球大洋混合层深度的时间变化特征

从 4.1 节分析可知，MLD 空间分布很不均匀，在夏季南北半球能够小于 20 m，而冬季副极地海区则可以超过 300 m，而且 MLD 的空间分布与时间变化关系密切，如年变化、年际尺度变化以及季节变化和季节内变化等。为揭示 MLD 的季节变化特征，图 6 选取了全球各大洋几个特定点上 MLD 的逐月变化进行分析。在 1－6 月和 6－12 月两个时间段里，印度洋和赤道海域的 MLD 都呈现出深－浅－深的变化趋势，存在明显的半年周期，这可能与印度洋季风和赤道辐合带的半年变化有关。热带海域和南极海域的 MLD 全年存在着浅－深－浅的变化，北太平洋和北大西洋的 MLD 全年则存在着深－浅－深的变化，即冬季深，夏季浅的季节性周期。这与太阳辐射、风力

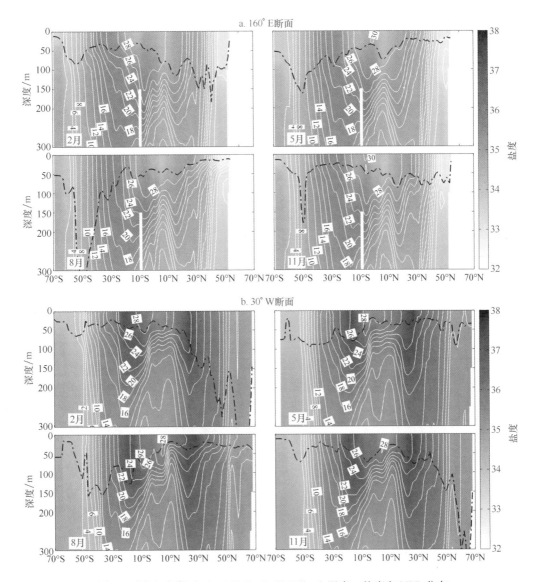

图5　两个经向断面（a. 160°E，b. 30°W）上温度、盐度和MLD分布

白色等值线为温度，间隔2℃，颜色为盐度，黑色点划线为混合层深度

Fig. 5　Temperature, salinity and MLD features in 160°E（a）and 30°W（b）meridional sections

White contours denote temperature with interval 2℃, color denotes salinity, black dot line denotes MLD

搅动有关。

　　全球大洋混合层深度的平均时空分布在各海域不一致，借助EOF分解及总体小波功率谱分析，对全球大洋混合层深度的年变化特征进行研究。图7是2005－2009年期间MLD的距平值第一和第二EOF模态及其相应的主成分时间序列和小波功率谱检验，前两个模态的方差贡献率达到87.1%，时间序列已通过各自标准差进行标准

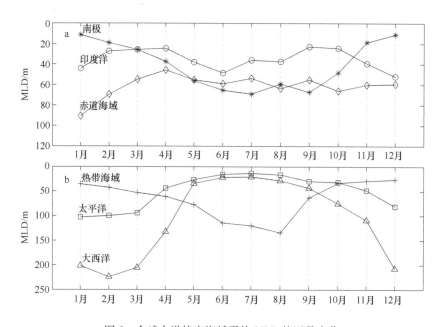

图 6　全球大洋特定海域平均 MLD 的逐月变化

a. 南极（70°S, 90°W）、印度洋（10°N, 55°E）、赤道海域（1°S, 170°E）；

b. 热带海域（20°S, 140°W）、太平洋（45°N, 160°E）、大西洋（45°N, 30°W）

Fig. 6　Monthly changes of MLD at selected locations in the global ocean

a. Antarctic（70°S, 90°W）, Indian Ocean（10°N, 55°E）, and equatorial ocean（1°S, 170°E）；

b. tropical ocean（20°S, 140°W）, Pacific Ocean（45°N, 160°E）, and Atlantic Ocean（45°N, 30°W）

化。图 7a1 是第一模态特征向量的空间型分布，该模态的解释方差占整体方差的
74.8%，其反映了全球平均 MLD 变化的主要形式．其在大部分海域的距平值位于 0
附近，南北大洋呈现出偶极型的分布，北太平洋、北大西洋和南大洋（尤其是南极
绕流区）都是 MLD 变化剧烈的海域，这一点在图 4d 和图 6 中已经得到证实。结合图
7a2，主模态的时间序列呈现非常规律的波动，说明每年的冬季和夏季 MLD 交替变
化。图 7a3 小波功率谱分析可以看到，该模态主要存在一个显著的约为 1 a（12 个
月）的变化周期。

　　图 7b1 是第二模态特征向量的空间型分布，该模态的解释方差占整体方差的
12.3%，变化显著的区域整体上与第一模态相似，但是呈现出单一极型。图 7b2 所示
的时间序列包含了更高频的变化信息，每年内基本上都有两个周期，结合图 7b3 的小
波功率谱分析可以看出，存在显著的半年（6 个月）周期信号。另外，还可以看到
2005 - 2006 年全球混合层深度为负距平，2007 - 2009 年全球混合层深度逐渐变为正
距平，这包含了一个长期的变化趋势。图 7b3 中显示该模态还存在着一个约为 10 a
的变化周期，但需要积累更长时间序列的资料予以验证。

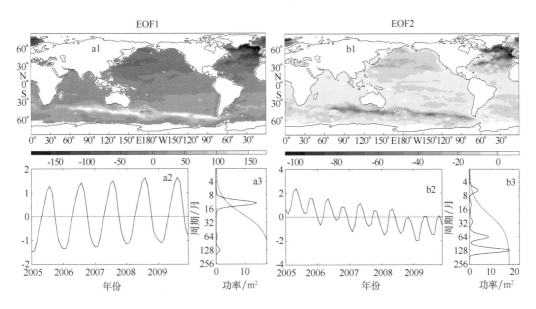

图 7　2005 – 2009 年期间 MLD 距平场 EOF 展开的第一模态（a）和第二模态（b）

a1、b1 为空间型；a2、b2 为时间系数序列；a3、b3 为总体小波功率谱（实线）及其显著性（虚线）

Fig. 7　The first and second modes of the MLD anomaly over the period 2005—2009

a1, b1 are the spatial patterns; a2, b2 are the time coefficients series; a3,

b3 are the wavelet power spectrums (solid line for power, dashed line for 95% confidence level)

5　结论

本文采用温度判据和密度判据，分别计算了全球大洋混合层深度，比较了存在障碍层和补偿层时混合层计算存在的差异，最终得到了合成的混合层，并据此分析了全球大洋平均 MLD 的空间和时间变化特征。研究表明：

（1）在赤道西太平洋（10°S ~ 5°N，150°E ~ 150°W）、孟加拉湾和热带西大西洋（10° ~ 20°N，30° ~ 60°W）是障碍层高发区域。冬季的北太平洋副热带（30°N 附近）以及东北大西洋（40° ~ 60°N，0° ~ 30°W）海域是补偿层发生的区域。

（2）北太平洋和北大西洋的 MLD 存在冬深夏浅的季节性变化，这可能与海表动力（风、流等）和热力（太阳辐射，蒸发等）因素有关。MLD 的经向分布大致呈现出"两端深、中间浅"的拱形特点。印度洋和赤道海域则呈现半年周期变化。

（3）混合层深度距平场 EOF 分解的第一模态显示北太平洋和北大西洋、南大洋（尤其是南极绕流区）都是 MLD 变化剧烈的海域，全球大洋的混合层深度变化主要以 1 a 周期为主，第二模态显示全球大洋混合层深度距平存在着一个半年的变化周期。

　　本文仅分析揭示了全球大洋中 MLD 分布及其变化的特征，得到了一些有益的结论，但对于影响其变化的因素和更大尺度的时空变化特征还有待进一步分析研究。

致谢： 国家海洋信息中心提供的全球 Argo 网格化数据产品支持，国家自然科学基金（41075045）提供的资助以及评审老师为文章修改提出的宝贵意见，在此一并致谢！

参考文献：

[1]　孙振宇，刘琳，于卫东. 基于 Argo 浮标的热带印度洋混合层深度季节变化研究[J]. 海洋科学进展，2007，25(3)：280 - 288.

[2]　Masson S, Delecluse P, Boulanger J P, et al. A model study of the seasonal variability and information mechanism of the barrier layer in the equatorial Indian Ocean[J]. J Geophys Res, 2002, 107 (C12)：8017, DOI：10. 1029/2001JC000832.

[3]　Kara A B, Wallcraft A J, Hurlburt H E. Climatological SST and MLD predictions from a global layered ocean model with an embedded mixed layer[J]. J Atmos Oceanic Technol, 2003, 20(11)：1616 - 1632.

[4]　施平，杜岩，王东晓，等. 南海混合层年循环特征[J]. 热带海洋学报，2001，20(1)：10 - 17.

[5]　Ohno Y, Kobayashi T T, Iwasaka N, et al. The mixed layer depth in the North Pacific as detected by the Argo floats[J]. Geophys Res Lett, 2004, 31, L11306, doi：10. 1029/2004GL019576.

[6]　芦静，乔方利，魏泽勋，等. 夏季海洋上混合层深度分布研究——Argo 资料与 Levitus 资料的比较[J]. 海洋科学进展，2008，26(2)：145 - 155.

[7]　李泓，李丽平，王盘兴，等. 太平洋混合层厚度（dml）年际异常的初步分析[J]. 南京气象学院学报，2003，26(5)：646 - 652.

[8]　巢纪平，王彰贵. 简单的热带海气耦合波 - Rossby 波的相互作用[J]. 气象学报，1993，51 (4)：385 - 393.

[9]　赵永平，陈水利，王凡，等. 热带太平洋海洋混合层水体振荡与 ENSO 循环[J]. 中国科学（D 辑：地球科学），2007，37(8)：1120 - 1133.

[10]　潘爱军，万小芳，许金电，等. 南海东北部障碍层特征及其形成机制[J]. 科学通报，2006，51 (8)：951 - 957.

[11]　Brainerd K E, Gregg M C. Surface mixed and mixing layer depths[J]. Deep-Sea Research Part I, 1995, 42(9)：1521 - 1543.

[12]　贾旭晶，刘秦玉，孙即霖，等. 1998 年 5 - 6 月南海上混合层、温跃层不同定义的比较[J]. 海洋湖沼通报，2001，10(1)：1 - 7.

[13]　国家技术监督局. GB/T 12763. 7 - 1991 海洋调查规范——海洋调查资料处理[S]. 北京：中国标准出版社，1992.

[14]　Sprintall J, Tomczak M. Evidence of barrier layer in the surface layer of tropics[J]. J Geophys Res, 1992, 97(C5)：7305 - 7316.

[15]　de Boyer Montégut, C, Madec G, Fischer A S, et al. Mixed layer depth over the global ocean: An examination of profile data and a profile-based climatology[J]. J Geophys Res, 2004, 109, C12003, doi: 10. 1029/2004JC002378.

[16]　国家海洋信息中心. Argo 网格化产品用户手册[Z]. 2011: 6.

[17]　Wong A P S, Johnson G C, Owens W B. Delayed-mode calibration of autonomous CTD profiling float salinity data by $\theta - S$ climatology[J]. J Atmos Oceanic Technol, 2003, 20(2): 308 - 318.

[18]　Owens W B, Wong A P S. An improved calibration method for the drift of the conductivity sensor on autonomous CTD profiling floats by $\theta - S$ climatology[J]. Deep-Sea Research Part I , 2009, 56 (3): 450 - 457.

[19]　Kara A B, Rochford P A, Hurlburt H E. Mixed layer depth variability over the global ocean[J]. J Geophys Res, 2003, 108(C3): 3079, doi: 10. 1029/2000JC000736.

[20]　de Boyer Montégut C, Mignot J, Lazar A, et al. Control of salinity on the mixed layer depth in the world ocean: 1. General description [J]. J Geophys Res, 2007, 112, C06011, doi: 10. 1029/2006JC003953.

[21]　Kara A B, Rochford P A, Hurlburt H E. Naval research laboratory Mixed Layer Depth (NMLD) climatologies[R]. NRL Rep. NRL/FR/7330 - 02 - 9995, 2002: 26.

[22]　Levitus S. Climatological Atlas of the world ocean[J]. Eos Trans. AGU, 1983, 64(49): 962, doi: 10. 1029/EO064i049p00962 - 02.

Study on calculation and spatio-temporal variations of global ocean mixed layer depth

AN Yuzhu[1], ZHANG Ren[1], WANG Huizan[1], CHEN Jian[1], CHEN Yide[1]

1. *PLA Key Labortory of Ocean Environment, Institute of Meteorology and Oceanography, PLA University of Science and Technology, Nanjing* 211101, *China*

Abstract: Argo gridded data over the period 2005 – 2009 are used to calculate the global Mixed Layer Depth (MLD) based on the temperature criterion and density criterion, respectively. Due to the Barrier Layer (BL) and Compensated Layer (CL), there will be misleading to estimate the MLD. After taking these phenomena into account, this paper obtains the Global hybrid MLD and then analyzes its spatio-temporal distribution. The results show: (1) The western equatorial Pacific (10°S ~ 5°N, 150°E ~ 150°W), Bengal Bay and western tropical Atlantic (10° ~ 20°N, 30° ~ 60°W) are the regions where barrier layer occurs frequently. The northern subtropical Pacific (near 30°N) and northeastern Atlantic (40° ~ 60° N, 0° ~ 30°W) in winter are the regions where compensated layer occurs. (2) The MLD is shallow in summer and deep in winter. MLD and its variation in northern Pacific Ocean are similar to the northern Atlantic Ocean. Monsoon has significant influence on MLD in the Indian Ocean where the MLD shows a semi-annual cycle. The meridional sections show arch-shaped distributions that MLD is deep in the two poles while shallow in the equator. (3) The first mode of the EOF analysis of mixed layer depth anomaly indicates an annual cycle. The Northern Pacific, northern Atlantic and Southern Ocean (especially the Antarctic Circumpolar Current) are the areas where MLD varies significantly. The second mode indicates that the mixed layer depth anomaly contains a semiannual cycle.

Key words：Argo；mixed layer depth；barrier layer；compensated layer；isothermal layer depth；spatio-temporal variation

（该文发表于《地球物理学报》55 卷第 7 期，2249 – 2258 页）

利用温度剖面资料结合海面高度估算全球海洋上层热含量异常

刘增宏[1,2]，许建平[1,2]，孙朝辉[2]

1. 卫星海洋环境动力学国家重点实验室，浙江 杭州 310012
2. 国家海洋局 第二海洋研究所，浙江 杭州 310012

摘要： 利用全球海洋约 200 万条温度剖面结合海面高度资料，估算了 1993 – 2009 年期间全球海洋 0 ~ 750 m 层的热含量异常。分析表明，仅使用剖面温度资料估算的全球海洋上层热含量可以反映出大部分十年变化信号，但在资料稀疏的海区（如南大洋），仍不足以反映变化信号。全球 0 ~ 750 m 海洋上层在 1993 – 2009 年的平均增暖速率约 1.17 W/m^2，全球海洋增暖最显著的海区出现在 40°S 附近。全球海洋热储年际变化中大的信号基本上与厄尔尼诺南方涛动（ENSO）相关。热带海洋的热含量变化相对比较稳定，中、高纬海区，特别是南大洋中、高纬海区的热含量增加速度在 2001 年后超过了热带海区。随着全球 Argo 实时海洋观测网的建成，其资料量将大大超过过去几十年的总量，结合 Jason/TOPEX 卫星高度计，可以用来精确估算全球海洋上层热含量的变化，为全球气候变化系统研究提供重要科学依据。

关键词： Argo 资料；卫星高度计；海洋热含量；全球海洋

1 引言

海洋是全球气候系统中拥有最大热容量的组成部分，主导着过去 40 多年全球热容量的变化[1]，因此，研究海洋在全球气候系统中扮演的角色，对认识全球气候变化至关重要。过去研究认为，由气候变化引起的地球变暖信号主要存在于海洋上层[2-3]，为了认识过去及现在全球变暖趋势，并为预测这种趋势提供可靠的数据，有必要来准确估算全球海洋上层热含量异常。Levitus 等[3]利用历史观测资料计算了全

基金项目： 国家海洋公益性行业科研专项经费项目（201005033）；科技部科技基础性工作专项（2012FY112300）；国家自然科学基金（41206022）；国家海洋局第二海洋研究所基本科研业务费专项资金项目（JT0804）。

作者简介： 刘增宏（1977—），男，江苏省无锡市人，副研究员，从事物理海洋调查与分析研究。E-mail：liuzenghong@139.com

球海洋 0 ~ 3 000 m 的热含量，发现 1955 – 1998 年期间，全球海洋上层热含量增加了
14.5×10^{22} J，相当于以 0.20 W/m² 的速度增暖；而 Willis 等[4]利用 Argo 等剖面资料
结合卫星高度计资料的计算结果显示，1993 – 2003 年期间全球海洋上层（0 ~ 750 m）
的平均增暖速度约（0.86 ± 0.12）W/m²；Lyman 等[5]的结果为，1993 – 2003 年全球
海洋 0 ~ 700 m 的增暖速度为（0.63 ± 0.28）W/m²。模式结果表明，约 85% 的海洋
热储发生在 750 m 以浅区域，750 m 深度以下的平均吸热约 0.11 W/m²[2]。虽然近年
来全球海洋观测系统建设取得了长足的发展，但在估算海盆或全球尺度的海洋变化上
仍面临巨大的挑战，特别是估算的误差依然相当大。

　　过去，估算全球海洋热含量的变化主要使用现场观测资料[1,6]，或结合卫星高度
计与回归系数[7]等，如 Willis 等[4]及 Lyman 和 Johnson[8]使用了现场观测和卫星高度
计资料，得到了更为精确的全球海洋上层热含量。尽管卫星海面高度场并不能真正覆
盖全球，存在不定的误差，且包含了淡水和深层变化的信号[4,9]，但其观测资料与海
洋上层热含量异常有着很好的相关性[4,7,10]，而且该资料具有连续、高分辨率及准全
球等优点。Carton 和 Giese[11]利用分辨率为 10 d 的简易海洋同化（SODA）再分析资
料以及最优插值和三维变分方法[12]计算了 0 ~ 700 m 海洋上层热含量，同样取得了较
好的效果。无论是观测的结果还是同化的结果，都能反映十年际的变化趋势，但一些
气候模式的结果并没有显示出这种变化趋势，可能与模式排除了像日照、火山爆发等
自然变化有关[13-14]。模式和观测结果的不一致表明，由于计算方法的差异，估算热
含量产生的误差也可能非常大。

　　本文采用 Willis 等[4]的计算方法，利用 XBT、CTD、Argo 等现场观测资料，并结
合卫星高度计资料，制作了全球海洋上层热含量异常场，其空间分辨率为 0.33° ×
0.18°，时间分辨率为 1/4 a，通过对全球热含量的积分，探讨全球海洋平均热含量的
变化特征及其与 ENSO 事件的关系。与 Willis 的工作相比，我们把热含量异常的时间
延长至 2009 年，可以分析最近几年海洋热含量的变化趋势，同时在热带太平洋对热
含量进行了经验正交函数（EOF）分析，并与尼诺（NINO）3.4 指数进行了相关
分析。

2　数据和方法

2.1　剖面资料

　　文中使用的温度剖面观测资料主要包含了 XBT、CTD、Argo 剖面浮标以及锚碇浮
标（主要来自热带大气和海洋计划，即 TAO）等现场观测资料，时间自 1993 年 1 月
– 2009 年 10 月，约 200 万条温度剖面。这些资料主要来源于美国海洋数据中心
（NODC）的世界海洋数据 2005（WOD2005）[15]以及全球温盐度剖面项目（GTSPP），
另外还使用了世界海洋环流试验（WOCE）和中国 Argo 实时资料中心（http: //

www. argo. org. cn）收集的全球 Argo 剖面浮标资料，其中 WOCE 中的 Argo 资料主要分布在大西洋，使用了早期的 ALACE 剖面浮标（1994 - 2001 年），而 2000 年实施的全球 Argo 计划使用的是 APEX、SOLO 和 PROVOR 型等浮标。这些数据集中可能包含有重复的剖面，如 GTSPP 和 WOD2005 数据集中收集了部分 Argo 剖面资料，所以有必要对这些数据进行筛选以剔除重复资料。文中把观测时间差小于 2.5 h、且观测位置间距离小于 1 km 的剖面认为是重复剖面。图 1 显示了 1993 - 2009 年期间剖面数量分布，不难看出，随着 Argo 计划的实施，2002 年以后的剖面数量明显增加，如 2008 年的剖面总数超过了 21 万条，且剖面的分布基本能覆盖全球大洋。

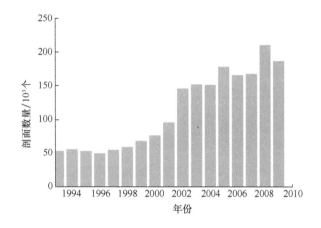

图 1　1993 年 1 月 - 2009 年 10 月间温度剖面数量逐年分布

Fig. 1　Time series of yearly profile availability during January 1993 to October 2009

所有的温度剖面被线性插值到 0 ~ 840 m、间隔为 2 m 的深度上，以 10° × 10° 的方区进行划分，并把剖面数量过少的方区与其邻近的方区合并，共计 310 个方区。由于这些资料的质量参差不齐，对资料进行必要的质量控制十分重要。质量控制过程包括：（1）计算出每个方区的平均温度剖面，剔除超出平均值 6 倍标准偏差的观测值；（2）剔除重复的温度剖面；（3）对于 25 m 以浅没有观测数据的剖面，假设该剖面存在混合层，则用 25 m 以下第一个温度观测值代替混合层温度；（3）剔除 350 m 以浅没有观测数据的剖面，而对于 350 ~ 750 m 没有数据的剖面，则采用 Smeed 和 Alderson[16] 的线性回归方法及利用 Levitus 温度资料[17]，把剖面延伸到 750 m。

2.2　海面高度资料

文中使用了法国空间局提供的 AVISO（TOPEX/Poseidon、Jason、ERS - 1/2 和 Envisat 数据）的准实时融合产品[18]，其时间分辨率为 7 d，空间分辨率约为 0.33° × 0.18°，年限为 2001 - 2009 年。由于该准实时产品的起始时间为 2001 年 8 月，所以我们另选取了 AVISO 提供的海面高度异常延时产品作为补充，其时间分辨率为 7 d，空间分辨率为 0.25° × 0.25°，年限为 1993 - 2009 年，并通过线性插值方法把延时海面高度异常插值到与准实时产品相同的网格。由于海面高度异常与热含量间存在很强的相关性[4,7,10,19]，因此可以把海面高度异常当作热含量的"替代品"。

2.3 热含量异常计算

为了研究热含量的年际变化和年代际变化趋势，我们去除了高度计资料和现场观测资料的时间平均及季节性信号。根据 Willis 等[4] 的方法，首先把所有海面高度场去除 1993 - 2003 年期间海面高度异常的 10 年平均，这样可以减小由大地水准面的不确定度引起的误差，然后再去除该时间段内的季节平均（3 个月平均）。同时，使用 2001 年世界海洋图集资料（WOA01）计算年和季节平均场，并把现场观测资料去除由 WOA01 计算获得的时间平均和季节性信号。热含量异常场的计算使用 Willis 等[20] 开发的方法，即

$$< OHCA >_{estimates} = < OHCA - (\alpha AH) > + < \alpha AH >, \tag{1}$$

式中，OHCA 代表需要估算的热含量异常（J/m²），AH 代表海面高度（m），α 为海面高度相对于热含量异常的平均回归系数，尖括号表示客观映射（objective mapping）。式（1）中，右边第二项表示用海面高度资料估算的热含量异常，即把 αAH 作为所求热含量异常的初始估计。在剖面观测资料比较多的海区，客观映射把该初始估计拖向观测值，而在没有剖面资料的区域，热含量异常趋于与 $< \alpha AH >$（即只使用高度计资料估算的热含量）一致。利用现场温度观测剖面计算 0 ~ 750 m 海水热含量的公式为 $\int_0^{750} \rho C_p T(z) \mathrm{d}z$，其中 ρ 为海水密度（kg/m³），C_p 为海水比热容 [J/（kg·℃）]，$T(z)$ 为海水位温（℃）。

利用上述方法计算得到的全球热含量场，其时间范围为 1993 - 2009 年，分辨率为 1/4 a，水平分辨率与 AVISO 提供的海面高度异常相同，约 0.33° × 0.18°。

3 结果分析

图 2 显示了 1993 - 2009 年期间全球海洋 0 ~ 750 m 层平均海洋热含量的变化。结果表明，近 16 年全球海洋上层平均增暖速度约 1.17 W/m²，全球 0 ~ 750 m 层海洋热含量平均增加了约 18.1 × 10²² J，而由高度计资料（Synthetic Estimate）估算的同时期增暖速度为 1.38 W/m²，略高于结合两者估算的结果。过去利用不同形式的同化方法，或结合观测数据与模式输出结果计算得到，1960 - 2001 年期间全球 0 ~ 750 m 层海洋热含量分别增加了 12.3 × 10²² J[11] 和 16.4 × 10²² J[12]。从图 2 可见，2003 - 2005 年期间全球海洋有变冷的趋势，2005 - 2008 年期间增暖速度明显增加，而 2008 年以后全球海洋热含量又呈下降趋势。Willis 等[4] 计算的 1993 - 2003 年期间全球海洋 0 ~

750 m 层平均增暖速度约（0.86±0.12）W/m^2，Trenberth[21] 的最新研究结果表明，1993－2008 年期间全球海洋增暖速度约 0.64 W/m^2，均小于文中计算结果。这究竟是最近几年全球海洋上层增暖速度有加快的趋势，还是不同类型的观测资料存在着不同的系统误差导致的，还有待进一步探讨。随着 2007 年全球 Argo 实时海洋观测网的全面建成，特别是 Argo 浮标在南大洋的覆盖率增加，2007 年后利用剖面观测资料结合卫星高度计的计算结果，与仅使用卫星高度计资料的计算结果相比，已经吻合得相当好，甚至已经重叠（图 2）。

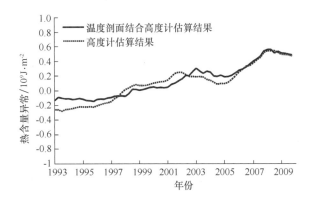

图 2   1993－2009 年期间全球海洋 0～750 m 平均热含量变化

Fig. 2   Globally averaged heat content variability above 750 m during 1993－2009

The solid line indicates the estimate from the *in-situ* profiles combined with altimetric data;

the dashed line represents the estimate from the altimetric data alone

我们使用温度剖面结合卫星高度计资料，以及仅使用剖面观测资料（即现场估算结果），分别计算了 1995－2005 年期间全球海洋热含量的变化，来比较使用和不使用卫星高度计资料计算结果之间的差异。需要指出的是，现场估算结果是由每个温度剖面计算的热含量并通过客观映射获得。从图 3 可以发现，现场估算结果与剖面资料结合高度计资料的估算结果所反映的十年变化信号基本一致，只是现场估算结果反映的变化信号弱于后者。从热含量的纬向积分（每个网格内的值乘以网格纬向距离后的积分，陆地除外）可以发现，仅使用剖面资料的现场估算结果可基本分辨出热含量 10 年变化信号，南大洋由于剖面资料相对较少（见图 3c），现场估算结果的纬向积分与后者的结果相比差别较大。从海洋热含量 10 年变化分布来看，格陵兰岛以南、西太平洋暖池及南大洋海区是增暖比较明显的区域，而 40°S 附近是全球海洋增暖最明显的海区。在南极绕极流和西边界流区，海洋热含量场则呈现了许多小尺度的变化。

为了分析热含量的年际变化特征，绘制了每一年的全球海洋热储变化图（见图 4），即相邻两年热含量差随时间的变化。从图中可以清晰地看出年际变化的信号，其中以 1997－1998 年厄尔尼诺（El Niño）爆发和消亡引起的变化信号最为明显。全球海洋热储的年际变化受热带海洋，特别是热带太平洋与印度洋的影响非常明显。实际上，全球

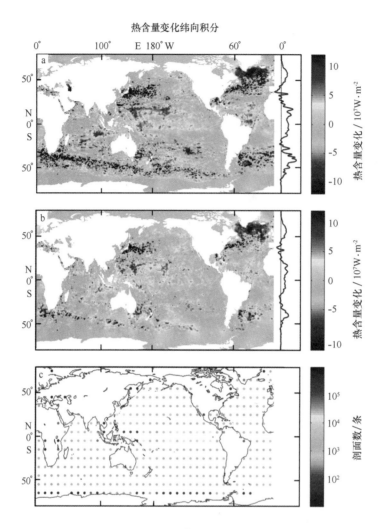

图 3   全球海洋热含量（W/m²）十年（1995 – 2005 年）变化

a. 使用剖面资料结合卫星高度计资料的估算结果；b. 仅使用剖面观测资料的估算结果；

c. 10° × 10° 网格内温度剖面的数量

Fig. 3   Change of heat content（W/m²）in 10years（1995 – 2005）

a. Estimate from combining altimeter and *in-situ* data. b. Estimate from *in-situ* data alone. The curves on the right-hand side show the zonal integral of the map in watts per meter per latitude. c. Number of *insitu* profiles per 10-degree box

海洋热储的年际变化大部分与 El Niño 和南方涛动（ENSO）有关[4]。如 1995 年，热带西太平洋的持续增暖标志着持续多年（自 20 世纪 90 年代开始）的 El Niño 事件的结束；而 1999 年相同的增暖出现在热带西太平洋，预示着拉尼娜（La Niña）事件的爆发；2007 年，热带西太平洋海水变暖，而热带东太平洋变冷，为中等强度的 La Niña 事件；2008 年，热带东太平洋开始变暖，似乎预示着新一轮 El Niño 事件的爆发。

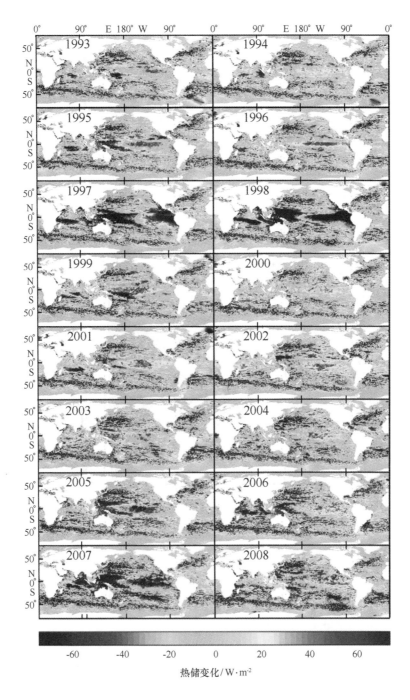

图 4　1993 – 2008 年全球海洋热储变化

Fig. 4　Variability of heat storage during 1993 to 2008

图 5 为全球海洋热含量纬向积分随时间的变化。这里使用纬向积分而不是纬向平

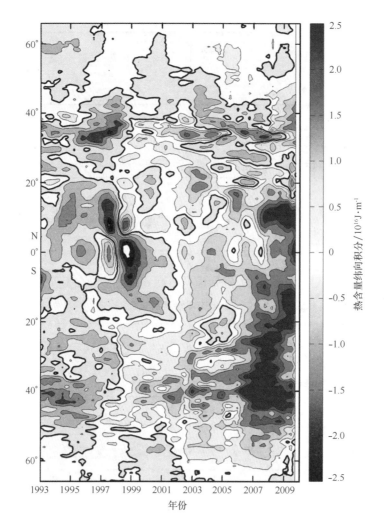

图5　全球海洋热含量纬向积分随时间的变化

粗线表示等值线，间隔为 $0.5 \times 10^{16} \mathrm{J/m}$

Fig. 5　Time-latitude plot of zonally integrated heat content The contour interval is

$0.5 \times 10^{16} \mathrm{J/m}$, and the thick contour is the zero contour

均，是由于前者更能反映每一个纬度带对全球海洋的贡献。图中最为明显的是，2003年以来，南大洋增暖趋势十分显著，其中以 2006－2009 年 10°～45°S 海域间的增暖最为明显，占全球海洋增暖的比例很大。Levitus 等[3]利用 WOD2001 数据集计算 1955－2003 年期间全球海洋热含量后发现，南大洋以 40°S 为中心，海洋热含量呈线性增长的趋势；而 Willis 等[4]利用现场观测资料结合卫星高度计也得到了相似的结论，即 1993－2003 年期间，南大洋以 40°S 为中心，海水温度呈线性增长趋势。虽然，Ro-emmich 和 Gilson[22]利用 Argo 资料与 WOA01 气候态资料比较发现，2004－2008 年期间北半球的平均纬向温度比南半球的增幅更大（见该文图 3.1a）。但是，由于北半球 40°N 以北的海洋面积比南半球 40°S 以南小得多，所以并不能反映海洋热含量的纬向积分变化。2007－2009 年期间 10°N 附近海域的变暖趋势也十分明显。1997－1998 年的 El Niño 事件引起的热含量异常变化特征，可以从图中清晰地分辨出来。北半球的增暖主要发生在 2003 年以后，范围为 0°～20°N 海域间。另外，40°N 附近海域也出现增暖趋势，时间为 1999－2003 年及 2008－2009 年，但范围不大，可能由北大西洋的升温引起[6]。

图 6　全球海洋热含量积分（灰线）及热带海洋热含量积分（黑线）随时间的变化
Fig. 6　Interannual variability of heat content integrated over the region from 20°N to 20°S
(dark line) and the entire globe (gray line)

为了分析热带海洋对全球海洋变暖的贡献，我们把热带海洋（20°S～20°N）上的海洋热含量积分后与全球的进行比较。由图 6 可见，热带海洋上的海洋热含量变化相对比较稳定，而全球海洋热含量变化在 2003 年和 2008 年有呈现两个峰值。在 2001－2003 年及 2005－2008 年两个时间段内，全球海洋热含量增加最快，而 2003－2005 年及 2008 年以后，热含量明显下降，但 2008 年以后热带海洋上并没有出现海洋热含量的明显下降，说明该时间内海洋热含量的减少发生在中、高纬度海区。从图 5 也可看出，该时间段内的海洋热含量下降主要发生在北半球。总体上看，2001 年以后的中、高纬海区，特别是南大洋中、高纬海区，海洋热含量增长速度超过了热带海区。

为了研究海洋热含量异常与 ENSO 事件的关系，我们选取了热带太平洋 5°S～5°N、120°E～80°W 范围内的热含量异常进行了 EOF 分析，获得 EOF1（第一模态方差贡献率为 65.4%）时间系数与 Niño3.4 指数作归一化处理后进行对比。由图 7 可以看出，Niño3.4 指数与热含量异常的变化有着很好的相关，两者的相关系数可达 0.88，与吴晓芬[23]利用美国斯克里普斯（Scripps）海洋研究所提供的 Argo 网格化资料得到的结果非常一致。

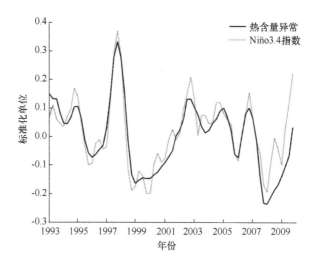

图 7　热带太平洋热含量异常与 Niño3.4 指数的相关关系

Fig. 7　Correlation between heat content anomaly in the tropical Pacific and the Niño3.4 index

4　小结与讨论

利用 XBT、CTD、Argo 等剖面温度资料结合卫星海面高度资料，估算了 1993 - 2009 年期间全球 0 ~ 750 m 层海洋热含量异常场。这期间，全球海洋以平均 1.17 W/m² 的速度增暖，即 16 年来，全球海洋热含量平均增加了约 18.1×10^{22} J，与 Levitus 等[6]计算得到的过去 40 年（20 世纪 50 年代至 90 年代）海洋热含量变化基本一致。然而，文中计算得到的平均增暖速度比他们的结果（0.3 W/m²）似乎要大很多，比 Trenberth[21]、Willis 等[4]以及 Lyman 等[5]的结果也略大，这是否是真实的海洋增暖加剧，还是不同类型观测资料中存在的系统误差，还有待进一步探究。

仅使用现场剖面资料的估算结果可以基本分辨出热含量 10 年（1995 - 2005 年）变化信号，只是现场估算结果反映的变化信号弱于结合卫星高度计资料的估算结果。南大洋由于现场剖面资料相对较少，现场估算结果的纬向积分与后者的结果相比差别较大。为此，国际 Argo 指导组一直在鼓励各国尽量在 Argo 浮标相对较少的南大洋海域布放浮标，使该观测网能真正实现对全球海洋的实时监测。上层海洋热含量的 10 年变化分布表明，格陵兰岛以南、西太平洋暖池及南大洋海区是增暖比较明显的区域，而 40°S 附近海区最为显著。

全球海洋热储的年际变化大部分与 El Niño 和南方涛动（ENSO）有关，以 1997 - 1998 年 El Niño 爆发和消亡引起的变化信号最为明显。2003 年以来，南大洋变暖趋势较为明显,其中以 2006 – 2009 年 10° ~ 45°S 海域间的增暖最显著,占全球海洋增暖比例最大。北半球的增暖主要发生在 2003 年以后 0° ~ 20°N 海域内。另外,40°N 附近海域也出现增暖趋势,时间为 1999 – 2003 年及 2008 – 2009 年,但范围不大,可能由北大西洋的升温引起。

　　比较热带和全球海洋热含量积分的年际变化发现,热带海洋上的海洋热含量比全球的热含量变化更加稳定。2001 – 2003 年及 2005 – 2008 年两个时期,全球海洋热含量增加最快,而 2003 – 2005 年及 2008 年以后,热含量呈下降趋势,但热带海洋上 2008 年以后并没有出现热含量的明显下降。2001 年以后,中、高纬海区特别是南大洋中、高纬海区的海洋热含量增加速度超过了热带海区。热带太平洋海洋热含量异常的变化与 Niño3.4 指数存在很大的相关性,表明热带太平洋海洋热含量异常的年际变化与 ENSO 事件有很好的一致性。

　　随着全球海洋观测系统的发展,特别是全球 Argo 实时海洋观测网的全面建成,使得人们可以获取更多不同类型的观测资料,如何结合这些不同类型的资料来精确评估海洋的变化过程显得非常重要。本文是在前人工作的基础上,利用现场剖面观测资料结合卫星遥感资料获得的全球上层海洋热含量年际变化的产品,两者必须有效结合起来才能获得更为精确的产品,因为卫星遥感资料具有覆盖面广、同步等优势,而近几年建成的全球 Argo 实时海洋观测网具有高分辨率、深层次和准实时等优点,是对卫星观测的有效补充。

参考文献:

[1]　Levitus S, Antonov J I, Wang J, et al. Anthropogenic warming of Earth's climate system[J]. Science, 2001, 292: 267 – 270.

[2]　Hansen J, Nazarenko L, Ruedy R, et al. Earth's energy imbalance: Confirmation and implications [J]. Science, 2005, 308: 1431 – 1435.

[3]　Levitus S J, Antonov I, Boyer T P. Warming of the world ocean, 1955 – 2003[J]. Geophys Res Lett, 2005, 32: L02604, doi: 10.1029/2004GL021592.

[4]　Willis J K, Roemmich D, Cornuelle B. Interannual variability in upper ocean heat content, temperature, and thermosteric expansion on global scales[J]. J Geophys Res, 2004, 109: C12036, doi: 10.1029/2003JC002260.

[5]　Lyman J M, Simon A G, Viktor V G, et al. Robust warming of the global upper ocean[J]. Nature, 2010: 465, doi: 10.1038/nature09043.

[6]　Levitus S, Antonov J I, Boyer T P, et al. Warming of the world ocean[J]. Science, 2000, 287: 2225 – 2229.

[7]　White W, Tai C K. Inferring interannual changes in global upper ocean heat storage from TOPEX altimetry[J]. J Geophys Res, 1995, 100(C12): 24943 – 24954.

[8]　Lyman J M, Johnson G C. Estimating annual global upper-ocean heat content anomalies despite ir-

regular in situ ocean sampling[J]. Journal of Climate, 2008, 21: 5629 – 5641.

[9]   Wunsch C, Ponte R M, Heimbach P. Decadal trends in sea level patterns: 1993 – 2004[J]. Journal of Climate, 2007, 20: 5889 – 5911.

[10]   Gilson J, Roemmich D, Cornuelle B, et al. Relationship of TOPEX/Poseidon altimetric height to steric height and circulation in the North Pacific[J]. J Geophys Res, 1998, 103: 27947 – 27965.

[11]   Carton J A, Giese B S. A reanalysis of ocean climate using Simple Ocean Data Assimilation (SODA) [J]. Monthly Weather Review, 2008, 136: 2999 – 3017.

[12]   Davey M. Enhanced Ocean Data Assimilation and Climate Prediction[R]. UK: Met Office, 2005.

[13]   Gregory J M, Banks H T, Stott P A, et al. Simulated and observed decadal variability in ocean heat content[J]. Geophy Res Lett, 2004, 31: L14614, doi: 10. 1029/2006GL026769.

[14]   AchutaRao K, Ishii M, Santer B D, et al. Simulated and observed variability in ocean temperature and heat content[J]. Proc Na Acad of Sci, 2007, 104: 10768 – 10773.

[15]   Boyer T P, Antonov J I, Garcia H, et al. World Ocean Database 2005, Chapter 1: Introduction, NOAA Atlas NESDIS 60[R]. Washington D. C. : U. S. Government Printing Office, 2006.

[16]   Smeed D A, Alderson S G. Inference of deep ocean structure from upper ocean measurements[J]. J Atmos Oceanic Technol, 1997, 14 (3): 604 – 665.

[17]   Stephens C, Antonov J I, Boyer T P, et al. World Ocean Atlas 2001, Volume 1: Temperature. S. Levitus, Ed. , NOAA Atlas NESDIS 49[R]. Washington D. C. : U. S. Government Printing Office, 2002.

[18]   Ducet N, Le Traon P Y, Reverdin G. Global high resolution mapping of ocean circulation from TOPEX/Poseidon and ERS – 1 and – 2[J]. J Geophys Res, 2000, 105(C8): 19477 – 19498.

[19]   Lyman J M, Willis J K, Johnson G C. Recent cooling of the upper ocean[J]. Geophys Res Lett, 2006, 33: L18604, doi: 10. 1029/2006GL027033.

[20]   Willis J K, Roemmich D, Cornuelle B. Combining altimetric height with broadscale profile data to estimate steric height, heat storage, subsurface temperature, and sea-surface temperature variability [J]. J Geophys Res, 2003, 108(C9): 3292, doi: 10. 1029/2002JC001755.

[21]   Trenberth K E. The ocean is warming, isn't it? [J]. Nature, 2010, 465, doi: 10. 1038/465304a.

[22]   Roemmich D, Gilson J. The 2004 – 2008 mean and annual cycle of temperature, salinity, and steric height in the global ocean from the Argo Program[J]. Progress in Oceanography, 2009, 82: 81 – 100.

[23]   吴晓芬. 基于 Argo 资料的热带西太平洋上层海洋热含量研究[D]. 杭州: 国家海洋局第二海洋研究所, 2010.

Combining sea surface height with temperature profile data to estimate global upper ocean heat content anomaly

LIU Zenghong[1,2], XU Jianping[1,2], SUN Chaohui[2]

1. *State Key Laboratory of Satellite Ocean Environment Dynamics, Second Institute of Oceanography, State Oceanic Administration, Hangzhou 310012, China*
2. *The Second Institute of Oceanography, State Oceanic Administration, Hangzhou 310012, China*

Abstract: Altimetric sea surface height was combined with about 2 000 000 temperature profiles to estimate global upper 750 m ocean heat content anomaly. The result showed that most of the ten-year variation signals could be resolved by in situ temperature profiles alone, but in the regions where data were sparse (e. g. , the Southern Ocean), in situ temperature data were not enough to resolve the change signals. The global upper ocean had a warming rate of about 1. 17 W/m^2 from 1993 to 2009, and the most significant oceanic warming occurred near the 40°S. Most of the interannual variability in the global ocean heat storage was related to El Niño and Southern Oscillation (ENSO). The variability of heat content in the tropical oceans was relatively steady, but in the mid-high-latitude especially in the Southern Ocean, the warming rate after 2001 exceeded that of the tropical oceans. As the Argo global ocean real-time observing array is fully complete, the amount of in situ data will dramatically exceed the total amount of data in past decades. Combining with Jason/TOPEX altimeter data, Argo data is able to precisely estimate the variability of the global upper ocean heat content, thus provides important scientific evidence for global climate change system research.

Key words: Argo data; altimeter data; ocean heat content; global oceans

(该文发表于《热带海洋学报》32 卷第 6 期, 9 – 15 页)

基于 Argo 观测的太平洋温、盐度分布与变化

张春玲[1]，许建平[2,3,4]，孙朝辉[2]，吴晓芬[2]

1. 上海海洋大学 海洋科学学院，上海 201306
2. 国家海洋局 第二海洋研究所，浙江 杭州 310012
3. 卫星海洋环境动力学国家重点实验室，浙江 杭州 310012
4. 中国海洋大学 海洋环境学院，山东 青岛 266100

摘要： 本文利用基于客观分析方法重构的 Argo 网格资料（未同化其他观测资料），分析探讨了 2004 年 1 月 – 2011 年 12 月期间太平洋海域（60°S~60°N、120°E~80°W）温度、盐度气候态分布特征与变化规律。结果表明，在西太平洋赤道附近海域，29℃等温线的包络范围（暖池）夏季显著增大，位置也明显偏北，且其厚度仅限于约 100 m 上层；在亚热带海域中层（约 150 m），存在南北两个高温（南部大于 27℃，北部大于 24℃）、高盐（北部约为 35.2，南部为 36.4 左右）中心，呈马鞍形分布，但并不以赤道为对称中心，而是偏向北半球（温度：8°N，盐度：12°N）；在南、北纬 40°附近海域，温、盐度等值线均十分密集，形成 "极锋"；在新西兰东南海域存在低温、低盐水由南向北的入侵现象，从表层至 1 000 m 深层始终可见，似是终年存在的一个水文特征。温度的年变化规律表层最明显，每年呈一高一低的分布趋势。亚热带海域尤为显著，北半球温度年较差大于 9.5℃，南半球约为 6.0℃，且北半球的最高、最低温度值分别出现在每年的 8 月份和 2 月份，南半球则相反。在亚极地海域，盐度每年也大致呈一高一低的周期性变化，亚北极海域更明显，最高盐度值出现在每年的 4 月份，最低盐度值则出现在每年的 9 月份，高低盐度差在 0.30~0.45 之间。表层以下，温、盐度的周期性变化远不如表层明显，

资助项目： 国家海洋公益性行业科研专项经费项目（2013418032）；国家科技基础性工作专项（2012FY112300）；国家海洋局第二海洋研究所基本科研业务费专项资金项目（JG1207）；国家海洋局第二海洋研究所基本科研业务费专项资助（JG1303）。

作者简介： 张春玲（1981—），女，山东省德州市人，博士，主要从事海洋资料分析和处理研究工作。E-mail: zhangchunling81@163.com

至 500 m 中层，整个太平洋海域的温度最大变幅仅为 1.0℃，盐度最大变幅不超过 0.10。

关键词： Argo；温度；盐度；变化；太平洋；暖池

1　引言

海水的温度和盐度是海洋学中极为重要的两个基本物理参数，与物理海洋学研究的许多重要问题都有着密切的关系[1-5]。早在 20 世纪 60 年代，由我国学者翻译的《海洋》[1]一书，可谓海洋学界的经典巨著。该书最大优点之一就是提供了大量的观测结果。尽管现在看来只是一些分散在各大洋中零散的、单一断面或单站的资料，但却是弥足珍贵，不仅揭示了许多海洋现象，更是对一些海洋问题有了初步了解和认知，从而奠定了现代物理海洋学的基础。到了 80 年代，由我国学者翻译的《海洋水文物理学》[2]一书，详细阐述了世界大洋温度、盐度和密度的分布，但利用的观测资料依然是五六十年代的调查结果。90 年代由我国学者编著的《物理海洋学》[3]，随后的《海洋科学导论》[4]和《物理海洋学》[5]等海洋科学丛书，在论述世界大洋温、盐、密度场时，似乎大都还是利用了五六十年代的调查结果和 70 年代的研究结果。随着 TOGA（热带海洋与全球大气研究计划）、WOCE（世界海洋环流实验）和 CLIVAR（气候变化及可预报性研究）等国际联合调查研究计划的相继展开，国内外也有很多学者利用最新的观测资料对世界大洋中的物理海洋现象进行过专题研究[6-8]。杨绪琳等[9]利用 1986 - 1987 年首次环球科学考察和第三次南极考察实测的盐度资料，研究了三大洋表层盐度的分布特征；Gregg[10]利用赤道太平洋海域的 6 个断面观测资料，研究了赤道潜流区的温、盐度微结构特征。但以往研究所用的资料大都是在不同时期、采用不同仪器观测的，而且混合使用不同仪器观测的资料势必带来较大的误差[11-13]。况且，对于广阔的海洋来说，锚碇浮标、观测断面和站点是有限的，又受到如 XBT、CTD 等仪器设备不能长期、连续观测的限制，且获得的资料大都以专题研究或针对某个海域的研究为主，因而对整个大洋海盆尺度的研究，特别是对表层以下海洋气候态、季节和年际变化研究，并不多见。

2000 年正式启动的国际 Argo 计划，为准同步、连续、大范围获取全球海洋环境资料、研究海洋内部结构，尤其是海洋环境要素的长期变化提供了难得的机遇[14-15]。虽然 Argo 计划的实施时间还不算太长，但获得的观测剖面数量已远远超过人类在过去 100 多年期间所得的温、盐度剖面总数。而且 Argo 剖面浮标及其建成的全球 Argo 实时海洋观测网，无论是观测的频次、同步性和覆盖面，还是观测资料的质量，都要优于历史上采用调查船或局域锚碇浮标网（如 TAO）得到的结果。Argo 资料在海洋科学领域研究中，尤其是基础研究中，已经得到比较广泛的应用[16-32]。不过，早些时候人们主要利用单个或多个浮标漂移路径上的观测剖面来跟踪中尺度涡旋或海水的输运等；后来也有人利用某个海域中的一批浮标及其观测剖面分析水团的性质和海洋混合层的深度等；还有人尝试借助资料同化方法，结合历史观测资料和卫星遥感资料等，重构 Argo 网格资料集，用来研究海洋混合层深度和海洋热含量的季节和年际变化特征，以及中尺度涡和经向翻转环流的演变及其诱导的输送等。由于 Argo 剖面浮标随波逐流的漂移特性所导致的观测剖面的离散性、观测周期的随机性和垂直分层的不确定性，以及电子传感器性能不稳定所产生的观测误差等，使得一些用户，特别是非海洋领域的科研人员，对 Argo 资料望而生畏，使得 Argo 资料的研究应用受到了较大限制，从而出现了海洋教材或海洋科学丛书依然在引用历史观测结果的尴尬局面。

本文试图利用基于客观分析方法重构的 Argo 网格资料（未同化其他观测资料），以太平洋为例，分析探讨 2004 - 2011 年期间该海域温、盐度气候态分布特征及其季节和年际变化规律。通过对比较熟悉的太平洋海域物理海洋现象的客观分析和描述，以及鲜见的海洋要素气候态和季节（或月）大面（或断面）分布图及其年变化曲线等展示和认知，以增强人们对 Argo 资料应用研究的信心。

2　资料来源与分析方法

本文采用中国 Argo 实时资料中心研发的太平洋海域 2004 年 1 月 – 2011 年 12 月间的月平均 Argo 网格化温、盐度资料[33]。该资料集基于梯度依赖相关尺度的最优插值客观分析方法[34]，并结合温度参数模型法[35]及 Akima 外插方法[36]构建完成，其时间分辨率为月，水平分辨率为 1° × 1°，垂向分辨率随深度的增加逐渐降低，从海洋表层到 2 000 m 水深范围内共分为间隔不等的 26 层。与历史观测（TAO、GTSPP 等）资料比较得到的最大温度均方根误差不超过 0.67℃，盐度不超过 0.09，表明该资料集是可靠、也是可信的[37]。文本分别选取 0 m（表层）、150 m（次表层）、500 m（中层）和 1 000 m（深层）等 4 个代表层次，绘制了气候态及冬（2 月）、夏（8 月）季节不同层次上的温、盐度大面分布图，以及沿 137°E 和经度 180°两条经线和沿 8°N 纬线上温、盐度断面分布图等。此外，还从纵贯南北太平洋的经度 180°经向断面上选取了 5 个代表性站点（即 30°S、30°N、0°N、55°S 和 55°N），分别代表南北副热带、热带、亚南极和亚北极海域（见图 1），绘制了各站点在不同层次上温、盐度随时间的变化曲线，分析和讨论太平洋海域温、盐度的时空分布特征与变化规律。

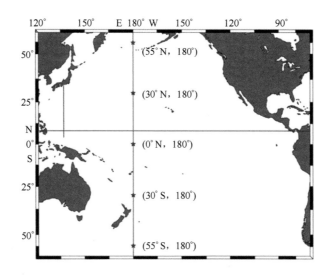

图 1　研究海域及其代表性断面、站点位置

Fig. 1　Representative sections and stations in the Pacific Ocean

3　温度的分布与变化

3.1　温度的气候态分布

图 2 给出了 4 个代表层上气候态温度大面分布。由图 2a 可以看出，表层，太平洋海域温度分布呈现低纬度高温（＞27℃），并向中、高纬海域递减的趋势；到了亚极地海域，温度普遍降到 10℃ 以下。显然，温度的水平分布反映了太阳辐射随纬度的变化，其等温线的纬向分布特征也恰好说明了这一点。在 20°S～20°N 范围内等温线比较稀疏，尤其在西太平洋海域表现为一片高温（＞29℃）区，体现了"暖池"[2]的特征。随着温度从热带向两极地区过渡，等温线由疏变密，在南、北纬 40°附近海域，其纬向温度梯度达 0.013℃/km，等温线在此处表现得更加密集，也即"极锋"[2-5]的所在位置。由此再往高纬度海域，等温线又变得稀疏起来，在研究海域的南北两端出现了两个明显的低温区域，且南极海域（＜2℃）的温度比北极（＜5℃）更低。需要指出的是，在 40°S～40°N 之间海域，太平洋东部海域等温线受寒流影响向低纬弯曲，西部等温线受暖流影响向高纬弯曲，而 40°S 以南，等温线几乎与纬线平行。此外，在新西兰东南海域，这里等温线明显呈低温（＜9℃）舌状[38-40]分布，沿约 178°W 经线由南向北入侵。

在次表层（见图 2b）上，温度虽同样保持了赤道附近海域高温（＞25℃），并向高纬海区递减的分布趋势。然而，其高温区明显被一条（沿大约 8°N 纬线）低温带

（<20℃）分隔，呈南、北两个高温中心（>22℃），且其范围是南部大于北部；最高温度值南部（>27℃）也要大于北部（>24℃），明显呈马鞍形的分布特征，但并非以赤道为对称中心，而是偏向北半球约 8 个纬度。在这一层上，温度分布显然与太阳辐射的影响已无太大关联，而主要受到南、北半球两大环流系统[2]的控制。值得指出的是，在这一层上，东部高温区已经完全消失，取而代之的是，来自南、北纬 40°附近的低温水（<12℃）的影响更加明显，导致太平洋东部区域呈现一片低温，且形如楔状沿 8°N 纬线由东向西楔入。在棉兰老岛以南海域，存在一个低温区（<17℃），其中心位置大约在 7°N、129°～130°E 之间，这与棉兰老冷涡[41-46]的位置相对应。新西兰东南海域的低温水舌（<8℃）依然存在。

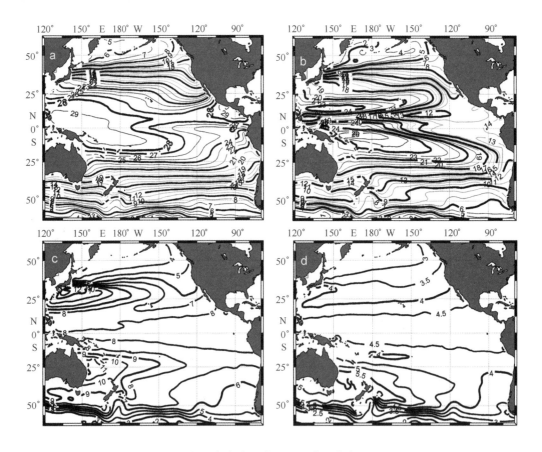

图 2　气候态温度（℃）大面分布
a. 表层，b. 次表层，c. 中层，d. 深层
Fig. 2　Horizontal distribution of climate temperature（℃）
a. Surface，b. subsurface，c. middle-depth，d. deep layer

　　到了中层，温度的带状分布特征已不复存在，海洋环流对水温分布的影响表现的更为明显[4-5]。由图 2c 可见，温度的经向梯度明显减小，大部分海域的温度在 6～

8℃之间，虽在南、北亚热带区域依然存在两个相对高温区，但范围明显比上层缩小，且中心位置向北（北半球）、向南（南半球）移动。北太平洋高温中心出现在日本以南海域，其最高温度在 12℃以上；南太平洋高温中心在澳大利亚以东沿岸海域，其最高温度在 11℃以上。赤道附近存在一条东宽西窄的次高温带，其温度高于 8℃。东部沿北美西海岸，低温水由高纬向低纬入侵的势力已经明显减弱；但在新西兰岛东南海域的低温舌（<6℃）依然存在，且沿 180°W 经线由南向北延伸，其前锋可以抵达新西兰北岛近岸海域。

在深层（见图 2d），温度分布已十分均匀，除了在澳大利亚以东海域存在一个温度大于 5.0℃的相对高温区外，整个海域的温度均介于 2.5~4.5℃之间；沿赤道附近海域，依然存在一条次高温带（>4.5℃）；而且南半球亚极地（50°S 以南）海域的温度（<4.0℃）虽仍要高于北半球（<3.0℃）1℃左右，但前者变化明显要大于后者，也就是说，亚北极海域的温度分布要比亚南极海域均匀得多；新西兰岛东南海域的低温水舌（<4℃）依然呈现了向北入侵的趋势[40]。由此可见，出现在新西兰东南海域的这一低温水入侵现象乃是一种终年存在的水文特征。

由纵贯太平洋的经度 180°径向断面水温分布图（见图 3）上还可以看出，低纬海域的暖水（28℃等温线）仅限于表层到 100 m 左右的水深之内；在暖水层以下，水温迅速递减，等温线分布密集，反映了主温跃层[1-5]的存在，且跃层强度在 0.05~0.12℃/m 之间，跃层深度沿纬向大致呈"W"形：在赤道附近海域（约 8°N），其深度约为 150 m；在北太平洋的副热带海域下降到 300 m 左右；而在南太平洋副热带海域则下降至 350 m；由副热带海域向高纬又逐渐上升，到亚极地海域可升达海面，形成"极锋"。主温跃层以下是水温梯度很小的冷水区，等温线分布明显稀疏；在 20°S~20°N 范围内，下层冷水明显上涌，一直可以影响到 200 m 上层水域，使得暖水层沿约 8°N 纬线呈马鞍形分布。

图 4 为横跨太平洋海域沿 8°N 纬线断面的温度分布。由图可见，温度断面分布由表层到深层逐渐降低，表层温度超过 28℃，至 1 000 m 深度处，温度下降到 5℃左右，且暖水层（>25℃）的厚度明显呈西厚（100 m）东薄（60 m）的分布特征，最高温度大于 29℃。暖水层以下，温度急骤下降，大约在 200 m 层以下，等温线逐渐稀疏，温度变化愈来愈小。值得注意的是，大约在 300 m 层附近，等温线倾斜方向则由上层的由东向西上倾，变为向西下沉，或许表明了这里存在不同的流场分布，而上层等温线的从东向西上倾，可能是由上升流的作用所致。

由此可以看到，由 Argo 资料绘制的温、盐度大面和断面分布图，不仅能直观地分辨如暖池、极锋等大尺度海洋现象，而且还能揭示局地涌升（上升流）等中尺度海洋现象。

3.2　温度的季节变化

图 5、图 6 分别给出的是冬季（2 月）和夏季（8 月）温度的水平分布。在表层

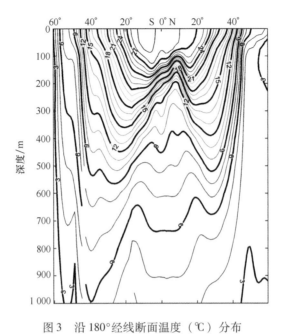

图3　沿180°经线断面温度（℃）分布

Fig. 3　Vertical distribution of T（℃）along longitude 180°

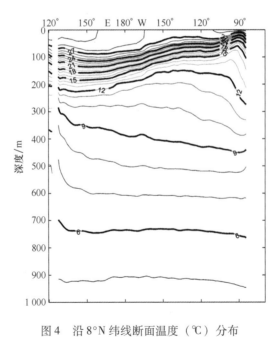

图4　沿8°N纬线断面温度（℃）分布

Fig. 4　Vertical distribution of T（℃）along 8°N

（图 5），位于西太平洋赤道附近海域的暖池位置和面积，随季节变化而有所不同：冬季暖池中心（29℃ 等温线）位于 15°S ~ 5°N 之间，其面积也较小；夏季暖池范围显著增大，且其位置明显偏北，约在 5°S ~ 30°N 之间。40°N 附近海域的东岸，夏季等温线向低纬度弯曲的程度明显比冬季强，一直可以影响到太平洋东中部；同样，在 40°S 附近海域的东岸，夏季等温线向低纬度弯曲的程度也明显比冬季强，并沿赤道从东向西可以影响到太平洋中部海域。在南、北纬 40° 附近海域，温度沿纬向的最大梯度，夏季可达 0.016℃/km，冬季约为 0.009℃/km；而 40°S 以南，等温线与纬线几乎平行的分布特征，冬季比夏季明显。新西兰东南海域的低温舌由南向北的入侵势力，夏季明显强于冬季。此外，南、北半球的温度值在冬、夏季也迥然不同，北半球夏季比同纬度的冬季水温高 6 ~ 8℃，而南半球则比同纬度的冬季水温低 3℃ 左右。需要指出的是，夏季赤道高温带（ > 27℃）虽偏向北半球，但东、西半球常能连成一体；而在冬季，这一高温带受到来自南、北纬 40° 附近的低温水（ < 22℃）的影响，在赤道 120°W 附近一截为二，分为东、西两个高温区，且东部高温区的范围明显小于西部。

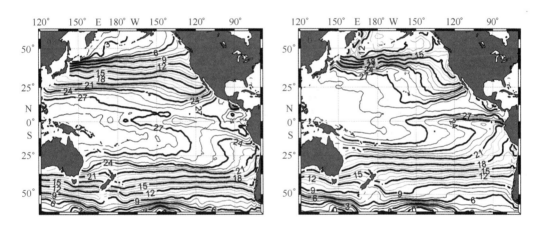

图 5　表层温度（℃）大面分布（a. 冬季，b. 夏季）

Fig. 5　Horizontal distribution of T（℃）at surface（a. winter, b. summer）

表层以下（见图 6），太阳辐射的影响明显减弱，温度的分布主要受海流支配，其季节变化远不如表层那样明显，除赤道附近存在的一条东宽西窄的次高温带（ > 8℃）冬季比夏季更向西伸展，新西兰岛东南海域的低温舌（ < 6℃）由南向北延伸的势力冬季比夏季更强以外，其他海域的温度并不存在明显的季节变化。

在 180°W 经向断面（见图 7）上，低纬海域的暖水区（27℃ 等温线）范围，夏季（约处于 18°S ~ 25°N 之间）明显大于冬季（约处于 18°S ~ 16°N 之间），其高温中心（29℃）的位置处于赤道以北，较冬季（约在 5° ~ 15°S 之间）也要明显偏北。虽然，冬、夏季相比，暖水层的厚度变化不大，但在夏季，其向北伸展的范围要比冬季

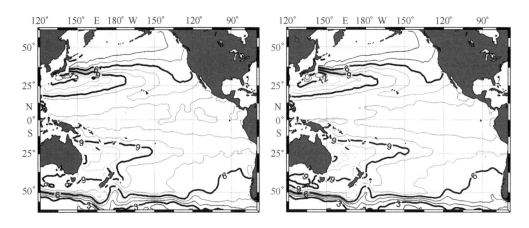

图 6　中层温度（℃）大面分布（a. 冬季，b. 夏季）

Fig. 6　Horizontal distribution of T（℃）at the middle-depth（a. winter，b. summer）

显著得多，而在冬季，暖水层向南延伸的范围明显大于夏季。暖水层以下，赤道附近海域下层冷水的涌升现象，夏季似乎比冬季更明显，故夏季跃层强度（约 0.11℃/ m）也要略大于冬季（约 0.09℃/m）。

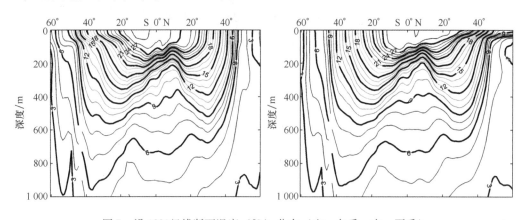

图 7　沿 180°经线断面温度（℃）分布（左：冬季，右：夏季）

Fig. 7　Vertical distribution of T（℃）along longitude 180°（left：winter，right：summer）

　　西北太平洋海域的 137°E 断面（4°～34°N）纵切北半球副热带流系的西部，是西部海域与西北太平洋发生水交换的最主要断面，也是监测西北太平洋环流状况，研究北太平洋海气相互作用的重要海域[47-49]。图 8 呈现了该断面上冬、夏季的温度分布。同样，无论是冬季或是夏季，断面 200 m 上层均呈高温，而随着深度增加，温度逐渐降低。在冬季，上层高温区约占了断面的 2/3 区域，温度超过 28℃的高温水只出现在断面南部约 9°N 以南的一个小范围内，且厚度为 40 m 左右，这可能代表了西太平洋暖池的西北侧部分[50]。由此向北，温度逐渐降低，且大于 25℃的暖水层厚度

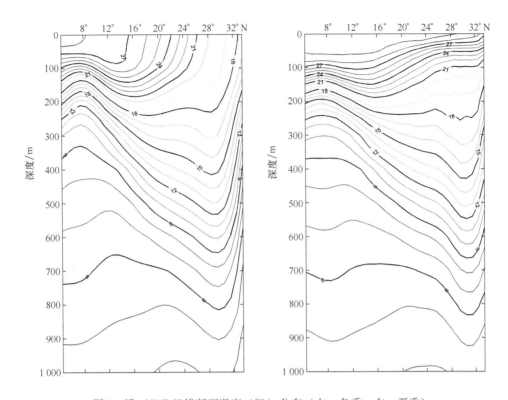

图 8　沿 137°E 经线断面温度（℃）分布（左：冬季，右：夏季）

Fig. 8　Vertical distribution of T（℃）along 137°E（left：winter，right：summer）

有所加深；大约在 15°N 以北，暖水层厚度再次变薄，到了约 22°N 附近，25℃等温线不断上翘并达表层；再往北，温度缓慢递减，到了断面北端的 33°N 以北海域，表层温度小于 18℃，整个断面上表层温差达 10℃之多。在暖水控制的上混合层之下，等温线呈波浪状分布，在 32°N 附近，等温线一直向下弯曲到 900 m 左右，而在 8°N 附近，等温线则向上隆起，形成一个冷水脊，对应于北赤道流和北赤道逆流分界处[51-52]，而在 32°N 以北，等温线急剧上翘，这与黑潮的位置相对应[53]。夏季，137°E 断面的上层明显增温，西太平洋暖池（>29℃）的北界扩展至 30°N 附近，其厚度也有所增加，在断面南端最大可达 80 m 左右，向北逐渐变薄，到了断面北端，已接近表层。等值线的弯曲不如冬季明显，8°N 和 32°N 附近的等温线上翘斜率比冬季小得多，表明下层水上升势力相比黑潮的强度有所减弱。

　　图 9 为沿 8°N 纬线断面的冬、夏季温度分布。由图可见，约 100 m 上层的暖水，冬季最高温度大于 28℃，夏季则超过 29℃；夏季 27℃等值线包络的范围，向西扩展到 150°W 以西，明显大于冬季。300 m 层附近，等温线倾斜方向由上层的从东向西上倾，变为向西下沉，夏季较冬季更明显。此外，在断面的西部约 130°E 以西海域，无论冬季还是夏季，等温线从 900 m 深处到 100 m 上层，几乎均体现为由外海向近岸上

倾，且冬季似乎比夏季更明显，这或许表明了局地存在较剧烈的上升运动。

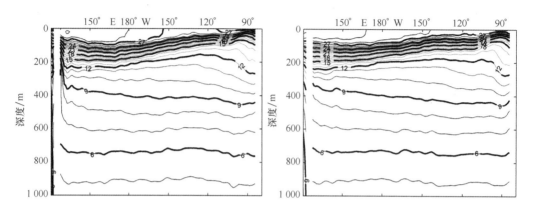

图9　沿 8°N 纬线断面温度（℃）分布（左：冬季；右：夏季）
Fig. 9　Vertical distribution of T（℃）along 8°N（left: winter, right: summer）

3.3　温度的年际变化

温度年变化特征在海洋上层还是比较明显的，尤其是在表层；次表层以下受太阳辐射的影响明显减弱，甚至寻不到任何踪迹。因此下面的讨论主要以表层（见图10）和次表层（图略）为主。

从图 10 中可以看出，温度有如下时空变化特征：

（1）温度年变化呈正弦曲线分布，即表现为一高一低的变化趋势，在亚热带海域比亚极地海域更明显，即前者振幅更大，且南、北半球的相位正好相反。在赤道区域，温度变化虽不如亚热带或亚极地海域明显，但依然能分辨出高低变化的趋势，且与北半球的变化相近。

（2）北半球高温出现在每年的 8 月份，低温则出现在每年的 2 月份；而在南半球，8 月份温度较低，相反在 2 月份左右温度较高，这一变化特征无疑与西太平洋暖池位置夏季偏北，而冬季偏南有关。在赤道海域，温度变化并不明显，大约在每年的 2 - 3 月份略显低温，而在 7 - 8 月份略显高温。

（3）北半球温度年较差明显大于南半球，同在亚热带海域，前者年较差可达 9.5℃，而后者仅为 6.0℃；在亚极地海域，温度年较差更悬殊，亚北极海域为 8.0℃ 左右，而在亚南极区为 2.5℃；在赤道海域的温度年较差更小，仅为 0.9℃。但赤道区域全年温度最高，亚热带区域次之，亚极地区域温度最低。

此外，从一幅纵贯太平洋 180° 经向断面（见图 11）上可以看到，表层（0 m）温度的地理分布十分明显，最高温度（ >28℃ ）出现在 18°S ~ 12°N 之间的赤道附近海域；而两极海域表现为低温，且亚南极（约 3.0℃ ）比亚北极（约 5.0℃ ）海域更低。在整个断面上，最大温差达 25℃。到了次表层（150 m）上，海水温度受太阳辐

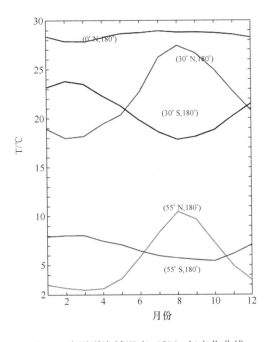

图 10　太平洋海域温度（℃）年变化曲线

Fig. 10　Annual variation of T（℃）in the Pacific Ocean

射的影响明显减弱，尤其是在赤道附近，呈现两高一低的分布，最低温度（约 16℃）出现在约 8°N 附近，而两个温度高值区，一个（约 27℃）位于 5°S 附近；另一个（约 24℃）则处于 17°N 附近。在两极海域，温度值依然呈整个断面上最低，均在 3℃左右。

　　而在另一幅横跨太平洋 8°N 纬向断面（见图 12）上，表层温度的地理分布同样十分明显，呈现两高一低的分布特征，即在太平洋的东、西部为高温区，中部为低温区。其中，一个温度高值区（约 29.2℃）出现在 140°E 附近海域；另一个（约 29.4℃）在 90°W 附近海域。低温区（约 27.4℃）则出现在 140°W 附近海域。断面上表层温差在 2℃左右，并不十分明显。到了次表层上，可以看到太平洋东部海域的高温区已经不复存在，但西部的高温区（约 19.0℃）范围却明显向东扩展，占据了 140°～168°E 海域；且断面中部的低温区（约 12.2℃）有向西、向东伸展的趋势，占据了 155°～98°W 宽广海域。整个断面上温度变幅在 7℃左右，这比表层显著。但需指出的是，在该断面上，150 m 水深以浅海域出现高达 10～15℃的温度差（图略），并非表明整个太平洋海域的表层与次表层之间存在如此悬殊的温差，而是该断面表层以下正好处于低温带中。

　　图 13 给出了 2004－2011 年期间表层和次表层温度年变化曲线。可以看到，在代表热带、亚热带和亚极地海域的几个代表性站点上，表层温度每年呈一高一低的周期

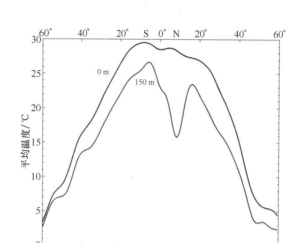

图 11 180°经线上平均温度随纬度变化

Fig. 11 Variation of mean temperature

with latitude at longitude 180°

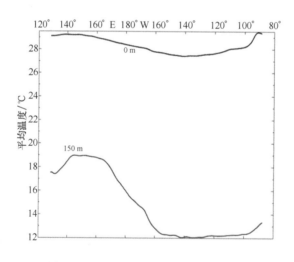

图 12 8°N 纬线上平均温度随经度变化

Fig. 12 Variation of mean temperature

with longitude at 8°N

性变化,最大变幅出现在北半球,高低温度差在 9.5~10.0℃ 之间;南半球其次,高低温差在 3.5~6.0℃ 之间;赤道附近海域这种周期性变化并不十分明显,其温差值小于 2.5℃。与前面看到的温度年变化特征相似,南、北半球的变化曲线位相恰好相反,也就是说,南半球最低温度出现在每年的 8 月份,最高温度出现在每年的 2 月份左右;而在北半球,8 月份呈高温,2 月份温度最低。热带海域温度多年变化周期不如南、北半球明显，且变化比较复杂，似无明显规律可循。就地理分布而言，赤道附近海域温度最高，平均达 28℃ 左右。亚热带海域次之，且北半球（约 22.5℃）要比南半球（约 21.0℃）高 1.5℃ 左右。另一个值得注意的现象是，虽南、北半球的最高和最低温度出现的季节不同，且两者平均最高温度也要差 3℃ 以上，但最低温度基本上都出现在 17.5℃ 附近。这一现象在亚极地海域并不存在，温度在全海域最低，且南部（约 7.0℃）比北部（约 6.0℃）高约 1.0℃。

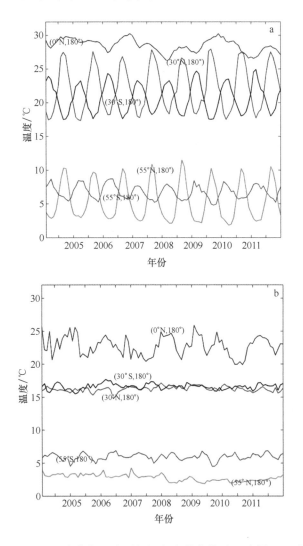

图 13　2004 – 2011 年期间温度（℃）年变化曲线（a. 表层，b. 次表层）
Fig. 13　Inter-annual variation of temperature（℃）during 2004 – 2011
（a. surface，b. subsurface）

在次表层上，温度的周期变化远不如表层明显，亚热带和亚极地区域更是如此；

相反，在赤道区域，温度变幅却达到了 5.0℃，比表层还大，但其变化周期似无明显的规律可循。显然，除了仍受到少量太阳辐射的影响外，主要受到海流的支配。同样，在这一层上，热带海域温度最高，多年平均约为 23℃；亚热带海域的南（约 16.5℃）、北（约 16.0℃）部温度并无太大的区别，其平均值均在 16℃ 左右；只有在亚极地海域仍能明显看到，南部（约 6.0℃）温度要高于北部（约 3.5℃）2.5℃ 左右。而且在亚北极海域，2008 年后温度突然降低约 2℃ 左右，直到 2011 年底，其温度值似乎要低于 2008 年之前（至 2004 年）的平均温度，值得关注。

在中层（图略）以下，几个代表性站点上的温度变幅均很小，最大也仅在 1.0℃ 左右，亚北极海域则几无太大的变化。在中层，亚北极海域呈温度最低（平均约 3.5℃），其次为亚南极海域（平均约 4.5℃）；平均最高温度（约 9.5℃）出现在南亚热带海域，次高温度（约 9.0℃）出现在北亚热带海域，赤道海域平均温度均为 8.3℃。到了深层（图略），北亚热带海域的平均温度（约 3.6℃）要低于南亚热带（约 5.2℃）和赤道（约 4.5℃）海域，但要高于亚北极（约 2.8℃）和亚南极（约 2.9℃）海域，与前述的温度大面分布特征基本吻合。

4   盐度的分布与变化

4.1   盐度的气候态分布

表层，太平洋海域盐度分布（见图 14a）明显呈两高三低的分布特征，两个高盐区（>35.0）分别位于南、北亚热带海域，且南部高盐区中的最高盐度值（>36.5）要明显高于北部（>35.3），南半球高盐区范围也明显大于北部，其北部高盐中心位置处于北太平洋中部约 25°N，170°W 附近海域，而南部高盐中心位置则偏向南半球的东部，处于约 17°S，120°W 的东部海域。3 个低盐区（<34.5）则分别位于南、北亚极地海域和热带海域。亚北极海域盐度普遍低于 33.0，而亚南极海域盐度则要高些，基本在 33.8~34.5 之间；热带海域低盐区（34.0~34.5）则呈带状分布，处于 6°~13°N 之间，并表现为两个低盐中心，一个位于西部的棉兰老岛近海，其盐度值小于 34.0；另一个位于东部的美洲西海岸，其盐度似乎比西部更低（<33.5）；东、西部两个低盐中心分别呈舌状沿约 12°N 经线，由东向西，或由西向东伸展，并在太平洋中部汇合。由于该低盐带的存在，整个太平洋海域的盐度分布随纬度明显呈马鞍形特征，且同样不与赤道对称，而是偏向北半球约 8 个纬度。同表层等温线分布一样，在南、北纬 40°之间，西部等盐线由低纬向高纬弯曲，而在东部，等盐线则由高纬向低纬弯曲，呈现了南、北亚极地低盐水分别沿南美洲和北美洲西海岸向赤道海域入侵的趋势。需要指出的是，在秘鲁沿岸的低盐区（<34.0），其低盐水不仅向北、向低纬度输送，而且还表现了沿约 40°S 纬线由东向西输送。新西兰东南海域，这里等盐线如同等温线一样，呈舌状（<34.5）由南向北入侵[38-40]。同样，在约

南、北纬 40°附近海域，这里等盐线分布十分密集，存在明显的盐度梯度，标志着"极锋"所处的位置[2-3]。

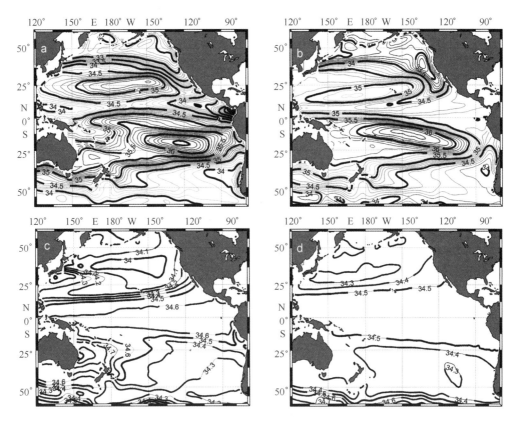

图 14　气候态盐度大面分布（a. 表层，b. 次表层，c. 中层，d. 深层）

Fig. 14　Horizontal distribution of climate salinity

(a. surface, b. subsurface, c. middle-depth, d. deep layer)

次表层，太平洋海域盐度分布（图 14b）同样呈两高三低的分布特征。不过，出现在副热带海域的两个高盐区（>35.0）的范围已有明显收缩，且最高盐度值也有所降低，北部为 35.2 左右，南部为 36.4 左右，而且其高盐中心位置西移。此外，南、北亚极地海域的低盐水向低纬度扩展的势力比上层显著，特别是沿北美洲西海岸南侵的亚北极水，已经进入了热带海域，导致低盐带在东部范围（约位于 10°S ~ 10°N 之间）明显扩大。

中层（图 14c）的盐度分布与上层存在明显区别。上层两高三低（或马鞍形）的盐度分布特征已经不复存在，仅在澳大利亚的东部海域呈现了一块面积不大的相对高盐区（>34.8）。相反，南、北亚极地海域的低盐（<34.5）水范围却有明显扩展。亚北极海域的低盐水向南扩展到了 20°N 附近，占据了北太平洋绝大部分海域，且在 37°N 附近呈现了一个盐度低于 34.0 的低盐核；而亚南极海域的低盐水则也北上至

20°S 附近。沿赤道海域，呈现了一条盐度高于 34.6 的相对高盐带，且其东部的范围要略大于西部。在这一层上，新西兰东南海域依然存在低盐水（<34.3）由南向北入侵的迹象。

到了深层（见图 14d），太平洋海域盐度分布已十分均匀，整个研究海域的盐度值介于 34.3 ~ 34.7 之间。热带海域呈相对高盐区（>34.5），南、北副热带海域呈现了两个相对低盐区（<34.4）。需要指出的是，在南纬 55°以南的亚极地海域，呈现了另一条相对高盐带（>34.5），其最高盐度值超过 34.7。

图 15 给出了纵贯太平洋 180°W 断面上的盐度分布。在该断面上，盐度同样呈两高三低的分布特征。两个高盐（>35.0）区分别位于南、北纬副热带海域，且南北不对称的分布特征也很明显，南半球高盐区的范围和盐度值均要比北半球大而高。在南半球，高盐区范围处于 5°N ~ 38°S 之间，最深处可达 420 m，其中心最高盐度值可达 36.0；而在北半球，高盐区范围仅限于 24° ~ 30°N 之间，且厚度仅在 200 m 以内，其中心最高盐度值也仅为 35.3。南北两个高盐区被位于约 12°N 附近的一个低盐（<34.8）区分隔，且在 200 m 水深以下有明显的来自亚北极的低盐（<34.5）水涌升的迹象，始终将上层的高盐区一分为二。在南、北亚极地海域，明显呈现两个低盐（<34.5）区。在南半球，来自南部的亚南极低盐水与副热带的高盐水相遇，在 38°S 附近的 500 m 上层，等盐线分布密集，形成较强的盐度水平梯度；500 m 层以下，部分亚南极低盐水侵入到副热带海域高盐块的下方；而在北半球，亚北极低盐水与副热带高盐水大约在 40°N 附近海域相遇，同样在 500 m 水深以浅形成较强的盐度水平梯度；500 m 层以下，低盐水不仅楔入副热带高盐水之下，且不断涌升，可以抵达 18°N、200 m 水深附近。需要指出的是，在该断面上，亚北极低盐水的范围要比亚南极低盐水盘踞的区域大得多，且盐度前者（<33.1）也要比后者（<34.0）低得多。

图 16 为沿 8°N 纬线断面上的盐度分布。不难看出，在这条断面上，不存在明显的高盐或低盐块（核），而以高、低盐度带（区）取而代之。75 m 以浅呈现了一片低盐区（或带），且在断面的两端，盐度（<34.0）更低。次表层存在一个盐度大于 34.7 的高盐带，其中，高盐中心（>34.8）处于约 150 m 水深附近，且分为东、西两块，东部高盐带位于 120°W 以东，而西部高盐带则位于 160°W 以西。该高盐（>34.8）带向东西伸展且向上抬升，导致 75 m 上层的低盐区（<34.5）一截为二，成为太平洋东、西部的两个低盐带。次表层高盐区以下，直到 1 000 m 深层，则由一片盐度相对均匀的次低盐度（<34.6）水盘踞。此外，在断面的西部，约 130°E 的西太平洋海域，200 m 层以下的一条狭窄区域内，还可以看到盐度更低（<34.5）的海水，这恰好与该断面上等温线上翘的位置相对应，而在 150 m 层温、盐度气候态大面分布图上，这一区域同样呈现为低温、低盐，或许代表了棉兰老冷涡所在的位置[45-46]。

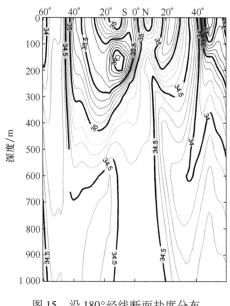 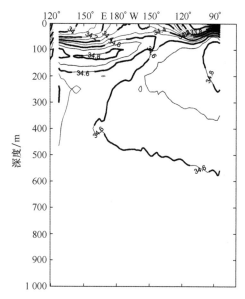

图 15　沿 180°经线断面盐度分布　　　　　　图 16　沿 8°N 纬线断面盐度分布

Fig. 15　Vertical distribution of *S* along longitude 180°　　Fig. 16　Vertical distribution of *S* along 8°N

4.2　盐度的季节变化

由图 17 可以看出，冬季和夏季的表层盐度分布也有明显不同：位于南半球副热带海域的高盐区范围（由 35.5 等盐线所包络的区域），冬季约在 10°~30°S 之间，而夏季则在 5°~25°S 之间，冬季的最高盐度值（约 36.6）也高于夏季（约 36.5）；热带低盐带中东、西部的两个低盐中心，其盐度值夏季比冬季低约 0.2~0.5，且夏季向中部扩展的势力更强；北半球的高盐区范围（由 34.5 等盐线所包络的区域），冬季也明显大于夏季；在亚北极海域的同纬度相比，冬季盐度值比夏季高约 0.2~0.4。

与温度相似，中层（见图 18）盐度分布并无明显的季节变化，但同纬度相比，冬季的盐度值仍稍高于夏季。热带海域的相对高盐带，冬季向西扩展的势力较夏季更强，即 34.6 等盐线所包络的范围，冬季大于夏季。在太平洋东岸，亚南极低盐水北上的势力，夏季比冬季更明显。

在沿 180°W 经线断面（见图 19）上，同样可以看出，同纬度上冬季盐度值明显高于夏季。虽然位于南、北副热带海域的两个高盐中心的影响深度，在冬、夏季并没有明显区别，但其冬季的最高盐度值要比夏季高约 0.1；南、北纬 40°之间，近表层（50 m 以浅）低盐带中的盐度值，冬季要比夏季低约 0.1~0.4；且夏季亚北极低盐水在 500 m 层以下的上升势力，以及亚南极低盐水在 200 m 以浅向低纬度扩展的势力，都要比冬季强。

图 20 给出了西北太平洋海域 137°E 断面上的盐度分布。由于该断面仅位于北半

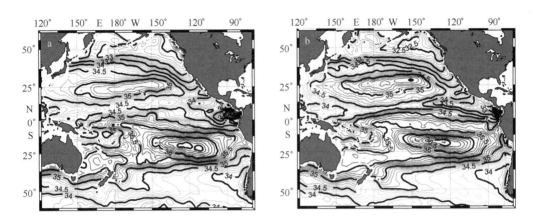

图 17　表层盐度大面分布（a. 冬季，b. 夏季）

Fig. 17　Horizontal distribution of S at surface（a. winter，b. summer）

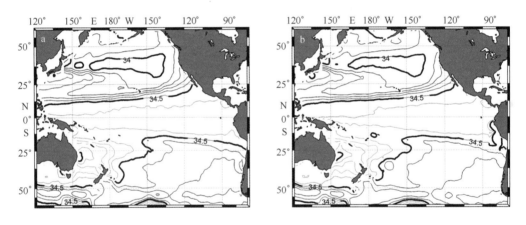

图 18　中层盐度大面分布（a. 冬季，b. 夏季）

Fig. 18　Horizontal distribution of S at middle-depth（a. winter，b. summer）

球的热带和亚热带海域，其盐度分布与 180° 经向断面相比明显存在不同。由图可见，断面上盐度分布明显表现为上、下层低盐，而次表层高盐的"三明治"结构；在断面南部和北部区域，70 m 以浅也存在两个低盐（ <34.5 ）水域，且南部的低盐水一直可以伸展到 17°N 附近，而北部低盐水仅出现在约 28°N 以北区域；在低盐水层之下，则被一片盐度大于 34.7 的高盐水所占据，其高盐核（ >35.0 ）位于 150 m 水深附近。该高盐水块的厚度由南向北不断增加，在断面北部最深处可达 350 m，且在 24°N 附近海域可以直达表层。在高盐水块的下方，分布着一个范围更大的低盐（ <34.4 ）水块，其低盐核（ <34.2 ）位于 700 m 水深附近，并呈楔状由断面北部的中层向南、向上涌升，其前端可以影响到次表层（约 200 m）。受其影响，可以清楚地看到，次表层高盐核在 7°N 附近被一截为二，且其冬季势力似乎比夏季更强。与冬

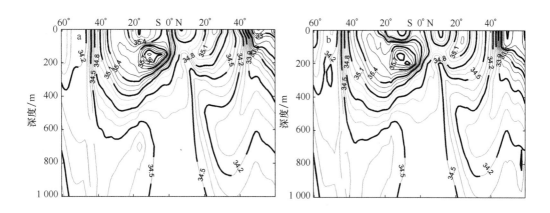

图 19　沿 180°W 经线断面盐度分布（a. 冬季，b. 夏季）

Fig. 19　Vertical distribution of S along 180°W（a. winter, b. summer）

季相比，夏季低盐中层水自北向南上涌的势力也较弱[50,54-55]。

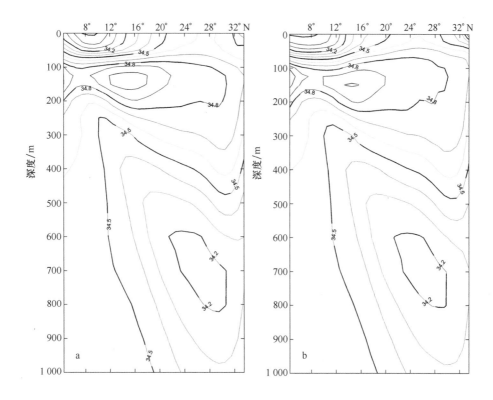

图 20　沿 137°E 经线断面的盐度分布（a. 冬季，b. 夏季）

Fig. 20　Vertical distribution of S along 137°E（a. winter, b. summer）

　　在 8°N 纬向断面（图 21）上，夏季，75 m 以浅表现为一片低盐带，断面中部较两端盐度稍高，但最高盐度值仅在 34.5 以下；冬季，该低盐带中部（170°E ~ 150°W）区域的盐度值（34.6）则要稍高些，使得低盐带呈现为东、西两个独立的低盐块。在次表层，高盐带同样分割为两块，且西侧的高盐块向东伸展范围，冬季比夏季更往东些，且愈向上抬升，从而导致表层低盐带一分为二。

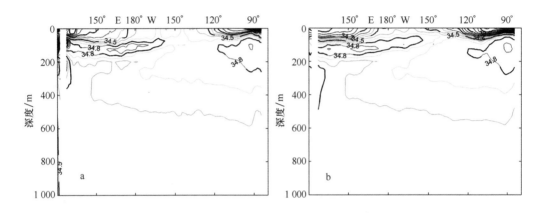

图 21　沿 8°N 经线断面的盐度分布（a. 冬季，b. 夏季）

Fig. 21　Vertical distribution of S along 8°N（a. winter, b. summer）

4.3　盐度的年际变化

　　图 22、图 23 分别给出了 2001 – 2011 年期间太平洋海域盐度年变化曲线。可以看到，盐度的时空变化特征虽远不如温度那么明显，但仍不失有一些规律性，主要体现在：

　　（1）由表层盐度年变化曲线（见图 22a）可以看出，亚北极海域的盐度分布具有较明显的周期性变化，最高盐度值（约 33.28）出现在 4 月份，而最低盐度（约 32.80）出现在 9 月份。其盐度年较差达 0.40；北半球亚热带海域的表层盐度与温度变化类似，最高（约 35.00）出现在 8 月份，最低（约 34.75）出现在 2 月份，年较差约为 0.25；赤道海域在 2—5 月份盐度（约 35.35）较高，9—10 月份略显低盐（约 35.20），盐度年变幅为 0.30 左右；而南半球盐度的变化远不如北半球明显，其年较差均不超过 0.15。就地理分布而言，亚极地海域表现为低盐，而亚热带海域则表现为高盐，这与前述的盐度大面分布特征相一致。

　　（2）次表层（见图 22b）上，盐度虽然仍具有亚极地海域低盐、亚热带海域高盐的地理分布特征，但其年变化远不如表层明显，各个海域盐度年较差均不超过 0.20。同样，几个代表性站点上，中层和深层（图略）的盐度年变化均不大，最大年较差均在 0.10 以下。

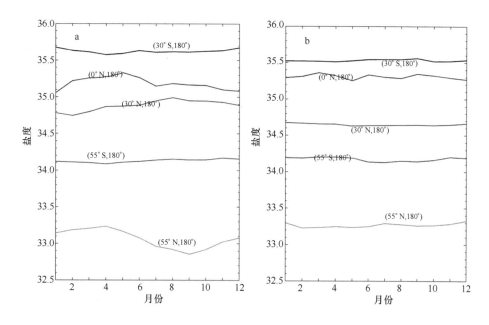

图 22　太平洋海域盐度年变化曲线（a. 表层，b. 次表层）

Fig. 22　Annual variation of S in the Pacific Ocean（a. surface，b. subsurface）

（3）在代表南、北半球亚极地区域的两个格点（见图 23a）上，表层盐度每年大致呈一高一低的周期性变化，高低盐度差在 0.30～0.45 之间。其中，南半球的周期性变化表现尤为突出，与图 22a 给出的盐度年变化特征相似，每年的 4 月份盐度最高，最低盐度则出现在每年的 9 月份。而赤道与副热带海域的盐度年际变化均没有明显的规律可循，副热带海域的盐度差在 0.25～0.50 之间，而赤道地区的盐度差则达到 1.00。南半球亚热带海域盐度最高（约 35.70），比北半球同一海域（约 34.90）高约 0.80；赤道海域平均盐度约为 35.20；亚北极海域盐度最低（约 33.00），亚南极海域盐度（约 34.20）比亚北极高 1.20 左右。值得注意的是，在赤道海域，2004、2006 和 2009 年分别呈现 3 次明显的降盐（最大可达 0.6）过程；且在南副热带海域，2008 年后盐度突然降低 0.25 左右，直到 2011 年底，其盐度值仍要低于 2008 年前的平均盐度值。次表层（见图 23b），几个代表性格点上的盐度年际变化均比较复杂，且几无规律可循。在亚南极与赤道海域的盐度差相对大些，约为 0.30，而副热带海域的盐度差则不超过 0.15。亚北极海域的周期性变化也已不复存在。但其地理分布仍与表层相似，南半球海域（南副热带约为 35.50，亚南极约为 34.25）盐度仍要高于北半球（北副热带约为 34.70，亚北极约为 33.30）约 0.80～0.95。而且在北半球的副热带海域，从 2004 年至 2011 年，虽然盐度略有起伏，但总体而言呈下降趋势，即盐度由 2004 年的 34.7 缓慢降低到 2011 年的 34.6；在亚北极区域，2007 年后明显呈现一次降盐过程，直到 2011 年底，其盐度值也要比 2007 年之前的平均盐度低。

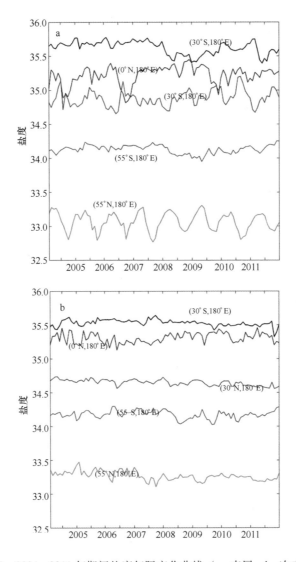

图 23　2004 – 2011 年期间盐度年际变化曲线（a. 表层，b. 次表层）

Fig. 23 Inter-annual variation of salinity during 2004 – 2011（a. surface，b. subsurface）

（4）与盐度的年变化规律相似，中层与深层（图略）的盐度多年（2004 – 2011年）变化幅度均不大，且盐度分布比较均匀。在中层，盐度值在 34.0 ~ 34.8 之间，只有北半球亚热带海域盐度变化稍显剧烈，高低盐度差约为 0.25，其余各代表点高低盐度差均不超过 0.15。在这一层上，北半球亚热带海域（约 34.2）的平均盐度要比亚南极区域（约 34.3）低 0.1。深层，盐度在 34.35 ~ 34.55 之间，且各海域的高低盐度差均小于 0.15。而亚热带海域的盐度表现为低盐，且南半球（约 34.35）最低。

　　由纵贯太平洋 180°W 经向断面上的平均盐度分布（图 24）可以看出，表层呈现三高两低的地理分布，两个低盐区均位于赤道附近海域，其中一个位于 8°N 附近，其盐度（<34.40）最低，另一个低盐区（<34.90）位于 12°S 附近；而 3 个高盐区（>35.35）大约处于 30°S~25°N 之间；两极海域表现为低盐，亚北极（<33.10）比亚南极（<34.10）更低，且 45°N 以北的亚北极海域呈现一高一低的盐度分布，在 50°N 附近，盐度值（<32.75）呈最低。在次表层上，盐度在赤道附近海域呈现两高一低的分布，最低盐度（约 34.60）出现在 8°N 附近海域，恰好与表层的低盐区相对应，且表层盐度更低；两个高盐区分别处于 12°S 和 18°N 附近海域，最高盐度值分别约为35.20 和 36.15，其中南部高盐区恰好与表层低盐区相对应，即呈现表层低盐而次表层高盐的分布特征。两极海域，盐度值依然呈最低，且亚北极海域（<33.51）较亚南极（<34.25）更低。

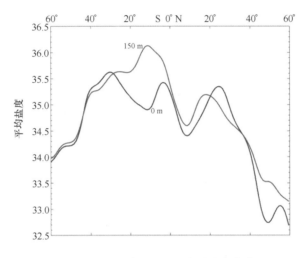

图 24　180°经线上平均盐度随纬度变化

Fig. 24　The variation of mean salinity with latitude at longitude 180°

　　在横跨太平洋的 8°N 纬向断面（见图 25）上，可以看到，该断面恰好处于热带低盐带中，故整个断面上盐度相对较低，但表层盐度的地理分布还是十分明显的，太平洋中部（约在 175°~155°W 之间）海域盐度较高，其最高盐度（约为 34.45）出现在 165°W 附近；东、西两端为低盐区（<33.95），尤其是在太平洋东部海域，盐度低于 33.20。整个断面上，最大盐度差达 1.30。而次表层上的盐度呈现两高一低的分布特征，与表层分布恰好相反，即东、西高，中部低。其中，一个高盐区（>34.78）处于 145°~165°E 之间海域；另一个（约为 34.89）位于 90°W 附近海域。而低盐区（<34.55）则出现在 160°W 附近海域。整个断面上盐度差为 0.45 左右，比表层要小得多。显而易见，在横跨太平洋热带海域的这条断面上，中部表层呈相对高盐而次表层呈相对低盐；相反，在断面的东、西两端，表层呈低盐而次表层呈高

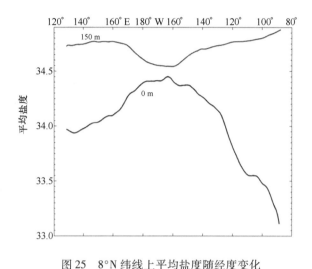

图 25   8°N 纬线上平均盐度随经度变化

Fig. 25   The variation of mean salinity with longitude at 8°N

盐，且在断面东部，无论是表层低盐还是次表层高盐特征，都要比西部显著。

5   结论

本文利用基于客观分析方法重构的 Argo 网格资料（未同化其他观测资料），分析探讨了 2004 年 1 月 – 2011 年 12 月期间太平洋海域（60°S ~ 60°N、120°E ~ 80°W）温、盐度气候态分布特征与变化规律。结果表明：

（1）表层，整个太平洋热带海域呈高温（>25℃），并朝中、高纬海域递减，在南、北亚极地海域为两个低温（<10℃）区。等温线沿纬线大致呈带状分布，在南北纬40°附近，温度等值线十分密集，存在着明显的温度梯度，具有"极锋"特征；且东部等值线向低纬度弯曲，西部等值线向高纬度弯曲，夏季比冬季更明显。位于西太平洋赤道附近海域的暖池（>29℃）位置和面积，均随季节变化而有所不同，冬季暖池面积较小，其中心位于15°S ~ 5°N 之间，而夏季暖池范围显著增大，且位置（中心约在5°S ~ 30°N 之间）明显偏北。而新西兰东南海域的等温线呈低温（<9℃）舌状，沿约178°W 经线由南向北入侵，其势力夏季强于冬季。太平洋海域表层盐度随纬度呈两高三低的分布特征：南、北亚热带海域为高盐（>35.0）区，而热带海域及南、北亚极地海域则为低盐（<34.5），但两个高盐区并不以赤道为对称中心，而是偏向北半球，约处于12°N 纬线附近。同温度一样，在南、北纬40°附近，等盐线也十分密集，且西部由低纬向高纬弯曲，东部则由高纬向低纬弯曲。在新西兰东南海域，等盐线同样呈舌状由南向北入侵。位于南、北副热带海域的两个高盐区的范围及最高盐度值均有明显区别：北半球高盐中心位于约25°N，170°W 附近海域，最高

盐度值大于 35.3，南半球高盐区范围（冬季在 10°~30°S 之间，夏季在 5°~25°S 之间）明显大于北部，其中心处于南太平洋约 17°S，120°W 的东部海域，最高盐度值超过 36.5。

（2）次表层，赤道附近海域的高温区被一条（大约沿 8°N 纬线）低温带（<20℃）分隔，形成南、北两个高温中心（南部大于 27℃，北部大于 24℃），呈马鞍形分布特征，且来自南、北纬 40° 附近的低温水影响显著增强，太平洋海域东部呈现一片低温。而次表层盐度虽然仍有两高三低的分布特征，但在副热带海域的两个高盐区（北部约为 35.2，南部为 36.4 左右）的范围也较表层明显收缩，且高盐中心均西移，亚极地海域的低盐水则向低纬度扩展，东部低盐带的范围明显扩大。新西兰东南海域的低温、低盐水舌仍呈由南向北的入侵趋势，其冬、夏季势力旗鼓相当。

（3）中、深层，温、盐度经向梯度均明显减小。中层，虽然在南、北副热带海域依然存在两个相对高温区（北部大于 12℃，南部大于 11℃），但其范围显著缩小，中心位置也向北、向南移动。盐度也仅在澳大利亚东部海域呈现一块面积不大的相对高盐（>34.8）区。到了深层，温、盐度分布均已十分均匀，整个太平洋海域的温度除了澳大利亚以东海域存在一个相对高温（>5℃）区外，绝大部分海域温度介于 2.5~4.5℃ 之间，整个海域的盐度在 34.3~34.7 之间。新西兰东南海域的低温（<4℃）、低盐（<34.4）水舌依然存在，由此可见，出现在新西兰东南海域的这一低温、低盐水入侵现象乃是终年存在的一个水文特征。

（4）温度断面分布揭示了低纬海域的暖水仅限于约 100 m 上层，且夏季范围明显大于冬季，高温中心处于赤道以北，暖水层纵向（即南-北向）呈马鞍形分布，显然不与赤道对称，而是偏北约 8 个纬度；暖水层沿纬向则明显呈西厚东薄的分布特征；主温跃层深度的纬向分布呈 "W" 形，赤道附近深度约为 150 m，在南、北副热带海域分别为 450 m 和 300 m 左右，在亚极地海域可升至海面形成 "极锋"；主温跃层以下是水温梯度很小的冷水区，并在 20°S~20°N 的范围内呈明显上涌趋势；在西北太平洋海域，等温线沿纬向先在 8°N 附近向上隆起，后逐渐向下弯曲，在 32°N 可达 900 m 左右，且夏季上层显著增温，西太平洋暖池（>29℃）的范围和厚度也有明显增加。断面上盐度经向分布同样呈现南、北两个高盐中心，且明显不与赤道对称，而是偏北约 12 个纬度。高盐区的范围、厚度及盐度值，南部（处于 5°N~38°S 之间，厚度约为 420 m，最高盐度值可达 36.0）均明显比北部（在 24°~30°N 之间，厚度在 200 m 以内，最高盐度值约为 35.3）大而高；由低纬朝高纬海域，盐度急骤下降，在南、北纬 40° 处形成两条 "极锋"，且在 500 m 水深以下，低盐水存在明显南侵并向上涌升趋势，其中亚北极低盐水的势力尤其强盛，可直达 18°N 附近的 250 m 上层。该低盐水一直可影响到 10°N 以南的近海（约 130°E）海域。盐度纬向分布呈上下层低盐、次表层高盐的分布特征，且不存在明显的高盐或低盐块，而是被高、低盐度带所取代。表层低盐带（<34.5）处于 80 m 上层，次表层高盐带（>34.8）位于 150 m 深度附近；500 m 以下则由一片盐度低于 34.6 的水体盘踞。

　　（5）温、盐度年变化规律以表层最明显：温度变化每年呈一高一低的分布趋势，北半球的最高、最低温度值分别出现在每年的 8 月份和 2 月份，南半球则相反；亚热带海域的温度周期性变化特征最为显著（北半球温度年较差大于 9.5℃，南半球约为 6.0℃），亚极地海域次之（北半球温度年较差约为 8.0℃，南半球为 2.5℃左右），赤道区域最小，年较差约为 0.9℃。亚极地海域的盐度每年也大致呈一高一低的周期性变化，尤其是亚北极海域，最高盐度值出现在每年的 4 月份，最低盐度值则出现在每年的 9 月份，高低盐度差在 0.30 ~ 0.45 之间；赤道及亚热带海域的盐度年变化没有明显的规律可循，但赤道海域的表层盐度差可达 1.00，而南、北副热带海域则分别约为 0.25 和 0.50。次表层温、盐度的周期性变化远不如表层明显，仅赤道海域温度年变幅较大，约为 5.0℃，其他海域温度年变幅均在 2.0℃以内，整个太平洋海域的盐度年变幅均不超过 0.20。500 m 以下的深层，整个太平洋海域的温、盐度年变幅均很小，温度最大变幅仅为 1.0℃，盐度最大变幅不超过 0.10。

　　由此可见，本文利用 Argo 网格资料所揭示的太平洋海域温、盐度分布特征及其变化规律，与前人利用历史观测资料分析得出的结果基本上是一致的；通过对鲜见的海洋要素气候态和季节（或月）大面（或断面）分布图及其年变化曲线的客观分析和描述，得到了许多比早期历史观测资料更丰富的信息或成果，揭示的一些海洋现象或水文特征，尤其是温、盐度年变化或多年变化规律应该会更具代表性和说服力。随着 Argo 浮标观测时间序列的不断延长，网格化的 Argo 资料不仅可以广泛应用于描述性海洋学研究，更可以用于海洋或海气耦合模式中的初始场，从而提高数值模拟或业务化海洋、天气预测预报的精度。

致谢：首先对审阅本文的评委们表示诚挚的感谢，同时感谢国家海洋局第二海洋研究所的同事们，为本文提供的不可或缺的宝贵信息和资料。

参考文献：

[1]　H. U. 斯费德鲁普，等. 海洋[M]. 毛汉礼译. 北京：科学出版社，1958：1 - 924.

[2]　B. M. 卡缅科维奇. 海洋水文物理学[M]. A. C. 莫宁，编，沈积均等，译. 北京：海洋出版社，1983：1 - 592.

[3]　叶安乐，李凤岐. 物理海洋学[M]. 青岛：青岛海洋大学出版社，1992：1 - 684.

[4]　冯士筰，李凤岐，李少菁. 海洋科学导论[M]. 北京：高等教育出版社，1999：1 - 503.

[5]　侍茂崇. 物理海洋学[M]. 济南：山东教育出版社，2004：1 - 462.

[6]　Lau K M. Dynamics of multi-scale interactions relevant to ENSO [C] // Proceedings of Western Pacific International Meeting and Workshop on TOGA – COARE, May 24 – 30, 1989：313 – 327.

[7]　Webster P J, Lukas R. TOGA – COARE：The Coupled Ocean-Atmosphere Response Experiment [J]. Bull Ame Meteo Soci, 1992 (73)：1377 – 1379.

[8]　Hu D, Cui M, The western boundary current in the far-western Pacific Oeean [C] // Proceedings

of Western Pacific International Meeting and Workshop on TOGA – COARE, May 1989：24 – 30.

[9] 杨绪琳，陈立奇，王方国，等. 三大洋表层盐度的分布特征[J]. 台湾海峡，1990，1(9)：88 – 91.

[10] Gregg M C. Temperature and salinity microstructure in the Pacific equatorial undercurrent[J]. J Geophys Res, 1976, 81(6)：1180 – 1196.

[11] Michael J McPhaden. Genesis and Evolution of the 1997 – 98 El Niño[J]. Science, 1999, 283：9501 – 954.

[12] Willis J K, Lyman J M, Johnson G C, et al. Correction to Recent cooling of the upper ocean[J]. Geophysical Research Letters 2007, 34, L16601. doi：10. 1029/2007GL030323.

[13] Wijffels S E, Willis J, Domingues C M, et al. Changing expendable bathythermograph fall rates and their impact on estimates of thermosteric sea level rise[J]. Journal of Climate. 2008, 21：5657 – 5672.

[14] 朱伯康，许建平. Argo—认识和预测气候变化的全球海洋观测计划[J]. 海洋技术，2001，20（3）：21 – 25

[15] 许建平. 阿尔戈全球海洋观测大探秘[M]. 北京：海洋出版社，2002：1 – 115

[16] Hosoda S, Minato S, Shikama N. Seasonal temperature variation below the thermocline detected by Argo floats[J]. Geophys Res Lett, 2006, 33, L13604, doi：10. 1029/2006GL026070.

[17] 许建平，刘增宏，孙朝辉，等. 利用 Argo 剖面浮标研究西北太平洋环流和水团[C]//许建平. Argo 应用研究论文集. 北京：海洋出版社，2006：1 – 15.

[18] Dong S, Sprintall J, Gille S T, et al. Southern Ocean mixed-layer depth from Argo float profiles [J]. J Geophys Res, 2008, 113, C06013, doi：10. 1029/2006JC004051.

[19] Ohno Y, Kobayashi T, Iwasaka N, et al. The mixed layer depth in the North Pacific as detected by the Argo floats[J]. Geophys Res Lett, 2004, 31：L11306, doi：10. 1029/ 2004GL019576.

[20] Oka E, Kouketsu S, Toyama K, et al. Formation and subduction of central mode water based on profiling float data, 2003 – 08[J]. J Phys Oceanogr, 2011, 41：113 – 129.

[21] Uehara H, Suga T, Hanawa K, et al. A role of eddies in formation and transport of North Pacific Subtropical mode water [J]. Geophys Res Lett, 2003, 30 (13)：1705, doi：10. 1029/ 2003GL 017542.

[22] Pan A J, Liu Q Y. Mesoscale eddy effects on the wintertime vertical mixing in the formation region of the North Pacific Subtropical Mode Water[J]. Chinese Science Bulltin, 2005, 50(1)：1 – 8.

[23] Roemmich D, Gilson J. The 2004 – 2008 mean and annual cycle of temperature, salinity, and steric height in the global ocean from the Argo Program[J]. Progr Oceanogr, 2009, 82：81 – 100.

[24] 刘增宏，许建平，孙朝辉. 利用温度剖面资料结合海面高度估算全球海洋上层热含量异常[C]//陈大可. Argo 研究论文集. 北京：海洋出版社，2011：106 – 116.

[25] Hernandez-Guerra A, Joyce T M, Fraile-Nuez E, et al. Using Argo data to investigate the Meridional Overturning Circulation in the North Atlantic[J]. Deep-Sea Res Part Ⅰ, 2010, 57：29 – 36.

[26] Zhou H, Yuan D L, Guo P F. Meso-scale circulation at the intermediate-depth east of Mindanao observed by Argo profiling floats[J]. Science China：Earth Sciences, 2010, 53(3)：432 – 440.

[27] Qiu B, Chen S. Eddy – induced heat transport in the subtropical North Pacific from Argo, TMI and

altimetry measurements[J]. J Phys Oceanogr, 2005, 35: 458 – 473.

[28] Park J, Park K-A, Kim K, et al. Statistical analysis of upper ocean temperature response to ty-phoons from ARGO floats and satellite data[J]. IEEE International, 2005, 4: 2564 – 2567.

[29] Park J J, Kwon Y-O, Price J F. Argo array observation of ocean heat content changes induced by tropical cyclones in the north Pacific[J]. J Geophys Res, 2011, 116: C12025.

[30] 许东峰, 刘增宏, 徐晓华, 等. 西北太平洋暖池区台风对海表盐度的影响[J]. 海洋学报, 2005, 27(6): 9 – 15.

[31] 张艳慧, 王凡, 臧楠. 基于 Argo 浮标和历史资料的热带西太平洋次表层与中层水年代变化分析[J]. 海洋学报, 2008, 6(30): 17 – 23

[32] Hu R, Wei M. Intraseasonal oscillation in global ocean temperature inferred from Argo[J]. Advances in Atmospheric Sciences, 2013, 30: 29 – 40.

[33] 张春玲, 许建平, 刘增宏, 等. Argo 三维网格化资料（GDCSM_Argo）用户手册[S]. 中国 Argo 实时资料中心, 2013: 13.

[34] Zhang Chunling, Xu Jianping, Bao Xianwen, et al. An Effective Method for Improving the Accuracy of Argo Objective Analysis. Acta Oceanlolgical Sinica, 2013, 32(7): 66 – 77 .

[35] 张春玲, 许建平, 鲍献文, 等. 基于海温参数模型推算 Argo 表层温度[J]. 海洋通报, 2014, 33 (1): 16 – 26.

[36] Akima H. A new method for interpolation and smooth curve fitting based on local procedures[J]. J Assoc Comput Mech, 1970, 17: 589 – 602

[37] 张春玲. Argo 资料再分析方法及其三维网格数据重构研究[D]. 青岛: 中国海洋大学, 2013: 161.

[38] Bradford J M, Roberts P E. Distribution of reactive phosphorus and plankton in relation to up-welling and surface circulation around New Zealand[J]. New Zealand Journal of Marine and Freshwater Research, 1978, 12(1): 1 – 15.

[39] Vincent W F, Howard-Williams C, Tildesley P, et al. Distribution and biological properties of oceanic water masses around the South Island, New Zealand[J]. New Zealand Journal of Marine and Freshwater Research, 1991, 25(1): 21 – 42.

[40] Nelson C S, Hendy I L, Neil H L, et al. Last glacial jetting of cold waters through the Subtropical Convergence zone in the Southwest Pacific off eastern New Zealand, and some geological implications[J]. Palaeogeography, Palaeoclimatology, Palaeoecology, 2000, 156(1): 103 – 121.

[41] Ta Kahashi T. Hydrographical researches in the western equatorial Pacific[J]. Mem Fac Fish Kagoshima Univ, 1959, 7: 141 – 147.

[42] Wyrtki K. Physical oceanography of the sout heast Asian waters. NAGA Report 2[R]. San Diego: Scripps Inst of Oceanogr, University of California, 1961: 195.

[43] Masuzawa J. Second cruise for CSK, Ryofu Maru, January to March 1968[J]. Oceanogr Mag, 1968, 20: 173 – 185.

[44] 管秉贤. 苏澳 – 与那国岛断面上黑潮的流速结构的特征及其季节变化 [G] //海洋科学集刊（第18集）. 北京: 科学出版社, 1981: 1 – 18.

[45] Lukas R B, Firing E, Hacker P, et al. Observations of t he Mindanao Current during t he Western

Equatorial Pacific Ocean circulation study[J]. J Geophys Res，1991，96：7089 – 7104.

[46] Qu T D, Mitsudera H, Yamagata T. A climatology of the circulation and water mass dist ribution near the Philippine coast[J]. J Phys Oceanogr, 1999, 29：1488 – 1505.

[47] Dietrich G, Kalle K, Krauss W, et al. General Oceanography. New York：A Wiley-Interscience Publication, 1980：1 – 626.

[48] Masuzawa J, Nagasaka K. The 137°E oceanographic section[J]. Marine Science/Monthly, 1975. 9 (3)：18 – 22.

[49] 张启龙，蔡榕硕，齐庆华，等. 西北太平洋 137° E 断面温度场和盐度场的时空特征[J]. 台湾海峡，2007，4（26）：453 – 46.

[50] 张启龙，翁学传. 热带西太平洋暖池的某些海洋学特征[J]. 海洋科学集刊，1997，38：31 – 38.

[51] 王元培. 137°E 断面北赤道流、黑潮变异和黑潮大弯曲的关系[J]. 海洋科学，1995（1）：42 – 47.

[52] 顾玉荷，孙湘平，许兰英. 137°E 经向断面上的副热带逆流[J]. 海洋学报，1999，21（5）：22 – 30.

[53] 孙湘平. 137°E 经向断面上的黑潮与黑潮逆流[J]. 海洋与湖沼，1999，17（3）：1 – 9.

[54] 郭忠信，符淙滨. 热带西太平洋表层暖水和次表层冷水的年际变异[J]. 热带海洋，1989，8 (3)：52 – 59.

[55] 李宏，许建平，刘增宏，等. 利用逐步订正法构建 Argo 网格资料集的研究[J]. 海洋通报，2012，31（5）：46 – 58.

The distribution and variation of temperature and salinity in the Pacific based on Argo observation

ZHANG Chunling[1], XU Jianping[2,3,4], SUN Chaohui[2], WU Xiaofen[2]

1. College of Marine Sciences, Shanghai Ocean University, Shanghai 201306, China

2. The Second Institute of Oceanography, State Oceanic Administration, Hangzhou 310012, China

3. State Key Laboratory of Satellite Oceanography Environment Dynamics, The Second Institute of Oceanography, State Oceanic Administration, Hangzhou 310012, China

4. College of Physical and Environmental Oceanography, Ocean University of China, Qingdao 266003, China

Abstract：The T/S features and variations from January 2004 to December 2011 in the Pacific Ocean (60°S – 60°N, 120°E – 80°W) are discussed based on the Argo gridded dataset which assimilated Argo observations only by objective analysis method. The results are shown below. In the West Pacific near equator, the scope of 29℃ isotherm (warm pool) enlarges significantly in summer, the location is also by north, and its thickness is limited to about 100 m of the upper; At the middle depth (about 150 m) of the subtropical, the two high temperature (more than 27℃ in the south and more than 24℃ in the north) and salinity (near to 35. 2 in the north and 36. 4 in the south) center in the south and north respectively have a saddle distribution. Their symcenters are not equator but bias about 8°N (for temperature) and 12°N (for salinity) to the northern hemisphere; Near the latitude of 40° in the south or north, the T/S contour are so dense as to form the "front"; The water with low temperature and low salinity invades from south to north in the southeast of New Zealand. That is visible from the surface to 1 000 m deep and exists all the time of the year. The annual variation of temperature is the most obvious at the surface. It has one high and one low tendency every year and is significant particularly in the subtropical with the temperature annual range more than 9. 5℃ in the north hemisphere and about 6. 0℃ in the south hemisphere. The highest and lowest temperature in the north hemisphere arise August and February respectively. The south hemisphere is opposite. In the polar sea, the salinity also has the same periodical variation. The north polar is more obvious with the salinity difference of 0. 30 to 0. 45. And its highest salinity arises April and lowest salinity appears September every year. Below the surface, the periodical variation of T/S is less evident than the surface. Deep to the 500 m, the largest range is only 1. 0℃ for temperature and less than 0. 10 for salinity in the whole Pacific Ocean.

Key words: Argo; temperature; salinity; variation; Pacific Ocean; warm pool

西太平洋暖池体积变化及其暖水
来源的初步分析

吴晓芬[1,2]，许建平[1,2]，张启龙[3]，刘增宏[1,2]

1. 卫星海洋环境动力学国家重点实验室，浙江 杭州 310012
2. 国家海洋局 第二海洋研究所，浙江 杭州 310012
3. 中国科学院 海洋研究所 中国科学院海洋环流与波动重点实验室，山东 青岛 266071）

摘要： 利用 2004 年 1 月 – 2010 年 12 月期间的网格化 Argo 剖面资料，分析了西太平洋暖池的三维结构以及暖池体积的变化特征，并探讨了进出暖池的流量变化、暖水来源及其影响暖池体积变化的因素等。结果表明，研究期间西太平洋暖池（温度不低于 28℃）最大深度可达 120 m，其面积由表层向下逐渐缩小，且位置由北向南倾斜，在 100 m 层上，暖池主体几乎全部位于赤道以南海域。估算得到的气候态暖池体积约为 1.86×10^{15} m^3，其年变化呈现明显的双峰结构，分别出现在每年的 6 月和 10 月。暖池体积的年际变化与 ENSO 事件有着较密切的关联，在 ENSO 年体积变异十分明显，且具有准 2 a 变化周期。就多年平均而言，整个研究期间沿纬向输入暖池的暖水流量约 52×10^6 m^3/s，且以东边界输入为主，而输出暖水约 49×10^6 m^3/s，且以西边界损耗为主；沿经向输入暖池的暖水约 26×10^6 m^3/s，而从南、北边界输出暖池的暖水（总量约 23×10^6 m^3/s）在数值上不相上下。暖池体积与进出暖池的暖水净流量在季节时间尺度上存在的较强相关性表明，暖池体积的年变化除了受太阳辐射影响外，还与经过暖池的暖平流有关；而在年际时间尺度上两者的相关性却较弱，且暖池纬向上暖水净流量的年际变化与 Niño3.4 指数的相关性也较低，但在经向上的相关性却较高，表明暖池在经向上的暖水平流对 ENSO 事件的影响要强于纬向的。从进出暖池各边界的净流量分析，在纬向上暖池东部区域获取或损耗的暖水要比西部区域大，而在经向上暖水的输入量基本上都要大于输出的，暖池主要从赤道以南的热带和副热带环流区获得暖水。通过对长时间序列 Argo 网格数据的分析研究，可为深

资助项目： 国家科技基础性工作专项（2012FY112300）。

作者简介： 吴晓芬（1983—），女，安徽省安庆市人，助理研究员，主要从事物理海洋学研究。E-mail：hzxiaofen @ sio. org. cn

化暖池变异及其在气候变化中的作用研究，以及准确预测、预报 ENSO 事件提供更多的科学依据。

关键词： 西太平洋暖池；体积输送；暖水源；ENSO 事件；Argo 资料

1 引言

西太平洋暖池（简称暖池，下同）是指位于太平洋中、西部海域的暖水体，是全球表层水温（SST）最高的海域，也是全球大气运动最主要的热源地和对流活动的最活跃区。暖池以潜热和感热形式将能量释放给大气，从而影响大气环流系统。研究业已表明，暖池的变异通过影响 Walker 环流和 Hardley 环流以及副热带高压的变化影响热带和中高纬地区的气候变化[1-5]；暖池的纬向变异在 ENSO 的形成与发展中起着非常重要的作用[6-10]，而 ENSO 现象是迄今已知最为突出的气候年际变化信号，它伴随发生澳洲、印度和非洲的干旱，南美的洪水，美国冬季的强风暴以及东亚的一系列气候异常[11]。暖池变异对东亚地区乃至全球的气候变化，以及一些重大灾害的形成都有着极其重要的影响，已经引起国内外科学家的广泛关注，并成为研究热点。

1985 年，国际上开始在赤道太平洋区域实施热带海洋与全球大气研究计划（TOGA），开启了人们认识热带太平洋的新纪元。为了更进一步了解西太暖池区海 – 气耦合的主要过程，科学家们又提出并实施了海洋 – 大气耦合响应实验计划（TOGA-COARE）。Wyrtki[12] 曾在 TOGA – COARE 成果报告中首先提出了暖池的定义标准为 "温度不低于 28℃ 的水体"，并研究了暖池的基本特征。此后，越来越多的研究涉及暖池的位置、范围和强度变化等，曾有学者指出，太阳辐射对于暖池的垂向结构和暖池的季节变化有很大的影响[13-14]；也有学者分别使用卫星资料和海洋实测资料探讨了暖池中心[15] 及暖池热中心[16] 的经向和纬向变异；Picaut 等[17] 的研究则指出暖池的纬向变异（或暖池东边界的变化）与 ENSO 发展的紧密联系，不过暖池年变化的主导因素在很大程度上取决于 ENSO 事件[14]。尽管研究发现西太平洋暖池的体积可作为描述暖池强度的一个物理量，且其季节和年际变化是西太平洋暖池研究领域的一个重要课题[18]，但由于受到观测资料的限制，关于暖池体积变化的研究相对较少。Wyrtki[12] 曾在其报告中指出，受实测资料空间分辨率的限制，暖池的水平和垂向边界一般很难确定，导致对暖池体积的估计显得十分困难。根据他的粗略估算，如果取平均深度 80 m、水平面积 $25 \times 10^{12} \ m^2$，那么暖池体积约为 $20 \times 10^{14} \ m^3$。杨宇星等[19] 采用 28.5℃ 等温线和 SODA 资料分析了暖池体积指数（海区内各层温度大于 28.5℃ 暖水团所包含的总格点数）变化，指出西太暖池体积的季节性变化非常弱，主要表现为双峰结构，且存在 3~6 a 和 1.5 a 的年际振荡，但没有给出暖池体积变化的原因。进一步研究表明，如果只考虑大气过程，暖池是不存在的[20]；虽然大气过程对于暖池 SST 的影响至关重要，诸如大气过程中的副热带强对流[21]、海表蒸发[22]、自由对流层湿度[23] 和低层云覆盖[24] 等因素都会影响暖池 SST 的分布，不过海洋动力过程对于暖池的形成还是最重要的。在偏东信风的作用下，大洋西边界会阻挡信风漂流造成暖水堆积[25]。由于热带海域的西侧温跃层较深而东侧温跃层又较浅，使得表层向极地的 Ekman 输送与表层以下的向赤道地转流输送通过赤道上升流联系在一起，从而导致大洋东部海域出现冷舌而其西部海域出现暖池。

在影响暖池的海洋动力作用方面，有诸多研究认为，南、北半球的副热带环流都通过西太平洋暖池，而其暖水则藉着北赤道逆流（NECC）和印度尼西亚贯通流（ITF）流出暖池。Toole 等[26]采用历史年平均温、盐度资料分析热带西太平洋（5°S ~20°N，120°~170°E）海域表层流系的地转流量（从海表到12℃等温线的积分）时指出，北赤道流（NEC）的流量约为 43×10^6 m^3/s，并分配给黑潮（约 25×10^6 m^3/s）和棉兰老海流（约 18×10^6 m^3/s），而棉兰老海流与南赤道流（SEC）的一部分又一起汇入 NECC（约 33×10^6 m^3/s），从而将暖池海水向东输送；此外，ITF 也会带走暖池的部分（约 0.7×10^6 m^3/s）海水。不过文章作者同时指出，由于资料分辨率的不足阻碍了对各支海流的明确界定，因而其计算是比较粗糙的，尤其是对于 SEC 的估计更为困难。Wyrtki 和 Kilonsky[27]利用夏威夷岛和塔希提岛之间 0~400 m 水深内的走航观测资料（150°W 断面）计算了进出暖池东侧的流量，发现 NEC 和 NECC 的流量分别为 24×10^6 m^3/s 和 20×10^6 m^3/s，并且 SEC 向赤道以南和赤道以北的两个分支流量分别为 15×10^6 m^3/s 和 26×10^6 m^3/s。然而，并非所有的输送都为暖池提供暖水。Wyrtki[12]指出，由于 NEC 在垂向上比较深，提供给暖池的暖水仅占 50% 左右（约 12×10^6 m^3/s），NECC 较浅且绝大部分水温都大于27℃，从而使暖池中的暖水不断地流失（约 15×10^6 m^3/s）。他同时指出，SEC 为一支跨赤道流动的海流，其北部比较浅且主体为暖水（约 12×10^6 m^3/s），在赤道以南（0°~8°S）海域可以深达温跃层内部，故可提供约 20×10^6 m^3/s 的暖水；而在 8°S 以南海域，海流变化不仅复杂，且流速较弱。ITF 的流量估计从 5×10^6 m^3/s 到 14×10^6 m^3/s 不等，且主要由 SEC 提供[28]。Wyrtki[12]认为 ITF 从暖池带走约 8×10^6 m^3/s 暖水的假设比较合理。根据他的研究结果，除去 ITF 带走的 8×10^6 m^3/s 以及从暖池东边界流失的 15×10^6 m^3/s 暖水，流入暖池的 21×10^6 m^3/s 流量中约 10×10^6 m^3/s 的暖水进入南半球副热带环流区，剩余的 11×10^6 m^3/s 暖水进入北半球副热带环流区，从而完成进出暖池流量的循环平衡。

综上所述，由于受到观测资料的限制，以往有关暖池研究大多集中在表层（如 SST、面积等）或局部（偏重暖池的近赤道和西侧区域）海域，对暖池的流量输送也只能通过断面分析估算，很少对暖池进行整体研究，对暖池体积变化及其影响机制的研究也非常少，故而对影响暖池体积变异的动力因素迄今仍不清楚，亟待进行深入的调查研究。

全球 Argo 实时海洋观测网建设已经历了 10 多年的发展，每年可以提供约 10 万条 0~2 000 m 范围内的温、盐度观测剖面[29]。这些大范围、高精度和高分辨率的实时海洋观测资料，为人们开展西太平洋暖池体积变异及其动力机制研究提供了有利条件。为此，本文拟利用这一新颖资料来系统地研究西太平洋暖池的基本特征和体积变化，并尝试探讨暖池中暖水的来源和维持机制等，以期为深化暖池变异及其在气候变化中的作用研究提供科学依据。

2   资料与计算方法

2.1   资料来源

2.1.1   Argo 剖面浮标观测资料

本文采用了美国斯克里普斯海洋研究所（SIO）提供的 2004 年 1 月 – 2010 年 12 月期间网格化 Argo 温、盐度剖面资料[30—31]。其中原始资料来自全球 Argo 实时海洋观测网在该期间所有 Argo 剖面浮标的观测，几乎覆盖了全球（59.5°S ~ 59.5°N，环全球）海洋区域，并采用最优插值法将时空分布不均匀的原始观测资料重构成网格化数据集，其水平分辨率为 1° × 1°，时间分辨率为月，垂向共 58 层（其中表层为 2.5 m，底层则位于 1 975 m 处，其垂向间隔随深度增加而增大，在 200 m 以浅水层间隔为 10 m；200 ~ 500 m 水深内间隔为 20 m；500 ~ 1 350 m 水深内间隔为 50 m；1 400 ~ 1 975 m 水深内间隔为 75 ~ 100 m）。我们选用了热带太平洋海域（30°S ~ 30°N，120°E ~ 120°W）的温、盐度和压力剖面资料（图 1），作为本文分析暖池基本特征、体积变化，以及采用 P 矢量方法计算绝对地转流的基础数据。

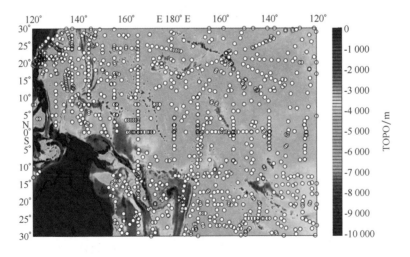

图 1   2004 – 2010 年期间研究海域内 Argo 浮标位置

Fig. 1   Locations of the Argo floats deployed during 2004 – 2010 in the study area

2.1.2　卫星高度计反演的表层地转流资料

我们选取了卫星高度计反演的表层地转流资料来验证由 P 矢量方法得到的绝对地转流计算结果。该反演资料来源于 AVISO（Archiving Validation and Interpretation of Satellite Oceanography）提供的（1/3）°×（1/3）°网格化数据，且融合了 TOPEX/Poseidon、JASON、ERS1/2 等多源卫星资料，其优点是结合了上行和下行轨道以及相连轨道的信息，并且考虑了轨道之间的梯度，即使在交叉点上，也能保持较高的资料精度[32]。

2.2　P 矢量方法

由于对海流的直接测量相对困难且非常昂贵，使得海流观测资料，尤其在深海大洋中的海流资料十分匮乏。虽然通过数值模拟技术也能获得海洋中的流场信息，但现有的数值模式对海流的模拟仍然存在较大不确定性。因此，利用水文观测数据反演地转流成为一种广泛使用的海洋环流研究手段，先后发展了 β 螺旋方法[33]、P 矢量方法[34-36]和改进逆模式方法[37]等。本文主要采用 P 矢量方法，以及应用上面提到的 Argo 温、盐度剖面网格资料，计算研究海域的地转流。

P 矢量方法是 Peter Chu 等（1995）提出的一种计算绝对地转流的方法，其基本原理则主要基于 β-Spiral 方法，控制方程为：

$$u = u_0 + \frac{g}{f\rho_0}\int_{z_0}^{z}\frac{\partial\hat{\rho}}{\partial y}\mathrm{d}z', \tag{1}$$

$$v = v_0 - \frac{g}{f\rho_0}\int_{z_0}^{z}\frac{\partial\hat{\rho}}{\partial x}\mathrm{d}z', \tag{2}$$

式中，(u, v) 和 (u_0, v_0) 是在任意深度 z 和参考深度 z_0 处的地转速度，$\hat{\rho}$ 是海水密度，ρ_0 是海水平均密度，$f = 2\Omega\sin\varphi$ 是科氏力参数。在满足两个必要条件（等位涡面和等密度面不重合，且速度水平分量随深度的增加存在偏转，即螺旋结构）的前提下，定义单位矢量 $\boldsymbol{P}$ 为：

$$\boldsymbol{P} = \frac{\nabla\rho \times \nabla q}{|\nabla\rho \times \nabla q|}. \tag{3}$$

由于单位矢量满足 $\nabla\rho \times \nabla q \neq 0$，故对任意的 $\boldsymbol{V} = (u, v, w)$ 则平行于单位矢量 $\boldsymbol{P}$，即

$$\boldsymbol{V} = r(x, y, z)\boldsymbol{P}. \tag{4}$$

从而获得绝对地转流场。此外，P 矢量在计算过程中需要计算密度场的二阶微商，由于海洋中广泛存在的内波和中尺度涡，而由仪器或传感器所观测到的资料往往含有噪音，会给二阶微商的计算带来较大误差，进而影响到计算的地转流精度。针对这个问题，Peter Chu 曾提出了最小二乘法优化方案，使计算过程中产生的误差降到最低值。更为详细的 P 矢量方法介绍请参阅相关文献 [34-36，38]。

值得指出的是，由于 P 矢量方法在上混合层计算的绝对地转流偏小，为此将在计

算得到整层绝对地转流的基础上，再采用 500 m 层的地转流速作为参考面，计算出表层到 500 m 层的地转流。此外，由于赤道科氏力几乎为零，不满足地转关系，也就不能利用 P 矢量方法计算赤道海域的地转流，为此分别用 5°S 以及 5°N 断面上的地转流速来代替 0°~5°S 及 0°~5°N 范围内的流速[39]。

2.3　地转流场计算及其验证

图 2 给出了利用 P 矢量方法计算得出的 2004 年 1 月 – 2010 年 12 月期间表层（2.5 m）太平洋海域（45°S~45°N，120°E~80°W）多年平均地转流矢量分布（为了更好验证，计算时在图 1 的基础上适当扩大了经纬度范围）。从图中可以看出，整个表层太平洋环流的主要流系，如北赤道流（NEC）、北赤道逆流（NECC）、副热带环流、黑潮（Kuroshio）以及黑潮延伸体（Kuroshio Extension）等都有体现，尤其是黑潮和黑潮延伸体的特征更明显。北赤道流表层分叉，大约出现在 14°N 附近的西部海域。可见，利用 Argo 剖面资料，并结合 P 矢量方法计算得到的地转流场与历史观测或研究结果大体上还是一致的[40-42]。

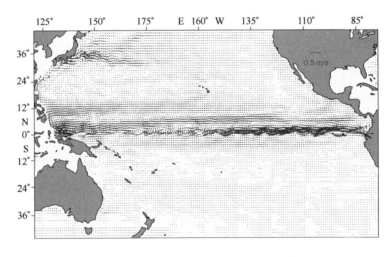

图 2　太平洋海域表层地转流矢量分布

Fig. 2　Distribution of geostrophic currents at the surface layer in the Pacific Ocean

为了进一步验证 P 矢量方法计算得到的地转流场的可信度，利用计算的表层地转流场与由 AVISO 卫星高度计资料反演的流场进行了相关分析，并给出了针对纬向流速的相关系数分布（图 3）。可以看出，在赤道两侧的低纬度海域和太平洋西北部海域的相关系数都在 0.4 以上，有的高达 0.8（通过了 $a = 0.05$ 的显著性检验），而在太平洋东北部海域和南太平洋高纬度海域的相关系数相对较小，可能与这些海域的 Argo 浮标数量相对较少（见图 1），以及 Argo（表层为 2.5 m 深度）与 AVISO（表层为海洋表面）两者所指的表层深度不尽相同等因素有关。不过，作为一种间接获取深海大洋区域流场的手段，利用 P 矢量方法计算得到的研究海域地转流场基本上还是可信的。为此，我们把得到的地转流分解为东分量和北分量，用来估算进出暖池的流量，作为分析和探讨暖水来源的依据。

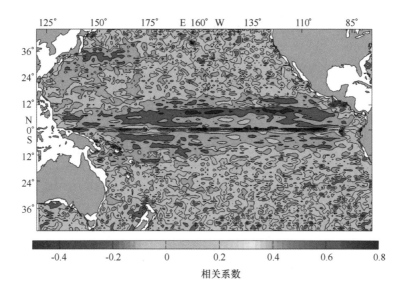

图 3　表层绝对地转流速与卫星高度计反演流速（纬向）的相关系数分布
Fig. 3　Distribution of correlation coefficients of zonal velocity of absolute geostrophic currents Argo and flows retrieved from satellite altimeter data at the surface layer

3　暖池三维结构及其体积变化

3.1　暖池的气候态特征

图 4 和图 5 给出了气候态（2004 – 2010 年）暖池三维结构及其在不同深度上的边界分布。这里取温度不低于 28℃ 作为暖池的标准，其中气候态指逐年逐月均需满足温度不低于 28℃ 的条件。从图中可以看到，由表层往下，暖池面积逐渐缩小，且呈向东南方向倾斜的趋势；在 100 m 层上，暖池主体几乎全部位于赤道以南海域；而到了 120 m 层，则主要位于太平洋西南（3°~7°S，160°E~180°）的一个小区域内。暖池的东边界位置最远可达 140°W 经线附近，北边界可接近 20°N 纬线，而南边界大约在 15°S 纬线附近。由此可见，气候态暖池的最大深度为 120 m，估算的体积约为 1.86×10^{15} m³，这与 Wyrtki[12] 得到的研究结果（假设暖池深度为 80 m，面积为 25 × 10^{12} m²，估算的暖池体积约为 20 × 10^{14} m³）比较接近。

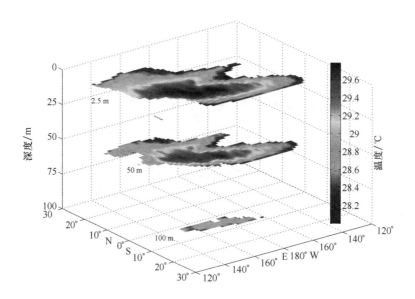

图 4　气候态（2004 – 2010 年）暖池的三维结构

Fig. 4　Three-dimensional structure of climate warm pool（2004 – 2010）

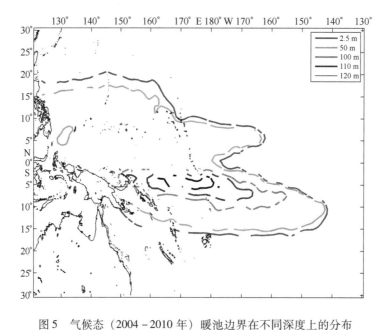

图 5　气候态（2004 – 2010 年）暖池边界在不同深度上的分布

Fig. 5　Boundaries distribution of climatic warm pool at different depths（2004 – 2010）

3.2 暖池体积变化

图 6 给出了 2004 – 2010 年期间暖池（视为一个不规则水团）的体积（由底部不规则边界到表层不规则边界的整层积分）变化曲线。其中，图 6a 是暖池体积逐月气候态变化，图 6b 是 2004 – 2010 年期间暖池体积的长时间序列变化（图中蓝线表示逐年逐月的变化，红线表示 12 个月滑动平均的结果）。由图 6a 可以看到，暖池的年变化呈现出典型的双峰结构，即暖池体积在春季（3 – 5 月）逐渐增大，增幅约为 $0.4 \times 10^{15} \, \mathrm{m}^3$，到 6 月份出现第一个峰值（约 $2.2 \times 10^{15} \, \mathrm{m}^3$）；在夏季（6 – 8 月）暖池体积先略有减小而后缓慢回升，进入秋季的 10 月份出现第二个峰值（约 $2.3 \times 10^{15} \, \mathrm{m}^3$）；此后暖池体积在整个秋末一直到冬季（12 月至翌年 2 月）持续减小，其减幅约为 $0.5 \times 10^{15} \, \mathrm{m}^3$。很明显，暖池在 6 月和 10 月处于两个高峰时的体积变化（约 $0.1 \times 10^{15} \, \mathrm{m}^3$）不是很大，而在 2 月和 7 – 8 月两个低谷时的体积差异（约 $0.4 \times 10^{15} \, \mathrm{m}^3$）则要大得多。暖池体积的这种季节变化特征在时间序列变化图（图 6b 中的蓝线）上也是显而易见的。显然，暖池体积的双峰结构与太阳辐射的季节变化有关，即太阳辐射先影响到暖池的垂向结构及暖池的面积，进而影响暖池的体积[13,43]。

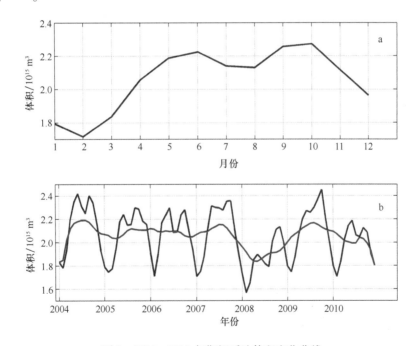

图 6　2004 – 2010 年期间暖池体积变化曲线

Fig. 6　Variation of the volume of the warm pool during 2004 – 2010

由图 6b（蓝色曲线）可以看出，暖池体积的 1 a 周期变化特征非常明显，即每年都有双峰结构出现。从逐年来看，2004－2007 年期间以及 2009－2010 年期间暖池体积的谷值相当，在 1.8×10^{15} m^3 附近稍有波动，而 2008 年暖池体积的谷值为最小（约 1.6×10^{15} m^3）；2005－2007 年期间暖池体积的峰值相当（约 2.3×10^{15} m^3），而 2004 年和 2009 年的峰值（约 2.4×10^{15} m^3）相比 2005－2007 年期间稍有增大，而 2008 和 2010 年暖池体积的峰值（$< 2.2 \times 10^{15}$ m^3）与其他年份相比则差异较大。此外，从暖池体积年际变化来看，由 12 个月滑动平均结果（图 6b 红色曲线）和最大熵谱分析（图略）表明，暖池体积具有准 2 a 变化周期。再对照由美国 NOAA 气候中心（http：//www. cpc. ncep. noaa. gov/products/analysis_monitoring/en-sostuff/ensoyears. shtml，下同）提供的 2004－2010 年期间太平洋海域 ENSO 事件的统计结果，发现暖池体积在 2007/2008 年 La Niña 事件中大幅度减小，而在 2004 年、2009/2010 年 El Niño 事件中却大幅增加。Kim 等[14]的研究曾指出，ENSO 事件与暖池的面积及暖池的纬向变异之间存在显著相关，而对暖池的强度则有 5－6 个月的滞后影响，但未涉及暖池体积对 ENSO 事件的响应。

4　暖水来源及其影响暖池体积变化的原因

根据气候态暖池在不同深度上所呈现的不规则东、西边界位置（见图 4 和图 5），依据 P 矢量方法得到的地转流多年平均值，首先估算了气候态暖池在不规则边界条件下沿纬向（见图 7）和经向（见图 8）的输入和输出流量；接着分别估算了纬向和经向净流量的季节、年际变化（见图 9）；最后又分别估算了通过东、西边界的纬向净流量（见图 10）和南、北边界的经向净流量（见图 11）年际变化，据此来探讨暖池中暖水的来源，以及影响暖池体积变化的可能因素。需要指出的是，为了探讨暖池中暖水可能的停留和维持机制，在估算流量时附加了水温大于 28℃的控制条件，即输入的流量可为暖池提供暖水，而输出的流量则表明暖池中有暖水损耗。

4.1　进出暖池的流量

首先计算了暖池东、西边界整个断面上纬向的输入和输出流量（见图 7）。发现从暖池东边界输入的总流量约为 39×10^6 m^3/s，输出则为 31×10^6 m^3/s 左右；而从暖池西边界输入的总流量约为 13×10^6 m^3/s，而输出约为 18×10^6 m^3/s。也就是说，在暖池的东边界是以暖水流入为主；而在西边界则以流出损耗为主。至于在整个暖池区域呈现的输入（约 52×10^6 m^3/s）与输出（约 49×10^6 m^3/s）之间约有 3×10^6 m^3/s 的不平衡，可能与暖池西边界受岛屿及其间水道影响所产生的计算误差有关。

接着又计算了暖池南、北边界整个断面上经向的输入和输出流量（图 8）。由图 8 可以清楚地看到，无论输入还是输出，其经向流量均要比纬向小得多。从暖池北边界

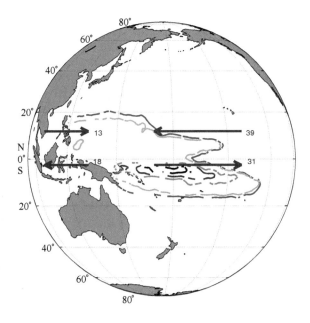

图 7　输入、输出暖池的纬向流量（10^6 m^3/s）

Fig. 7　The input and ouput zonal volume transport of the warm pool（10^6 m^3/s）

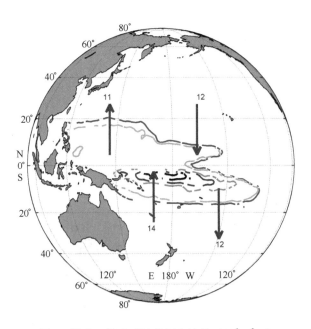

图 8　输入、输出暖池的经向流量（10^6 m^3/s）

Fig. 8　The inpat and output meridional volume transport of the warm pool（10^6 m^3/s）

输入的总流量约为 12×10^6 m³/s，输出约为 11×10^6 m³/s；而从暖池南边界输入的总流量约为 14×10^6 m³/s，而输出的约为 12×10^6 m³/s。虽两者相差不大，但似乎在暖池的南、北边界上均以暖水流入为主。至于输入（约 26×10^6 m³/s）与输出（约 23×10^6 m³/s）之间同样出现的约有 3×10^6 m³/s 的不平衡，同样可能与暖池西南边界受岛屿间水道的影响所产生的计算误差所致。

但为何纬向和经向均出现输入大于输出的状况，即整个暖池有约 6×10^6 m³/s 的暖水净输入，除了受岛屿、水道等地形影响外，还可能与暖池区域存在的暖涡有关，即部分暖水被下降流从次表层带往了深层。至于导致暖池流量不平衡的实际原因，还有待进一步分析研究。

4.2　进出暖池流量的季节与年际变化

4.2.1　进出暖池的净流量

与讨论暖池体积变化（见图 6）一样，我们依然把暖池视为一个不规则水团，即在估算进出暖池的体积输送时，同样采取从底部不规则边界到表层不规则边界的整层积分的方法。图 9 显示了沿纬向和经向进出暖池净流量（断面输入减去断面输出，下同）的季节与年际变化。其中图 9a 表示逐月气候态纬向净流量变化，图 9b

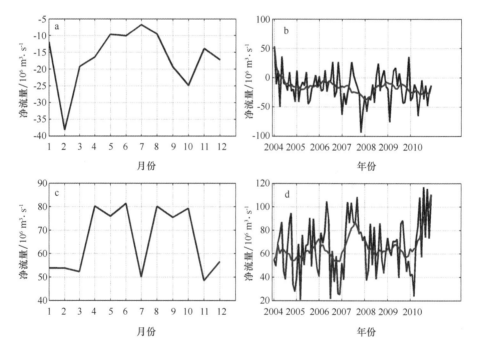

图 9　2004－2010 年期间进出暖池的经向（a、b）和纬向（c、d）净流量变化曲线

Fig. 9　Variation of meridional (a, b) and zonal (c, d) net volume flowing in and out of the warm pool

是 2004 - 2010 年期间逐月纬向净流量的年变化过程曲线（图中蓝线表示逐月的流量，红线表示 12 个月滑动平均的结果）；图 9c 和 d 分别为经向上净流量的变化。由图 9a 可见，纬向上进出暖池的净流量均为负值，表明暖池在东西向上以暖水损耗为主，且其年变化同样呈现较明显的双峰结构。第一个峰值（约 -38×10^6 m³/s）出现在 2 月，其后一直到夏季的 7 月，暖池纬向上的暖水损耗量逐渐减少，其中，2 - 3 月的变化比较剧烈，而 3 - 7 月则变化缓慢，总的降幅约为 31×10^6 m³/s，7 月降到最低值（约 -6×10^6 m³/s）；从夏初到秋初，暖池纬向上的暖水流失量又逐渐增加，到秋季的 10 月出现第二个峰值（约 -25×10^6 m³/s），此后，暖水损耗量又逐渐降低。图 9b 显示，2004 年 1 月至 2010 年 12 月期间，暖水进出暖池的纬向净流量波动比较频繁（蓝色曲线），且在 2007/2008 年 La Niña 事件和 2009/2010 年 El Niño 事件中的流量变化有别于正常年份（2005 - 2006 年）。La Niña 事件中暖池从纬向上流失的暖水增多，而 El Niño 事件中流失的暖水大大减少，甚至是获取更多暖水，这与暖池在 El Niño 事件中整体东扩和 La Niña 事件中整体西缩有关[44-45]。

经向上进出暖池的净流量均为正值，表明暖池在南北向上以获取暖水为主，且年变化也基本呈双峰结构，第一个峰值出现在 4 - 6 月，第二个峰值出现在 8 - 10 月。暖池从经向上获取暖水最少（约 50×10^6 m³/s）的月份出现在 1 - 3 月、7 月和 11 月。此外，3 - 7 月以及 7 - 11 月，暖池流量的变化趋于一致，即第一个月上升到最高值（约 80×10^6 m³/s），然后维持约 2 个月的时间，第四个月再回落到最低值。图 9d 中红色实线表明暖池在经向上的暖水净流量年际变化明显，尤其在 ENSO 事件中的变化更为突出。在 2007 年及 2010 年后半年开始的 La Niña 事件中暖池从经向上获取的暖水增多。

进一步，我们分析了暖池体积与进出暖池的暖水净流量（纬向加上经向）在年变化时间尺度上的联系，发现两者在同位相上具有 73.78% 的相关性（通过显著性检验，下同）。这表明暖池体积的年变化除了受太阳辐射影响外，还与经过暖池的暖平流有关。在年际变化时间尺度上，暖池体积和进出暖池的暖水净流量（纬向加上经向）的相关性较低；而且，暖池纬向暖水净流量的年际变化与 Niño3.4 指数的相关性也较低。然而，暖池经向上暖水净流量的年际变化与 Niño3.4 指数的相关性却高达 66.78%，表明暖池在经向上的暖水平流对 ENSO 事件的影响要强于纬向的。

4.2.2　进出暖池各边界的净流量

为了进一步探讨暖池各边界暖水净流量的输入、输出情况，我们分别对暖池东、西边界（见图 10）和南、北边界（见图 11）的输入和输出的净流量进行了比较分析。由图 10a、b 可以看出，在量值上，无论输入还是输出（均取为正值），西边界基本上都小于东边界，说明暖池暖水在纬向上的获取和损耗受其东部区域的影响比较大，受西部区域的影响较小；从图 10c 还可以看到，在暖池的西部区域，一般输出暖池的暖水量要远大于输入的（输入减去输出以负值为主），这可能与该区域存在印度尼西亚贯穿流有关。当然，南、北赤道流也可以把暖池中的部分暖水输送到太平洋的高纬海区。

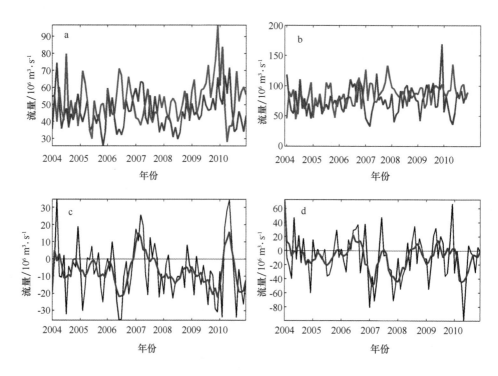

图 10 　经过西（a、c）、东（b、d）边界进出暖池的流量变化
图 a、b 中：蓝线代表输入，红线代表输出；图 c、d 中：黑线代表净流量，蓝线为经 3 个月平滑的结果
Fig. 10 　Variation of input and output volume transport through the west and
east boundary of the warm pool
In Figs 10a and b：the blue line represents the input transport，and the red line represents the output transport.
In Figs 10c and d：the black line represents the net transport，and the blue line shows the results of 3 – month
smoothing

　　然而，仔细分析还可以发现，在 2007 年和 2010 年两次 La Niña 事件中，由西边界输出暖池的暖水大幅减少，而由东边界输出暖池的暖水则大幅增加（图 10d），这种现象可能与暖池在 ENSO 事件发生期间沿温跃层向东抬升有关[46-48]。
　　在暖池的南、北边界（见图 11）上，可以看到，无论从南边界还是从北边界，暖水的输入量基本上要大于输出（见图 11a 和 b），表明暖池在经向上以获得暖水为主。此外，由南边界获得的暖水量要远大于北边界（见图 11c 和 d），表明暖池主要从赤道以南的热带和副热带环流区获得暖水。

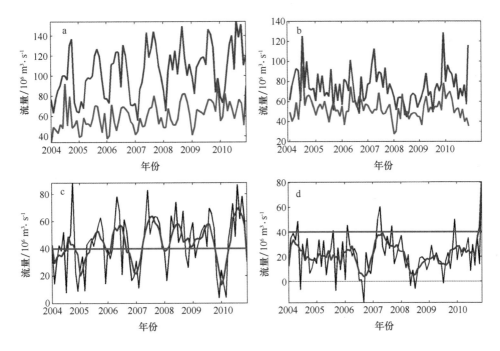

图 11　经过南（a、c）、北（b、d）边界进出暖池的流量变化

图 a、b 中：蓝线代表输入，红线代表输出；图 c、d 中：黑线代表净流量，蓝线为经 3 个月平滑的结果

Fig. 11　Variation of input and output volume transport through the south and

north boundary of the warm pool

In Figs 11a and b: the blue line represents the input transport, and the red line represents the output transport.

In Figs 11c and d: the black line represents the net transport, and the blue line shows the results of 3 - month

smoothing

5　小结

本文利用 2004 年 1 月 - 2010 年 12 月期间的网格化 Argo 剖面资料，分析了西太平洋暖池的三维结构以及暖池体积的变化特征，并探讨了进出暖池的流量变化、暖水来源及其影响暖池体积变化的因素，得到如下几点认识：

（1）研究期间，西太平洋暖池（温度不低于 28℃）最深可达 120 m，其面积由表层向下逐渐缩小，且位置由北向南倾斜，在 100 m 层上，暖池主体几乎全部位于赤道以南海域。暖池的东边界位置最远可达 140°W 经线附近，北边界可接近 20°N 纬线，而南边界大约在 15°S 纬线附近。

（2）估算得到的气候态暖池体积约为 1.86×10^{15} m³，其年变化呈现明显的双峰结构，分别出现在每年的 6 月和 10 月；且与 ENSO 事件有着较密切的关联，即在 ENSO 年暖池体积具有非常明显的变异，其中在 La Niña 事件中暖池体积呈大幅度减小，而在 El Niño 事件中却大幅增加；最大熵谱分析表明，暖池体积具有准 2 a 变化周期。

（3）就多年平均而言，整个研究期间沿纬向输入暖池的暖水流量约 52×10^6 m³/s，且以东边界输入为主；而输出暖水约 49×10^6 m³/s，且以西边界损耗为主。沿经向输入暖池的暖水约 26×10^6 m³/s，而从南、北边界输出暖池的暖水（总量约 23×10^6 m³/s）在数值上不相上下。进出暖池的暖水主要以纬向为主，几乎比经向高出 1 倍多。

（4）从进出暖池的气候态净流量年变化来看，暖池在纬向上以暖水损耗为主，其年变化同样呈现较明显的双峰结构，其中第一个峰值（约 -38×10^6 m³/s）出现在 2 月，第二个峰值（约 -25×10^6 m³/s）则出现在 10 月；而在经向上则以获取暖水为主，且年变化也基本呈双峰结构，第一个峰值出现在 4－6 月，第二个峰值出现在 8－10 月，其净流量（约 80×10^6 m³/s）大体相当。进出暖池的暖水又似乎以经向为主，几乎比纬向高出了 1 倍多。

（5）暖池气候态净流量年变化的这种异常与 ENSO 事件有着较密切的关系。La Niña 事件中暖池从纬向上流失的暖水增多，同样从经向上获取的暖水亦增多；而在 El Niño 事件中暖池从纬向上流失的暖水却会大幅度减少，甚至会获取更多暖水。暖池体积与进出暖池的暖水净流量在季节时间尺度上存在的较强相关性表明，暖池体积的年变化除了受太阳辐射影响外，还与经过暖池的暖平流有关；而在年际时间尺度上两者的相关性却较弱。此外，暖池纬向上暖水净流量的年际变化与 Niño3.4 指数的相关性也较低，但在经向上的相关性却较高，表明暖池在经向上的暖水平流对 ENSO 事件的影响要强于纬向的。

（6）从进出暖池各边界的净流量分析发现，在纬向上暖池东部区域获取或损耗的暖水要比西部区域大，而且在西部区域，一般输出暖池的暖水量要远大于输入的，可能与该区域存在的如印度尼西亚贯穿流等由低纬向高纬流动的平流作用有关。但在 2007 年和 2010 年发生的两次 La Niña 事件中，由西边界输出暖池的暖水却大幅减少，而由东边界输出暖池的暖水则大幅增加，可能与 ENSO 事件发生期间暖池沿温跃层向东抬升有关。不过，在经向上暖水的输入量基本上都要大于输出的，且主要从南边界获得暖水为主，表明暖池主要从赤道以南的热带和副热带环流区获得暖水。

需要指出的是，即使利用当前国际上最先进的观测仪器设备，要想测量暖池的体积变动依然是困难的[12]，而要测量输入、输出暖池的流量变化则更难。为此，本文尝试利用一种新颖的时间序列资料（Argo 网格数据），并结合 P 矢量方法先计算出地转流场再估算出进出暖池流量的办法，对西太平洋暖池的体积变化及其暖水来源进行了初步分析，由于 Argo 网格数据的时间序列还不够长，所以得到的分析结果还十分粗浅，不过随着 Argo 观测时间的逐年增加，Argo 剖面浮标观测资料或许能帮助人们通过对暖池体积及其进出流量的变化，以及暖水来源等的了解，进一步认识暖池变化与 ENSO 事件之间的关系，从而为深化暖池变异及其在气候变化中的作用研究，以及准确预测、预报 ENSO 事件提供更多的科学依据。

致谢：本文研究得到了美国海军研究生院海洋系 Peter Chu 教授的帮助和指导；计算工作得到国家海洋局第二海洋研究所卫星海洋环境动力学国家重点实验室数值计算中心（SOED HPCC）的支持和帮助；使用的 Argo 资料下载自国际 Argo 网站（http：//www. argo. ucsd. edu/；http：//www. argo. org. cn/），在此一并表示诚挚的感谢！

参考文献：

［1］ 黄荣辉，孙凤英. 热带西太平洋暖池上空对流活动对东亚夏季风季节内变化的影响［J］. 大气科学，1994，18(4)：456 - 465.

［2］ 李万彪，周春平. 热带西太平洋暖池和副热带高压之间的关系［J］. 气象学报，1998，56(5)：619 - 626.

［3］ 张启龙，翁学传，程明华. 华北地区汛期降水与热带西太平洋暖池和黑潮的关系［J］. 高原气象. 1999，18(4)：575 - 583.

［4］ 赵永平，吴爱明，陈永利，等. 西太平洋暖池的跃变及其气候效应［J］. 热带气象学报，2002，18 (4)：317 - 326.

［5］ Hu D, Yu L. An approach to prediction of the South China Sea summer monsoon onset［J］. Chinese Journal of Oceanology and Limnology, 2008, 26(4)：421 - 424.

［6］ Gill A E. An estimation of sea-level and surface-current anomalies during the 1972 El Nino and consequent thermal effects［J］. J Phys Oceanogr, 1983, 13：586 - 606.

［7］ Gill A E, Rasmusson E M. The 1982 - 83 climate anomaly in the equatorial Pacific［J］. Nature, 1983, 306：229 - 234.

［8］ Fu C, Diaz H F, Fletcher J O. Characteristics of the response of sea surface temperature in the central Pacific associated with warm episodes of the Southern Oscillation［J］. Mon Wea Rev, 1986, 114：1716 - 1738.

［9］ Picaut J, Delcroix T, Ioualalen M, et al. Diagnostic of the zonal displacement of the warm pool during El Niño and La Niña［C］//Proceedings of the International Scientific Conference on the Tropical Ocean-Atmosphere Programme. Melbourne, Australia, 1995：384 - 387.

［10］ Picaut J, Ioualalen M, Menkes C, et al. Mechanism of the zonal displacement of the western Pacific warm pool：implications for ENSO［J］. Science, 1996, 274：1486 - 1489.

［11］ 余志豪，蒋全荣. 厄尔尼诺、反厄尔尼诺和南方涛动［M］. 南京：南京大学出版社，1994：1 - 56.

［12］ Wyrtki K. Some thoughts about the western Pacific warm pool ［C］//Proceedings of the Western Pacific International Meeting and Workshop on TOGA - COARE. New Caledonia：France Institute of the Scientific Research for the Development on the Cooperation, 1989：99 - 109.

［13］ Schneider N, Barnett T, Latif M, et al. Warm pool physics in a coupled GCM［J］. Journal of Climate, 1996, 9：219 - 239.

[14] Kim S T, Yu J Y, Lu M M. The distinct behaviors of Pacific and Indian Ocean warm pool properties on seasonal and inter-annual time scales[J]. Journal of Geophysical Research, 2012, 117 (D5): D05128.

[15] Ho C R, Yan X H, Zhang Q. Satellite observation of upper-layer variabilities in the western Pacific warm pool[J]. Bull Am Meteorol Soc, 1995, 76: 669 – 679.

[16] Hu S, Hu D. Heat center of the western Pacific warm pool[J]. Chinese Journal of Oceanology and Limnology, 2012, 30(1): 169 – 176.

[17] Picaut J, Ioualalen M, Menkes C, et al. Mechanism of the zonal displacements of the Pacific warm pool: Implication for ENSO[J]. Science, 1996, 274: 1486 – 1489.

[18] 胡石建. 西太平洋暖池变异及其机制研究[D]. 北京: 中国科学院大学, 2013: 1 – 176.

[19] 杨宇星, 黄菲, 王东晓. 印度洋 – 太平洋暖池的变异研究[J]. 海洋与湖沼, 2007, 38(4): 296 – 302.

[20] Clement A C, Seager R, Murtugudde R. Why Are There Tropical Warm Pools? [J]. Journal of Climate, 2005, 18(24): 5294 – 5311.

[21] Ramanathan V, Collins W. Thermodynamic regulation of ocean warming by cirrus clouds deduced from observation of the 1987 El Nino[J]. Nature, 1991, 351: 27 – 32.

[22] Harmann D L, Michelsen M L. Large-scale effects on the regulation of tropical sea surface temperature[J]. Journal of Climate, 1993, 6: 2049 – 2062.

[23] Pierrehumbert R T. Thermostats, radiator fins, and the runaway greenhouse[J]. Journal of Atmospheric Science, 1995, 52: 1784 – 1806.

[24] Miller R L. Tropical thermostats and low cloud cover[J]. Journal of Climate, 1997, 10: 409 – 440.

[25] Bjerknes J. A possible response of the atmospheric Hadley circulation to equatorial anomalies of ocean temperature[J]. Tellus, 1966, 18: 820 – 829.

[26] Toole J M, Zou E, Millard R C. On the circulation of the upper waters in the western equatorial Pacific Ocean[J]. Deep-Sea Res, 1988, 35: 1451 – 1482.

[27] Wyrtki K, Kilonsky B. Mean water and current structure during the Hawaii to Tahiti Shuttle Experiment[J]. J Phys Oceanogr, 1984, 14: 242 – 254.

[28] Gordon A. Interocean Exchange of Thermocline Water[J]. J Geophys Res, 1986, 91: 5037 – 5046.

[29] 许建平, 刘增宏. 中国 Argo 大洋观测网试验[M]. 北京: 气象出版社, 2007: 158.

[30] Dean R, John G. The 2004 – 2008 mean and annual cycle of temperature, salinity, and steric height in the global ocean from the Argo program[J]. Prog Oceanogr, 2009, doi: 10.1016/j.pocean.2009.004.

[31] 吴晓芬, 许建平, 张启龙, 等. 基于 Argo 资料的热带西太平洋上层热含量初步研究[J]. 海洋预报, 2011, 28(4): 76 – 85.

[32] MDT_CNES – CLS09 was produced by CLS Space Oceanography Division and distributed by Aviso, with support from Cnes (http://www.aviso.oceanobs.com/).

[33] 黄企洲, 王文质, 傅孙成. 南沙群岛海区冬夏季中深层环流的计算[J]. 热带海洋, 1994, 13(2): 33 – 39.

[34]   Chu P C. P-vector inverse method[J]. Ocean Modelling, 1994, 114: 23 - 26.

[35]   Chu P C. P-vector method for determining absolute velocity from hydrographic data[J]. Marine Technology Society Journal, 1995, 29(2): 3 - 14.

[36]   Chu P C. P-vector spirals and determination of absolute velocities[J]. Journal of Oceanography, Oceanographic Society of Japan, 2000, 56: 591 - 599.

[37]   王桂华，许建平. 1998 年夏季季风爆发前后南海上层环流的诊断分析[J]. 热带海洋学报, 2001, 20(1): 36 - 43.

[38]   Chu P C, Lan J, Fan C W. Japan Sea thermohaline structure and circulation. Part Ⅱ: a variational P vector method[J]. J Phys Oceanogr, 2001, 31: 2886 - 2902.

[39]   Wyrtki K. An Estimate of Equatorial Upwelling in the Pacific[J]. J Phys Oceanogr, 1981, 11, 1205 - 1214.

[40]   Lukas R, Firing E, Hacker P, et al. Observations of the Mindanao current during the Western Equatorial Pacific Ocean Circulation Study[J]. J Geophys Res, 1991, 96: 7089 - 7104.

[41]   Qiu B, Lukas R. Seasonal and interannual variability of the North Equatorial Current, the Mindanao Current, and the Kuroshio along the Pacific western boundary[J]. J Geophys Res, 1996, 101: 12315 - 12330.

[42]   Qu T, Lukas R. The Bifurcation of the North Equatorial Current in the Pacific[J]. J Phys Oceanogr, 2003, 33: 5 - 18.

[43]   Meng X, Wu D. Contrast between the climatic states of the warm pool in the Indian ocean and in the Pacific ocean[J]. Journal of Ocean University of China, 2002, 1: 119 - 124.

[44]   张启龙，翁学传，侯一筠，等，西太平洋暖池表层暖水的纬向运移[J]. 海洋学报, 2004, 26 (1): 33 - 39.

[45]   齐庆华，张启龙，侯一筠，西太平洋暖池纬向变异及其对 ENSO 的影响[J]. 海洋与湖沼, 2008, 39(1): 66 - 73.

[46]   龙宝森，李伯成，邹娥梅. 热带西太平洋暖池异常东伸与热带东太平洋增温[J]. 海洋学报, 1998, 20(2): 35 - 42.

[47]   李崇银，穆明权. 厄尔尼诺的发生与赤道西太平洋暖池次表层海温异常[J]. 大气科学, 1999, 23(5): 513 - 521.

[48]   巢纪平，袁绍宇，巢清尘，等. 热带西太平洋暖池次表层暖水的起源——对 1997/1998 年 ENSO 事件的分析[J]. 大气科学, 2003, 27(2): 145 - 151.

Annual and inter-annual variations of the West Pacific Warm Pool volume and sources of warm water revealed by Argo data

WU Xiaofen[1], XU Jianping[1,2], ZHANG Qilong[3], LIU Zenghong[1,2]

1. *State Key Laboratory of Satellite Ocean Environment Dynamics, State Oceanic Administration, Hangzhou 310012, China*

2. *The Second Institute of Oceanography, State Oceanic Administration, Hangzhou 310012, China*

3. *Key Laboratory of Ocean Circulation and Wave, Chinese Academy of Sciences, Qingdao 266071, China*

Abstract: Based on the gridded Argo profile data from January 2004 to December 2010 and P-vector inverse method, the three dimensional structure of the West Pacific Warm Pool (WPWP) and its seasonal and annual volume variations are studied. The variation of zonal and meridional warm water flowing into and out of the WPWP and the probable mechanism of warm water maintenance are also discussed. The main results show that: (1) the size of the climatic WPWP decreases and tilts southward from the surface to the bottom, while its maximum depth could reach up to 120 m, so the volume could be 1.86×10^{15} m^3 as a water mass; (2) the annual variation of WPWP volume is very obviously with two peaks occur in June and October, while its inter-annual variations are related with ENSO events; (3) based on the view of climatic point, warm water flows zonally into the pool is about 52×10^6 m^3/s which is mainly in the upper layer and mainly through the eastern boundary, while the outward zonal warm water is about 49×10^6 m^3/s which is mainly in the lower layers and mainly through the western boundary. By contrast, along the latitude and from the both boundaries, warm water flows into the pool is about 26×10^6 m^3/s which is mainly through the upper layer and the warm water flowing out is almost equally matched; (4) the annual and inter-annual variations of the net warm flow demonstrates that the WPWP mainly loses warm water at west – east direction, while gets warm water at north – south direction; (5) the annual variation of the volume of WPWP is highly related with the annual variation of the net warm flow, while they are not closely linked with each other on inter-annual time scale. But, on inter-annual time scale, the net warm flow which flowing at north – south direction had been more influenced by ENSO events than that at west – east direction. For example, the volume of the warm water during 2007 and 2010 La Niña events is so different from common years, which would affect the source of the warm water and then go ahead influence the volume of the WP-WP in ENSO period. Though there are limitation and simplification when using the P-vector method, it could still give rise to our understanding of the WPWP, especially the sources of the warm water.

Key words：West Pacific Warm Pool；volume variation；zonal transport；meridional transport；Argo data；P-vector method

利用 Argo 剖面浮标分析上层海洋对台风"布拉万"的响应

刘增宏[1,2]，许建平[1,2]，孙朝辉[2]，吴晓芬[2]

1. 卫星海洋环境动力学国家重点实验室，浙江 杭州 310012
2. 国家海洋局 第二海洋研究所，浙江 杭州 310012

摘要：本文利用 2012 年 8 月 20 – 29 日期间西北太平洋台风"布拉万"（Bo-laven）经过海区的 Argo 剖面浮标观测资料，并结合卫星遥感 SST 和降水资料，分析了海洋上层对该台风的响应。结果表明，台风过后混合层内的响应主要体现在混合层深度（MLD）加深、混合层温度（MLT）下降等方面；混合层盐度（MLS）变化受到降水、蒸发、湍流混合和跃层抬升等过程的影响，盐度的增、降幅度大体相当。MLD 加深及 MLT 下降具有明显的右偏特征，而 MLS 的变化在台风左侧下降、右侧增加。由铱星 Argo 剖面浮标的加密观测发现，在台风"布拉万"（发展阶段）左侧、台风最大风速半径以外区域的海温分布呈近表层降温而次表层增暖的趋势，且在混合层底部及温跃层顶部盐度明显增加；在台风路径右侧（成熟阶段）、台风中心附近海域 200×10^4 Pa 以上（温跃层顶部除外）海水温度明显下降。受台风中心附近强上升流的影响，使得次表层高盐水进入近表层，盐度明显增加。由下降流引起的从混合层至温跃层的"热泵"作用，以及由正风应力旋度引起的上升流，是台风路径两侧出现不同温、盐度变化过程的主要原因。次表层海水的异常变化似乎比混合层内的需要更多的时间才能恢复到台风前的状态。具有双向通讯功能的铱星 Argo 剖面浮标，可望为进一步认识台风作用下的上层海洋及其海 – 气相互作用过程，特别是提高对台风的预测预报水平提供更多的观测依据。

关键词：台风"布拉万"；混合层；海水热含量；Argo 剖面浮标；西北太平洋

基金项目：国家重点基础研究发展计划项目（2013CB430301）；国家自然基金青年科学基金项目（41206022）；国家科技基础性工作专项（2012FY112300）。

作者简介：刘增宏（1977—），男，江苏省无锡市人，副研究员，从事物理海洋调查与分析研究。E-mail：liuzeng-hong@139.com

1 引言

台风（热带气旋）是一种强烈的海 - 气相互作用过程，其能量主要通过表层热通量的形式由上层海洋提供[1]。台风经过时，由于强烈的风应力作用将产生垂直混合和夹卷作用，使混合层温度下降及混合层深度加深[2-3]。Price 认为由此引起的热通量占了 85%，而直接的海 - 气热交换引起的降温效果反而比较小[4]。一般而言，台风引起的海表降温在 3℃以上，个别甚至能够达到 7~11℃，影响范围在数百千米左右，持续时间约 1~3 周。同时，台风带来的海面气旋式风应力会导致几百千米范围内下层海水的涌升，引起跃层的抬升[4]。研究表明，混合层深度的变化在确定海表温度（SST）对热带气旋的响应时起到关键作用[5]。厚的混合层降温速度将比较缓慢，可延长向大气的热输送。强的热带气旋通常导致 SST 和近表层温度下降，而次表层增暖[4,6]。气旋中心由正的风应力旋度引起的上升流，以及通过海表向大气的热输送，使上层海洋降温，而次表层海水并没有增暖[7-8]。简而言之，热带气旋具有"热泵"和"冷抽吸"作用。气旋中心附近，表层海水向外输送，使深层冷的海水涌升；而在气旋边缘，表层海水堆积，产生弱的下降流[9]。Emanuel[7] 认为近次表层的降温通过海 - 气热通量在气旋过后几周的时间内恢复到气旋前的状态，而次表层的增暖将持续更长的时间。海洋对热带气旋响应的过程可分为两个阶段：强迫阶段和松弛阶段[8]。强迫阶段响应是对强大风应力的局地反应，其斜压反应包括量级为 0（1 m/s）的混合层流场[9] 和垂直混合所导致的海表面及混合层降温[10-12]；正压反应主要为地转流，该阶段为台风停留的时间，大概为半天左右。台风过后的松弛阶段响应主要是对风应力旋度非局地的斜压反应，此时台风输进混合层的能量以近惯性频率内波的形式[13-14] 向温跃层传播[15-17]，最后沿台风路径形成一个斜压地转流场，该阶段的时间尺度为 5~10 d。

由于热带气旋（台风）经过时的天气条件非常恶劣，因此要获得台风经过时海洋上层的现场观测资料非常困难。过去的观测研究主要使用飞机投放的抛弃式深温计（AXBT）和抛弃式海流剖面观测仪（AXCP）所获取的少量资料[9-10]；D'Asaro 曾利用空投中性浮子（观测深度和温度）研究了 1999 年 8 月 Dennis 飓风经过前后北大西洋海域海洋上层的变化[18]；一些锚碇浮标的时间序列观测资料也被用于偶然经过的台风对海洋影响的研究[19-20]。近年来，各种卫星遥感资料也被广泛应用于热带气旋对海洋上层影响的研究[21-25]。随着 2007 年底由 3 000 个 Argo 剖面浮标组成的全球实时海洋观测网的建成，越来越多的 Argo 剖面浮标可在热带气旋（台风）经过时获取上层海洋的现场观测资料，并被用来分析海洋上层对热带气旋的响应[24,26-29]。特别是具有快速、双向通讯优点的铱卫星通讯系统在 Argo 剖面浮标观测中的广泛应用，可在热带气旋（台风）生成后或路径附近随时调整观测周期、深度和层次等技术参数，从而对热带气旋过境时的中上层海洋实施加密观测，给人们深入分析和探讨海洋上层对热带气旋响应这一关键科学问题带来了极大的便利。

本文利用西北太平洋台风"布拉万"（Bolaven）经过时由 Argo 剖面浮标获取的实时海洋资料，结合卫星遥感资料，重点分析海洋上层对台风"布拉万"的响应及其变化过程，为进一步认识台风作用下的上层海洋及其海 – 气相互作用过程提供观测依据。

2 数据来源

2.1 台风路径信息

台风"布拉万"的路径资料由美国 Unisys 天气信息系统公司（http：//weather. unisys. com）提供，主要基于联合台风警报中心（JTWC）的最佳台风路径数据，包括每 6 小时发布的台风中心位置、风速和强度等信息。Bolaven 台风于2012 年 8 月 20 日在西北太平洋（17.3°N、141.5°E）附近海域生成，一开始为热带风暴（中心最大风速约 18 m/s），而后于 8 月 21 日在 18.7°N、139.8°E 附近加强为台风（最大风速约 33.4 m/s），至 8 月 28 日在 34.8°N、124.7°E 附近海域减弱为热带风暴，该台风的移动路径如图 1 所示。

2.2 卫星遥感资料

卫星遥感技术虽然能在台风天气条件下获取大范围的海表温度（SST）、风场和降水等资料，但受云层、水汽和强风等因素影响，很多卫星遥感资料产品中均会存在较大的误差或资料缺失。为此，我们选取美国遥感系统（Remote Sensing Systems）公司（http://www. ssmi. com）提供的微波最优插值（MW OI）SST 产品。该产品融合了 TMI 和 AMSR – E 反演的 SST 资料，其日平均资料的空间分辨率为0.25° × 0.25°，范围可覆盖全球海洋。同时还选取了该公司提供的第 7 版 WindSat数据产品，包括海面风场和降水等资料，其空间分辨率与 MW OI SST 的相同，时间范围为 2012 年 8 月 20 – 29 日。

2.3 Argo 剖面浮标资料

为了强化对西太平洋台风生成源地及其沿途上层海洋环境要素的观测，中国 Argo 实时资料中心（http：//www. argo. org. cn）利用铱卫星双向通讯功能，于 2012 年8 月对在该海域工作的多个铱星浮标发送了加密观测指令，使这些浮标的观测周期从原来的 10 d 缩短至 2 ~ 4 d。这些浮标均装载了 SeaBird 公司生产的 SBE – 41CP 型 CTD传感器，可以观测 0 ~ 1 000 × 10^4 Pa 范围内的海水温、盐度（其中有两个浮标可观测溶解氧）剖面，其垂向采样间隔为 2 × 10^4 Pa，即每隔 2 × 10^4 Pa 深度能获得一组温、盐度（及溶解氧）数据。经检查发现，恰好有 2 个铱星 Argo 浮标（WMO 编号分别为2901201 和 2901527)位于台风"布拉万"路径 300 km 范围内,期间 2901527 号浮标共获取了 9 条温、盐度剖面,而 2901201 号浮标获得 10 条温、盐度剖面,所有的观测资料均已通过中国 Argo 实时资料中心的实时质量控制。由于铱星浮标的停留深度为 $1\ 000 \times 10^4$ Pa,且在海面的停留时间不超过 1 h,故浮标的漂移距离也不会很大(不超过 10 km),所以基本上可以忽略水体因空间变化存在的差异。另外,在台风路径附近海域还收集到 14 个采用 Argos 卫星通讯的 Argo 剖面浮标资料,以及其他国家布放的 3 个铱星 Argo 剖面浮标资料(图1),其中由日本气象厅布放的一个铱星浮标(WMO 编号:5901989)循环周期为 1 d,最大观测深度约 800×10^4 Pa。剖面混合层深度(MLD)的计算采用与第一层温度差不超过 0.8℃的标准[30]。

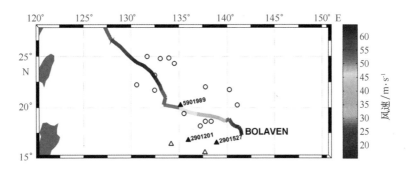

图1　台风"布拉万"路径及附近 Argo 浮标观测剖面位置

黑色圆圈表示使用 Argos 卫星通讯的 Argo 浮标,黑色三角形表示采用铱星通讯的 Argo 浮标,
本文使用的 3 个铱卫星浮标用黑色填充的三角形表示,数字为浮标的 WMO 编号

Fig. 1　The track of typhoon Bolaven and positions of nearby Argo floats. The colors indicate the maximum sustained wind speed. Black open circles indicate standard Argo floats, and black open triangles indicate Iridium Argo floats. The three selected Iridium floats in our study are marked with filled triangles

3　结果分析

3.1　混合层内响应

图 2 显示了台风"布拉万"前后其路径附近所有 Argo 剖面浮标观测的 MLD、混合层温度(MLT)及混合层盐度(MLS)变化的统计结果。由图可见,台风过后,绝大部分剖面的 MLD 加深,平均加深约 24.5×10^4 Pa,最大可达 53.9×10^4 Pa;所有剖面的 MLT 下降,平均降温 1.6℃,最大降温达 4.9℃;MLS 的变化由于受到降水、蒸发、混合加强和跃层抬升等过程的影响[31],MLS 下降和增加的剖面数量基本相同,变化范围在 ±0.3 之间。台风经过时强风应力引起的海洋上层流垂向强切变导致海水混合加强,Liu 等[28]通过统计分析发现,在西北太平洋海域约 58.5%的混合层会在

热带气旋经过后加深，平均加深 16.1 m；同时大的风应力引起海洋上层的强烈混合并夹带下层冷水上翻进入混合层，导致约 81.6% 的 MLT 下降，其温度值平均下降约 1.2℃。

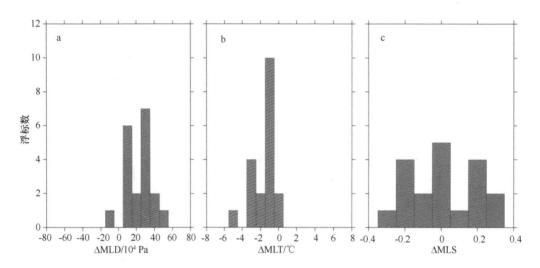

图 2   台风"布拉万"前后其路径上 MLD（a）、MLT（b）和 MLS（c）的变化统计结果
Fig. 2   Histogram of MLD（a）, MLT（b）and MLS（c）changes observed by
Argo floats near Bolaven's track

台风"布拉万"过后，位于台风中心右侧的 MLD 加深比左侧更厉害（见图 3a），平均可以达到 31.5×10^4 Pa，而左侧的 MLD 平均加深仅 14.4×10^4 Pa。台风过后 MLT 的下降呈明显右偏特征（见图 3b），右侧的 MLT 平均下降了 2.5℃，而左侧仅下降了 0.8℃，这种 MLT 下降出现右偏现象的原因，可能与气旋路径右侧存在较大的惯性流，导致这一侧的混合加强有关[18]。MLS 则呈现了台风右侧增加、左侧下降的特征（见图 3c），且呈现距台风中心距离越小、变化越大的趋势。Robertson 和 Ginis[32] 通过简单的模拟发现，当在耦合模式中加入淡水通量时，海表盐度在气旋左侧出现明显的负盐度异常，并认为在海表淡水通量基本一致的情况下，气旋左侧相对较弱的夹卷过程导致了该侧海表盐度的下降。

3.2   混合层响应过程

为进一步了解台风"布拉万"经过前后混合层内的响应过程，选取了该台风路径附近 3 个铱星浮标的加密观测资料（WMO 编号分别为：2901527、2901201 和 5901989）。

图 4 给出了 2901527 号浮标在 Bolaven 台风经过前后温、盐度断面分布（8 月 16 - 31 日）。当时，该浮标位于台风"布拉万"中心（8 月 21 日中心最大风速约 30.9 m/s，移动速度约 3.1 m/s）左侧约 266 km 处。可以看出，MLD 在台风前（8 月 15 -

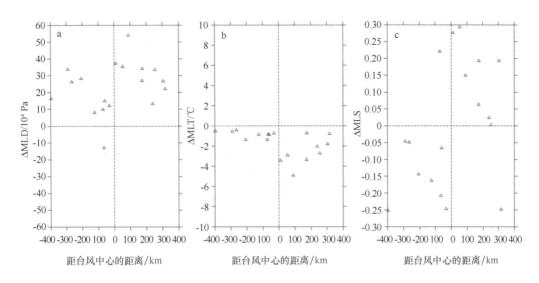

图3   台风"布拉万"前后其路径上 MLD（a）、MLT（b）和 MLS
（c）变化与距台风中心距离的关系

Fig. 3   The changes of MLD（a）, MLT（b）and MLS（c）as a function of the distance
from the typhoon center observed by Argo floats near Bolaven's track

19 日）约为 47.7×10^4 Pa，台风经过时（8 月 21 日）加深至 70×10^4 Pa 左右，且呈随时间继续加深的趋势，至 8 月 23 日 MLD 达最大，约为 74×10^4 Pa；随后逐渐变浅。由 2901527 号浮标观测的 MLT，在台风经过后出现下降趋势，从 8 月 19 日的 29.3℃下降至 25 日的 28.8℃（见图 4a），随后温度有回升的趋势。从该浮标附近海域卫星 SST 资料同样可以看出海水温度呈下降趋势，从 8 月 20 日的 29.1℃下降至 8 月 23 日的 28.3℃，随后 SST 开始逐渐回升（见图 5）。

从图 4b 显示的盐度变化断面来看，台风经过时（8 月 20 日）MLS 开始下降，至 8 月 25 日达到最小，约 34.02，下降了 0.21；随后盐度逐渐升高，至 8 月 29 日其盐度值可达 34.10 左右。由 2901527 号浮标附近海域卫星反演的日平均降水（见图 6a）可看出，台风"布拉万"在 8 月 20 - 22 日期间带来了较强的降水，平均可达 1.6 mm/h，而 8 月 26 日的降水仅 0.1 mm/h，即降水并没有立即使 MLS 发生变化，需要 2 ~ 3 d 的时间来进行充分混合，才能使 MLS 产生明显下降。

2901201 号浮标位于台风"布拉万"路径的左侧约 290 km 处（8 月 22 日台风中心最大风速为 43.7 m/s，移动速度为 3.5 m/s），其在 8 月 15 - 31 日期间漂移的距离同样非常有限。该浮标附近海域的 SST 从 8 月 22 日的 28.9℃迅速下降（见图 5），至 8 月 24 日达最小，约 27.8℃。而从浮标现场观测的温度来看（见图 7a），MLT 从 22 日的 29℃开始下降，26 - 27 日达最小，约 28.5℃，其中 26 日在 4.1×10^4 Pa 处温度更低，仅 28.3℃。MLD 从 20 日的 40.2×10^4 Pa 加深至 26 日的 73.9×10^4 Pa，与

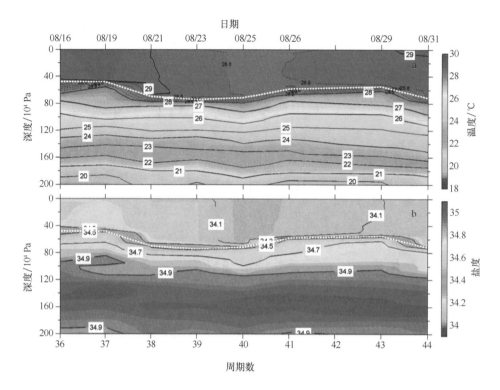

图 4　2012 年 8 月 16 – 31 日期间 2901527 号浮标温度（a）、盐度（b）随时间的断面分布
（白色虚线表示混合层深度）

Fig. 4　Vertical section of temperature（a）and salinity（b）as a function of time above
200×10^4 Pa observed by Float 2901527 during August 16 – 31，2012

2901527 号浮标观测的 MLD 变化基本一致，但其持续时间比 2901527 号浮标观测的结果约长 2 d。

　　MLS 的变化与 2901527 号浮标的结果不同。MLS 自 8 月 20 日（34. 08）至 24 日（34. 13）有增加的趋势，盐度平均升高了 0. 05（见图 7b），可能与海面蒸发增强及混合加强使上层海水盐度升高有关，随后海水盐度下降，26 – 27 日期间 $0 \sim 50 \times 10^4$ Pa 深度间存在盐度较低的海水，尤其是在 26 日观测到 $0 \sim 8 \times 10^4$ Pa 范围内存在小股盐度低于 34. 0 的海水（最低盐度约 33. 7）。很明显，这股低盐的海水是由台风带来的强降水引起的。从图 6b 可以看出，22 – 27 日期间 2901201 号浮标附近海域降水率明显高于 2901527 号浮标附近的降水，平均可以达到 3. 3 mm/h。但是 22 – 24 日期间 MLS 并没有因为强降水而产生明显变淡，直至 26 日才开始出现盐度下降。

　　5901989 号浮标位于 8 月 25 日台风中心右侧 55 km 处（8 月 23 日台风中心最大风速约 50. 8 m/s，移动速度约 3. 7 m/s），在 8 月 15 – 31 日期间共获取了 17 条温盐度剖面。由图 8a 可看出，在台风到达该浮标附近海域之前（8 月 23 日），混合层内已

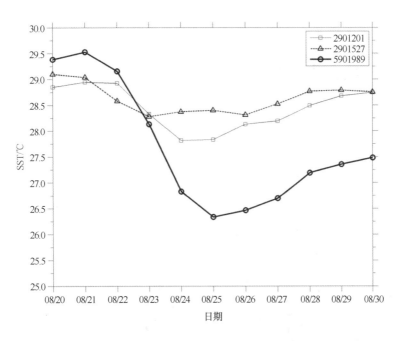

图5   2012年8月20-30日期间3个浮标附近海域（约1°×1°方区）卫星遥感SST日平均变化

Fig. 5   Daily averaged satellite retrieved SSTs of about 1° × 1° box near

Float 2901201, 2901527 and 5901989 during August 20 – 30, 2012

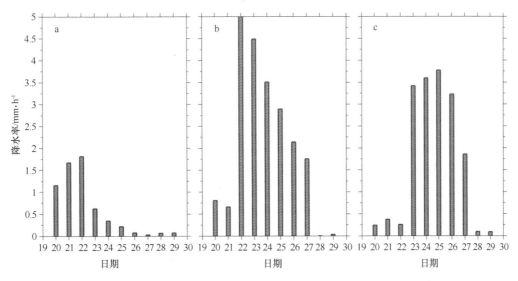

图6   2901527（a）、2901201（b）和5901989号（c）浮标附近海域

（约2°×2°方区）降水日平均变化

Fig. 6   Daily averaged satellite retrieved rain rate in a 2° × 2° box near Float

2901527 (a), 2901201 (b) and 5901989 (c) during August 20 – 30, 2012

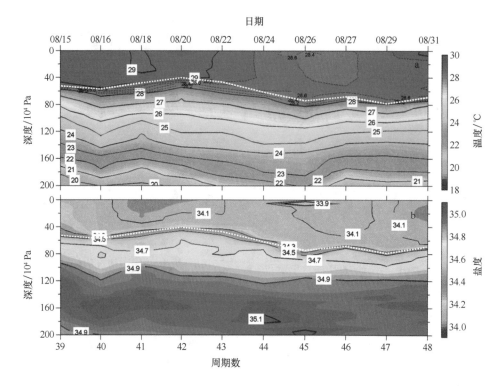

图 7　2012 年 8 月 15－31 日期间 2901201 号浮标温度（a）和盐度（b）随时间的断面分布
（白色虚线表示混合层深度）

Fig. 7　Vertical section of temperature（a）and salinity（b）as a function of time
above 200×10^4 Pa observed by Float 2901201 during August 15－31, 2012

经发生明显降温，至 26 日 MLT 最低（约 26.3℃），MLD 达最深（约 80.4×10^4 Pa），
随后 MLT 逐渐回升，而 MLD 则迅速变浅至 30 日的 20×10^4 Pa。与 22 日相比，MLD
加深了 42.9×10^4 Pa，MLT 下降 2.9℃，其变化幅度远大于位于台风左侧的 2901527
和 2901201 号浮标的观测结果。而从 SST 的变化来看（见图 5），该浮标附近的表层
海水降温明显大于其他两个浮标附近的，这种降温发生在台风到达该浮标附近海域之
前（22 日），至 25 日 SST 仅为 26.3℃，下降了约 3.2℃。随后 SST 逐渐回升，但直
至 30 日仍比其他两个浮标附近的 SST 低约 1.3℃。

　　该浮标观测的 MLS 自 8 月 23 日（台风达到之前）开始逐渐增加，至 26 日增加
了 0.26，而后 MLS 随着 MLD 的变浅逐渐下降（见图 8b）。浮标附近海域在 23—27
日期间观测到较大的降水，平均为 3.17 mm/h。台风经过前，该海域的海水可能已经
产生混合，使次表层高盐水上翻进入混合层，而海表面的降水不足以使整个混合层的
盐度下降。同时，台风经过后在右侧引起比左侧更强的垂向混合作用，使 MLS 与其
他两个浮标的观测结果相比呈现明显不同的变化特征。

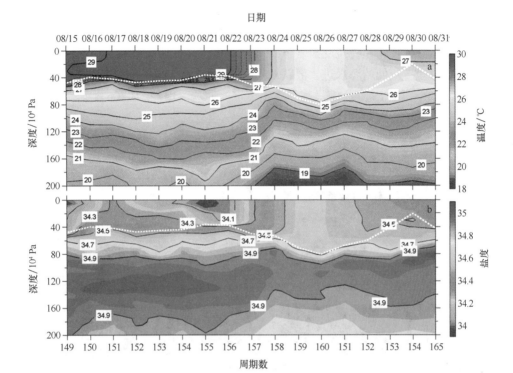

图 8　2012 年 8 月 15—31 日期间 5901989 号浮标温度（a）和盐度（b）随时间的断面分布
（白色虚线表示混合层深度）

Fig. 8　Vertical section of temperature（a）and salinity（b）as a function of time above
200×10^{4} Pa observed by Float 5901989 during August 15 – 31, 2012

3.3　温、盐度断面变化

台风引起的海洋上层变化不仅存在于混合层，而且可以影响到跃层内。从不同深度上的温盐度变化过程来看，2901527 号浮标在 $0 \sim 40 \times 10^{4}$ Pa 范围内的海水温度比台风前（以 8 月 19 日为参考）有所降低，在台风后 4 d（8 月 25 日）降温达最大，这种降温至少可持续到 9 月 1 日（见图 9a）。而在 $40 \times 10^{4} \sim 200 \times 10^{4}$ Pa 深度范围内，则出现了大范围的海水增温现象，由于下降流和湍流混合作用并伴随混合层的加深，使 60×10^{4} Pa 层附近的海水从台风经过后立即出现 $1.0 \sim 1.5℃$ 的增温，而且可持续到 9 月 8 日。更深处（$120 \times 10^{4} \sim 200 \times 10^{4}$ Pa）的温度也呈现出明显的增温（约 $0.5 \sim 2.0℃$），但似乎需要更长时间从混合层向下输送热量，直到 8 月 28 日才出现比较显著的大面积增温（$>1℃$）。与此同时，温度梯度较大的 100×10^{4} Pa 层附近，海水则出现小范围的降温现象，其最大降温幅度约 $0.5℃$，但该降温过程非常不稳定。总体上，次表层海水由于台风边缘存在的下降流导致温度增暖。而从图 9b 的盐度异常随深度的变化不难发现，$40 \times 10^4 \sim 100 \times 10^4$ Pa 深度范围内出现比 40×10^4 Pa 以浅更为显著的盐度下降过程，最大可达 0.60 以上，主要发生在台风过后的 $2 \sim 3$ d 内，并能维持约 1 个月时间。这种盐度显著下降现象应该与混合层底部混合加强，以及下降流使混合层内盐度较低的海水进入温跃层有关。而在 150×10^4 Pa 以下的海水，由于下降流导致 135×10^4 Pa 处盐度最高的海水下沉，使盐度增加约 0.06。

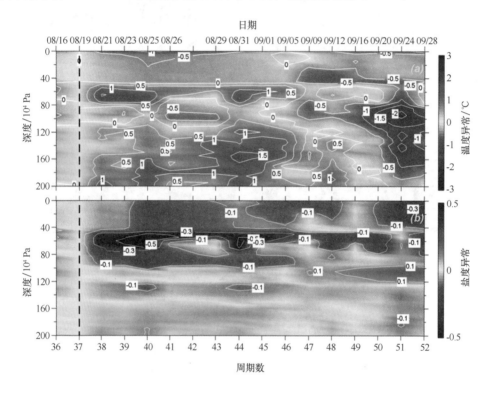

图 9　2901527 号浮标温度异常(a)、盐度异常(b)随时间变化（参考时间为 8 月 19 日）

Fig. 9　Vertical section of temperature anomalies (a) and salinity anomalies (b) (reference date：
August 19) above 200×10^4 Pa as a function of time (August 16 – September 28)
observed by Float 2901527. Black dashed line indicate reference date

从图 10 可以看出，台风过后，2901201 号浮标观测到 40×10^4 Pa 以浅海水温度出现平均 0.5℃ 的下降，40×10^4 Pa 以下则出现大范围的增温，其中 70×10^4 Pa 层和 $160 \times 10^4 \sim 200 \times 10^4$ Pa 层附近均存在显著的增温，最大可以超过 1.5℃，两者的差异在于前者持续的时间更长，即从 8 月 25 日一直延续到 9 月 13 日，而后者基本维持在 24 – 26 日期间。$40 \times 10^4 \sim 80 \times 10^4$ Pa 范围内的海水从 22 日台风经过时即出现显著的盐度下降，最大可超过 0.50，该混合层底部和温跃层顶部之间出现的盐度异常在 Bolaven 台风过后 1 个月仍然可见。很明显，台风引起的下降流以及夹卷效应的增强，使近表层盐度较低的海水进入次表层，导致跃层内盐度梯度最大的海水明显变淡。

日期

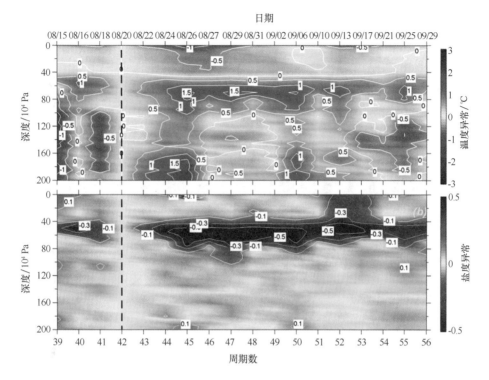

图 10   2901201 号浮标温度异常（a）、盐度异常（b）随时间变化（参考时间为 8 月 20 日）

Fig. 10   Vertical section of temperature anomalies（a）and salinity anomalies（b）（reference date：
August 19）above 200×10^4 Pa as a function of time（August 16 – September 28）
observed by Float 2901201（reference date：August 20）

位于台风中心右侧的 5901989 号浮标,其温、盐度变化过程与上述两个浮标的观测结果完全不同。从图 11 不难发现,自 8 月 23 日开始至 31 日,$0 \sim 200 \times 10^4$ Pa 深度内的海水呈现大范围的降温（与 8 月 20 日相比）,除了 $50 \times 10^4 \sim 80 \times 10^4$ Pa 以外,这种降温可以至少维持 1 个月。降温最明显的深度位于 40×10^4 Pa 以浅及 $125 \times 10^4 \sim 160 \times 10^4$ Pa 之间,最大降温可以超过 2.5℃,出现在台风过后的 $2 \sim 7$ d 内。45×10^4 Pa 以浅,海水盐度平均增加 0.23,最大可达 0.50,且能持续 22 d 时间,直到 9 月 14 日。而在 40×10^4 Pa 以下,盐度基本呈下降趋势,平均下降约 0.10。而在 $50 \times 10^4 \sim 100 \times 10^4$ Pa 范围内,可以发现在小范围内存在盐度更高的海水。如果不考虑局地变化,台风中心右侧的温盐度变化过程与左侧的完全不同。可以看到,当 5901989 号浮标位于台风中心右侧约 55 km 附近海域时,观测到的整个上层海水温度在降低,而混合层内盐度在增加,似乎表明台风"布拉万"在该海域引起上升流增强以及湍流混合减弱。上升流能通过减小混合层深度来增强夹卷效应,而混合层深度的减小可以使海表温度下降更明显。所以,海表温度的下降在上升流海区比在邻近下降流区更为明显[3]。可见，本文的观测结果与 Ginis[3] 的数值模拟结果完全一致。

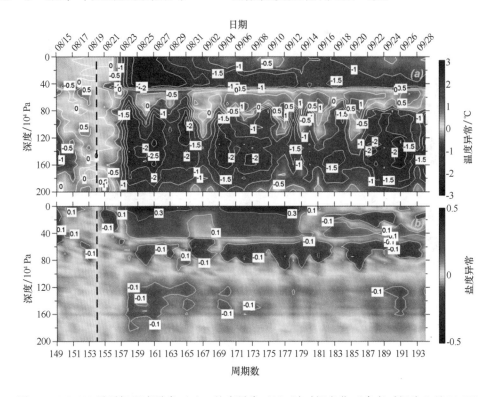

图 11　5901989 号浮标温度异常（a）、盐度异常（b）随时间变化（参考时间为 8 月 20 日）

Fig. 11　Vertical section of temperature anomalies（a）and salinity anomalies（b）（reference date：

August 19）above 200×10^4 Pa as a function of time（August 16 – September 28）

observed by Float 5901989（reference date：August 20）

3.4　上层海洋热含量变化

　　图 12 显示了台风过后 3 个铱星浮标观测的上层海洋热含量随时间的变化过程。由于台风对 200×10^4 Pa 以下海水热含量的影响不大，所以这里所指的上层海洋为 0 ~ 200×10^4 Pa 深度。由图可见，位于台风"布拉万"左侧的两个浮标（2901527 号和 2901201 号）观测到的热含量变化过程，从 8 月 15 日至 9 月 4 日均非常相似。台风过后的 3 ~ 4 d 内，热含量并没有下降的趋势，直到 8 月 26 – 27 日才出现较为明显的下降，但又于 8 月 30 日左右迅速恢复到台风前的状态。台风过后，这两个浮标都观测到由湍流混合引起的混合层内降温以及台风路径左侧下降流引起的次表层增暖，且次表层增暖对热含量的贡献更大。而 5901989 号浮标观测到海水热含量在台风到达时（8 月 24 日）明显下降（约 0.12×10^{10} J/m²），且上层海洋热含量恢复到台风前的状态需要 12 d 时间。台风经过 5901989 号浮标时，其最大风速可以达到 51.4 m/s，

海面向大气输送热量的速度也能成比的增长。

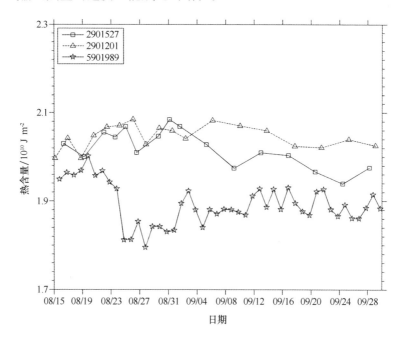

图 12　由 3 个铱卫星浮标观测的上层海洋热含量随时间变化

Fig. 12　The upper ocean heat content estimated from three Iridium Argo floats during
August 15 – September 31, 2012

　　台风经过时，海洋上层向大气输送热量，可使台风强度增强，而且热量的输送速度十分依赖于风速的大小[33]。同时台风引起的湍流混合过程使混合层内热量向下抽吸进入跃层[7,34]。台风，特别是强台风（≥4 级，风速大于 58 m/s，萨菲尔 – 辛普森（Saffir-Simpson）飓风尺度标准）经过后，由于夹卷过程（垂向混合加强）导致近表层降温及次表层增暖，且两者导致的海水热含量变化数值相当[4,6]。Park 等[26]曾利用西北太平洋的 Argo 浮标资料统计分析得出了相同的结果，但是在弱热带气旋（≤3 级）条件下并没有发现次表层增暖现象，而近表层的降温仍比较显著，故他们认为在弱热带气旋下的海 – 气热交换及垂向（向上）平流起到了较为重要的作用。

4　小结

　　利用 2012 年 8 月 20 – 29 日期间西北太平洋台风"布拉万"经过海区的 Argo 剖面浮标观测资料，并结合卫星遥感 SST 和降水资料，探讨了海洋上层对该台风的响应及其变化过程。结论如下：

　　（1）台风"布拉万"经过后，大部分浮标观测到 MLD 加深、MLT 下降，但 MLS 出现增加和减少的剖面基本相当。MLD 和 MLT 的变化呈明显的右偏特征，而 MLS 则呈现了台风右侧增加、左侧下降的趋势。台风路径左侧的铱星浮标观测结果显示，由于混合和夹卷作用，MLD 在台风左侧海域加深约 $26.6 \times 10^4 \sim 33.7 \times 10^4$ Pa（台风发展阶段），混合层内温度下降约 $0.5 \sim 0.7$℃，并可持续 $4 \sim 6$ d 时间；而在台风右侧海域 MLD 加深（达 42.9×10^4 Pa）比左侧更大，MLT 下降（2.9℃）也要比左侧更为显著。

（2）台风"布拉万"路径两侧的上层海洋在台风过后呈现了不同的变化过程。台风路径左侧、台风最大风速半径以外的海域，$0 \sim 40 \times 10^4$ Pa 范围内的海水温度平均下降约 0.5℃，并能持续 10 d 时间；40×10^4 Pa 以下，由于下降流和湍流混合作用，出现大范围增温现象，最大增温幅度达 $1.5 \sim 2.0$℃。这种位于温跃层顶部的次表层增暖现象比 40×10^4 Pa 以浅的降温能持续更长时间。同时，由于垂向混合的增强，在温度梯度较大的深度上，观测到小范围、极不稳定的海水降温。$30 \times 10^4 \sim 100 \times 10^4$ Pa 范围的海水盐度下降最为显著，可以达到 0.50 以上，并能至少维持 1 个月。混合层底部垂向混合的增强以及台风引起的下降流，是导致盐度下降的重要诱因。

（3）温度和盐度长时间序列观测结果表明，台风引起的次表层增暖和盐度下降，比近表层异常需要更多时间才能恢复到台风前状态。台风最大风速半径以外，由台风引起的下降流，伴随湍流混合的增强，使混合层内的热量抽吸进入温跃层。在台风路径右侧（台风中心附近）观测到上层海洋（$50 \times 10^4 \sim 80 \times 10^4$ Pa 范围内除外）大范围的降温，并能维持至少 1 个月时间，最大降温可达 2.5℃ 以上，出现在 $125 \times 10^4 \sim 160 \times 10^4$ Pa 范围内。45×10^4 Pa 以浅的近表层盐度明显增加，最大可以达到 0.50，并能维持 22 d。而在 40×10^4 Pa 以下（除 $50 \times 10^4 \sim 100 \times 10^4$ Pa 范围以外），盐度呈下降趋势，平均下降约 0.10。上升流的增强以及垂向混合的减弱使跃层抬升，导致近表层和次表层海水降温，以及近表层盐度增加。

（4）若不考虑局地海洋的季节变化，台风左侧与右侧观测到的上层海洋热含量变化过程完全不同。在左侧，台风过后 $3 \sim 4$ d 内热含量并没有下降的趋势，随后出现短暂的较为明显下降，但又迅速恢复到台风前的状态。由于风速的增强，海面向大气输送热量相应增加，台风右侧的浮标观测到上层海洋热含量呈明显的下降趋势，而且至少能维持 12 d。

综上所述，具有双向通讯功能的铱星 Argo 剖面浮标，为在台风天气、恶劣海况下的海洋调查提供了一种有效的观测手段，尤其是台风生成源地及其移动路径附近海域大范围、高分辨率的循环剖面观测，为探讨海洋上层对台风的响应过程及其海－气相互作用等关键科学问题提供了宝贵的海上第一手观测资料。随着铱星 Argo 剖面浮标的大量布放，可望在西太平洋台风生成及其途径海域构建局域 Argo 观测网，从而为进一步认识台风作用下的上层海洋及其海－气相互作用过程，特别是提高对台风的预测预报水平提供更多的观测依据。

参考文献:

[1] Emanuel K A. An air-sea interaction theory for tropical cyclones, Part Ⅰ[J]. J Atmos Sci, 1986, 43: 585 – 604.

[2] Bender M A, Ginis I, Kurihara Y. Numerical simulations of tropical cyclone-ocean interaction with a high-resolution coupled mode l[J]. J Geophys Res, 1993, 98(D12), 23: 245 – 262.

[3] Ginis I. Hurricane-ocean interactions, Tropical cyclone-ocean interactions[C] //Perrie W. Atmosphere-Ocean Interactions. Southampton, UK: WIT Press, Advances in Fluid Mechanics Series, 2002: 83 – 114.

[4] Price J F. Upper ocean response to a hurricane[J]. J Phys Oceanogr, 1981, 11: 153 – 175.

[5] Mao Q, Chang S W, Pfeffer R L. Influence of large-scale initial oceanic mixed layer depth on tropical cyclones[J]. Mon Weather Rev, 2000, 128: 4058 – 4070.

[6] D'Asaro E A, Sanford T B, Niiler P P, et al. Cold wake of Hurricane Frances[J]. Geophys Res Lett, 2007, 34, L15609, doi: 10.1029/2007GL030160.

[7] Emanuel K. Contribution of tropical cyclones to meridional heat transport by the oceans[J]. J Geophys Res, 2001, 106: 14771 – 14781.

[8] Price J F, Sanford T B, Forristall G Z. Forced stage response to a moving hurricane[J]. J Phys Oceanogr, 1994, 24: 233 – 260.

[9] Sanford T B, Black P G, Haustein J R, et al. Ocean response to a hurricane. Part Ⅰ: Observations [J]. J Phys Oceanogr, 1987, 17: 2065 – 2083.

[10] Black P G. Ocean temperature changes induced by tropical cyclones[D]. Pennsylvania, USA: The Pennsylvania State University, 1987.

[11] Stramma L, Cornillon P, Price J F. Satellite observations of sea surface cooling by hurricanes[J]. J Geophys Res, 1986, 91: 5031 – 5035.

[12] Ginis I, Dikiniov K Z. Modelling the effect of typhoon Virginia (1978) on the ocean[J]. Sov Meteorol Hydrol, 1989, 7: 53 – 60.

[13] Geisler J E. Linear theory of the response of a two layer ocean to a moving hurricane[J]. Geophy Fluid Dyn, 1970, 1: 249 – 272.

[14] Gill A E. On the behavior of internal waves in the wakes of storms[J]. J Phys Oceanogr, 1984, 14: 1129 – 1151.

[15] Brooks D A. The wake of Hurricane Allen in the western Gulf of Mexico[J]. J Phys Oceanogr, 1983, 13: 117 – 129.

[16] Shay L K, Elsberry R L. Near-inertial ocean current response to hurricane Frederic[J]. J Phys Oceanogr, 1987, 17: 1249 – 1269.

[17] Brink K H. Observation of the response of thermocline currents to hurricane[J]. J Phys Oceanogr, 1989, 19: 1017 – 1022.

[18] D'Asaro E A. The ocean boundary layer below hurricane Dennis[J]. J Phys Oceanogr, 2003, 33: 561 – 578.

[19] Dickey T D, Frye J, McNeil D, et al. Upper-ocean temperature response to hurricane Felix as measured by the Bermuda testbed mooring[J]. Mon Weather Rev, 1998, 126: 1195 – 1201.

[20] Black W J, Dickey T D. Observations and analysis of upper ocean responses to tropical storms and hurricanes in the vicinity of Bermuda[J]. J Geophys Res, 2008, 113: C08009, doi: 10.1029/2007JC004358.

[21] Lin I I, Liu W T, Wu C C, et al. Satellite observations of modulation of surface winds by typhoon – induced upper ocean cooling [J]. Geophys Res Letters, 2003, 30 (3): 1131, doi: 10.1029/2002GL015674.

[22] Goni G, Trinanes J. Near-real time estimates of upper ocean heat content (UOHC) and tropical cyclone heat potential (TCHP) from altimetry [Z]. 2003, http://www.aoml.noaa.govphodcyclonedata.

[23] Sun L, Yang Y J, Fu Y F. Impacts of Typhoons on the Kuroshio Large Meander: Observation Evidences[Z]. Atmos Ocean Sci Lett, 2009, 2: 45 – 50.

[24] Yang Y J, Sun L, Liu Q, et al. The biophysical responses of the upper ocean to the typhoons Namtheun and Malou in 2004[J]. Int J Remote Sens, 2010, 31(17/18): 4559 – 4568.

[25] Sun L, Yang Y J, Xian T, et al. Strong enhancement of chlorophyll a concentration by a weak typhoon[J]. Mar Ecol Prog Ser, 2012, 404: 39 – 50.

[26] Park J J, Kwon Y-O, Price J F. Argo array observation of ocean heat content changes induced by tropical cyclones in the north Pacific [J]. J Geophys Res, 2011, 116: C12025, doi: 10.1029/2011JC007165.

[27] 刘增宏, 许建平, 朱伯康, 等. 利用 Argo 资料研究 2001 – 2004 年期间西北太平洋海洋上层对热带气旋的响应[J]. 热带海洋学报, 2006, 25(1): 1 – 8.

[28] Liu Z, Xu J, Zhu B, et al. 2007. The upper ocean response to tropical cyclones in the northwestern Pacific analyzed with Argo data[J]. Chin J Oceano Limnol, 2007, 25(2): 123 – 131.

[29] Chen Xiaoyan, Pan Delu, He Xianqiang, et al. Upper ocean responses to category 5 typhoon Megi in the western north Pacific[J]. Acta Oceanologica Sinica, 2012, 31(1): 51 – 58, http://dx.doi.org/10.1007/s13131 – 012 – 0175 – 2.

[30] Kara A B, Rochford P A, Hurlburt H E. An optimal definition for ocean mixed layer depth[J]. J Geophys Res, 2000, 105: 16803 – 16821.

[31] 许东峰, 刘增宏, 徐晓华, 等. 西北太平洋暖池区台风对海表温度的影响[J]. 海洋学报, 2005, 27(6): 1 – 6.

[32] Robertson E J, Ginis I. The upper ocean salinity response to tropical cyclones[Z]. Miami, FL, USA: 25th Conference on Hurricanes and Tropical Meteorology, NOAA/NHC, 2002.

[33] Emanuel K A. The theory of hurricanes[J]. Annual Rev Fluid Mech, 1991, 23: 179 – 196.

[34] Wang J-W, Han W, Sriver R L. Impact of tropical cyclones on the ocean heat budget in the Bay of Bengal during 1999: 1. Model configuration and evaluation[J]. J Geophys Res, 2012, 117: C09020, doi: 10.1029/2012JC008372.

Upper ocean response to Typhoon Bolaven analyzed with Argo profiling floats

LIU Zenghong[1,2], XU Jianping[1,2], SUN Chaohui[1], WU Xiaofen[1]

1. *State Key Laboratory Satellite Ocean Environment Dynamics, Second Institute of Oceanography, State Oceanic Administration, Hangzhou 310012, China*
2. *The Second Institute of Oceanography, State Oceanic Administration, Hangzhou 310012, China*

Abstract: *In situ* observations from Argo profiling floats combined with satellite retrieved SST and rain rate are used to investigate the upper ocean response to Typhoon Bolaven from 20 to 29 August 2012. After the passage of Typhoon Bolaven, deepening of Mixed Layer Depth (MLD), and cooling of Mixed Layer Temperature (MLT) were observed. The changes of Mixed Layer Salinity (MLS) showed an equivalent number of increasing and decreasing because typhoon-induced salinity changes in the mixed layer were influenced by precipitation, evaporation, turbulent mixing and upwelling of thermocline water. The deepening of MLD and cooling of MLT indicated a significant rightward bias, whereas MLS was freshened to the left side of the typhoon track and increased on the other side. Intensive temperature and salinity profiles observed by Iridium floats make it possible to view response processes in the upper ocean after the passage of a typhoon. In our case study, the cooling in the near-surface and warming in the subsurface were observed by two Iridium floats located to the left side of the cyclonic track during the development stage of the storm, beyond the radius of maximum winds relative to the typhoon center. Water salinity increases at the base of the ML and the top of the thermocline were the most obvious change observed by those two floats. On the right side of the track and near the typhoon center when the typhoon was intensified, the significant cooling from sea surface to the depth of 200×10^4 Pa except the water at the top of the thermocline was observed by the other Iridium float. Due to the enhanced upwelling near the typhoon center, water salinity in the near-surface increased obviously. The heat pumping from the ML into the thermocline induced by downwelling and the upwelling induce by the positive wind stress curl are the main cause for the different temperature and salinity variations on the different sides of the track. It seems that more times are required for the anomalies in the subsurface to restore to the pre-typhoon conditions than the anomalies in the ML. Iridium Argo profiling float with two-way communication function is expected to further understanding of the upper ocean and sea air interaction under typhoon process, especially with more observation evidence for improving forecast level of typhoon.

Key words: Typhoon Bolaven; Argo profiling floats; mixed layer; ocean heat content; the northwest Pacific Ocean

棉兰老岛以东海域气旋式环流区的
三维结构特征及变化规律

徐智昕[1]，周慧[2,3]*，郭佩芳[1]，侍茂崇[1]

1. 中国海洋大学 海洋环境学院，山东 青岛 266003
2. 中国科学院 海洋研究所，山东 青岛 266071
3. 国家海洋局 海洋－大气化学与全球变化重点实验室，福建 厦门 361005

摘要：利用日本气象厅（JAMSTEC）提供的 Argo 格点温盐度资料，系统地研究了棉兰老岛以东海域气旋式环流区的三维结构及其变化特征。结果表明，该气旋式环流区的水平位置大致处于一个纬向延伸的狭长带（由 5°～10°N，127°～145°E 包围的区域）内，其垂向范围大致在 50～600 m 水深之间，且其强度并非表现在表层而是在次表层 100～200 m 附近最显著。温盐结构表现为深层低温、低盐水向上涌升增强，温跃层深度变浅，上混合层厚度变薄的特征。功率谱分析结果表明，该气旋式环流具有明显的季节变化信号，表现为冬强秋弱，并且具有一年和半年的较为显著的变化周期。在 El Niño 期间，气旋式环流区的次表层水温明显下降，环流增强。局地风场对该气旋式环流的变异起着重要作用，其变化与该处风应力旋度的变化的相关系数为 −0.346。该气旋式环流的变化和暖池的变化具有较好的负相关关系，在暖池发展比较充分时，由于其暖水范围的增大和暖水厚度的增加，在某种程度上会抑制气旋式环流的发展；反之亦然。

关键词：气旋式环流区；局地风场；El Niño；Argo 资料；棉兰老岛以东海域

1 引言

棉兰老岛以东海域气旋式环流区是指由北赤道流、棉兰老流和北赤道逆流所构成

基金项目：国家海洋局海洋－大气化学与全球变化重点实验室开放基金课题（GCMAC1102）；全球变化研究国家重大科学研究计划项目（2012CB956000，2012CB956001）的联合资助。

作者简介：徐智昕（1989—），女，博士研究生，研究方向为南海流涡结构。E-mail：zxxu1990@gmail.com

*通信作者：周慧（1978—），女，副研究员，研究方向为中尺度过程及西边界流结构及其变异机理。E-mail：zhouhui@qdio.ac.cn

的一个再循环结构，也称棉兰老隆起（Mindanao Dome，MD）[1]。由于该气旋式环流区位于热带西太平洋西边界，且濒临热带西太平洋暖池，所以它的结构特征和变异规律对于人们了解太平洋西边界流的结构和变化特征，以及热量的经向输送等都非常重要。以往研究的棉兰老冷涡（Mindanao Eddy，ME）其实是该气旋式环流区西部的一个低温中心，Masumoto 和 Yamagata[1]认识到了包含 ME 的这一气旋式再循环区的整体效应，将其定义为棉兰老隆起（Mindanao Dome，MD），并采用数值模式对其季节、年际变化特征进行了研究。而在 Masumoto 和 Yamagata 之前的研究均是针对棉兰老冷涡展开的，对这个范围更为广阔的气旋式冷水区的研究较少。

Masumoto 和 Yamagata 曾指出，MD 在北半球冬季增强是由于与东北亚冬季季风相关的正风应力旋度增大而引起的局部上升流，在春季衰退是由于下降流的影响。这种季节变化已被很多研究所证实。Tozuka 等[2]利用全球海洋模式（OGCM）对 MD 的季节和年际变异特征进行了模拟研究。Kashino 等[3]根据位于 8°N，137°E；5°N，137°E 和 8°N，130°E 处的 TRITON 浮标水下传感器数据，通过分析温度和热收支变化，进一步验证了 MD 演变过程中的 0.5 a、1 a 和年际变化信号，即 ENSO 时间尺度上的 MD 区域的热容量变化。Song 等[4]利用一层半模式研究了 MD 区域的 SSH 变化并指出，该区域存在显著的 0.5 a、1 a、2~7 a 和超过 8 a 的周期变化。

由于以往的研究基于单独的断面观测，关注的主要是棉兰老冷涡且主要是表层的结构[5-10]，而对于 MD 这一更大范围冷水区的研究，特别是其三维结构特征的研究较少。对该区域变异规律研究主要是针对棉兰老冷涡的季节变化特征和年际变化受 ENSO 循环影响的讨论[5,11]，鲜有关于其他时间尺度的讨论。由于 MD 位于太平洋西边界，此区域风场变化非常复杂，除与 ENSO 有关的风场年际变化外，还受很强的热带季风及局地风场的控制。地形的复杂和气候条件的多变性使得 MD 的变化异常复杂。随着观测手段的改进，该区域的观测资料也越来越多。从卫星高度计资料来看，MD 是与北赤道流－棉兰老流及北赤道逆流构成的一个气旋式再循环结构紧密相连，其东西向尺度变化异常大，有时甚至可以达到 40 个经度以上。如此大范围的冷水必然会对该区域的环流以及气候产生重要影响。因此，本文利用近 10 年来构建起来的 Argo 剖面浮标大洋观测网资料，来系统研究这一气旋式再循环区域的三维结构以及各时间尺度的变化规律。

2　资料与方法

2.1　Argo 资料

文中所用的资料来自日本气象厅（JAMSTEC）提供的 2001 年 1 月－2009 年 12 月间 Argo 全球 1°×1° 格点温、盐度资料。原始资料来源于全球 Argo 资料中心（GDAC）收集的约 44 万条经过实时或延时质量控制的剖面资料，以及该区域其他的观测资料。在对这些资料进行了更加严格的质量控制（剔除了某些 Argo 浮标观测存在系统压力误差的剖面以及位于边缘海或没有浮标定位信息的剖面）后，又对这些剖面资料进行了盐度漂移订正，并剔除了盐度值与 WGHC 历史资料[12]盐度值之差大于 0.1 的剖面，以及观测深度小于 600 m 的剖面。最后对剩余的约 35 万条剖面资料进行最优插值及客观分析得到了 1°×1°全球格点温度、盐度资料。文中仅选用了西热带太平洋海域（15°S～15°N，120°E～140°W）的温、盐度剖面资料。

2.2　风场资料

本文所用的风场资料是由 NOAA 提供的卫星观测数据，其空间分辨率为（1/4)°，时间间隔包括 6 h、日平均和 11 a（1995－2005 年）气候态平均。数据发布时间从 1987 年 7 月至今。本文采用了从 2001 年 1 月－2009 年 12 月期间的月平均风速数据。

2.3　分析方法

由于 MD 濒临热带西太平洋暖池区域，其表层容易受到暖池伸展影响而冷信号被掩盖，所以其低温中心在次表层到中层区域比较显著。作者根据资料得到西太平洋多年平均温度场以及 MD 中心位置的温、盐度垂直分布图，确定 100 m 处的温度场最能代表 MD 的强度。应用统计分析方法（如相关分析和功率谱分析法）讨论 MD 的变化机制。

3　结果分析

3.1　三维结构特征

图 1 和图 2 呈现了西太平洋海域各层多年平均的温度和盐度大面分布。从图 1 可以看到，由于 MD 濒临西太平洋暖池区域，所以在表层（见图 1a）和 50 m 层（见图 1b）看不到明显的冷水；而到了 100 m（见图 1c）深处，由于暖池在此深度上的强度变弱，棉兰老岛东部就出现了明显的低温区域。为此，我们以 25℃等温线所包围的区域来定义 MD 在 100 m 的核心位置。由该图可以看出，MD 呈一个东西长、南北窄的狭长形状，中心位置大约在 7.5°N，128.5°E 附近。从图 1a 至图 1g 可以更清楚地看到，MD 的顶部位于 50 m 深处，而其底部则见于 600 m 深度上。在 50 m 层，MD 中心的水温低于 28℃，比周围低 0.2～0.4℃（见图 1b），而在 600 m 层处，MD 中心的水温降至 6.4℃以下，比周围低 0.1～0.5℃（见图 1g）。值得注意的是，在 100 m 层 MD 中心的水温低于 22℃，比周围低 3℃多（见图 1c），而在 200 m 层 MD 中心的水温则降至 12.5℃以下，比周围低 2℃多（见图 1d）。显然，MD 的强度并非表现在表层而是在次表层 100～200 m 深度附近最显著。

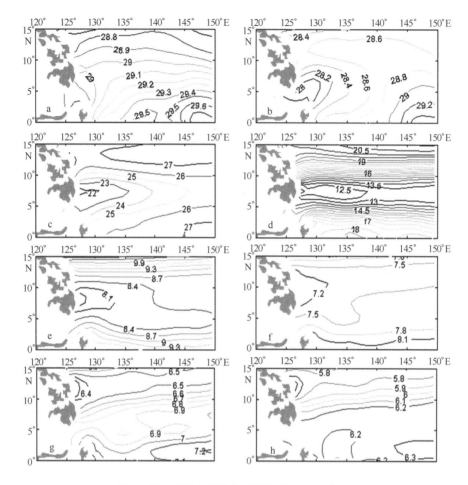

图 1　西太平洋各层多年平均温度（℃）分布

a. 10 m 层；b. 50 m 层；c. 100 m 层；d. 200 m 层；e. 400 m 层；f. 500 m 层；g. 600 m 层；h. 700 m 层

Fig. 1　Annual mean temperature distribution at depth of 10 m（a），50 m（b），100 m（c），
200 m（d），400 m（e），500 m（f），600 m（g）and 700 m（h）respectively in the West
Pacific Ocean

　　由图 2 可以看出，在 MD 中心及其附近海域，盐度的垂直结构比较复杂。其中，
在 100 m 层（见图 2c）盐度偏高，约为 34.7；而在 200 m 层以下盐度降至 34.5（见
图 2d - g），均比周围低 0.2 ~ 0.3。管秉贤认为，这一盐度极小值是北太平洋中层水
所固有的，它随着棉兰老海流进入苏拉威西海，并遍及棉兰老岛以东、4° ~ 5°N 以北
的 200 ~ 300 m 层水域[6]。

　　模式研究表明[1,13]，在热带西太平洋，亚洲冬季季风正风应力旋度增强引起的局
地 Ekman 上升流，促使了 MD 的产生。图 3 呈现了沿 128.5°E 经线的温度和盐度断面
分布。从图 3a 可以看到，在 4° ~ 9°N 之间 300 m 以浅海域的等温线明显呈上凸的趋

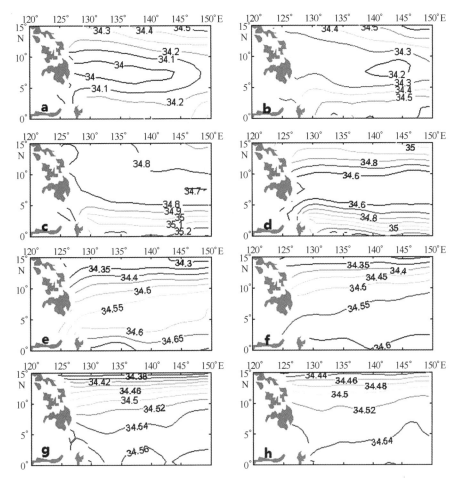

图2　西太平洋各层多年平均盐度分布

a. 10 m层；b. 50 m层；c. 100 m层；d. 200 m层；e. 400 m层；f. 500 m层；g. 600 m层；h. 700 m层

Fig. 2　Annual mean salinity distribution of 10 m （a）, 50 m （b）, 100 m （c）, 200 m （d）,
400 m （e）, 500 m （f）, 600 m （g） and 700 m （h） respectively in the West Pacific Ocean

势，这无疑是由 Ekman 抽吸效应引起的下层冷水涌升所造成的。断面上等值线明显上凸的趋势在盐度断面分布图（见图3b）上也是显而易见的。在4°N 以北有一股低盐水，其盐度最小值小于34.3，且从400 m 以深向斜上方涌升。正是由于下层低盐水的涌升，形成了位于4°N 附近的盐度锋面（100～300 m），此外还使得4°N 以北的盐度跃层（中心位置在50 m 附近）比4°N 以南的浅，且垂直梯度也大得多。在该盐度锋面的南侧为来自东南方向的高盐水，即南太平洋热带水（SPTW），其核心附近的最大盐度值为34.9，该水团由新几内亚沿岸潜流（NGCUC）携带，沿着巴布亚新几内亚沿岸向 W－NW 方向流动跨越赤道进入北太平洋。对照图3中温度和盐度断面在4°～10°N 附近出现的等值线明显抬升现象，表明了 MD 的低温、低盐特征是一致的。另外，从图 3b 还可以看到北太平洋中层水（NPIW）在 MD 中的强烈涌升现象，该水团沿着 26.8 等密度面经过北太平洋副热带环流的下潜过程，可以到达西边界流区域。在 15°N 附近海域其盐度为 34.2，深度在 500 m，在其到达低纬度区域逐步抬升至 400 m，盐度也因混合效应达到 34.4 ~ 34.5。但同样从该图（图 3b）中可以看到，在 MD 核心位置因受到剧烈的涌升作用，34.5 等盐线抬升到了 200 m 深处，相对于其他位置平均的 500 m 深度抬升了 300 m 左右。

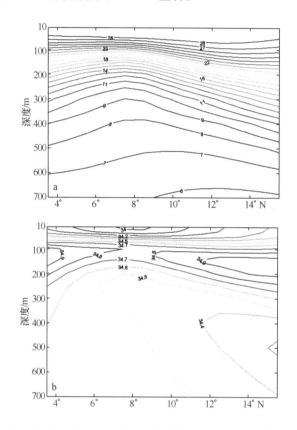

图 3　沿 128.5°E 经线断面上的多年平均温度（℃）（a）和盐度（b）分布

Fig. 3　Annual mean temperature (a) and salinity distribution

(b) along the meridional section of 128.5°E

综上所述，MD 的强弱变化对局地温盐结构的形态有着非常显著的影响。当 MD 强盛时，深层低盐冷水向上涌升增强，温跃层深度变浅，上混合层厚度变薄；反之当 MD 较弱时，深层低盐冷水向上涌升减弱，温跃层深度变深，上混合层厚度变厚。这也充分体现了 MD 是一个气旋式冷水区的特征。

为了更全面分析 MD 的三维结构，同理绘制 MD 核心纬度（7.5°N）处的温度和盐度断面分布图（见图 4）。由图 4 可以看出，温度和盐度等值线在 127 ~ 145°E 范围内均有抬升现象。因为 MD 的东西向范围大约从 127°E 一直延伸到 145°E，所以由图

4a 显示的温度垂向分布比较均匀。在 100 m 处存在盐度最大值, 约为 34.75, 小于该层其他纬度处的盐度, 这正是由于深层低盐水向上涌升导致 34.8 盐度等值线在 MD 核心处断裂。而往下至 200~300 m 深度上, 盐度值则有所下降, 其原因如上所说是由于北太平洋中层水的影响。接着往下盐度又有所升高, 这可能是由于受到了来自南半球的相对高盐水的影响 (图4b)。

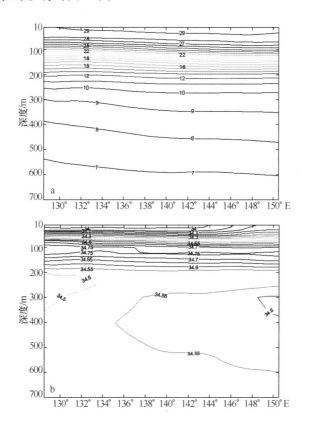

图 4　沿 7.5°N 纬线断面上的多年平均温度 (℃) (a) 和盐度 (b) 分布

Fig. 4　Annual mean temperature (a) and salinity distribution

(b) along the zonal section of 7.5°N

3.2　季节变化特征

图 5 和图 6 呈现了研究海域 100 m 层上四个代表性月份 (1、4、7、10 月) 的温度和盐度大面分布, 据此探讨 MD 的季节 (冬、春、夏、秋季) 分布及变化特征。

由图 5 可以看出, 若以 24℃ 等温线作为 MD 核心的界限, 那么其分布范围的季节变化是非常显著的。其中, 冬季 MD 的分布范围最大, 其南北、东西向尺度分别为 750 km 和 2 000 km; 而秋季最小, 其南北、东西向尺度分别为 300 km 和 1 000 km。从图 6a 至图 6d 还可以清楚地看到, MD 还是个低盐水域, 且其低盐特征与赤道附近

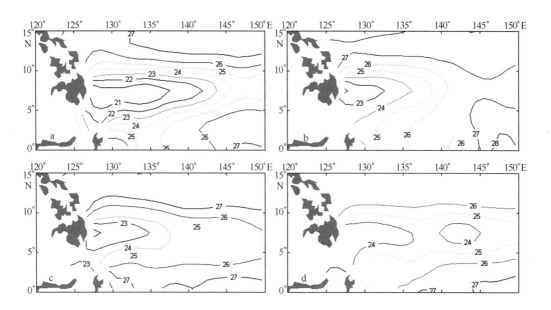

图 5　西太平洋海域 100 m 层上多年月平均温度（℃）分布

a. 冬季；b. 春季；c. 夏季；d. 秋季

Fig. 5　Multiyear monthly mean temperature distribution at 100 m depth in the West Pacific Ocean

a. Winter; b. spring; c. summer; d. autumn.

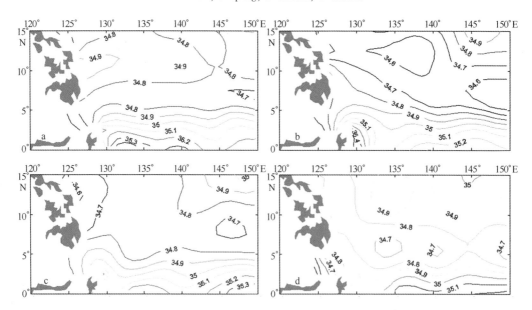

图 6　西太平洋海域 100 m 层上多年月平均盐度分布

a. 冬季；b. 春季；c. 夏季；d. 秋季

Fig. 6　Multiyear monthly mean salinity distribution at 100 m depth in the West Pacific Ocean

a. Winter; b. spring; c. summer; d. autumn

的高盐水形成十分明显的对比。春季时，MD 的盐度最低，达到 34.6 以下。秋季时，其盐度偏高。

由 100 m 层的多年平均温度分布，可大体取 MD 的范围为 5°~10°N，127°~145°E。对 100 m 层 MD 平均温度作功率谱分析，结果如图 7 所示。

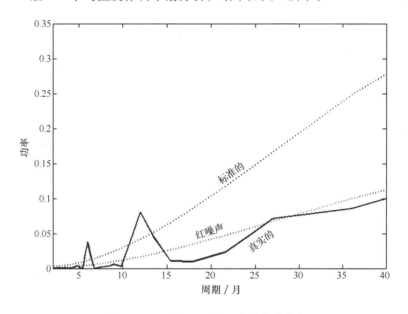

图 7　100 m 层 MD 平均温度功率谱分布

Fig. 7　The power spectrum of temperature of MD at 100 m depth

在图 7 中可以明显看到存在两个通过显著性检验的信号周期，一个呈 12 个月的季节循环，另一个就是 6 个月的信号。由于 MD 处于东亚季风影响范围内，故其温度变化表现出显著的季节信号特征。另外，我们的分析还发现了一个仅次于季节循环的、周期为 6 个月左右的半年信号特征，该信号也明显通过了显著性检验。已有研究表明，MD 存在着比较显著的半年周期变化[2-4]。本文则首次利用 Argo 资料揭示了 MD 存在的半年周期信号，其动力机制尚需进一步研究。

3.3　年际变化特征

现有的研究已证明，西太平洋暖池次表层异常海温的变化及其沿赤道东传是导致 ENSO 循环的重要机制。故在同一副图上绘制 100 m 层 MD 温度异常与 Niño3 指数时间序列（见图 8），并对两者进行相关分析，得到的相关系数是 -0.414 8，且超过了 99% 的信度检验，说明两者呈现很好的负相关性。具体来说，对照图 8 中 MD 温度异常与 Niño3 指数时间序列分布，可看出在 2004 年和 2006 年弱厄尔尼诺年时，MD 温度均偏高，强度减弱；在 2002 - 2003 年厄尔尼诺呈中等强度时，MD 温度大体上呈现前半年偏高、后半年偏低，大致与平均值接近；而在 2009 - 2010 年的较强厄尔尼诺时，MD 温度有明显下降的趋势，且强度增强。

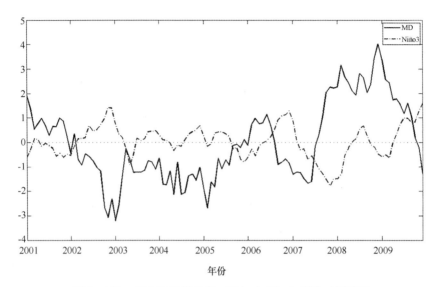

图 8　100 m 层 MD 温度异常（℃）与 Niño3 指数时间序列

Fig. 8　Time series of temperature anomaly（℃）of MD at 100 m depth and Niño3 index

4　讨论

4.1　MD 变化与风应力旋度的关系

　　为了研究 MD 变化与风应力旋度的关系，绘制 100 m 层上的 MD 多年平均温度分布的时间过程曲线，同时利用该范围内的卫星风场数据求风应力旋度，并将两者绘制在同一幅图上，如图 9 所示。然后对两者做相关分析，其相关系数为 − 0.346，超过了 99% 的信度检验。表明两者呈负相关，也就是说正的风应力旋度产生向上的 Ekman 抽吸将下层冷水上翻，使得 MD 的强度增加，反之亦然。

4.2　MD 变化与暖池的关系

　　前面讨论了 MD 变化与 Niño3 指数的关系，其相关系数为 − 0.414 8，虽然已经通过显著性检验，但是，作者认为直接与暖池相关，可能会进一步提高相关系数。因为暖池位于 MD 的上方，与 MD 变化应该有更密切的关联。本文选取暖池的范围为 15°S ~10°N，120°E ~140°W 之间的海域。在同一幅图上绘制 100 m 层 MD 温度异常与暖池温度异常时间序列，如图 10 所示。并对两者进行相关分析，得到相关系数为 − 0.702，超过 99% 的信度检验。这就表明，在暖池发展比较充分时，由于其暖水范围的增大和暖水厚度的增加，在某种程度上会抑制 MD 的发展；反之亦然。

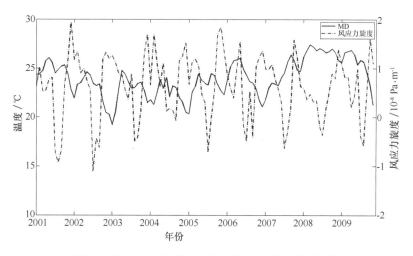

图9　100 m层MD平均温度与风应力旋度时间序列

Fig. 9　Time series of mean temperature of MD at 100 m depth and the wind stress curl

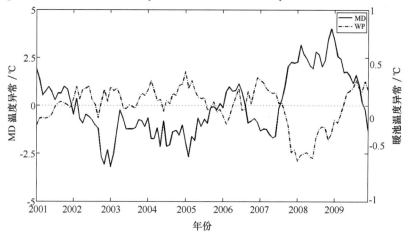

图10　100 m层MD温度异常与暖池温度异常时间序列

Fig. 10　Time series of temperature anomaly of MD at 100 m depth and Western Pacific Warm Pool

5　结论

（1）棉兰老岛以东海域气旋式环流区（或称MD）的水平位置大致处于5°~10°N，127°~145°E范围内的一个纬向延伸的狭长带内，其垂向范围大致在50~600 m深度之间，且其强度并非表现在表层而是在次表层100~200 m附近最显著。MD具有明显的季节变化信号，表现为冬强秋弱。冬季MD的分布范围最大，其南北、东西向尺度分别为750 km和2 000 km；秋季最小，其南北、东西向尺度分别为300 km和1 000 km。

（2）MD温盐结构表现为深层低温、低盐冷水向上涌升增强，温跃层深度变浅，上混合层厚度变薄的特征。由新几内亚沿岸潜流（NGCUC）携带的高温高盐南太平洋热带水（SPTW），沿着巴布亚新几内亚沿岸向 W-NW 方向流动，跨越赤道并进入 MD 的次表层，北太平洋中层水（NPIW）则在 MD 的核心位置抬升到了 200 m 深度上。

（3）MD 具有明显的季节和年际变化特征。其中较为显著的变化周期分别为 1 a 和 0.5 a。在 El Niño 期间，MD 的次表层水温明显下降，冷涡增强；而在 La Niña 期间，MD 的次表层水温上升，冷涡减弱。

（4）MD 与该处风应力旋度的变化具有较好的负相关关系，相关系数为 -0.346，超过 99% 的信度检验。

（5）MD 与暖池的变化具有较好的负相关关系，相关系数为 -0.702，超过 99% 的信度检验。在暖池发展比较充分时，由于其暖水范围的增大和暖水厚度的增加，在某种程度上会抑制 MD 的发展；反之亦然。

参考文献：

[1]   Masumoto Y, Yamagata T. Response of the western tropical Pacific to the Asian winter monsoon：The generation of the Mindanao Dome[J]. J Phys Oceanogr, 1991, 21：1386 – 1398.

[2]   Tozuka T, Kagimoto T, Masumoto Y, et al. Simulated multiscale variations in the western tropical Pacific：The Mindanao Dome revisited[J]. J Phys Oceanogr, 2002, 32：1338 – 1359.

[3]   Kashino Y, Ishida A, Hosoda S. Observed ocean variability in the Mindanao Dome region[J]. Journal of Physical Oceanography, 2011, 41(2)：287 – 302.

[4]   Song D, Hu D X, Zhai F G. Sea surface height variations in the Mindanao Dome region in response to the northern tropical Pacific winds[J]. Chinese Journal of Oceanology and Limnology, 2012, 30 (4)：675 – 683.

[5]   Lukas R B, Firing E, Hacker P, et al. Observations of the Mindanao Current during the western e-quatorial Pacific Ocean circulation study[J]. J Geophys Res, 1991, 96：173 – 185.

[6]   管秉贤. 棉兰老冷涡的变异及其与厄尔尼诺的关系[J]. 海洋与湖沼, 1989, 20(2)：131 – 138.

[7]   Wijffels S, Firing E, Toole J. The mean structure and variability of the Mindanao Current at 8°N [J]. J Geophys Res, 1995, 100(18)：421 – 435.

[8]   Qu T D, Mitsudera H, Yamagata T. A climatology of the circulation and water mass distribution near the Philippine coast[J]. J Phys Oceanogr, 1999, 29(1)：488 – 505.

[9]   周慧，许建平，郭佩芳，等. 棉兰老岛以东反气旋涡的 Argo 观测研究[J]. 热带海洋学报，2006, 25(6)：8 – 14.

[10]   Zhou H, Yuan D L, Guo P F, et al. Meso-scale circulation at the intermediate – depth east of Mindanao[J]. Science China, 2010, 53(3)：432 – 440.

[11]   Zhang Q L, Zhou H, Liu H W. Interannual Variability in the Mindanao Eddy and its impact on thermohaline structure pattern[J]. Acta Oceanologica Sinica, 2012, 31(6)：56 – 65.

[12]   Roemmich D, Gilson J. The 2004 – 2008 mean and annual cycle of temperature, salinity and steric height in the global ocean from the Argo Program[J]. Progress in Oceanography, 2003, 82(2)：

81 – 100.

[13]　Suzuki T, Sakamoto T T, Nishimura T, et al. Seasonal cycle of the Mindanao Dome in the CCSR/ NIES/FRCGC atmosphere-ocean coupled model[J]. Geophys Res Lett, 2005, 32: L17604.

The three dimensional structure feature and variation regularity of the Mindanao Dome

XU Zhixin[1], ZHOU Hui[2,3], GUO Peifang[1], SHI Maochong[1]

1. *College of Physical and Environment Oceanography, Ocean University of China, Qingdao 266003, China*
2. *Institute of Oceanology, Chinese Academy of Sciences, Qingdao 266071, China*
3. *Key Laboratory of Global Change and Marine-Atmospheric Chemistry (GCMAC), State Oceanic Administration, Xiamen 361005, China*

Abstract: Based on the Argo gridded data of temperature and salinity provided by JAMSTEC, the three dimensional structure of the cyclonic circulation area east of the Mindanao Island and its variability were systematically analyzed. The results show that it horizontally locates in a narrow band extended in the zonal direction, which is encompassed by 5°~10°N, 127°~145° E. It spreads vertically from 50 m depth to about 600 m depth downward, and it is strongest in the subsurface of 100 m to 200 m instead of in the surface. Its thermohaline structure displays that the cold and low salinity water inside the Dome moves violently upward from deep layer, the thermocline depth greatly shoals and the upper mixed layer becomes thinner. Power spectrum analysis shows it has remarkable seasonal variability, strong in the winter and weak in the fall, and has cycles of one year and half a year. In the period of El Niño, the temperature of the subsurface drops significantly and the circulation becomes stronger. The local wind field has an important effect on the variability of the cyclonic circulation area, the correlation coefficient of its variability and the wind stress curl variability is − 0. 346. It also shows that its variability and the warm pool variability have significant negative correlation. When the Warm Pool is strong, the warm water extends and its thickness increases, it will restrain the development of the cyclonic circulation to some extent, and vice versa.

Key words: cyclonic circulation area; local wind field; El Niño; Argo data; east sea area of the Mindanao Island

（该文发表于《中国海洋大学学报》44 卷第 1 期，001 – 008 页）

印度洋海域水文特征及其季节变化

刘增宏[1,2]，许建平[1,2]，吴晓芬[2]

1. 卫星海洋环境动力学国家重点实验室，浙江 杭州 310012
2. 国家海洋局 第二海洋研究所，浙江 杭州 310012

摘要：为了对整个印度洋海域的物理海洋状况有一较全面、系统的认识和了解，本文利用 2004 – 2011 年期间的 Argo 网格化数据集，对印度洋海域（30°S ~ 35°N，40° ~ 120°E）的基本水文（包括海水温度、盐度、密度、混合层、温跃层、水团和海洋热含量等要素）特征及其季节变化进行了初步探讨。结果表明，受季风影响，印度洋海域上层海洋的水文要素存在明显的季节变化。在印度洋西部海域，受沿岸流和索马里－阿曼沿岸上升流的影响，海水温度季节变化尤为显著。海表盐度的分布形态与 E－P 通量的分布基本一致，表层盐度的季节变化并不显著，相对比较明显的变化出现在夏季风盛行季节。表层海水密度的分布与盐度分布形态相似，在西南季风盛行时，索马里－阿曼沿岸海域的强上升流能引起表层密度的明显上升。混合层深度也呈明显的季节性变化，北印度洋混合层深度呈半年周期变化，而混合层温度在马达加斯加至阿曼沿岸受索马里－阿曼上升流影响，存在明显的季节变化。混合层盐度与表层盐度的分布形态基本一致。温跃层的季节性变化主要受海面风应力和海表净热通量的季节变化控制，研究海区温跃层厚度的季节分布大体一致，温跃层深度的季节分布与温跃层厚度基本一致，而温跃层强度与厚度基本呈反位相分布。研究海区存在 8 个主要水团，即印度洋中央水（ICW）、亚南极模态水（SAMW）、澳大利亚 Mediterranean 水（AAMW）、南极中层水（AAIW）、孟加拉湾水（BBW）、阿拉伯海高盐水（ASHSW）、波斯湾水（PGW）和红海水（RSW）。1 000 m 上层的海洋热含量等值线基本呈纬向分布，呈两高一低的"马鞍型"分布，其季节变化并不明显。

关键词：印度洋；水文要素；混合层；温跃层；水团；海洋热含量；季节变化

基金项目：国家海洋公益性行业科研专项经费项目（201005033）；国家科技基础性工作专项（2012FY112300）；国家自然科学基金（41206022）；国家海洋局第二海洋研究所所专项（JG1303）。

作者简介：刘增宏（1977—），男，江苏省无锡市人，副研究员，从事物理海洋调查与分析研究。E-mail：liuzeng-hong@139.com

1 引言

印度洋的北部封闭，而南部开敞，其主体位于热带和亚热带范围内。与太平洋最大的不同是北印度洋受季风影响，北半球的环流存在明显的季节性变化，而印度洋的水文分布受季风影响远比近表层环流小。北印度洋不存在温带和极地海区，也是导致其独特水文和环流分布特征的重要因素。印度 – 太平洋暖池海域的海气相互作用是影响我国气候，造成干旱、洪涝等气候异常的主要因素之一[1]。过去对印度洋的水文特征分析研究比较少，如 Rochford[2] 利用澳大利亚联邦科学工业研究组织（CSIRO）发布的航次调查资料，对 40°S ~ 10°N、85° ~ 150°E 范围内的水文特征进行了较为系统的分析；Tomczak[3] 则对整个印度洋海域的水文特征、水团分布等进行了分析。利用机会船只观测的表层温盐度数据，Donguy 和 Meyers[4] 分析了热带印度洋海表温、盐度的季节变化，发现西印度洋的季节变化要大于东印度洋。Karstensen 和 Tomczak[5] 则利用世界环流试验（WOCE）断面调查资料，分析了东南印度洋海域温跃层内印度洋中央水（ICW）和亚南极模态水（SAMW）的分布和水团年龄。不难发现，上述研究使用的资料在空间分布上无法覆盖整个印度洋海区，且时间尺度较短，无法全面反映整个印度洋海域的物理海洋状况。

2000 年启动实施的国际 Argo 计划，已在全球海洋中布放了 8 000 多个 Argo 剖面浮标，截至 2011 年底已经获得了 80 余万条温、盐度剖面。这些高分辨率、深层次和准实时的 Argo 资料，可每隔 10 天提供一幅全球海洋上 0 ~ 2 000 m 深度内的温、盐度结构分布图，使研究全球海洋中上层季节、年际甚至十年际的变化成为可能。本文利用由 Argo 剖面浮标观测的温、盐度资料，对印度洋（30°S 以北）海域的基本物理海洋结构（温度、盐度、密度、跃层和水团的分布）及其季节变化特征等进行一番探讨，以便对整个印度洋海域的物理海洋状况有一较全面、系统的认识和了解。

2 数据来源及分析方法

利用中国 Argo 实时资料中心研制的全球海洋 Argo 网格化资料集[6]作为分析研究的基础数据，并选取了 2004 – 2011 年期间逐年、逐月的温、盐度场，其水平分辨率为 1° × 1°，垂向为 0 ~ 2 000 × 10^4 Pa 深度范围内共 48 层。由于早期的 Argo 剖面浮标缺少表层观测，故文中分析以 5 × 10^4 Pa 层当作海洋表层。

本文采用的混合层计算标准是与海表（5 × 10^4 Pa）密度差不超过 0.125 kg/m^3 的最大深度，而温跃层的计算采用了 Prasad 等人[7]的方法，温度梯度大于 0.04℃/m，温跃层厚度为混合层深度至温跃层下界深度间的垂直距离。

3　研究海区自然概况

3.1　地形

印度洋位于亚洲、非洲、大洋洲和南极洲之间，面积 $7\,491 \times 10^4\ \mathrm{km}^2$，约占世界海洋总面积的 21.1%，大部分在南半球，平均水深 3 897 m，最大深度为蒂阿曼蒂那海沟（Diamantina Trench），达 8 047 m（图 1）。

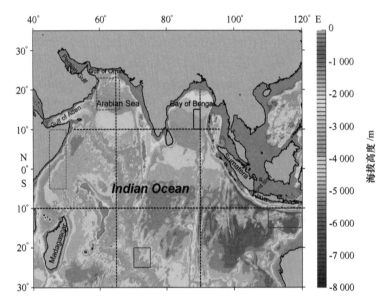

图 1　研究海区地形（30°S ~ 35°N，40° ~ 120°E）

虚线分别代表 10°S、10°N、65°E 和 90°E 断面；

灰色虚线、粉红色虚线、蓝色实线、黑色实线和红色实线方区范围分别为 5°S ~ 10°N、45° ~ 50°E，

15° ~ 23°N、59° ~ 66°E、20° ~ 25°S、70° ~ 75°E、10° ~ 15°N、88° ~ 90°E 及 10° ~ 15°S、110° ~ 120°E

Fig. 1　The topography of the study area（30°S ~ 35°N，40° ~ 120°E）

印度洋西南通过南非厄加勒斯特同大西洋连接，东南通过塔斯马尼亚岛东南角至南极大陆的经线与太平洋连接。另外，印度洋还通过马来半岛和印尼苏门达腊岛之间的马六甲海峡、马来西亚东南端的望加锡海峡，以及苏门答腊岛和爪哇岛之间的巽他海峡与太平洋连通。

印度洋的主要属海和海湾包括红海、阿拉伯海、亚丁湾、波斯湾、阿曼湾、孟加拉湾、安达曼海、阿拉弗拉海、帝汶海、卡奔塔利亚湾、大澳大利亚湾、莫桑比克海峡等。

3.2　气候

印度洋气候具有明显的热带海洋性和季风性特征。印度洋大部分位于热带、亚热

带范围内，40°S 以北的广大海域，全年平均气温为 15～28℃；赤道海区全年气温为
28℃，有的海域高达 30℃，比同纬度的太平洋和大西洋海域的气温高，常被称为热
带海洋。10°S 以北海区，每年 10 月至翌年 3 月盛行东北（冬）季风，6 月至 9 月则
盛行西南（夏）季风（图 2）。

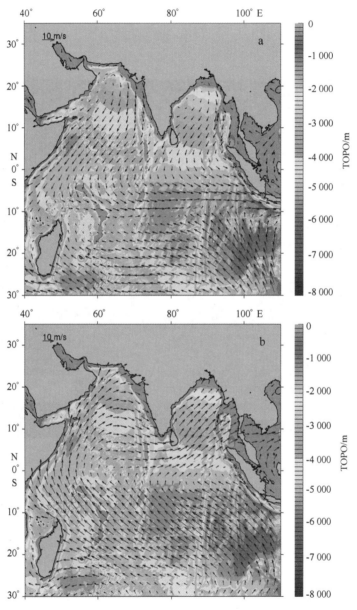

图 2　2000－2009 年期间印度洋海面 QuikScat 风速矢量分布

a. 10 月－翌年 3 月，b. 6－9 月

Fig. 2　The distribution of the sea surface wind vectors derived from QuikScat during 2000－2009

a. October－following March，b. June－September

图 3 为 HOAPS - 3 气候资料[8]显示的印度洋多年平均淡水通量（E - P）分布，即蒸发 - 降水通量。由于该海区的年蒸发变化不大，所以 E - P 通量的分布基本反映了降水量的分布。从图 3 不难发现，西部 10°S 至东部赤道附近 E - P 通量的经向变化最大；北半球东西部降水量存在明显差异，东部的年平均降水量明显大于西部；苏门答腊以西沿 5°S 附近海域为太平洋热带辐合带（ITCZ）的延伸，降水量丰富。赤道以北海区，夏季风引起的 E - P 通量基本反映了年平均的 E - P 通量分布，孟加拉湾东部海区的淡水获取量最多。

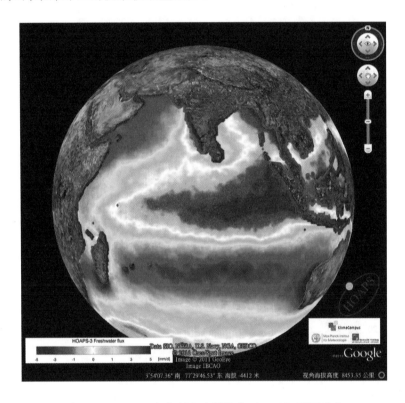

图 3　1988 - 2005 年期间印度洋淡水（E - P）通量分布

Fig. 3　The distribution of E - P flux in the Indian Ocean during 1988 - 2005

4　温、盐、密度分布及其季节变化

4.1　温度

整个北印度洋的海表温度似乎是西太暖池的延续。4 - 5 月，印度洋暖池是全球海洋最热的海区[9]，是季风降水的主要水汽源[10]。4 月，印度洋暖池（海表温度大于 28℃）的面积达到最大，而夏季由于索马里 - 阿曼上升流及阿拉伯海潜热通量的增加，可导致暖池的面积几乎减少一半[11-12]。

由图 4 可以看到，印度洋表层温度年平均分布主要还是受到太阳辐射的影响，从低纬度到高纬度海域温度逐渐降低，南半球尤其明显。北印度洋海域的温度明显高于南部海域，以 28℃ 等温线为包络线的暖池主要盘踞在 10°S ~ 20°N 之间的海域，而在印度洋西部海域，受沿岸流和索马里 - 阿曼上升流的影响，温度平均低于 27.5℃。

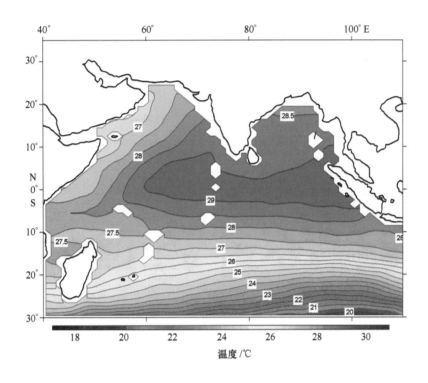

图 4   印度洋 5×10^4 Pa 层平均温度（℃）分布

Fig. 4   The distribution of annual averaged temperature at 5×10^4 Pa

图 5 呈现了 2004 - 2011 年期间 1 月（冬季）、4 月（春季）、8 月（夏季）和 10 月（秋季）印度洋海表温度的气候态分布。春季，暖池面积最大，覆盖了印度洋 15° S ~ 20°N 的海区；夏季，暖池面积最小，主要分布在 10°S ~ 10°N 之间，而由西南季风引起的索马里 - 阿曼沿岸上升流使海表温度明显下降。在阿拉伯海西海岸，温度下降最大可达 4℃/月（7 - 8 月）[11]；夏季和秋季，20°S 以南，海表温度有明显下降。在整个研究海区，4 月份的海表温度几乎都要比 8 月份的温度高，10°S 以南及马达加斯加 - 索马里 - 阿曼沿岸海域尤为明显，平均高 4 ~ 5℃（见图 6）。除 4 月份外，在印度洋西部海域，明显受到沿岸流和索马里 - 阿曼上升流的影响，呈一片次低温度区（< 27.0℃），等温线呈与岸线平行分布。

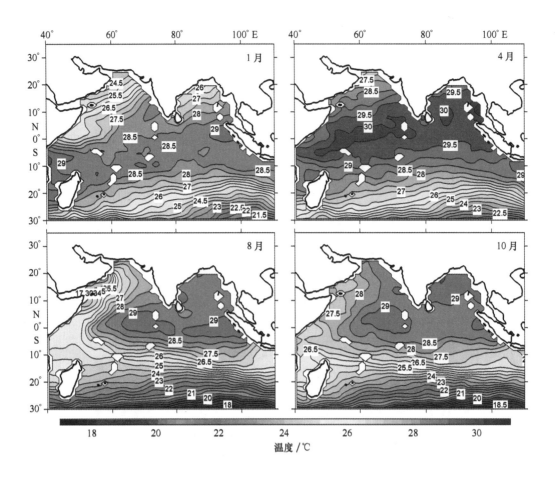

图 5　1 月、4 月、8 月及 10 月印度洋 5×10^4 Pa 层温度分布

Fig. 5　The distribution of averaged temperature at 5×10^4 Pa in January, April, August and October in the Indian Ocean

我们选取了 5°S ~ 10°N、45° ~ 50°E 区域内的海表温度来研究索马里沿岸海表温度的季节变化。从图 7 不难发现，该海区的海表温度呈显著季节性变化，4 月份最高可达 30℃，随后海表温度迅速下降，至 8 月份达最低值，约 25.0 ~ 26.5℃之间；8 月至季风转换的 11 月份，温度又升高，但几乎不超过 28.5℃；11 月至翌年 2 月，温度下降约 1℃，随后升至一年中的最高。

与海表温度不同，200×10^4 Pa 处的温度分布受季风影响很小，季节性变化并不显著（见图 8）。10° ~ 30°S 海区整年分布着大于 15℃的海水，同样的高温水体分布在阿拉伯海，1-4 月分布面积最大。需要指出的是，当西南季风盛行时，阿拉伯海西海岸并没有因上升流而出现低温水体，说明该海域的上升流只发生在 200×10^4 Pa 以浅，这不难利用经典的 Ekman 理论来解释[13]。$1\,000 \times 10^4$ Pa 和 $1\,950 \times 10^4$ Pa 层的温度季节变化非常小（见图 9、10），其中阿拉伯海温度最高，在 1 000

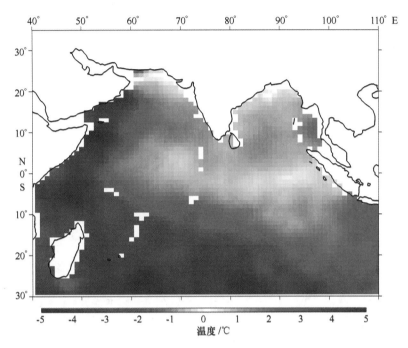

图 6　印度洋 4 月与 8 月 5 × 10^4 Pa 层温差分布

Fig. 6　The averaged temperature differences between April and August at 5×10^4 Pa

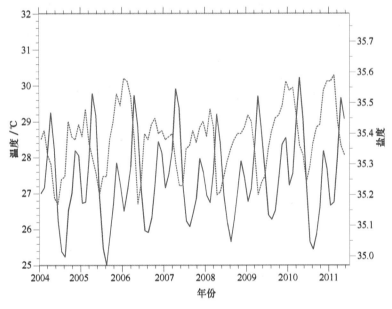

图 7　索马里沿岸（5°S ~ 10°N、45° ~ 50°E）海域 5 × 10^4 Pa 层温度（蓝色）和
盐度（红色）随时间（2004 年 1 月 – 2011 年 5 月）变化

Fig. 7　Time series of averaged temperature（blue）and salinity（red）at

5×10^4 Pa near the costal of Somalia

×10⁴ Pa 处平均可达 8.5℃，1 950×10⁴ Pa 处约 3.2℃，而 10°～30°S 海区大部分 1 000×10⁴ Pa 深处海水温度低于 6.0℃，1 950×10⁴ Pa 处则低于 2.6℃。在 1 000×10⁴ Pa 层，自澳大利亚西海岸有一股冷水（≤5℃）向西延伸至 70°E 附近，而在 1 950×10⁴ Pa 处，马达加斯加以东海域整年存在一个范围较大的冷水中心（<2.4℃）。

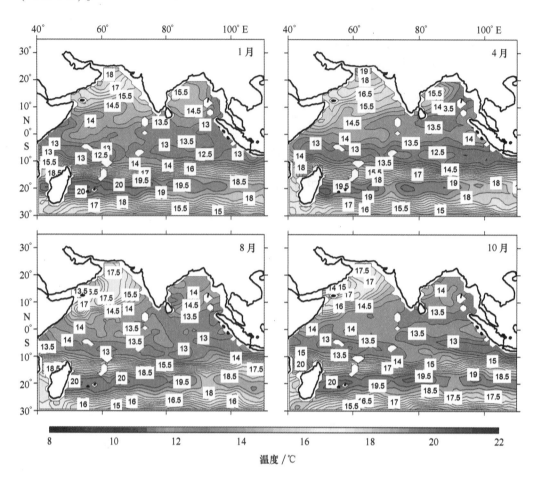

图 8　1 月、4 月、8 月及 10 月印度洋 200×10⁴ Pa 层温度分布

Fig. 8　The distribution of averaged temperature at 200×10⁴ Pa in January, April, August and October in the Indian Ocean

4.2　盐度

印度洋表层盐度分布与 E－P 通量的分布形态基本一致，在热带东印度洋海区，盐度在 34.5 左右，接近热带西太平洋的表层盐度值；在非洲沿岸，盐度增加，北半球阿拉伯海盐度最高，可达 36.0 以上，而在孟加拉湾北部，盐度最低仅为 32.0（见

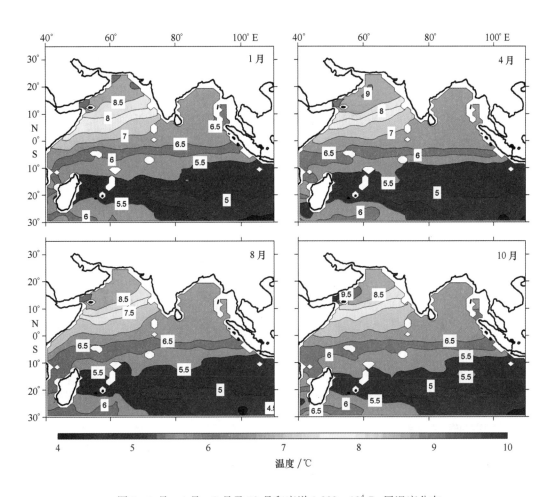

图9　1月、4月、8月及10月印度洋1 000×10⁴ Pa层温度分布

Fig. 9　The distribution of averaged temperature at 1 000 ×10⁴ Pa in January, April,

August and October in the Indian Ocean

图 11）。

　　表层盐度的季节变化并不显著，相对比较明显的变化出现在夏季风盛行季节
（图 12 中 8 月和 10 月）。可以看到，受强烈的西南风影响，盐度为 34.5 的海水面积
明显向东收缩，阿拉伯海高盐水（ > 34.5）有进入孟加拉湾南部的趋势，这与
Donguy 等[4] 的研究结果十分相似。孟加拉湾海表盐度在 1 月份最低约 30.0，而在 4
月份东北季风晚期，盐度达到最大（32.0 ~ 33.0）。受东北季风影响，10 月至翌年 4
月，孟加拉湾低盐水延伸至阿拉伯海南部。在索马里沿岸海域，海表盐度的季节变化
与温度不同，1 - 2 月份盐度最高，平均约 35.48，5 - 6 月盐度则最低，约 35.24（见
图 7）。4 月至 8 月，孟加拉湾北部海域的海表盐度明显下降，而阿拉伯海南部盐度反
之升高，但其西部海域盐度同样呈下降趋势；另一个盐度明显下降的海区则呈现在苏

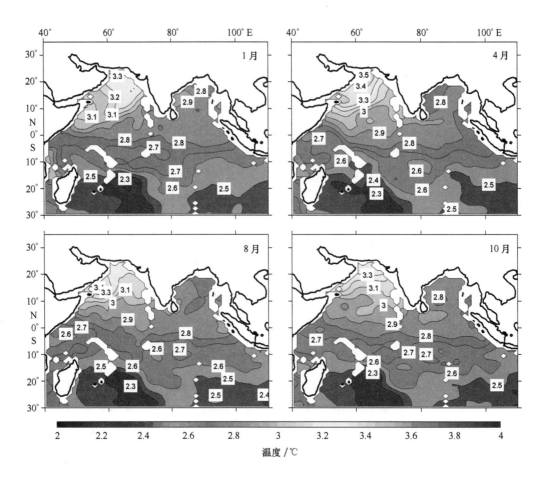

图10　1 月、4 月、8 月及 10 月印度洋 $1\,950 \times 10^4$ Pa 层温度分布

Fig. 10　The distribution of averaged temperature at $1\,950 \times 10^4$ Pa in January,
April, August and October in the Indian Ocean

门答腊岛以西的热带东印度洋海域（见图 13）。与表层盐度相比，印度洋 200×10^4 Pa 层上的盐度季节性变化非常小（图略），盐度小于 35.0 的水体主要分布在 $15^\circ \sim 5^\circ$ S 间，向西可达 70° E 附近，而盐度小于 34.2 的低盐水分布在 95° E 以东海域（见图 14），$1\,000 \times 10^4$ Pa 和 $1\,950 \times 10^4$ Pa 层上的盐度季节变化非常小，这里不作详细讨论。

4.3　密度

　　印度洋表层密度的分布与海表盐度的分布形态极其相似，盐度高的海区对应的海水密度也高（见图 15）。苏门答腊岛至孟加拉湾海区的密度最小（ $<21.5\sigma_\theta$ ），15° S 以南的密度最高，在 $23.0 \sim 25.0\sigma_\theta$ 范围内，且经向梯度大。另外一个高密度海区位

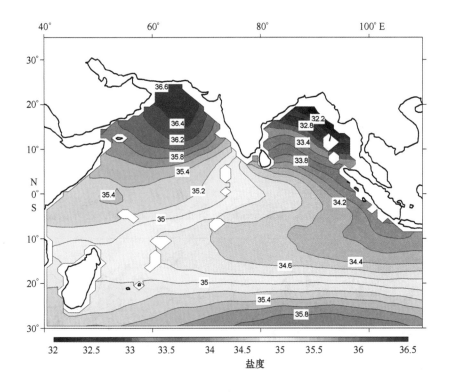

图 11　印度洋 5×10^4 Pa 层平均盐度分布

Fig. 11　The distribution of annual averaged salinity at 5×10^4 Pa

于阿拉伯海北部，密度变化很小，约 $23.5\sigma_\theta$。

　　表层密度的季节变化同样不显著（见图16），1月和4月表层密度较小，其中孟加拉湾在4月和10月份的密度最小，约 $20.5\sigma_\theta$，但1月份阿拉伯海北部、阿曼湾附近海域的密度则可达一年中的最大值（$>24.0\sigma_\theta$）。在西南季风盛行的 8－10 月期间，表层密度明显上升，尤以索马里－阿曼沿岸海域最为明显，应与该海域存在上升流有关。

　　在 200×10^4 Pa 层，海水密度的季节变化不大，密度最小的区域位于 10°～25° S 之间，其值在 $25.2 \sim 26.2\sigma_\theta$ 之间。10°S 以北海区，密度较高，且变化非常小。1月份，索马里沿岸存在面积较大的高密度水，其值约 $26.4\sigma_\theta$，而 8－10 月，索马里沿岸的密度有明显下降，最小至 $25.8\sigma_\theta$（见图17）。$1\,000 \times 10^4$ Pa 和 $1\,950 \times 10^4$ Pa 层的密度基本呈南低北高的分布趋势（图略），其中 $1\,000 \times 10^4$ Pa 层上的密度在索马里－阿曼沿岸呈最大（$>27.45\sigma_\theta$），而 15°S 以南海区的密度经向梯度同样较大；$1\,950 \times 10^4$ Pa 层密度（$>27.76\sigma_\theta$）最大的海区位于亚丁湾、阿曼沿岸以及孟加拉湾西北部海域。

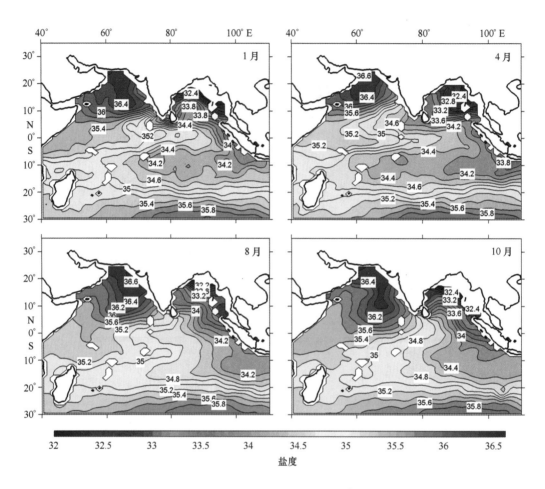

图 12　1 月、4 月、8 月及 10 月印度洋 5×10^4 Pa 层盐度分布

Fig. 12　The distribution of averaged salinity at 5×10^4 Pa in January,

April, August and October in the Indian Ocean

5　混合层和跃层

5.1　混合层

图 18 呈现了 4 个代表月中印度洋海域混合层的深度分布。可以看到,由于受季风控制,印度洋的混合层深度同样存在明显季节性变化,特别是北印度洋的混合层深度呈明显的半年周期变化[14]。1 月的混合层深度除了在阿拉伯海 10°N 以北海域可超过 50 $\times 10^4$ Pa 外,其他区域均小于 50 $\times 10^4$ Pa;而非洲沿岸赤道附近海域正好处于南向索马里流和东非沿岸北向流的辐聚区,导致该海区的混合层深度也较大[7]。4 月份为东

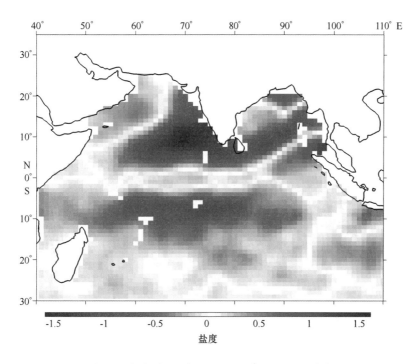

图 13　印度洋 4 月与 8 月 5×10^4 Pa 层盐差分布

Fig. 13　The distribution of salinity difference between April and August at 5×10^4 Pa

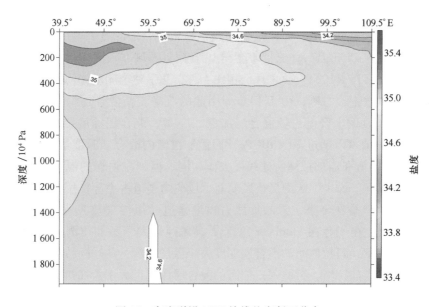

图 14　印度洋沿 10°S 纬线盐度断面分布

Fig. 14　The salinity section along 10°S in the Indian Ocean

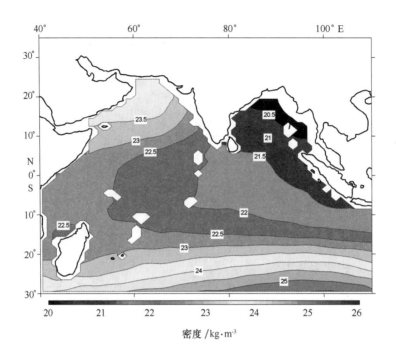

图15   印度洋 5×10^4 Pa 层年平均密度分布

Fig. 15   The distribution of annual averaged density at 5×10^4 Pa

北季风晚期，风速变小，同时太阳辐射增强，导致混合层深度变浅[14]。混合层深度较大的区域出现在 15°S 以南；热带印度洋 10°S 附近海域以及阿拉伯海、孟加拉湾混合层深度最小（ $< 15 \times 10^4$ Pa）。8 月份相比 4 月，几乎整个印度洋海区混合层深度明显增大，夏季风急流轴右侧，由于 Ekman 引起的沉降流使混合层深度加深，而在左侧，由 Ekman 驱动的上升流也使混合层加深。10 月，混合层深度最大出现在 10° ~ 20°S 区域内，其值可以超过 70×10^4 Pa，而孟加拉湾内混合层深度最小（ $< 15 \times 10^4$ Pa）。虽然阿拉伯海和孟加拉湾所处纬度大体相同，但阿拉伯海的混合层深度在整年都大于孟加拉湾。Prasad[15]认为夏季风期间，风应力强迫占主导作用，而浮力通量强迫起次要作用；但是在冬季，强的负浮力通量强迫（海洋失热）占据了主导作用。夏季阿拉伯海上空由于存在 Findlater 急流[16]，风速远大于孟加拉湾，在夏季风应力强迫的主导作用下，阿拉伯海的混合层深度大于孟加拉湾；冬季阿拉伯海海面负浮力通量强迫远大于孟加拉湾，因此阿拉伯海的混合层深度也大于孟加拉湾，且前者的季节变化明显大于后者。热带东南印度洋的混合层深度在夏、秋季达到最大，这一特征对于热带印度洋年际尺度的海 – 气相互作用事件 – 印度洋偶极子（IOD）具有重要意义[17]。

混合层温度的分布如图 19 所示。最明显的特征是，4 月份混合层温度最高，20°

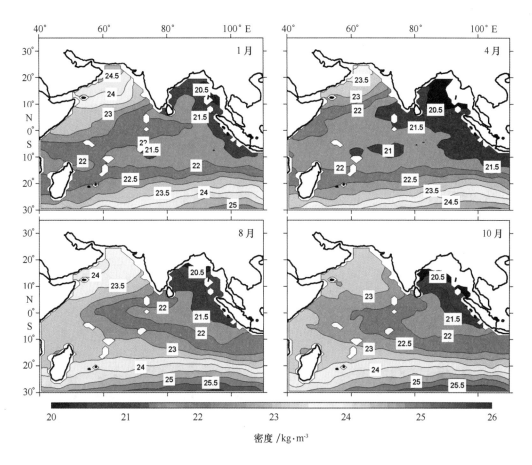

图 16　1 月、4 月、8 月及 10 月印度洋 5×10^4 Pa 层密度分布

Fig. 16　The distribution of averaged density at 5×10^4 Pa in January, April,

August and October in the Indian Ocean

S 以北的几乎所有海区都超过 25℃。8 月，受索马里 – 阿曼上升流影响，从马达加斯加至阿曼沿岸的混合层温度显著下降，而该海区在 10 月由于西南季风转弱，上升流也相应减弱，导致混合层温度比 8 月有明显回升。20°S 以南海区的混合层温度整年最低，且夏、秋季节低温分布更广。

　　混合层盐度的分布状况与表层盐度的分布基本一致，阿拉伯海盐度最高（＞36.2），孟加拉湾至苏门答腊岛以西的盐度最低（＜32.0）。1 月和 4 月受东北季风影响，孟加拉湾低盐水有进入阿拉伯海南部的趋势，爪哇 – 苏门答腊以西（10°S 附近）的低盐水（＜34.5）向西延伸至 60°～70°E 附近海域。8 月和 10 月，阿拉伯海高盐水可通过印度南部进入孟加拉湾南部海区（见图 20）。混合层密度分布与混合层盐度分布特征相似，在北印度洋呈西高东低分布，而在南印度洋基本呈南高北低分布（见图 21）。1 月和 4 月，印度洋中部及孟加拉湾海域被密度小于 $22.0\sigma_\theta$ 的

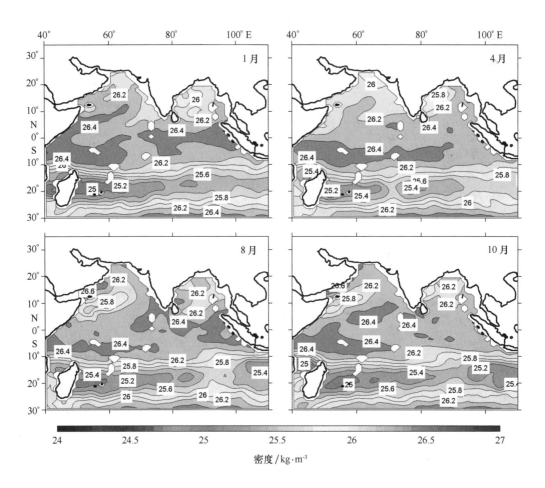

图17　1月、4月、8月及10月印度洋200×10⁴ Pa层密度分布

Fig. 17　The distribution of averaged density at 200×10^4 Pa in January,

April, August and October in the Indian Ocean

低密度水占据,而8月和10月,马达加斯加-阿曼沿岸海域因存在上升流,导致海水密度明显升高。阿拉伯海的海水密度($> 24.0\sigma_\theta$)在1月份最高,对应的温度也最低,而孟加拉湾在4月和10月份达最低($< 21.0\sigma_\theta$)。

5.2　跃层

图22、23和24分别给出了4个代表月份印度洋海域温跃层厚度、深度和强度分布。研究表明,温跃层的季节性变化主要受海面风应力和海表净热通量的季节变化控制[18]。研究海区温跃层厚度的季节分布大体一致,阿拉伯海北部及15°~30°S间海域的温跃层厚度最大(可以超过350×10^4 Pa),而热带印度洋(10°S~10°N)和孟加拉湾海域的温跃层厚度相对较小,平均在250×10^4 Pa左右。

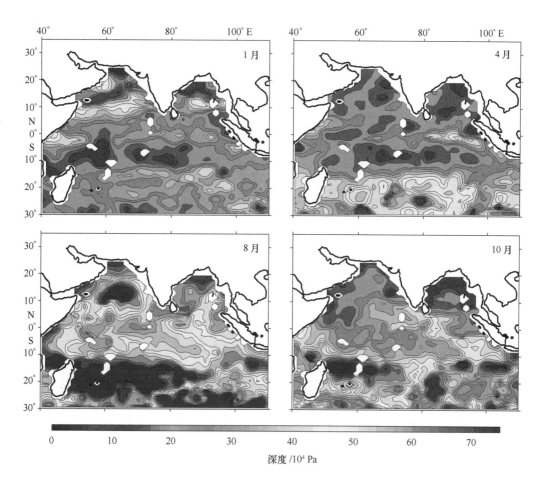

图18　1月、4月、8月及10月印度洋混合层深度分布

Fig. 18　The distribution of averaged mixed layer depth in January,

April, August and October in the Indian Ocean

从图21不难发现，1月份马达加斯加至东印度洋海域（15°～30°S）的温跃层厚度最大，可能是由于1月份南半球海洋吸收热量（见图25）导致上层海水温度梯度增加有关；4月份，北半球海洋吸收热量而南半球10°S以南海水失热，导致北印度洋特别是阿拉伯海的温跃层厚度增加，而马达加斯加至东印度洋的温跃层厚度相比1月份有所减小；8月份，北印度洋受强烈的西南季风控制，导致海水混合加强，混合层加深。尽管北印度洋海水吸收热量，但由于风应力占主导作用，所以几乎整个研究海区（阿拉伯海北端除外）的温跃层厚度均呈明显减小，而索马里－阿曼沿岸海域在上升流的作用下，下层冷水涌升，温跃层厚度也达到一年中的最小，仅为220×10^4 Pa左右；10月份，随着西南季风的减弱以及海面净热通量的增加，研究海区的温跃层厚度逐渐增大。温跃层深度的季节分布与温

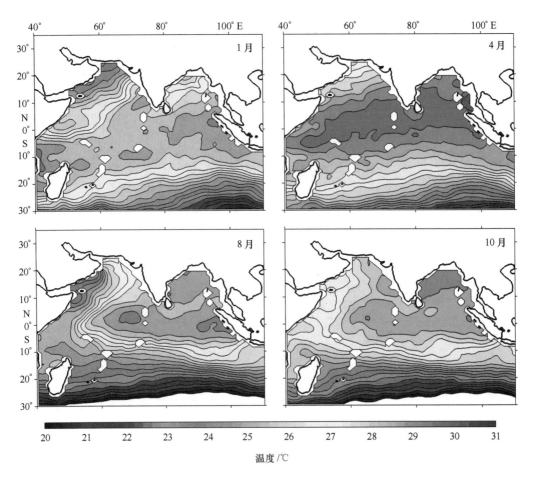

图 19　1 月、4 月、8 月及 10 月印度洋混合层温度分布

Fig. 19　The distribution of averaged mixed layer temperature in January,

April, August and October in the Indian Ocean

跃层厚度基本一致，只是前者的季节变化更小（见图 23）。温跃层强度与温跃层厚度基本呈反位相分布，即阿拉伯海北部及 15°~30°S 间的温跃层强度最小，而热带印度洋（10°S~10°N）和孟加拉湾的温跃层强度较大 [>0.06℃/（10^4 Pa）]；8 月和 10 月，索马里-阿曼沿岸由于上升流的存在，使该海域的温跃层强度下降（见图 24）。

6　水团

已有的研究表明，研究海区主要有 8 个水团，即印度洋中央水（ICW）、亚南极模态水（SAMW）、澳大利亚 Mediterranean 水（AAMW）、南极中层水（AAIW）、

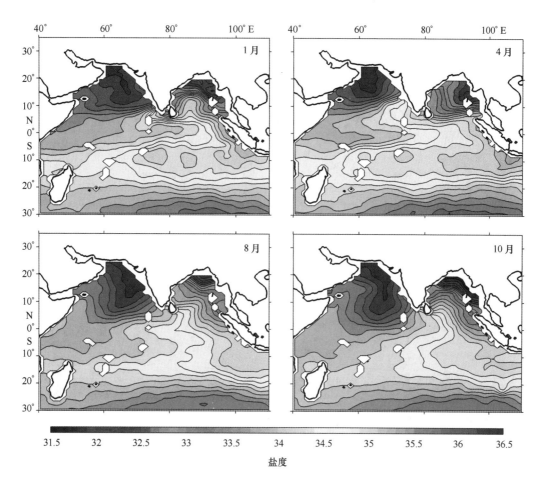

图 20   1 月、4 月、8 月及 10 月印度洋混合层盐度分布
Fig. 20   The distribution of averaged mixed layer salinity in January,
April, August and October in the Indian Ocean

孟加拉湾水（BBW）、阿拉伯海高盐水（ASHSW）、波斯湾水（PGW）和红海水（RSW）。印度洋中央水形成于南印度洋副热带辐聚区（STC），温、盐度特征值分别为 $9 \sim 17 ℃$、$34.7 \sim 35.5$，占据了印度洋温跃层的重要部分[19]，它沿着 $100 \times 10^4 \sim 800 \times 10^4$ Pa 水层向北伸展，在北上途中受 AAMW（温、盐特征值分别为 $9 \sim 16 ℃$、$34.7 \sim 34.9$）稀释而变性，又称为北印度洋中央水[20]，其水文特征与南大西洋和西南太平洋中央水基本一致。亚南极模态水形成于亚南极锋北部海区，密度范围在 $26.5 \sim 27.1 \sigma_\theta$ 之间[21]，是东南印度洋最厚、含氧量最高的水团，可延伸至热带印度洋。印度洋中央水和亚南极模态水是印度洋主温跃层通风的两个主要源，它们的温盐度和营养盐性质很难被区分[5]。澳大利亚 Mediterranean 水属于热带水团，由太平洋中央水通过澳大利亚 Mediterranean 海进入印度洋时形成，$1\,000 \times 10^4$

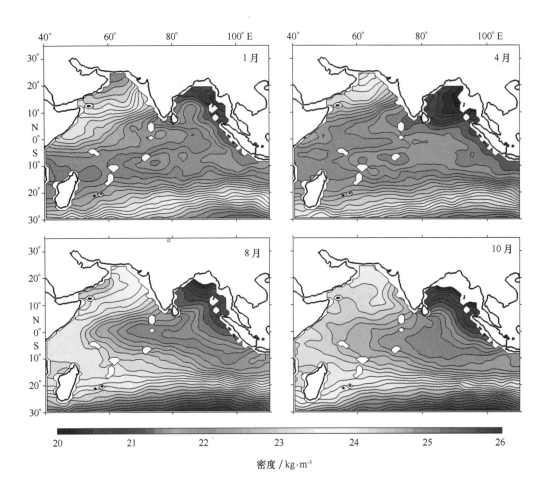

图21 1月、4月、8月及10月印度洋混合层密度分布

Fig. 21 The distribution of averaged mixed layer density in January,

April, August and October in the Indian Ocean

Pa 以上由低盐水占据。南极中层水团在太平洋、大西洋和印度洋中都分布很广，它是南极表层水向北运动到南极辐合带附近与周围的海水强烈混合下沉而形成的，这是一个具有盐度极小值的水团。它在印度洋的势力最弱，不会越过 10°S，因为那里有高盐度的红海水团，其密度和南极中层水团相当，所以阻挡了南极中层水团的继续北上[22]，当进入印度洋副热带环流区，该水团的温度在 3 ~ 4℃ 之间，盐度在 34.3 左右；来自南亚次大陆和印度的季风性径流在孟加拉湾形成了低盐水，即孟加拉湾水，其主要分布在 100 × 10⁴ Pa 层上，分布着强的盐度跃层，使孟加拉湾东部的表层盐度常年低于 33.0；在北阿拉伯海主要分布有阿拉伯海高盐水、波斯湾水和红海水，其主要特征见表 1（引自 Kumar 和 Prasad[23]）。

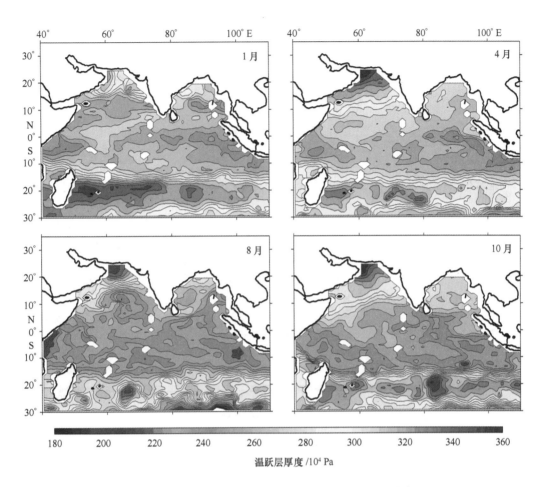

图 22　1 月、4 月、8 月及 10 月印度洋温跃层厚度分布

Fig. 22　The distribution of averaged thermocline thickness in January,

April, August and October in the Indian Ocean

表 1　阿拉伯海高盐水、波斯湾水和红海水的主要特征

水团名称	温度/℃	盐度	密度/kg·m⁻³	深度/10⁴ Pa
阿拉伯海高盐水	24 ~ 28	35.3 ~ 36.7	22.8 ~ 24.5	0 ~ 100
波斯湾水	13 ~ 19	35.1 ~ 37.9	26.2 ~ 26.8	200 ~ 400
红海水	9 ~ 11	35.1 ~ 35.6	27.0 ~ 27.4	500 ~ 800

　　为了弄清楚印度洋海域不同水团的温、盐度特征，我们分别选取了 5 个不同海区（灰色代表索马里沿岸、粉红色代表阿拉伯海、蓝色代表南印度洋副热带海区、黑色代表孟加拉湾、红色代表澳大利亚和印度尼西亚之间的海区）的平均 T－S 关系（见图 26）。由图可见，5 个不同海区的 T－S 曲线在约 2 000×10⁴ Pa 深度处几乎汇集在

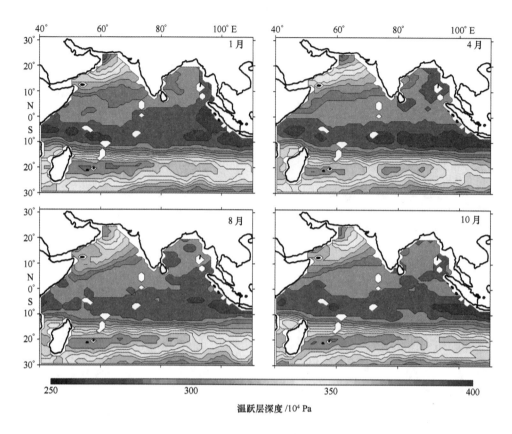

图 23　1月、4月、8月及10月印度洋温跃层深度分布

Fig. 23　The distribution of averaged thermocline base in January, April,
August and October in the Indian Ocean

一起，温度和盐度分别为 2.5℃ 和 34.75，可以看作为印度洋深层水（IDW）盘踞的区域。澳大利亚和印度尼西亚海域的海水盐度在 10 ~ 25℃ 之间，是 5 个区域中最低（约 34.6）的，且变化也非常小，属典型的澳大利亚 Mediterranean 水。在孟加拉湾温度大于 27℃ 的海水中，呈现盐度最小值，最低仅为 33.0 左右，即为孟加拉湾水（BBW）。而南印度洋副热带海区的海水盐度变化最大，呈反"S"型，其中盐度最低（约 34.4）的水代表了南极中层水（AAIW）；密度在 26.5 ~ 27.1σ_θ 之间的亚南极模态水（SAMW），其温度在 5 ~ 16℃ 之间。由于印度洋中央水与亚南极模态水很难辨别，所以这里我们暂且把亚南极模态水上面（密度 25.5 ~ 26.5σ_θ）的水认为是印度洋中央水（ICW）。在北阿拉伯海，T - S 点聚显示从上往下分别为阿拉伯海高盐水、波斯湾水和红海水，这与 Kumar 和 Prasad[23] 的分析结果吻合。而在索马里沿岸海域的 T - S 关系显示了盐度随深度变化相对较小的特性（图 26 中灰色三角形），其变化范围在 34.6 ~ 35.5 之间，根据 Emery[24] 的研究，在温度 8 ~ 23℃ 范围内似乎分布着

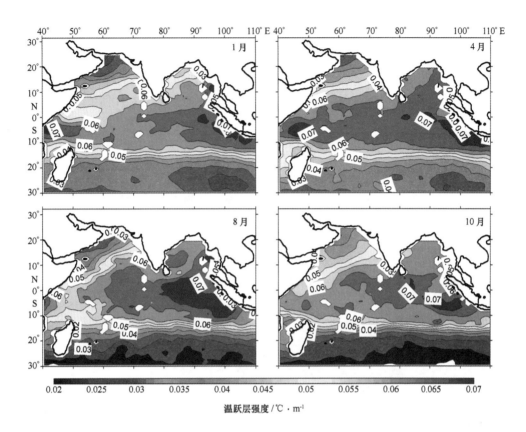

图 24　1 月、4 月、8 月及 10 月印度洋温跃层强度分布

Fig. 24　The distribution of averaged thermocline intensity in January,

April, August and October in the Indian Ocean

印度洋赤道水（IEW），但盐度又比其给出的值（34.6 ~ 35.0）偏高，是否受到红海高盐水的影响，还有待进一步探究。

图 27 和图 28 分别显示了研究海区 $25.7\sigma_\theta$（深度约 150 ~ 200 m）和 $26.7\sigma_\theta$（深度约 300×10^4 ~ 450×10^4 Pa）等密度层上盐度分布（温度分布与盐度非常相似，图略）。很明显，低盐（< 35.0）的 AAMW 沿 10°S 附近从东往西可达马达加斯加以东海区，其分布形状类似于射流，产生了全球海洋温跃层中最强的锋面系统之一，该锋面的存在意味着马达加斯加岛以东（西向南赤道流分叉的位置）至爪哇岛 10° ~ 15°S 之间海域温跃层内的经向运动很弱，故南北印度洋次表层水之间的平流传输主要发生在西边界流区[3]。在 $25.7\sigma_\theta$ 等密度层上，两个高盐海区分别位于阿拉伯海（来自波斯湾和红海的高盐水）和 15°S 以南海域，而整个孟加拉湾是第二低盐区（约 35.0）。在 $26.7\sigma_\theta$ 等密层上，南印度洋高盐的中央水被低盐的中央水替代，除了阿拉伯海和 5° ~ 15°S（马达加斯加岛至爪哇岛）所围海域以外，在印度洋的大部分海区均被印

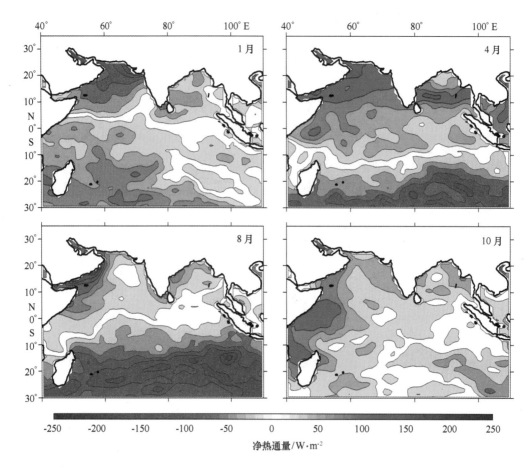

图 25　NOC1. 1a 气候资料1月、4月、8月及10月印度洋海面净热通量分布

Fig. 25　The distribution of averaged surface net heat flux in January, April,

August and October in the Indian Ocean derived from NOC1. 1a climatology

度洋中央水占据。

　　为了更直观地探讨不同水团随深度和纬度的分布, 绘制了一幅90°E 经线上的盐度断面分布图 (见图29)。由图可见, 低盐的孟加拉湾水主要分布在 100×10^4 Pa 深度以上, 从北半球的20°N 附近海域延伸至南半球的15°S 附近海域, 并且在10°~20°N 海域的盐度随深度变化很快, 密度随深度变化也较大, 但其温度随深度却基本没有变化 (图略), 表明该海区整年都存在着障碍层, 与西太平洋的障碍层由当地降水来维持相比, 孟加拉湾的障碍层则由季风性径流带来的低盐水所致[3]; 100×10^4 Pa 深度以下区域主要被印度洋中央水 (>35. 0) 所占据, 而在5°~20°S 之间海域存在着盐度相对较低的 AAMW 水。15°S 以南、600×10^4 Pa 深度以下海域, 则由南极中层水占据, 其盐度为34. 6 左右。

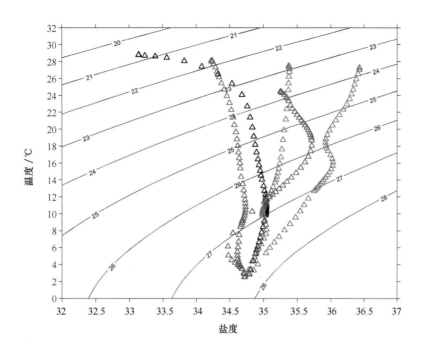

图 26   印度洋海区 T–S 曲线

灰色、粉红色、蓝色、黑色和红色三角形分别代表 5°S～10°N，45°～50°E，15°～23°N，59°～66°E，
20°～25°S，70°～75°E，10°～15°N，88°～90°E 及 10°～15°S，110°～120°E 范围内平均 T–S 关系

Fig. 26   T–S relationships of different regions in the Indian Ocean

7   海洋热含量

图 30 给出了研究海域 2004 – 2011 年期间 0～1 000 m 层内海洋热含量的气候态分布。从总体上看，该海域热含量等值线基本呈纬向分布，且其分布形态与西太平洋相类似，即呈两高一低的"马鞍型"分布[25]。从赤道 0°向北以及 15°S 向南，热含量值（4.8×10^{10} J/m^2）不断增加，中间则为热含量低值区（$< 4.8 \times 10^{10}$ J/m^2）所占据，其低值中心呈现在印度洋西侧海域。

由图 30 还可以看到，印度洋海域低热含量带的对称轴并非在赤道上，而是位于 8°S 附近。由于印度洋特殊的地理分布，南北两个热含量高值带有明显的差异，南半球的高值中心（$> 5.4 \times 10^{10}$ J/m^2）位于马达加斯加岛以东，且其主轴走势基本呈纬向舌状分布，自西向东热含量值逐渐减小；北半球热含量的分布在阿拉伯海和孟加拉湾有很大的区别。由南向北，阿拉伯海的热含量值逐渐增加，其主轴呈南北向分布。整个印度洋海域热含量的最高值（5.8×10^{10} J/m^2）出现在阿拉伯海的最北端（24°N，60°E 附近）。此外，整个阿拉伯海的热含量值（$> 5.0 \times 10^{10}$ J/m^2）要高于孟加

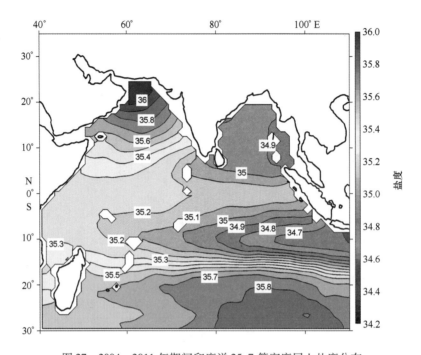

图 27   2004 – 2011 年期间印度洋 25.7 等密度层上盐度分布

Fig. 27   The distribution of salinity at the isopycnic layer of 25. 7σ_θ during 2004 – 2011

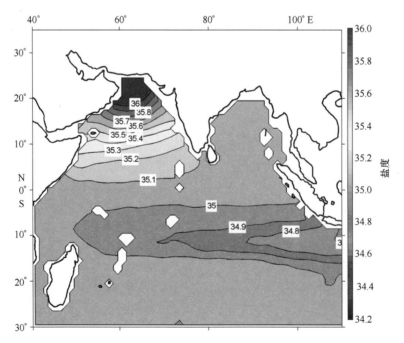

图 28   2004 – 2011 年期间印度洋 26.7 等密度层上盐度分布

Fig. 28   The distribution of salinity at the isopycnic layer of 26. 7σ_θ during 2004 – 2011

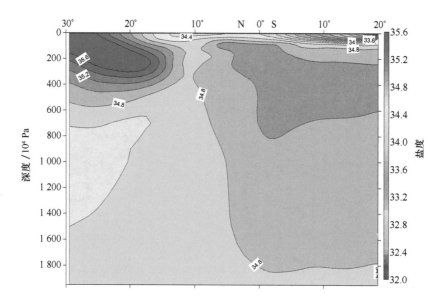

图 29　印度洋沿 90°E 经线盐度断面分布

Fig. 29　The salinity section along 90°E in the Indian Ocean

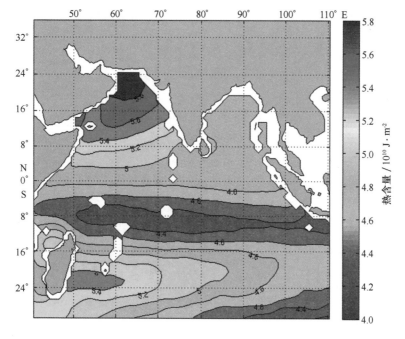

图 30　2004 – 2011 年期间印度洋 0 ~ 1 000 m 层上海洋热含量分布

Fig. 30　The distribution of upper 1 000 m ocean heat content during 2004 – 2011

拉湾海域（约 4.8×10^{10} J/m^2），而孟加拉湾海域的热含量在整个区域基本一致，其变化梯度远远小于阿拉伯海。

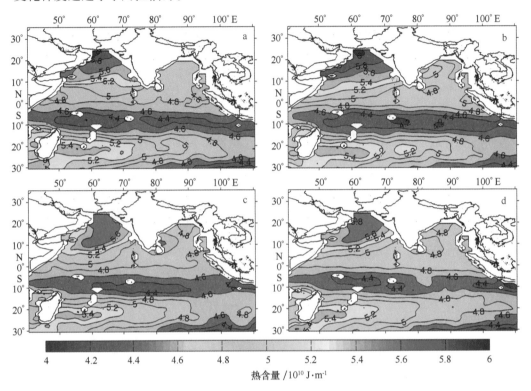

图31 1月（a）、4月（b）、8月（c）和10月（d）印度洋 0~1 000 m 深度上海洋热含量分布

Fig. 31 The distribution of upper 1 000 m ocean heat content in January（a），

April（b），August（c）and October（d）

图31 呈现了 2004－2011 年期间 4 个代表月份印度洋上海洋热含量的分布。由此可见，研究海域热含量分布的季节变化并不十分明显。春季（4 月），印度洋海域高热含量区内的热含量似乎稍有增加，而低热含量带内的值则在减小，使得热含量的南北梯度相对其他季节显得大些；冬季（1 月），孟加拉湾的热含量在整个区域趋于一致，而其他季节则稍有变化，但变化也并不大。南半球的高热含量带在冬、春季节要稍大于夏季和秋季。显而易见，在 4 个代表月中，印度洋海域海洋热含量两高一低的分布态势并没有太明显的变化。

8 小结

为了对整个印度洋海域的物理海洋状况有一较全面、系统的认识和了解，本文利用 2004－2011 年期间逐年逐月的 Argo 网格数据集，对印度洋（30°S 以北）海域的基本水文（温度、盐度、密度、混合层、跃层、水团和海洋热含量等要素）特征及其季节变化进行了初步探讨，结果表明：

（1）印度洋表层温度年平均分布主要受到太阳辐射的影响，从低纬度到高纬度海域温度逐渐降低，南半球尤其明显。北印度洋海域的温度明显高于南部海域，以 28℃等温线为包络线的暖池主要盘踞在 $10°S \sim 20°N$ 之间的海域，而在印度洋西部海域，受沿岸流和索马里 – 阿曼上升流的影响，温度平均低于 27.5℃。1 月，暖池面积最大，覆盖了印度洋 $15°S \sim 20°N$ 的海区；8 月，暖池面积最小，主要分布在 $10°S \sim 10°N$ 之间。在整个研究海区，4 月份的海表温度几乎都要比 8 月份的温度高，$10°S$ 以南及马达加斯加 – 索马里 – 阿曼沿岸海域尤为明显，平均高 $4 \sim 5℃$。200×10^4 Pa 处的温度分布受季风影响很小，季节性变化并不显著。$1\,000 \times 10^4$ Pa 深度以下，温度季节变化更小。

（2）索马里沿岸海域的海表温度呈显著季节性变化，4 月份最高可达 30℃，随后海表温度迅速下降，至 8 月份达最低值，约 $25.0 \sim 26.5℃$ 之间；8 月至季风转换的 11 月份，温度又升高，但几乎不超过 28.5℃；11 月至翌年 2 月，温度下降约 1℃，随后升至一年中的最高。

（3）印度洋表层盐度分布与 E – P 通量的分布形态基本一致，在热带东印度洋海区，盐度在 34.5 左右；在非洲沿岸海域盐度明显增加，到达北半球阿拉伯海盐度最高，可达 36.0 以上，而在孟加拉湾北部，盐度最低仅为 32.0。表层盐度的季节变化并不显著。与表层盐度相比，印度洋 200 dbar 层以下的盐度季节性变化更小，盐度小于 35.0 的水体主要分布在 $15° \sim 5°S$ 间，向西可达 $70°E$ 附近，而盐度小于 34.2 的低盐水分布在 $95°E$ 以东海域。

（4）孟加拉湾海表盐度在 1 月份最低约 30.0，而在 4 月份东北季风晚期，盐度达到最大（$32.0 \sim 33.0$）。受东北季风影响，10 月至翌年 4 月，孟加拉湾低盐水延伸至阿拉伯海南部。在索马里沿岸海域，海表盐度的季节变化与温度不同，1 – 2 月份盐度最高，平均约 35.48，5 – 6 月盐度则最低，约 35.24。4 月至 8 月，孟加拉湾北部的海表盐度明显下降，而阿拉伯海南部盐度反之升高，阿拉伯海西部海域盐度同样呈下降趋势。

（5）印度洋表层密度的分布与海表盐度的分布形态极其相似，盐度高的海区对应的海水密度也高。苏门答腊岛至孟加拉湾海区的密度最小（$< 21.5\sigma_\theta$），$15°S$ 以南的密度最高，在 $23.0 \sim 25.0\sigma_\theta$ 范围内，且经向梯度大。表层密度的季节变化同样不显著，1 月和 4 月表层密度较小，其中孟加拉湾在 4 月和 10 月份的密度最小，约 $20.5\sigma_\theta$，但 1 月份阿拉伯海北部、阿曼湾附近海域的密度达一年中的最大（$> 24.0\sigma_\theta$）。在西南季风盛行的 8 – 10 月期间，表层密度明显上升，尤以索马里 – 阿曼沿岸海区最为明显，应与该海域存在上升流有关。在 200×10^4 Pa 层，海水密度的季节变化不大，密度最小的区域位于 $10° \sim 25°S$ 之间，其值在 $25.2 \sim 26.2\sigma_\theta$ 之间。$10°S$ 以北海区，密度较高，且变化非常小。$1\,000 \times 10^4$ Pa 层以下，密度基本呈南低北高的分布趋势，其中 $1\,000 \times 10^4$ Pa 层的密度在索马里 – 阿曼沿岸最大（ > $27.45\sigma_\theta$），$1\,950 \times 10^4$ Pa 层密度（ > $27.76\sigma_\theta$）最大的海区位于亚丁湾、阿曼沿岸以及孟加拉湾西北部海域。

（6）印度洋海域混合层深度由于受到季风控制，存在明显的季节性变化，特别是北印度洋的混合层深度呈明显的半年周期变化。1 月，混合层深度除了在阿拉伯海 10°N 以北可超过 50×10^4 Pa 外，其他区域均小于 50×10^4 Pa；4 月份为东北季风晚期，风速变小，混合层深度变浅，在热带印度洋 10°S 附近海域以及阿拉伯海、孟加拉湾，其混合层深度小于 15×10^4 Pa；8 月，整个印度洋海区混合层深度明显增大；10 月，最大混合层深度分布在 10° ~ 20°S 区域内，其值可超过 70×10^4 Pa。

（7）温跃层的季节性变化主要受海面风应力和海表净热通量的季节变化控制，阿拉伯海北部及 15° ~ 30°S 海域的温跃层厚度最大（ > 350×10^4 Pa），而热带印度洋（10°S ~ 10°N）和孟加拉湾的温跃层厚度相对较小，平均在 250×10^4 Pa 左右。1 月份，马达加斯加至东印度洋海域（15° ~ 30°S）的温跃层厚度最大；4 月份，北半球海洋吸收热量而南半球 10°S 以南海水失热，导致北印度洋特别是阿拉伯海的温跃层厚度增加，而马达加斯加至东印度洋的温跃层厚度相比 1 月份有所减小；8 月份，北印度洋受强烈的西南季风控制，导致海水混合加强，混合层加深，几乎整个研究海区（阿拉伯海北端除外）的温跃层厚度明显减小，而索马里 – 阿曼沿岸海域在上升流的作用下，下层冷水涌升，温跃层厚度也达到一年中的最小（ < 220×10^4 Pa）；10 月份，随着西南季风的减弱以及海面净热通量的增加，研究海区的温跃层厚度逐渐增大。

（8）温跃层深度的季节分布与温跃层厚度基本一致，只是前者的季节变化更小。温跃层强度与温跃层厚度基本呈反位相分布，即阿拉伯海北部及 15° ~ 30°S 之间的温跃层强度最小，而热带印度洋（10°S ~ 10°N）和孟加拉湾的温跃层强度较大 [> $0.06℃/(10^4\ Pa)$]；8 月和 10 月，索马里 – 阿曼沿岸由于上升流的存在，使该海域的温跃层强度下降。

（9）研究海区存在 8 个主要水团，它们是印度洋中央水（ICW）、亚南极模态水（SAMW）、澳大利亚 Mediterranean 水（AAMW）、南极中层水（AAIW）、孟加拉湾水（BBW）、阿拉伯海高盐水（ASHSW）、波斯湾水（PGW）和红海水（RSW）。其中，主温跃层内主要由印度洋中央水（以及亚南极模态水）占据，从印度尼西亚至马达加斯加 10° ~ 15°S 范围内，（150 ~ 450）× 10^4 Pa 深度范围内明显存在着低盐的 AAMW 水；北阿拉伯海从上往下分别存在着阿拉伯海高盐水、波斯湾水和红海水。

（10）研究海域 $1\,000$ m 上层的海洋热含量等值线基本呈纬向分布，呈两高一低的"马鞍型"分布。由赤道 0°向北，以及 15°S 向南区域，热含量值（4.8×10^{10} J/ m^2）不断增加，其间则为低热含量值区（ < 4.8×10^{10} J/m^2）所占据，且热含量低值中心主要呈现在印度洋西侧海域。印度洋海域低热含量带的对称轴并非在赤道上，而是位于 8°S 附近；同时，由于印度洋特殊的地理分布，南北两个热含量高值带存在明

显的差异，即南半球的高值中心（ $>5.4 \times 10^{10}$ J/m^2 ）位于马达加斯加岛以东海域，其主轴走势基本呈纬向舌状分布，自西向东热含量值逐渐减小；北半球热含量的分布在阿拉伯海和孟加拉湾又有着较大的区别，阿拉伯海的热含量值由南向北逐渐增加，且也决定了阿拉伯海热含量变化的主轴是南北向的，而整个印度洋海域热含量的最高值（ 5.8×10^{10} J/m^2 ）就出现在阿拉伯海的最北端（24°N，60°E 附近）。此外，整个阿拉伯海的热含量值（ $>5.0 \times 10^{10}$ J/m^2 ）也要高于孟加拉湾海域（ $\sim 4.8 \times 10^{10}$ J/m^2 ）。研究海域热含量的季节变化并不十分明显。

参考文献：

[1] 邱云. 孟加拉湾上层环流及其变异研究[D]. 厦门：厦门大学，2007.

[2] Rochford D J. Hydrology of the Indian Ocean：Ⅱ. The surface waters of the South-East Indian O-cean and Arafura Sea in the spring and summer[J]. Aust J Mar Freshwat Res, 1962, 13：226 −251.

[3] Tomczak M, Godfrey J S. Regional Oceanography：An introduction[M]. Oxford, England：Perga-mon, Elsevier Science Ltd, 1994：175 −228.

[4] Donguy J, Meyers G. Seasonal variations of sea-surface salinity and temperature in the tropical Indi-an Ocean[J]. Deep-Sea Res Ⅰ, 1996, 43(2)：117 −138.

[5] Karstensen J, Tomczak M. Ventilation processes and water mass ages in the thermocline of the southeast Indian Ocean[J]. Geophys Res Lett, 1997, 24(22)：2777 −2780.

[6] 李宏，许建平，刘增宏，等. 利用逐步订正法构建 Argo 网格资料集的研究[J]. 海洋通报，2012, 31（5）：502 −514.

[7] Prasad T G, Bahulayan N. Mixed layer depth and thermocline climatology of the Arabian Sea and western equatorial Indian Ocean[J]. Indian Journal of Marine Sciences, 1996, 25：189 −194.

[8] Andersson A, Fennig K, Klepp C, et al. The hamburg ocean atmosphere parameters and fluxes from Satellite Data-HOAPS-3[J]. Earth Syst Sci Data, 2010, 2：215 −234.

[9] Joesph P V. Monsoon variability in relation to equatorial trough activity over India and west Pacific Oceans[J]. Mausam, 1990, 41：291 −296.

[10] Ninomiya K, Kobayashi C. Precipitation and moisture balance of the Asian summer monsoon in 1991 Part Ⅱ：Moisture transport and moisture balance[J]. J Meteorolog Soc Japan, 1999, 77：77 −99.

[11] de Boyer Montégut, Clement Vialard, Jerome Shenoi, et al. Simulated seasonal and interannual variability of mixed layer heat budget in the northern Indian Ocean[J]. J Climate, 2007, 20：3249 −3268.

[12] Murtugudde R, Seager R, Thoppil P. Arabian Sea response to monsoon variations[J]. Paleocean-ography, 2007, 22, PA4217, doi：10. 1029/2007PA001467.

[13] Ekman V W. On the influence of the Earth's rotation on ocean currents[J]. Ark Mat Astron Fys, 1905, 2(11)：1 −52.

[14]   Schott F, Dengler M, Schoenefeldt R. The shallow overturning circulation of the Indian Ocean[J].
        Prog Oceanogr, 2002, 53: 57 – 103.

[15]   Prasad T G. A comparison of mixed-layer dynamics between the Arabian Sea and Bay of Bengal:
        One-dimensional model results [J]. J Geophys Res, 2004, 109: C03035, doi:
        10. 1029/2003JC002000.

[16]   Findlater I. A major low-level air current near the Indian Ocean during the northern summer[J]. Q
        J R Meteorol Soc, 1969, 95: 362 – 380.

[17]   Saji N H, Goswami B N, Vinaychandran P N, et al. A dipole mode in the tropical Indian Ocean
        [J]. Nature, 1999, 401: 360 – 363.

[18]   Liu Qinyu, Jia Yinlai, Liu Penghui, et al. Seasonal and Intraseasonal Thermocline Variability in
        the Central South China Sea[J]. Geophys Res Lett, 2001, 28(23): 4467 – 4470.

[19]   Ming F. Water mass formation in the south Indian Ocean by air-sea fluxes[J]. Journal of Tropical
        Oceanography, 2004, 23 (6): 16 – 21.

[20]   李凤岐, 苏育嵩. 海洋水团分析[M]. 青岛: 青岛海洋大学出版社, 1999: 328 – 330.

[21]   McCartney M S. Subantarctic Mode Water, in: A voyage of discovery[J]. Deep – Sea Res, 1977,
        24 (Suppl): 103 – 199.

[22]   Dietrich G. General Oceanography[M]. 2ed. New York: A Wiley – Interscience Publ, John Wi-
        ley & Sons, 1980.

[23]   Kumar S P, Prasad T G. Formation and spreading of Arabian Sea high-salinity water mass[J]. J
        Geophys Res, 1999, 104(C1): 1455 – 1464.

[24]   Emery W J. Water types and water masses[M]. University of Colorado, Boulder, CO, USA:
        Elsevier Science Ltd, 2003: 1556 – 1567.

[25]   于卫东, 乔方利. ENSO 事件中热带太平洋上层海洋热含量变化分析[J]. 海洋科学进展,
        2003, 21: 446 – 453.

The characteristics of hydrography and its seasonal variability in the Indian Ocean

LIU Zenghong[1,2], XU Jianping[1,2], WU Xiaofen[2]

1. *State Key Laboratory of Satellite Ocean Environment Dynamics, Hangzhou 310012, China*
2. *The Second Institute of Oceanography, State Oceanic Administration, Hangzhou 310012, China*

Abstract: In order to physical oceanographic conditions for a more comprehensive and systematic knowledge and understanding of the whole of Indian Ocean, the basic characteristics of hydrography (including temperature, salinity, density, mixed layer, thermocline, water mass, ocean heat content and so on) and its seasonal variability in the Indian Ocean are analyzed, based on the Argo gridded dataset during 2004 – 2011. The results indicate that the hydrography variability of the upper ocean in the Indian Ocean has a remarkable feature of seasonal variation affected by the monsoon. Led by costal current and upwelling along the coast of Somalia – Oman, water temperature distribution shows a significant seasonal variability in the western Indian Ocean. Sea surface salinity distribution has a similar pattern with the distribution of E – P flux, with an unobvious seasonal variability, while a relatively obvious variability can be found in the summer monsoon season. Sea surface density distribution also has a similar pattern with the distribution of sea surface salinity. In the summer monsoon season, the strong upwelling along the coast of Somalia – Oman intends to cause an obvious increasing of the sea surface density. The distribution of mixed layer depth also shows a remarkable seasonal variability in the Indian Ocean. The distribution of mixed layer depth in the North Indian Ocean has a variability of semi-annual cycle. The mixed layer temperature presents an obvious seasonal variability resulted from the upwelling along the coast of Somalia – Oman from Madagascar to Oman. The distribution of mixed layer salinity has a similar pattern grossly. The seasonal variability in thermocline is mainly controlled by sea surface wind stress and net heat flux. The distribution of thermocline depth is generally consistent with that of the thermocline thickness, whereas the thermocline intensity shows an opposite phase with the thermocline thickness. In general, there exist 8 water masses in our study area, i. e. , Indian Central Water (ICW), Subantarctic Mode Water (SAMW), Australasian Mediterranean Water (AAMW), Antarctic Intermediate Water (AAIW), Bengal Bay Water (BBW), Arabian Sea High-Salinity Water (ASHSW), Persian Gulf Water (PGW) and Red Sea Water (RSW) . The ocean heat content for the 0 – 1 000 m layer mainly shows a zonal and "saddle – shaped" distribution, with an unobvious variability.

Key words：Indian Ocean; hydrological elements; mixed layer; thermocline; water mass; ocean heat content; seasonal variability

热带大西洋金枪鱼渔场海域温跃层的时空变化特征

杨胜龙[1,2]，周为峰[1]*

1. 中国农业部 东海与远洋渔业资源开发利用重点实验室，上海 200090
2. 中国水产科学研究院 渔业资源与遥感信息技术重点开放实验室，上海 200090

摘要： 采用 2007 – 2012 年期间 Argo 剖面浮标观测的温度资料，分析了大西洋黄鳍金枪鱼 Thunnus albacares 和大眼金枪鱼 Thunnus obesus 延绳钓主要作业渔场温跃层的时空变化特征。研究结果表明，热带大西洋黄鳍金枪鱼、大眼金枪鱼渔场海域温跃层的上界深度和温度存在着明显的季节性变化。温跃层上界深度呈现出冬深、夏浅的季节性变化特征，大致呈纬向带状分布，12 月至翌年 4 月份，15°N 以北海域温跃层上界深度超过 80 m，同期 10°S 以南海域的均低于 50 m；6 – 11 月份的则相反。在赤道纬向区域温跃层上界温度在 27℃ 以上，往南北两侧 30° 区域温度值依次递减至 20℃ 及以下。温跃层下界深度高值区域的空间分布呈现 "W" 形状，最大深度值在 220 m 以上。在 25°S 以南从南美洲到非洲西沿岸海域并延伸到安哥拉外海，以及 10°N 非洲西海岸外海区域，温跃层下界深度浅于 150 m；在 15°N 以北和 15°S 以南海域，下界温度大于 15℃，其间则要低于 14℃；温跃层下界深度和温度没有明显的季节性变化。全年温跃层厚度明显呈西厚东薄的分布趋势，且在大西洋 5°～15°N 和 5°～15°S 包围的南、北两个靠近西部的海域中，出现了 2 个温跃层厚度（80～150 m）较大的区域，具有明显的季节性变化，且冬季和夏季呈现相反的分布特征。温跃层强度呈舌状由大西洋中东部的非洲沿岸伸向西部的南美洲海域，最大强度（0.15～0.25℃/m）出现在大约 15°S～15°N 包围的纬向区域内；在 20°N 以北和 15°S 以南海域，其强度均低于 0.10℃/m；温跃层强度的季节变化不明显。大西洋金枪鱼的生活习性与温跃层分布和变化具有密切的关系，捕捞作业时，晚上的投钩深度应控制在温跃层上界深度所处的水域内；白天的投钩深度则在温跃层下界深度所处的水

基金项目： 上海市自然科学基金（14ZR1449900）；科技支撑计划项目（2013BAD13B01）。
作者简介： 杨胜龙（1982—），男，助理研究员，主要从事远洋海洋渔业遥感研究。E-mail：ysl6782195@126.com
* **通信作者：** 周为峰，副研究员。E-mail：zhwfzhwf@163.com

域附近。白天捕捞大眼金枪鱼的投钩深度则要比黄鳍金枪鱼的深度更深些。

关键词：Argo 剖面浮标；温跃层；时空变化；金枪鱼渔场；热带大西洋海域

1　引言

Schaefer 等认为在非伴游行为下，大眼金枪鱼 *Thunnus obesus* 和黄鳍金枪鱼 *Thunnus albacares* 表现出明显的昼夜垂直移动生活习性，晚上在海表以下 50 m 以内暖水层，白天会频繁俯冲突破温跃层下潜到冷水区域（11～13℃），觅食深水散射层生物（DSL）[1]。暖温跃层像一道天然屏障，影响着鱼类的上下移动和生活习性[2]，在大洋金枪鱼渔场的形成中是极为重要的关键因素[3-4]。Zagaglia 等认为，黄鳍金枪鱼这种高速移动，尤其是垂直方向的远涉会减少 SST 对金枪鱼生产捕捞影响[5]。Maury 等指出，SST 对延绳钓金枪鱼单位努力渔获量（CPUE）影响很小，温跃层深度对 CPUE 的影响呈单调正相关[6]。Lan 等指出延绳钓金枪鱼 CPUE 与次表层水温存在明显正相关关系，并推断较高的次表层水温会产生较深的温跃层，从而产生较高的 CPUE[7]。宋利明等调查后认为，黄鳍金枪鱼的高渔获率水层在温跃层下界深度以上区域，而大眼金枪鱼高的渔获率水层在温跃层下界以下区域[8]。在热带大西洋，有关温跃层时空分布特征及其与金枪鱼垂直空间分布关系少有报道，而由于受索马里海盗的影响，近年中国很多延绳钓渔船都转移到大西洋海域进行作业。因此，了解热带大西洋金枪鱼延绳钓主要作业渔场温跃层时空变化特征和金枪鱼生活的环境，为金枪鱼捕捞作业和渔业资源管理提供更多的次表层海况信息，对于指导延绳钓实际投钩作业非常重要。本文采用 Argo 剖面浮标观测的温度数据，计算出大西洋大眼金枪鱼和黄鳍金枪鱼渔场海域温跃层特征参数，通过分析研究金枪鱼渔场海域温跃层的时空变化特征，从而为金枪鱼实际生产作业提供更多的海况信息和理论参考。

2　数据来源与分析方法

2.1　数据来源

国际 Argo 计划设想在全球大洋中每隔 3 个经纬度布放一个卫星跟踪的自动漂流浮标，组成一个由 3 000 个浮标构成的全球 Argo 实时海洋观测网，收集 0～2 000 m 水深范围内的海洋温、盐度资料，至 2007 年该观测网已经正式完成[9]。截止 2012 年 11 月底，在全球海洋上正常工作的 Argo 剖面浮标总数为 3 675 个，一共收集到了 100 多万条剖面观测数据。本文采用了 2007－2012 年期间 Argo 剖面浮标观测的温度和深度数据进行分析研究，这期间研究区域各月有效月平均浮标个数为 531 个，月平均剖面记录信息为 52 576 条[9]。

2.2　研究区域

本文研究区域确定为由 30°S ~ 30°N、60°W ~ 20°E 所范围的热带大西洋海域（见图 1）。统计表明，在 2007 – 2011 年期间，该区域内大眼金枪鱼延绳钓渔获尾数占整个大西洋海域大眼金枪鱼延绳钓渔获尾数的 98.6%，而黄鳍金枪鱼延绳钓渔获尾数的占比为 95.4%。这 2 个品种的金枪鱼产量占比分别为 99.6% 和 96.6%，我国金枪鱼延绳钓作业渔场主要分布在研究区域内。

2.3　数据分析方法

由于 Argo 剖面浮标的垂直采样间隔是不均匀的，为此首先采用 Akima 方法[10]，将垂向分布不均匀的 Argo 温度观测资料插值到等间隔（2 m）的规则节点上，并计算温度的垂直梯度（$\Delta t / \Delta H$）；然后根据文献[11] 提出的方法，提取温跃层特征参数，包括上界温度、上界深度、下界温度、下界深度、强度和厚度值等。再将温跃层特征参数信息按月份分组，基于统计方法[12]将其插值到 1° × 1° 网格节点上，对每个网格节点计算变异函数，并使用 Kriging 方法插值弥补；采用方式圆形搜索，用于插值的点数不少于 25。最后绘制成月平均等值线图[13]，并以填色方式显示。

3　结果分析

3.1　温跃层上界深度和温度分布与变化

按照 Levitus 的季节划分，取 1 – 3 月为冬季，4 – 6 月为春季，7 – 9 月为夏季，10 – 12 月为秋季[14]。图 1 给出了热带大西洋海域温跃层月平均上界深度的分布，其中的 12 幅小图代表 12 个月份，图左上角为 1 月、右下角为 12 月，依次排列（下同）。由图 1 可以看到，温跃层月平均上界深度大致呈纬向带状分布，且在南北半球存在明显不同；而且其季节变化特征也十分明显，呈冬深、夏浅的分布趋势。12 月至翌年 4 月份，大致在 15°N 以北海域，温跃层月平均上界深度超过 80 m，最深的月份超过 120 m；而在 10°S 以南海域，其上界深度却均小于 50 m。6 – 10 月份恰好相反，10°S 以南海域的上界深度大于 80 m，而 15°N 以北海域的上界深度却小于 50 m。5 月和 11 月是大西洋海域的季节转换月份，温跃层月平均上界深度在整个研究海域都不大，尤其在非洲西海岸外存在一块明显的低值区域，呈舌状由近岸向外海伸展。

图 2 呈现了研究海域温跃层月平均上界温度的分布。可见，上界温度的分布虽各月有差异，但基本上呈现出上界深度深的区域，其温度相对较低。在赤道低纬度区域，温跃层上界温度常年在 27℃ 以上。无论在南半球还是北半球海域，夏季，温跃层上界温度均要高于冬季，而且呈现出随高温区域覆盖面积的转换，致使赤道高温区

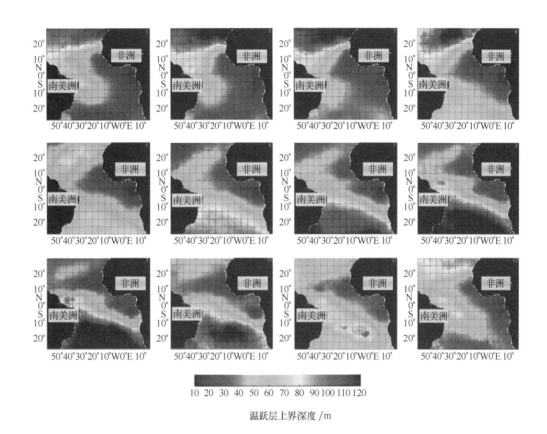

温跃层上界深度 /m

图1　研究海域温跃层上界深度月平均分布

Fig. 1　Monthly mean distribution of the upper boundary depth of thermocline in the study area

和两侧低温区的空间分布形状各月呈小幅变化的趋势。在纬向上，从赤道向南北两侧25°纬带区域内，温跃层上界温度值由低纬向高纬递减。与南半球相比，北半球20°N以北海域在夏、秋季更多受高温区控制。与此同时，南半球赤道以南的低温区加强，大部分区域的温度均在22℃以下。6－11月份，赤道以北区域几乎都在23℃以上。与此相反，南半球夏、秋季节高温区域范围扩大，相应的北半球冷水区域得到加强。值得注意的是，在研究海域的东南（每幅小图的右下角）和东北（右上角）区域，均存在着一块温跃层下界温度常年较低的区域，且分布形状各月不一。

3.2　温跃层下界深度和温度分布与变化

研究海域温跃层下界深度月平均深度分布如图3所示。由图可以看到，温跃层下界深度的高值区呈"W"型分布，没有明显的季节变化特征。沿赤道纬向区域，常年存在一条细长的深度高值带，从南美洲东岸一直延伸到非洲的西海岸，其深度值超过了280 m，最大深度可达310 m。另一个温跃层下界深度的高值区出现在南美洲的

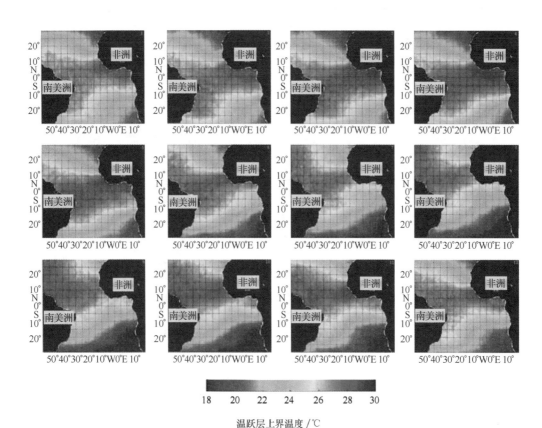

温跃层上界温度 / ℃

图 2   研究海域温跃层上界温度月平均分布

Fig. 2   Monthly mean distribution of the upper boundary temperature of thermocline in the study area

东海岸海域,大约在南北半球的 10°区域内,即沿南美洲东海岸外海区域,这里温跃层下界深度均在 250 m 左右。在 25°S 以南海域,即从南美洲东海岸到非洲西海岸,向北延伸到安哥拉外海,在一年内的大部分月份里,温跃层下界深度均浅于 150 m,且呈倒"L"型分布。沿 10°N 附近海域,在非洲西海岸外海全年存在一块呈舌状分布的低值区域。

图 4 呈现了研究海域温跃层月平均下界温度分布。可以看到,温跃层下界温度分布似乎没有明显的季节性差异,其主要分布特征为:在 15°N 以北和 15°S 以南海域,温跃层下界温度值相对较大;其间(即在 15°N 和 15°S 之间的纬向带内)呈现一片低值区。在 15°N 以北的北半球海域,下界温度高达 17℃ 以上;在 15°S 以南的南半球海域,下界温度虽低于北半球,但其温度值也在 15 ~ 17℃ 之间。而在赤道低纬度海域,其下界温度值均低于 14℃,尤其在南美洲东海岸、靠近赤道的低纬带内,下界温度值甚至低于 11℃。此外,从纬向上看,温跃层下界温度空间分布在 15°N 以北和 15°S 以南的高温区中,研究海域西部的温度值要明显高于东部

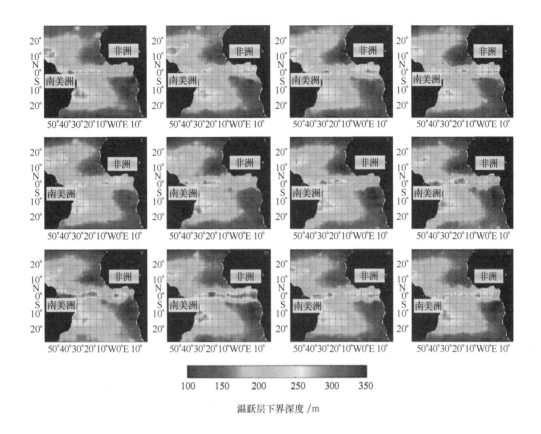

图 3　研究海域温跃层下界深度月平均分布

Fig. 3　Monthly mean distribution of the lower boundary depth of thermocline in the study area

区域；而在其间的低温区中，其温度值则呈西低东高的分布特征。在赤道以南的非洲西海岸外海海域，其下界温度全年在 14℃ 左右。

3.3　温跃层厚度和强度分布与变化

研究海域温跃层月平均厚度分布如图 5 所示。由图可见，研究海域温跃层厚度明显呈西厚东薄的分布趋势，且在大西洋西部 5°~15°N 和 5°~15°S 的两个海域中，出现了 2 个温跃层厚度较大的区域，其厚度值在 80~150 m 之间。值得注意的是，这 2 个高厚度区的厚度值在南北半球有明显的区别，且在冬季和夏季呈现相反的分布特征，即冬季为北厚南薄，所盘踞的区域也是北大南小；夏季则反之。冬季在北半球的南美洲外海区域，温跃层厚度最大可达 150 m，且分布面积大；而在南半球区域，其厚度则要相对薄些，分布范围也要小些。从 4 月份开始，在 5°~15°S 的南半球海域的高厚度区，由研究海域的西部朝东南方向伸展，不仅分布范围不断扩大，且厚度值也在变大；夏季达到最盛；之后温跃层厚度逐渐减弱，分布范围收缩，在 11 月和 12

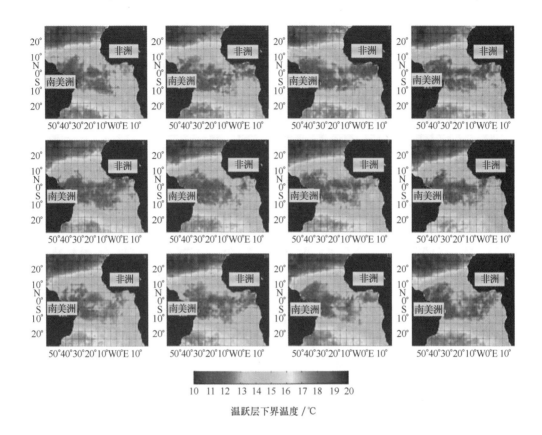

图 4　研究海域温跃层下界温度月平均分布

Fig. 4　Monthly mean distribution of the lower boundary temperature of thermocline in the study area

月份几乎消失。与此相反，从 4 月份开始，在 5°～15°N 的北半球南美洲外海区域，温跃层厚度高值区却在逐渐减弱，到了夏季已经基本消失；然后，在 11、12 月又逐渐生成，并不断加强，次年 1－3 月（冬季）达到最盛，即无论是厚度还是分布区域，冬季都是最大的。值得指出的是，在 15°S～15°N 纬向区域内，除上述温跃层厚度高值区域外，其他区域全年的温跃层厚度均在 50 m 左右；在 20°～30°S 包围的南半球区域和 20°～30°N 包围的北半球区域，为研究海域中 2 个温跃层厚度最薄的区域，几乎呈带状分布；且同样具有明显的季节分布差异，大约从春季开始，南部低值区相对由厚变薄，且其区域不断扩大，到秋季似乎达到最盛；与此相反，北部低值区则从春季开始由薄变厚，且区域逐渐收缩，到夏末、秋初呈现一片厚度相对均匀的区域。

图 6 给出了研究海域温跃层月平均强度分布。由图可见，温跃层强度分布呈舌状由大西洋中东部的非洲沿岸伸向西部的南美洲海域，且表现为东部海域强、西部海域弱，以及南北部海域相对更弱的特点。在大约 15°S～15°N 包围的纬向带内，温跃层强度在整个研究海域中是最强的，尤其是在大西洋东部的几内亚湾海域，这里温跃层

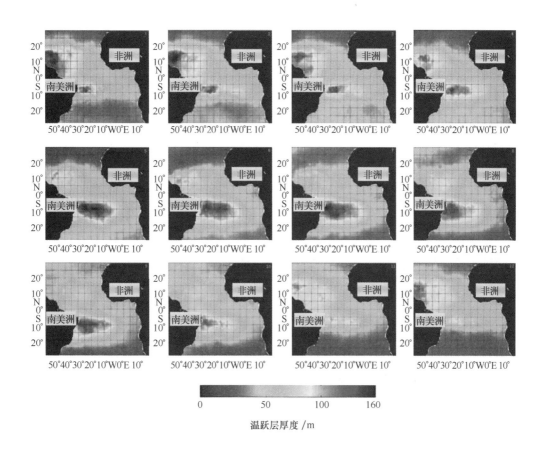

图5　研究海域温跃层厚度月平均分布

Fig. 5　Monthly mean distribution of thermocline thickness in the study area

强度值在 0.15～0.25℃/m 之间；而在西部区域，温跃层强度则相对弱些，其值在 0.10～0.15℃/m 之间。在 20°N 以北区域和 15°S 以南区域，温跃层强度均低于 0.10℃/m。

温跃层强度的季节变化虽不是十分明显，但冬、春季的强度显然要比夏、秋季节强一些，且夏、秋季的高强度区范围也要比冬、春季明显向北收缩，10°S 以南海域强度减弱的势头尤其显著，其强度值几乎均在 0.15℃/m 之下。在 15°N 以北海域，冬、春季的强度要比夏、秋季节更弱些。

4　讨论与小结

4.1　温跃层与延绳钓金枪鱼分布的关系

大西洋黄鳍金枪鱼和大眼金枪鱼中心渔场主要分布在热带海域。大西洋黄鳍金枪

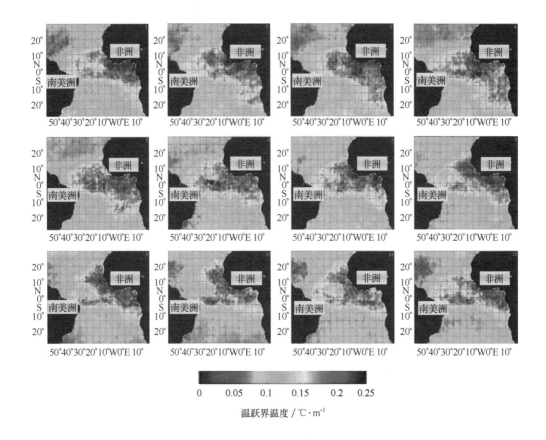

图 6   研究海域温跃层强度月平均分布

Fig. 6   Monthly mean distribution of thermocline intensity in the study area

鱼冬季集中在几内亚湾及其临近水域产卵，3 – 5 月份从东向西迁徙，6 – 9 月份在墨西哥湾和东南加勒比海水域产卵和觅食，10 – 12 月份又从西向东回迁[5]。大西洋大眼金枪鱼冬季中心渔场集中在 10° ~ 20°N，15° ~ 40°W 所包围的西北海域，4 月份中心渔场向西、南扩展，逐渐形成南北两块区域，12 月份又向北聚集。也就是说，大西洋金枪鱼中心渔场全年在大西洋中部与南美洲近岸海域，以及大西洋中部与非洲近岸间海域，呈现集中、离散，到再集中的变化趋势[15]。在热带海域，捕捞大眼金枪鱼和黄鳍金枪鱼，尤其是大眼金枪鱼的作业方式，主要以延绳钓为主。而延绳钓作业的捕捞效率不仅依赖于能寻找到中心渔场的位置，同时也依赖于投钩的深度及其与金枪鱼垂直游动深度的关系。温跃层的分布会影响金枪鱼的生活习性，从而影响延绳钓CPUE[6 – 7]。

4.2   温跃层上界深度和温度与金枪鱼生活习性的关系

大眼金枪鱼和黄鳍金枪鱼是暖水性鱼类，栖息和产卵需要适宜的水温。因此，温跃层上界温度会直接影响到大眼金枪鱼和黄鳍金枪鱼的生活习性，从而影响其空间分布。当温跃层上界温度低于大眼金枪鱼和黄鳍金枪鱼的栖息水温时，金枪鱼会在晚上游动到适宜的水域栖息，这样的区域往往不可能形成中心渔场。宋利明等在马尔代夫海域调查发现，印度洋大眼金枪鱼夜间栖息在温跃层上界附近[16]。标志放流研究结果也证实，三大洋的大眼金枪鱼和黄鳍金枪鱼在白天和夜晚的分布深度明显不同，其中在夜晚超过92%的时间，金枪鱼会栖息在温跃层以上水域，并认为这种垂直分布习性会影响到延绳钓作业投钩的深度和效率[1]。上述结果说明，与印度洋金枪鱼一样，热带大西洋金枪鱼在夜间也会栖息在温跃层以上的水域中。因此，其延绳钓夜间作业适宜的投钩深度，应在温跃层上界深度附近。而当温跃层深度变浅时，大眼金枪鱼的栖息深度也会随之变浅，受垂直运动范围的限制，此时的大眼金枪鱼分布会较集中，使可捕量和CPUE增加[8]。

4.3　温跃层下界深度和温度与金枪鱼群分布的关系

白天大眼金枪鱼和黄鳍金枪鱼，尤其是成年的金枪鱼，会频繁潜到深水区域进行索饵，觅食深水散射层生物。显然，金枪鱼的这种生活习性会影响到白天延绳钓作业时投钩的深度和作业效率。Mohri和Nishida指出，在热带印度洋海域，黄鳍金枪鱼适宜的温度范围是13~24℃，其中15~17℃时渔获率最高[17]。Song等的研究表明，在印度洋开阔水域，黄鳍金枪鱼活动密集的水层为100~179 m，其中在120~140 m水层的渔获率最高，其水温在16~17℃[18]之间。也就是说，热带印度洋黄鳍金枪鱼的高渔获率主要分布在16℃等温线附近水域。宋利明等报道，在热带大西洋海域，黄鳍金枪鱼的最适水层是150~179 m，最适水温则是13~14℃[19]。相比热带印度洋海域，大西洋黄鳍金枪鱼分布于更深层的冷水中，即大西洋黄鳍金枪鱼可以进入更深的冷水层去索饵。那么在相同纬度区域，同一种鱼在不同大洋中的垂直分布又有怎样的差异呢？在现有文献中我们并没有找到答案。为此，我们利用宋利明等[19]提供的资料，计算了调查期间热带大西洋海域的温跃层下界深度和温度，其下界深度值和温度值分别为200 m和13℃。这也表明了大西洋黄鳍金枪鱼高渔获率水温的分布深度，恰好在温跃层下界深度以上的水域中。也就是说，热带印度洋和热带大西洋黄鳍金枪鱼高渔获率水温的分布深度，均处在温跃层下界深度以上的水层中。由此可见，影响黄鳍金枪鱼索饵及其垂直分布的环境因子是温跃层下界深度和温度值。正因为热带大西洋和热带印度洋存在不同的温跃层下界深度和温度，才导致了两大洋延绳钓黄鳍金枪鱼高渔获率的水层和水温各不相同。

档案标志放流表明，在大西洋中部，大眼金枪鱼白天下潜深度大多数出现在10℃水温层附近，相对集中在10~12℃之间[20]。延绳钓调查结果表明，热带大西洋大眼金枪鱼的最适水层深度在240.0~269.9 m之间，最适水温是12~13℃[21]。可见，由延绳钓调查结果得出的大眼金枪鱼适宜水温，要稍高于档案标志放流的结果，这可能与两次调查[20-21]的海域不同有关。为此，我们将上述两次调查的时间、海域与本文绘制的温跃层下界深度、温度的空间分布进行了对比分析，发现热带大西洋延绳钓大眼金枪鱼的高渔获率水层位于温跃层下界深度以下的水域。由此可以推断，白天大眼金枪鱼在温跃层下界深度以下的水层觅食，且其觅食的垂直分布范围主要受水温而不是跃层下界深度的影响。也就是说，影响大眼金枪鱼和黄鳍金枪鱼白天垂直分布的主要环境因素是水温，它们分布的深度在温跃层下界深度以下或附近水域。这是否表明温跃层的强度和厚度可以不会影响到大眼金枪鱼和黄鳍金枪鱼在白天的垂直分布，还有待于实际调查数据的进一步验证。

综上所述，当延绳钓作业的投钩深度与金枪鱼觅食游动的深度吻合时，可以提高延绳钓的作业效率。可见，本文获得的热带大西洋海域温跃层各要素的月平均分布特征和变化规律，可以用作远洋延绳钓捕捞渔船在热带大西洋海域作业时参考。晚上投钩深度应控制在温跃层上界深度附近水域，白天捕捞黄鳍金枪鱼的投钩深度应控制在温跃层下界深度附近水域，而白天捕捞大眼金枪鱼的投钩深度则要更深些。至于捕捞大眼金枪鱼延绳钓作业的实际投钩深度，还需要通过积累延绳钓大眼金枪鱼高渔获率及其对应深度、水温数据后，再与该海域温跃层各特征参数的比较分析后，才能得到它们之间的对应关系。此外，对于温跃层上界温度、深度和围网金枪鱼分布的关系，同样需要积累相关资料并做进一步的分析，方可为围网金枪鱼捕捞作业提供理论指导。

本文采用 Argo 剖面浮标观测的温度资料，计算并绘制了热带大西洋海域温跃层上界深度与温度、下界深度与温度，以及跃层厚度和强度等特征参数的遂月平均分布图，经综合分析研究，得到如下结论：

（1）热带大西洋海域温跃层上界深度与温度大致呈纬向带状分布，具有明显的季节性变化，且其上界深度表现出冬深、夏浅的变化特征。12 月至翌年 4 月份，15°N 以北海域温跃层上界深度超过 80 m，同期 10°S 以南海域的均低于 50 m；6 – 11 月份的则相反。在赤道纬向区域温跃层上界温度在 27℃以上，往南北两侧 30°区域温度值依次递减至 20℃及以下。

（2）温跃层下界深度与温度分布并没有明显的季节性变化特征，其下界深度的高值区呈现"W"型分布状，最大深度在 220 m 以上。在 25°S 以南，从南美洲到非洲西沿岸海域并延伸到安哥拉外海，以及 10°N 非洲西海岸外海区域，温跃层下界深度浅于 150 m。在 15°N 以北和 15°S 以南海域，下界温度大于 15℃；其间则低于 14℃。

（3）研究海域温跃层厚度明显呈西厚东薄的分布趋势，且在大西洋 5°~15°N 和 5°~15°S 包围的南、北两个靠近西部的海域中，出现了 2 个温跃层厚度（80~150 m）较大的区域，且在冬季和夏季呈现相反的分布特征，即冬季为北厚南薄，所盘踞的区域也是北大南小；夏季则反之。

（4）温跃层强度分布呈舌状由大西洋中东部的非洲沿岸伸向西部的南美洲海域，且表现为东部海域强、西部海域弱，以及南北部海域相对更弱的特点。在大约 15°S

~15°N 包围的纬向带内，温跃层强度在整个研究海域中是最强的，尤其是在大西洋东部的几内亚湾海域，这里温跃层强度值在 0.15 ~ 0.25℃/m 之间；而在 20°N 以北区域和 15°S 以南区域，温跃层强度均低于 0.10℃/m。温跃层强度的季节变化不是十分明显。

（5）大西洋金枪鱼的生活习性与温跃层分布和变化具有密切的关系，捕捞作业时，晚上的投钩深度应控制在温跃层上界深度所处的水域内；白天的投钩深度则在温跃层下界深度所处的水域附近。白天捕捞大眼金枪鱼的投钩深度则要比黄鳍金枪鱼的深度更深些。

参考文献：

[1]　Schaefer K M, Fuller D W, Block B A. Vertical movements and habitat utilization of skipjack (*Katsuwonus pelamis*), yellowfin (*Thunnus albacares*), and bigeye (*Thunnus obesus*) tunas in the equatorial eastern Pacific Ocean, as ascertained through archival tag data[M] // Nielsen J L, Arrizabalaga H, Fragoso N, et al. Reviews：Methods and Technologies in Fish Biology and Fisheries, Vol. 9：Tagging and Tracking of Marine Animals with Electronic Devices. Berlin：Springer, 2009：121 – 144.

[2]　陈新军. 渔业资源与渔场学[M]. 北京. 海洋出版社，2004：116 – 130.

[3]　杨胜龙，张禹，张衡，等. 热带印度洋黄鳍金枪鱼渔场时空分布与温跃层关系[J]. 生态学报，2012，32(3)：671 – 679.

[4]　杨胜龙，张禹，樊伟，等. 热带印度洋大眼金枪鱼渔场时空分布与温跃层关系[J]. 中国水产科学，2012，19(4)：679 – 689.

[5]　Zagaglia C R, Lorenzzetti J A, Stech J L. Remote sensing data and longline catches of yellowfin tuna (*Thunnus albacares*) in the equatorial Atlantic[J]. Remote Sensing of Environment, 2004, 93：267 – 281.

[6]　Maury O, Gascuel D, Marsac F, et al. Hierarchical interpretation of nonlinear relationships linking yellowfin tuna (*Thunnus albacares*) distribution to the environment in the Atlantic Ocean[J]. Canadian Journal of Fisheries and Aquatic Sciences, 2001, 58：458 – 469.

[7]　Lan K W, Lee M A, Lu H J, et al. Ocean variations associated with fishing conditions for yellowfin tuna (*Thunnus albacares*) in the equatorial Atlantic Ocean[J]. Journal of Marine Science, 2011, 68(6)：1063 – 1071.

[8]　宋利明，张禹，周应祺. 印度洋公海温跃层与黄鳍金枪鱼和大眼金枪鱼渔获率的关系[J]. 水产学报，2008，32(3)：369 – 378.

[9]　中国 Argo 实时资料中心. Argo 简讯[R]. 杭州：国家海洋局第二海洋研究所，2012，28(4)：7 – 9.

[10]　Akima H. A new method of interpolation and smooth curve fitting based on local procedures[J]. J Associ Comput Maeh, 1970, 17：589 – 602.

[11]　周燕遐，李炳兰，张义钧，等. 世界大洋冬夏季温度跃层特征[J]. 海洋通报，2002，21

　　　　　(1)：16 – 22.

[12]　杨胜龙，马军杰，伍玉梅，等. 基于 Kriging 方法 Argo 数据重构太平洋温度场研究[J]. 海
　　　　　洋渔业，2008，30(1)：13 – 18.

[13]　杨胜龙，马军杰，伍玉梅，等. 印度洋大眼金枪鱼和黄鳍金枪鱼渔场水温垂直结构的季节
　　　　　变化[J]. 海洋科学，2012，36(7)：97 – 103.

[14]　Levitus S. Climatological Atlas of the world ocean[J]. Eos Trans AGU，1983，64(49)：962
　　　　　– 963.

[15]　李灵智，王磊，刘健，等. 大西洋金枪鱼延绳钓渔场的地统计分析[J]. 中国水产科学，
　　　　　2013，20 (1)：199 – 205.

[16]　宋利明，高攀峰. 马尔代夫海洋延绳钓渔场大眼金枪鱼的钓获水层、水温和盐度[J]. 水
　　　　　产学报，2006，30(3)：335 – 340.

[17]　Mohri M，Nishida T. Consideration on distribution of adult yellowfin tuna (*Thunnus albacares*) in
　　　　　the Indian Ocean based on Japanese tuna longline fiseries and survey information[J]. IOTC Proc，
　　　　　2000 (3)：276 – 282.

[18]　Song L M，Zhang Y，Xu L X，et al. Environmental preferences of longlining for yellowfin tuna
　　　　　(*Thunnus albacares*) in the tropical high seas of the Indian Ocean[J]. Fish Oceanogr，2008，17
　　　　　(4)：239 – 253.

[19]　宋利明，陈新军，许柳雄. 大西洋中部黄鳍金枪鱼 (*Thunnus albacares*) 的垂直分布与有关
　　　　　环境因子的关系[J]. 海洋与湖沼，2004，34(1)：64 – 68.

[20]　Matsumoto T，Saito H，Miyabe N. Swimming behavior of adult bigeye tuna using pop-up tags in the
　　　　　central Atlantic[J]. Col Vol Sci Pap ICCAT，2006，57(1)：151 – 170.

[21]　宋利明，许柳雄，陈新军. 大西洋中部大眼金枪鱼垂直分布与温度，盐度的关系[J]. 中
　　　　　国水产科学，2004，11(6)：561 – 566.

Seasonal variability of thermocline in tuna fishing ground in the Tropic Atlantic Ocean

YANG Shenglong[1,2]，ZHOU Weifeng[1]

1. *Key Laboratory of East China Sea & Oceanic Fishery Resources Exploitation and Utiliza-tion，Ministry of Agriculture，P. R. China，Shanghai 200090，China*
2. *Key and Open Laboratory of Remote Sensing Information Technology in Fishing Resource，East China Sea Fisheries Research Institute，Shanghai 200090，China*

Abstract：We evaluated the thermocline spatial distribution in the longline fishing grounds of *Thunnus albacares* and *Thunnus obesus* in the Atlantic Ocean using Argo profiling float data from 2007 to 2012. Based on those basic works，the monthly distribution maps of the upper boundary depth and its temperature, the lower boundary depth and its temperature of the thermocline were plotted. The topography of the upper boundary depth, temperature of the thermocline showed obvious seasonal variation, roughly in zonal striped distribution on the annual mode. The spatial distribution of the upper boundary depth of the thermocline is deep in winter while shallow in summer. From December to the next April, the upper boundary depth is higher than 80 m to the north of 15°N, while lower than 50 m to the south of 10°S. The opposite happens from June to November. The upper boundary temperature is above 27℃ in the equator zonal area, and the upper boundary temperature becomes lower from the equator to high latitude zonal area, till 20℃ and lower. The high value shape of the lower boundary depth looks like a W, and the value is greater than 220 m. The lower boundary depth is lower than 150 m from the South American to the West Africa to the south of 25°S, extending to the coast of Angola and to 10°N. The lower boundary temperature is lower than 14℃ in equator zonal and higher than 15℃ in high latitude area. The topography of the lower boundary depth and the temperature of the thermocline showed little seasonal variability on the annual mode. The topography of the thermocline thickness showed obvious West – East thick and thin distribution, The thermocline thickness was large (80 – 150 m) in area where surrounded by 5°N and 15°N, and 5°S and 15°S near to the western Atlantic, showed obvious seasonal variability on the annual mode and the distribution characteristics of winter and summer were opposite. The thermocline thickness in the Atlantic showed like tongue extending from African coast to South American ocean. The maximum value (0. 15 – 0. 25℃/m) appeared along the latitude between 15°S and 15°N. In the region to the north of 20°N and to the south of 15°S, all the values lowed than 0. 10℃/m. The topography of the l thermocline thickness showed little seasonal variability on the annual mode. The analysis results reveal the spatial distribution seasonal characteristic of the thermocline in major longline tuna fishing ground of *T. obesus* and *T. albacares* in the Tropic Atlantic Ocean which provide reference to longline production operation of tuna, and suggest that night cast hook depth in the night should be around the upper boundary of the thermocline depth, and the cast hook depth for longline *T. albacares* in the day near the lower boundary depth of the thermocline, while the *T. obesus* cast hooks deeper than that of *T. albacares*.

Key words：Argo profiling float；thermoclinel；temporal and spatial variation；tuna fishing grounds；the tropical Atlantic Ocean

南半球海域卫星遥感 SST 与
Argo NST 的对比分析

卢少磊[1,2]，*许建平*[1,2]，*刘增宏*[1,2]

1. 卫星海洋环境动力学国家重点实验室，浙江 杭州 310012
2. 国家海洋局 第二海洋研究所，浙江 杭州 310012

摘要：选取 20°S 以南的南半球海域，利用 2008 年 10 月－2011 年 9 月期间 Argo 剖面浮标观测的近表层温度（NST）与 TMI/AMSR－E 两种卫星微波辐射计遥感反演的海表温度（SST）进行客观分析。结果表明，卫星 SST 与 Argo NST 虽具有显著的线性关系，但两者之间的差异还是十分明显的。两者间不仅存在昼夜变化，而且还存在着季节变化以及空间上的不均匀性：夜间 SST 与 NST 的偏差较白天大；且 TMI 和 AMSR－E 的 SST 与 Argo NST 之间的偏差均在冬季达到最大，在秋季和夏季均呈最小；SST 与 NST 的差异还明显存在纬向变化的特征。因此，在利用 SST 与 NST 讨论相关问题时，应高度重视两者之间存在的差异，更不能将它们"混为一谈"。本研究结果可为南半球海域多源 SST 融合提供更加可靠的统计学依据。

关键词：TMI；AMSR－E；海面温度（SST）；Argo；近表层温度（NST）；南半球海域

1 引言

海面温度（SST）是海洋－大气系统中的一个重要物理量，是表征海－气热量、动量和水汽交换的重要参量，也是气候的指示因子之一，在海洋学研究中占有重要地位[1]。高质量的 SST 数据在天气预报、气候研究等应用中起着重要作用。但是由于各种传感器的性能不同，海洋在不同时空尺度变化的复杂性等原因，目前为止还没有建立起一套准确可靠、高时空分辨率的全球 SST 产品[2]。

为了弥补这一缺陷，最基础但也最重要的工作之一就是对不同传感器反演的 SST

基金项目：国家科技基础性工作专项（2012FY112300）；海洋公益性科研专项（201005033，201305032）。

作者简介：卢少磊（1988—），男，河南省濮阳市人，硕士研究生，主要从事物理海洋学方面的研究。E-mail：lsl324004@163.com

产品进行检验评估，以确保它们之间的有效融合[3]。虽然国内外的学者已经开展了对单一或多种传感器反演的 SST 的验证工作[4-12]，但是由于南半球海洋中的现场观测资料缺乏，各种传感器的性能差异，以及不同观测方法和观测深度之间的差异，使得对于遥感反演 SST 在南半球的评估工作难以展开。

国际 Argo 计划于 2000 年正式实施，并在 2007 年 11 月实现了全球大洋中建成一个由 3 000 个 Argo 剖面浮标组成的实时海洋观测网的目标。Argo 剖面浮标每 10 天收集一条 0~2 000 m 水深范围内的温、盐度剖面，但考虑到对电导率传感器的保护，常规 Argo 浮标在到达水面以下 5~10 m 时泵抽式 CTD 就会停止工作，所以常规 Argo 浮标只能测量到 5 m 层以下的温、盐度数据。为了满足对表层温、盐度资料的需求，2008 年 10 月份以来，国际 Argo 计划成员国在全球范围内投放了数百个带有非泵抽式 CTD 的 Argo 剖面浮标，该类浮标携带的 CTD 传感器在常规泵抽式 CTD 停止工作之前开始观测 0~20 m 水深内的海水温度和盐度，并且还可以高分辨率地测量 0~5 m 水深内的温、盐度值，所以这种新型 Argo 剖面浮标不仅能够提供常规的温、盐度剖面资料，而且还可以提供海洋近表层更高分辨率的温、盐度数据，为我们研究上述问题提供了大量实测资料。国际高分辨率海面温度小组（GHRSST）也已在使用由 Argo 剖面浮标观测的近表层温度（NST）数据对卫星遥感 SST 进行验证[13]，并且国外学者也将 NST 数据应用到对印度洋海域卫星 SST 的验证工作中[14]。

由于云对红外辐射计反演 SST 影响巨大，本文只选择 TMI/AMSR - E 两种微波辐射计反演的 SST 与 Argo 观测的 NST 在南半球海域进行对比分析，并对两者差异的昼夜、季节与空间变化进行了讨论，以便为南半球海域多源 SST 融合提供可靠的统计学依据。

2　数据与方法

2.1　遥感数据

2.1.1　TMI SST

热带降雨测量卫星微波成像仪（TMI）是搭载在 1997 年发射的 TRMM 卫星上的微波辐射计，其卫星采用非太阳同步轨道，观测范围覆盖 38°N~38°S 之间的一个宽广区域。本文应用资料取自微波辐射计数据集（http：//www. ssmi. com）中 TMI 的日平均数据，选取了覆盖 20°~38°S 之间的南半球海域，时间范围取在 2008 年 10 月 - 2011 年 9 月期间，其资料的空间分辨率为 0. 25°×0. 25°。

2.1.2　AMSR - E SST

先进的微波扫描辐射计 - 地球观测系统（AMSR - E）是搭载在 2002 年发射的 Aqua 卫星上的微波辐射计，到 2011 年 10 月停止工作。该卫星采用太阳同步轨道，观测范围可以覆盖全球。本文应用资料同样取自微波辐射计数据集中的 AMSR - E 日

平均数据，选取了覆盖 20°~60°S 之间的南半球海域，时间范围和空间分辨率都与
TMI 相同。

2.2 Argo NST 数据

带有非泵抽式 CTD 传感器的 Argo 剖面浮标可以高分辨率地采集 0~5 m 层之间的
近表层温度（NST）数据，在 0~1 m 层之间采样个数一般可达 4~5 个。本文利用的
NST 数据来源于英国海洋中心（NOC）网站（ftp：//ftp. pol. ac. uk/pub/bodc/argo/
NST/），时空范围均与上述卫星遥感数据相同。考虑到浮标稳定性及垂直分辨率问
题，只利用了英国海洋数据中心（BODC）、印度国家海洋信息服务中心（INCOIS）
和美国华盛顿大学（UW）等 3 家单位提供的数据。此外，由于带有非泵抽吸式 CTD
传感器的 Argo 剖面浮标目前只占全球海洋中布放的 Argo 剖面浮标总数的 10% 左右，
在一些海域 Argo NST 的观测数量还比较少，不具有统计意义。为此，选择 NST 观测
数量较多的 20°S 以南海域作为本文的研究区域。

2.3 匹配数据的生成和验证方法

在生成匹配数据之前，需要对各种资料进行质量控制，其中遥感资料自带质量标
记，在生成匹配数据时，只选取资料质量可靠的 SST 数据。Murphy 等[15]利用高分辨
率 CTD 资料验证了 Argo NST 数据的精确度，可达到 ±0.002℃。本文对 Argo 剖面浮
标观测的压力数据进行校正之后，根据其携带的非泵抽式 CTD 传感器的温度观测范
围，还将温度值不在 -3~35℃ 之间的数据做了剔除处理[16]。

生成卫星遥感与 Argo 观测的匹配数据，不仅需要考虑空间因素，还要考虑时间
因素。空间上，沿水平方向选取 Argo 浮标测量点周围 4 个卫星遥感有效像素的平均
值（其中两个像素点必须为有效值），作为对应 Argo 浮标观测点上的 SST 值，垂直方
向上由于 Argo 浮标观测层次不统一，选择 $0~1×10^4$ Pa 深度之间的平均温度值作为
相应的 NST 值；时间上，筛选 Argo 浮标实测时间与卫星遥感观测时间昼夜相同（白
天为当地时间 6 时至 18 时，夜晚为当地时间 18 时至次日 6 时）的数据。根据上述原
则找到了 5 000 余组匹配数据，其中 TMI 2 189 组、AMSR - E 3 419 组（见图 1）。

文中衡量数据之间差异的指标为平均偏差（*bias*）和均方差（*rms*），其计算公式
如下：

$$bias = \frac{1}{n} \sum \left[T(i) - T_{NST}(i) \right], \tag{1}$$

$$rms = \sqrt{\frac{1}{n} \sum \left[T(i) - T_{NST}(i) \right]^2}, \tag{2}$$

式中，T 指由 TMI 和 AMSR - E 反演的 SST 值，而 T_{NST} 是由 Argo 观测的 NST 值，i 的
范围为 $1~n$，n 为匹配数据点数[8]。

偏度是用来衡量变量的概率密度分布曲线对称性的特征参数，本文利用这一参数

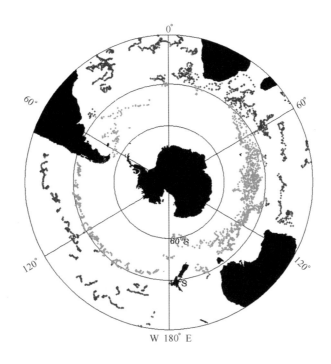

图 1　匹配站位的空间分布

其中红点表示 TMI 和 AMSR – E 与 Argo 均匹配的位置，蓝点表示只有 TMI 与 Argo 匹配的位置，

绿点表示只有 AMSR – E 与 Argo 匹配的位置

Fig. 1　Spatial distribution of matching position

The red dots represent the position TMI and AMSR – E both match with Argo；the blue dots represent the

position only TMI match with Argo；the green dots represent the position only AMSR – E match with Argo

来表征 SST 与 NST 之间差异的非对称性。偏度的计算公式为：

$$S = \sum_{i=1}^{N} (\Delta T_i - \Delta \bar{T})^3 / N\sigma^3, \qquad (3)$$

式中，ΔT_i 为 SST 与 NST 之差，$\Delta \bar{T}$ 为其平均值，σ 表示其标准差，N 代表数据点的个数[17]。

　　如果计算的偏度值为正，称为正偏，表明密度分布曲线的峰点在平均值的左侧，也就是说 SST 与 NST 相比呈现冷偏差；反之亦然。

3　结果与讨论

3.1　SST 与 NST 的差异

　　图 2 为 SST 与 NST 数据的散点分布。可以看出，SST 与 NST 的分布基本一致，二

者呈显著的线性关系，其相关系数分别达到了 0.98 和 1.00。同时，TMI/AMSR – E SST 与 Argo NST 差异的平均偏差分别为 0.05℃ 与 – 0.04℃，均方差均在 0.63℃ 左右。直接计算 SST 与 NST 的差值，该值介于 – 1 ~ 1℃ 之间的数据点占总数的 91%，介于 – 0.5 ~ 0.5℃ 之间的数据点占总数的 62%（见图 3）。

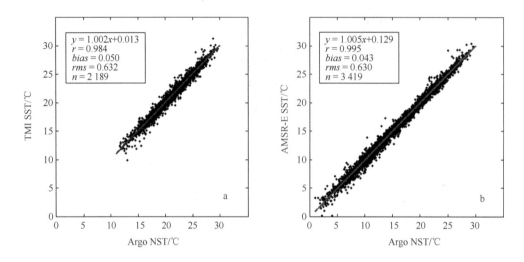

图 2　TMI SST 与 Argo NST（a）、AMSR – E SST 与 Argo NST（b）的比较
图中彩色线段为散点的线性回归

Fig. 2　Compuration of TIM SST and Argo NST（a），and AMSR – E SST and Argo NST（b）
Color lines indicate linear regression of the dots

　　海面上的风速、降雨和水汽等因素是导致 SST 与 NST 数据存在差异的主要原因[9 – 11]，Argo 剖面浮标携带的非泵抽式 CTD 传感器本身存在的器差，以及 SST 与 NST 的时空不一致性都会导致一定的误差[11 – 12]。另外，从图 3 中还可以看到，SST 与 NST 会出现 ± 2℃ 以上的较大差异，这一主要原因是由于海表面白天暖层效应（diurnal warm-lay）和夜晚冷皮层效应（cool-skin）的存在对 SST 的影响。暖层效应通常可以使 SST 升高 1 ~ 2℃，而冷皮层效应则会使 SST 降低 0 ~ 1℃[18 – 20]，并且这种温度的变化在低风速环境下很难传递到海面以下 1 m 层中，从而使得 SST 与 NST 具有较大差异。

3.2　SST 与 NST 差异的昼夜变化

　　由表 1 的统计结果来看，SST 与 NST 之间的差异存在昼夜变化，且两个传感器之间的昼夜变化也不尽相同：对于 TMI 来说，昼夜均方差均在 0.63℃ 左右，但白天的平均偏差不到 0.04℃，而夜晚达到了 0.07℃；AMSR – E 白天的平均偏差和均方差略小于夜晚，分别为 – 0.04℃ 和 0.59℃。

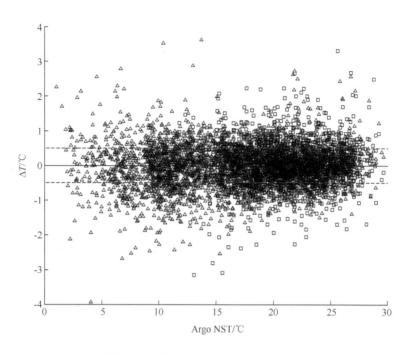

图 3　SST 与 NST 的差异随温度的分布

□：$T_{TMI} - T_{NST}$；△：$T_{AMSR-E} - T_{NST}$；蓝色虚线代表 ±0.5℃

Fig. 3　Distribution of the change of difference between SST and NST with temperature

□：$T_{TMI} - T_{NST}$；△：$T_{AMSR-E} - T_{NST}$；the blue dotted lines indicate ±0.5℃

表 1　昼夜统计结果

Table 1　Statistical results of day and night

	传感器	统计量/℃			匹配数	偏度值
		差异范围	平均偏差	均方差		
白天*	TMI	−3.152~3.307	0.036	0.638	1 149	0.152
	AMSR-E	−2.424~2.638	−0.038	0.594	1 692	0.154
夜晚	TMI	−3.085~2.657	0.065	0.625	1 040	−0.204
	AMSR-E	−3.931~4.239	−0.048	0.663	1 727	0.227
全天	TMI	−3.152~3.307	0.050	0.632	2 189	−0.012
	AMSR-E	−3.931~4.239	−0.043	0.630	3 419	0.195

注：* 为白天的时间段为 6 时至 18 时，夜晚为 18 时至第二天 6 时。

从偏度值来看，白天 TMI/AMSR-E SST 相比于 Argo NST 均偏冷，夜晚 TMI SST

相比于 Argo NST 偏暖，而 AMSR – E SST 相比于 Argo NST 偏冷，以上结果较前人结论均有所差别。究其原因，一方面，可能与观测资料覆盖区域较前人的研究海域更大有关[9-11]；另一方面，SST 与 NST 时空的不一致性也会影响结果[11-12]。

3.3　SST 与 NST 差异的季节变化

表 2 显示了 SST 与 NST 的季节统计结果。从匹配数一栏中可以看到，白天的匹配数基本都占到总匹配数的 50%，表明此表结果基本不含昼夜变化的影响。不过，SST 与 NST 的差异的季节变化还是十分明显的。

表 2　季节统计结果

Table 2　Statistical results of seasons

| 传感器 | | 统计量/℃ | | | 总匹配数/白天匹配数 | 偏度值 |
		差异范围	平均偏差	均方差		
春季*	TMI	− 3.805 ~ 1.905	0.013	0.639	411/236	− 0.419
	AMSR – E	− 2.520 ~ 2.878	− 0.011	0.645	640/326	0.214
夏季	TMI	− 1.822 ~ 3.307	0.065	0.621	539/281	0.689
	AMSR – E	− 2.534 ~ 3.625	0.029	0.614	905/456	0.599
秋季	TMI	− 1.934 ~ 2.657	0.037	0.574	597/314	0.300
	AMSR – E	− 3.931 ~ 4.239	− 0.030	0.638	935/457	0.031
冬季	TMI	− 3.152 ~ 2.226	0.072	0.685	642/318	− 0.425
	AMSR – E	− 2.673 ~ 2.141	− 0.146	0.627	939/453	− 0.038

注：*为表中的季节以南半球为准，春季 9 – 11 月，夏季 12 – 翌年 2 月，秋季 3 – 5 月，冬季 6 – 8 月。

从表 2 的结果来看，TMI 的平均偏差和均方差在冬季最大，分别为 0.07℃ 和 0.69℃，夏季次之，秋季最小，分别为 0.04℃ 和 0.57℃；AMSR – E 的平均偏差和均方差在冬季最大，分别为 − 0.15℃ 和 0.63℃，秋季次之，夏季最小，分别为 0.03℃ 和 0.61℃，这与李明等人[9]利用船测结果得到的结论相一致。

而从偏度值一栏中可以看出，冬、春季 TMI SST 与 NST 相比总体偏暖，夏、秋季则为偏冷；而 AMSR – E SST 与 NST 相比在秋、冬季冷暖偏差基本对称，春、夏季偏冷。太阳辐射、风速和水汽等因素的季节变化，以及它们对表层温度垂直结构的影响，可能是导致这种季节差异的原因[8]。

3.4　SST 与 NST 差异的空间分布

图 4 给出了 SST 与 NST 差异随纬度的变化。从图中可以看出，在研究海域内

TMI SST 与 NST 差大致可分为 3 个区域：在 20°～25°S 区域内，TMI SST 比 NST 偏冷 0.05℃；在 25°～35°S 区域内，TMI SST 偏暖 0.09℃；而在 35°～40°S 区域内，TMI SST 则偏冷 0.06℃。TMI SST 与 NST 差异的均方差随纬度增加由 0.56℃ 递增到 0.75℃。在研究海域内 AMSR－E SST 与 NST 差异则大致可分为 4 个区域：在 20°～25°S 区域内，AMSR－E SST 比 NST 偏冷 0.11℃；在 25°～35°S 区域内两者基本相同；在 35°－50°S 区域内，AMSR－E SST 偏冷 0.08℃；在 50°S 以南海域，AM-SR－E SST 与 NST 的关系不确定，这可能受该区域存在的南极锋（APF）、亚南极锋（SAF）以及南极绕极流（ACC）对 SST 的影响有关[21-22]。AMSR－E SST 与 NST 差异的均方差随纬度增加由 0.48℃ 递增到 0.81℃。

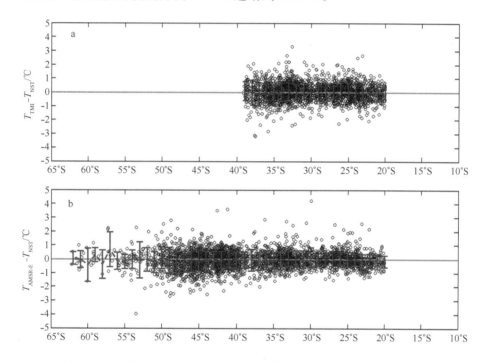

图 4　TMI SST 与 NST（a）、AMSR－E SST 与 NST（b）差异随纬度的分布

红虚线为差异平均值，误差条为 ±1 倍的标准误差

Fig. 4　The distribution of the differences between TMI SST（a），AMSR－E SST

（b）and NST related to latitude

The red dotted lines indicate averaged temperature differences. Error bars are twice the standard error

4　结论

卫星遥感对 SST 的高时空分辨率观测，为许多研究工作提供了宝贵的基础资料，弥补了现场观测的不足。但由于南半球海洋中的现场观测资料十分缺乏，以及各种传

感器的性能不同,使得目前没有一套准确可靠、高时空分辨率的 SST 产品可以满足各研究领域的需要。而随着带有非泵抽式 CTD 传感器的 Argo 剖面浮标的大量布放,为解决这一难题提供了一种有效的途径。

本文利用 2008 年 10 月 – 2011 年 9 月期间全球海洋中 Argo 剖面浮标观测的 NST 数据,与由卫星 TMI/AMSR – E 微波辐射计遥感反演的 SST 日平均数据进行的比较分析,对南半球海域 SST 与 NST 之间的异同有了更深的认识,主要结论如下:

(1) SST 与 NST 在南半球海洋中的均方差在 0.6℃左右,平均偏差在 – 0.1 ~ 0.1℃之间。

(2) SST 与 NST 的差异存在昼夜变化:夜晚 TMI SST 与 NST 差异较白天偏大,平均偏差与均方差分别达到 0.07℃和 0.63℃;夜晚 AMSR – E SST 与 NST 的偏差大于白天,平均偏差与均方差分别为 – 0.04℃和 0.59℃。

(3) SST 与 NST 的差异存在明显的季节变化:冬季 TMI SST 与 NST 偏差最大,平均偏差和均方差分别为 0.07℃和 0.69℃,秋季最小,平均偏差和均方差分别只有 0.04℃和 0.57℃;AMSR – E SST 与 NST 的差异在冬季最大,平均偏差和均方差达 – 0.15℃ 和 0.63℃,夏季最小,平均偏差和均方差分别为 0.03℃和 0.61℃。

(4) SST 与 NST 的差异随纬度呈带状分布:TMI SST 在 20°~ 25°S 和 35°~ 40°S 区域内与 NST 相比为冷偏差,25°~ 35°S 内为暖偏差;AMSR – E SST 在 20°~ 25°S 和 35°~ 50°S 区域内与 NST 相比为冷偏差,25°~ 35°S 内与 NST 基本相同,而在 50°S 以南情况较为复杂;SST 与 NST 差异的均方差随纬度的增加而增大。

研究业已表明[9 – 11],造成 SST 与 NST 差异的原因与海面上的风速和降雨的强度有关,也与水汽蒸发有密切的关系。为此,在利用 SST 与 NST 讨论相关问题时,应高度重视两者之间存在的差异,更不能将它们"混为一谈"。

随着国际 Argo 计划的不断深入,Argo 剖面浮标观测的 NST 数据量将会不断增加,将有助于提高卫星遥感反演的 SST 精度,从而为在南半球乃至全球海域内的多源 SST 融合提供更加可靠的统计学依据。

致谢:感谢英国海洋中心(NOC)免费提供的 Argo NST 数据,以及遥感观测系统(Remote Sensing Systems)提供的 TMI/AMSR – E SST 数据。

参考文献:

[1]　Donlon C J, Casey K S, Robinson I S, et al. The GODAE high-resolution sea surface temperature pilot project[J]. Oceanography, 2009, 22 (3): 34 – 45.

[2]　Alvera A, Troupin C, Brath A, et al. Comparison between satellite and in situ sea surface temperature data in the Western Mediterranean Sea[J]. Ocean Dynamics, 2011, 61: 767 – 778.

[3]　Castro S L, Wick G A, Jackson D L, et al. Error characterization of infrared and microwave satel-

lite sea surface temperature products for merging and analysis[J]. Journal of Geophysical Research, 2008, 113(C03010), doi：10. 1029/2006JC003829.

[4] Guan Lei, Kawamura Hiroshi. SST availabilities of satellite infrared and microwave measurement [J]. Journal of Oceanography, 2003, 59(2)：201 – 209.

[5] Ricciardulli L, Wentz F J. Uncertainties in sea surface temperature retrievals from space Comparison of microwave and infrared observations from TRMM[J]. Journal of Geophysical Research, 2004, 109(C12013), doi：10. 1029/2003JC002247

[6] Kim Eun Jin, Kang Sok Kuh, Jang Sung Tae, et al. Satellite-Derived SST validation based on in-situ data during summer in the East China Sea and western North Pacific[J]. Ocean Science Journal, 2010, 45(3)：159 – 170.

[7] 高郭平，钱成春，鲍献文，等. 中国东部海域卫星遥感 PFSST 与现场观测资料的差异[J]. 海洋学报，2001, 23(4)：121 – 126.

[8] 孙凤琴，张彩云，商少平，等. 西北太平洋部分海域 AVHRR、TMI 与 MODIS 遥感海表层温度的初步验证[J]. 厦门大学学报：自然科学版，2007, 46(增刊1)：1 – 5.

[9] 李明，张占海，刘骥平，等. 利用南极走航观测评估卫星遥感海表面温度[J]. 海洋技术，2008, 30(3)：16 – 27.

[10] 李明，刘骥平，张占海，等. 利用南大洋漂流浮标数据评估 AMSR – E SST[J]. 海洋学报，2010, 32(6)：47 – 55.

[11] Dong Shenfu, Gille S T, SprintalL J, et al. Validation of the advanced microwave scanning radiometer for the Earth Observing System (AMSR – E)sea surface temperature in the Southern Ocean [J]. Journal Geophysical Research, 2006, 111(C04002), doi：10. 1029/ 2005JC002934

[12] Hosoda Kohtaro. A Review of satellite—based microwave observations of sea surface temperatures [J]. Journal of Oceanography, 2010, 66：439 – 473.

[13] Martin M, Dash P, Ignatov A, et al. Group for High Resolution Sea Surface temperature (GH-RSST) analysis fields inter-comparisons. Part 1：A GHRSST multi-product ensemble (GMPE) [J]. Deep-Sea Research II, 2012, http：//dx. doi. org/10. 1016/j. dsr2. 2012. 04. 013

[14] Udaya T V S, Rahmans H, Pavan I D, et al. Comparison of AMSR – E and TMI sea surface temperature with Argo near-surface temperature over the Indian Ocean[J]. International Journal of Remote Sensing, 2009, 30(10)：2669 – 2684.

[15] Murphy D, Riser S, Larson N, et al. Measurement of salinity and temperature profiles through the sea surface on Argo floats[R]. Poster Presentation 4th Aquarius/SAC – D science workshop, Puerto Madryn, Argentina, 3 – 5 December 2008.

[16] Larson N L, Janzen C D, Murphy D J. STS：An instrument for extending Argo temperature and salinity measurements through the sea surface[R]. Poster Presentation 2008 Ocean Sciences Meeting, Orlando Florida, 2 – 7 March 2008.

[17] 王辉赞，张韧，安玉柱，等. 海温观测资料的三维时空分布和偏度特征研究[J]. 海洋通报，2011, 30(2)：127 – 134.

[18] Donlon C J, Minnett P J, Gentemann C, et al. Towards improves validation of satellite sea surface temperature measurements for climate research[J]. Journal of Climate, 2002, 15：353 – 369.

[19]   Merchant C J, Filipiak P L, Borgne P L. Diurnal warm-layer events in the westen Mediterranean and European shelf seas[J]. Geophysical Research Letters, 2008, 35, L04601, doi: 10. 1029/2007GL033071.

[20]   FairalL C W, Bradley E F, Godfrey J S, et al. Cool-skin and warm-layer effects on sea surface temperature[J]. Journal of Geophysical Research, 1996, 101: 1295 – 1308.

[21]   Verdy A, Marshall J, Czaja A. Sea surface temperature variability along the Path of the Antarctic circumpolar current[J]. Journal of Physical Oceanography, 2006, 36: 1317 – 1331.

[22]   Nowlin W D, Klinck J M. The physics of the Antarctic Circumpolar Current[J]. Reviews of Geophysics, 1986, 24(3): 469 – 491.

Comparison between satellite SST and Argo NST in the Southern Hemisphere

LU Shaolei[1,2], XU Jianping[1,2], LIU Zenghong[1,2]

1. *State Key Laboratory Satellite Ocean Environment Dynamics, Hangzhou 310012, China*

2. *The Second Institute of Oceanography, State Oceanic Administration, Hangzhou 310012, China*

Abstract: We used Argo Near-Surface Temperature (NST) data during the period of October 2008 to September 2010 to compare with two kinds of microwave radiometer (TMI and AMSR – E) Sea Surface Temperature (SST), focusing on the Southern Hemisphere waters. The result showed that though satellite SST and Argo NST had remarkable linear relationship, their difference (ΔT) was obvious. ΔT not only had the diurnal variation, but also the seasonal variation and the spatial non-uniformity: the biases between SST and NST at night were bigger than during the day; and the biases in winter were the biggest, and in autumn and summer were the smallest for TMI and AMSR – E, respectively; while the biases between SST and NST changed with the latitude changes. Therefore we must pay high attention to the difference between satellite SST and NST when used them. The result of this study provides a reliable statistical basis for the merging of multiple SST in the Southern Hemisphere.

Key words: TMI; AMSR – E; SST; Argo; near-surface temperature (NST); Southern Hemisphere

（该文发表于《海洋预报》31 卷第 1 期，1 – 8 页）

利用逐步订正法构建 Argo 网格资料集的研究

李宏[1,2]，许建平[1,3]*，刘增宏[1,3]，孙朝辉[1]

1. 国家海洋局 第二海洋研究所，浙江 杭州 310012
2. 浙江省水利河口研究院，浙江 杭州 310020
3. 卫星海洋环境动力学国家重点实验室，浙江 杭州 310012

摘要： 利用逐步订正法构建了 2002 年 1 月 – 2009 年 12 月期间太平洋海域（60°S ~ 60°N，120°E ~ 80°W）的逐月温、盐度网格资料，其垂向在 5 ~ 1 950 m 水深范围内分为 48 层，水平分辨率为 1°×1°。对网格资料的误差分析表明，整个太平洋海域温度和盐度标准差的平均值分别为 0.097℃ 和 0.017。将构建的 Argo（Array for Real-time Geostrophic Oceanography）网格资料集与研究海域获取的 CTD（Conductance-Temperature-Depth）、TAO（Tropical Atmosphere/Ocean array）和 WOA05（World Ocean Alta – 5）等资料集进行的比较和分析发现，2006 年之前，由于 Argo 资料相对较少，导致构建的网格资料集存在一定的误差；而在 2006 年以后的 Argo 网格资料则与历史观测资料比较一致。况且，由构建的 Argo 网格资料集揭示的太平洋海域温、盐度分布的主要特征来看，其与 WOA05 资料集所反映的结果也十分吻合，且前者揭示的特征比后者要更加细致些。这充分说明了，利用逐步订正法构建的 Argo 网格资料集是值得信赖的，也是可靠的。

关键词： Argo 资料；逐步订正法；网格资料集；太平洋

1 研究背景

20 世纪 90 年代末，由美国和日本等国科学家发起的国际 Argo 计划，旨在收集全球海洋 0 ~ 2 000 m 水深范围内的实时、高分辨率温、盐度剖面观测资料，用来加深

基金项目： 国家海洋公益性行业科研专项经费项目（201005033）；国家科技基础性工作专项（2012FY112300）；卫星海洋环境动力学国家重点实验室开放基金（SOED1307）；国家自然科学基金（41206022）。

作者简介： 李宏（1986—），男，硕士，主要从事物理海洋学资料分析研究。E-mail: slvester_ hong@163.com
＊通信作者：许建平，研究员，博导。E-mail: sioxjp@139.com

人们对深海大洋物理海洋现象的认识，提高海洋和天气预报的精度。该计划至今已经走过了 10 年的历程，并且在 2007 年底正式建成由 3 000 多个剖面浮标组成的全球 Argo 实时海洋观测网[1]。到目前为止，由该观测网提供的全球海洋上的温、盐度剖面已经超过 70 万条，且仍在以每年 10 万条的速度递增，这为海洋科学的发展带来了极大的机遇。然而，目前 Argo 资料所存在的观测深度不一致，以及观测时间上的不连续和空间上的离散性等问题，使得应用范围受到一定的限制，特别对海洋科学领域以外的专家、学者来说，对日益丰富的 Argo 资料更是喜忧参半，无法直接用来作为数值模式的背景场或边界条件。为此许多国际 Argo 成员国都已在尝试开发针对 Argo 数据的网格化产品，如：美国 Scripps 海洋研究所的 Roemmich 等[2]利用最优插值法，对 2004 – 2008 年期间全球海洋上的全部 Argo 资料构建成为逐年逐月的温、盐度网格资料产品，其水平分辨率为 $1° \times 1°$，垂向分为 $(5 \sim 1\,975) \times 10^4$ Pa 水深范围内的 58 个标准层；日本海洋科学技术中心的 Hosoda 等[3]同样利用最优插值客观分析法，对 2002 – 2009 年期间收集到的全部 Argo 资料，以及部分 CTD 仪和锚碇浮标资料等，构建成逐年逐月的网格资料产品；法国学者专门针对 Argo、XBT 和 CTD 资料，研发了一个现场分析系统（ISAS）[4]；而印度海洋信息中心则基于 Gauss-Markov 原理的客观分析法，构建了印度洋海域的 Argo 网格资料[5]等。

目前，国际上构建 Argo 网格资料所用的客观分析法大多采用最优插值法，还有一些学者采用更为复杂的数据同化技术，并融合大型的海洋数值模式，构建时空更为一致的再分析产品等[6-8]。这些方法虽然效果明显，但计算量大，另外，观测资料及数值模式的各种误差统计信息难以获取，操作起来相对复杂。本文尝试利用相对较为简便的逐步订正法来构建 Argo 逐年逐月的网格资料，该方法原理简单，计算量小，易于操作，并且在全球海洋也已取得成功应用的范例[9]。

2 资料来源与处理方法

2.1 资料来源

本文选用 2002 年 1 月 – 2009 年 12 月期间太平洋海域，即由 $60°S \sim 60°N$，$120°E \sim 80°W$ 所包围的区域（见图 1）中的所有 Argo 剖面浮标观测数据（来源于中国 Argo 实时资料中心：http：//www. argo. org. cn），作为制作 Argo 网格资料集的原始散点资料。

另外，选择 CTD、TAO、WOA05 资料[10]等作为对比、佐证的依据。

2.2 资料质量控制

选取 2002 年 1 月 – 2009 年 12 月期间的 Argo 资料，这些资料都经过各国 Argo 资料中心的实时和延时质量控制。为确保资料质量，我们统一对这些资料进行质量再控

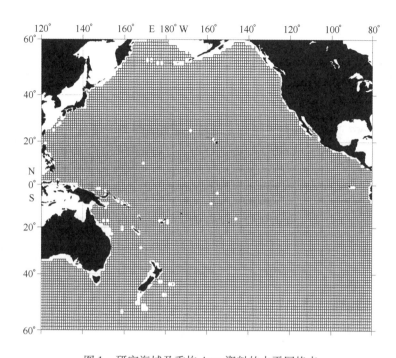

图 1　研究海域及重构 Argo 资料的水平网格点

Fig. 1　Study area and the horizontal grid of reconstruction Argo data

制处理，包括：观测参数及观测层次检验，水陆点及区域检测，密度逆变检验，温、盐度范围检验，时间判断，统计检验等，并利用 Akima 插值法[11]将垂直方向上不等间隔的观测资料插值到标准层上。

图 2 为经过质量控制后的所有 Argo 资料在太平洋海域 10 m 层上的分布密度（总共有 279 811 个观测数据通过质量控制），其中色标 1 代表有 1～5 个数据，2 代表有 6～10 个数据，依次类推，10 则代表有 150 个数据以上。可以看出，在整个太平洋海域的资料分布是极不规则的，且北半球资料较多，南半球偏少。尤其是在西北太平洋海域，资料比较密集，而在 50°S 以南区域观测资料则相对较少。

2.3　资料预处理

经过上面的质量控制，Argo 资料在垂直方向上已经标准化（即在 5～1 950 m 水深范围内分为 48 个标准层），但在水平方向上的分布仍是极不规则的（见图 2）。然而，人们已经获知，客观分析中观测资料分布不规则引起的"簇聚（clustering）"[12]现象，会严重恶化分析结果[13-14]。因此，在进行客观分析之前，需要对资料进行融合处理，以削减"簇聚"现象，使得剖面资料在空间分布上尽量均匀。

将整个研究区域划分为 1°×1°的小方区，若落在每个小方区内的观测剖面总数大于一个，则对所有剖面观测值取平均[4,10]作为新的对应网格点的观测信息。图 3 呈现了 2008 年 1 月西北太平洋海域（20°～40°N，120°E～180°）Argo 资料的网格分布。可以看出，融合前，Argo 资料个数在 1°×1° 网格内的分布极不均匀，少则零个或者仅有 2～3 个，多则 6～7 个（见图 3a）；而经过融合处理后的 Argo 资料则要均衡得多（见图 3b），"簇聚"现象基本消除。

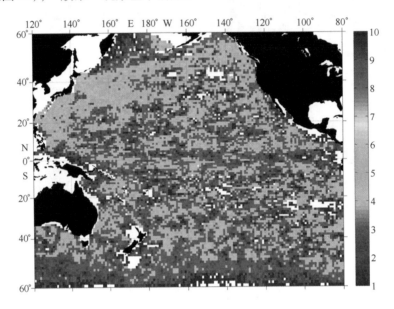

图 2   太平洋海域 10 m 层上 Argo 资料分布密度

Fig. 2   Distribution density of Argo data at 10-m layer in the Pacific Ocean

2.4   逐步订正法

本文研究重构的 Argo 网格资料集主要采用了逐步订正法。逐步订正的思想最初由 Cressman[15] 提出，首先要求给出网格点的初始值（通常由背景场提供），然后从每一个观测中减去对该观测点的估计值（一般通过对观测点周围的背景场格点值进行双线性插值获得）得到观测增量，通过将分析格点周围影响区域内的观测增量进行加权组合得到分析增量，再将分析增量加到背景场上得到最终的分析场，并进行逐步迭代，直到分析值达到某种预期的精度。其迭代公式为：

$$f_i^{n+1} = f_i^n + \frac{\sum\limits_{b=1}^{K_i^n} w_{ib}^n (f_b^o - f_b^n)}{\sum\limits_{b=1}^{K_i^n} w_{ib}^n}, \tag{1}$$

式中，f_i^n（分析场）表示第 i 个网格点上的经过 n 次迭代后的值，f_b^o（观测场）是网格点 i 影响半径内的第 b 个观测点，f_b^n 是对观测点 b 上的第 n 次估计，K_i^n 则表示影响半

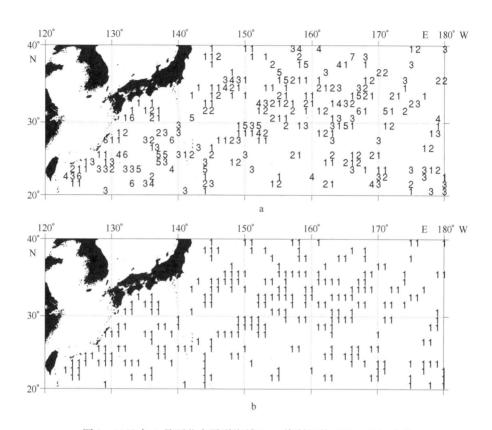

图 3　2008 年 1 月西北太平洋海域 Argo 资料网格（1° × 1°）分布
a. 原始资料分布，b. 经过融合后的资料分布
Fig. 3　Number of Argo grid data in each grid（1° × 1°）in the Northwest
Pacific Ocean in January of 2008
a. Raw data，b. merged data

径 R_n 内的观测点总个数。

　　起初，Cressman 给出了与距离平方成反比的二次权重函数[15]，后来，Barnes 提出采用高斯的权重函数[13]，能使得该方法与滤波原理结合起来，并且在理论上能够通过响应函数的形态来事先分析所关注不同信号尺度，这对分析者来说无疑求全责备。但该方案收敛较慢，一般需要迭代 3～4 次，之后，Barnes 对这一方案又作了改进，采用收敛因子来加快收敛速度，新的权重函数为[14]：

$$\begin{cases} w_{ib}^n = \exp\left(\dfrac{-r_{ib}^2}{\alpha\gamma}\right) & r_{ib}^2 < R_n^2, \\ w_{ib}^n = 0 & r_{ib}^2 \geqslant R_n^2, \end{cases} \quad (2)$$

式中，r_{ib}^2 是观测点 b 和网格点 i 之间距离的平方，R_n 为第 n 次迭代的影响半径。α 为滤波参数，γ 为收敛因子，通常在 0～1 之间。

值得指出的是，如果研究区域逐月资料足够多，且分布均匀，则可以事先通过响应函数的形态来确定计算参数[13-14]，由此得到的分析结果能够达到预期的目的。然而，由图 2、3 表明，Argo 资料在空间分布极不均匀，虽然融合处理能削减资料原本分布不均的程度，但这与 Barnes 逐步订正法中观测资料连续性分布的理论假设仍存在差距。显然，通过理论分析响应函数来选择计算参数并不可取，因为在这种情况下，理论分析结果与实际分析值之间可能会存在较大差距。鉴于这一点，本文将通过参数试验中标准差的变化趋势[12]来选择对应的计算参数。

表 1 是实验中选用的不同参数，黑体表示的参数值为实验中在测试其他参数时不变的数值，比如在测试滤波参数变化对分析产生影响的时候，滤波参数从逐步变到，而其他参数均不变，收敛因子为 0.4，影响半径为，迭代次数为 2。

表 1　实验中所用的分析参数
Table 1　Experimental parameters

$\alpha/\times10^4\ km^2$	γ	$R_n/\times10^2\ km$	n
0.8	0.1	2.22	1
1.6	0.2	3.33	**2**
2.4	0.3	4.44	3
3.2	**0.4**	5.55	4
4.0	0.6	**6.66**	5
4.8	1.0	8.88	10
6.4	2.0	12.00	
8.0	4.0	16.00	
9.6	24.00		
12.0			
19.2			
40.0			

通过分析标准差的变化趋势，可以确定本文最终采用的计算参数[16]：α 为 $8.0\times10^4\ km^2$，R_n 取 555 km，γ 取 0.2，n 为 2。

3 构建 Argo 网格资料集

客观分析法的基本原理即是利用观测资料来不断订正初始场，最终使得分析结果逼近观测场，因此，背景场的给定非常重要，下面首先探讨背景场的构建方案。

3.1 构建气候态背景场

针对 Argo 资料的空间分布不均匀这一特点，采用变半径迭代的 Cressman 逐步订正法构建温、盐度的背景场。选择三次迭代，每次迭代的起始影响半径都不变。具体来说，对年际气候态背景场的构造，选取最初的影响半径为 777 km，止于 1 110 km，即首先计算各个垂向层次以 777 km 为半径（起始半径）的影响区域内的有效观测资料的平均个数，并在随后的迭代计算中，要求每个格点周围的观测点数不少于对应的观测平均数，否则逐步扩大影响半径（但不超过某个设定的最大影响半径，本文取为 1 110 km），直到满足这种要求，使得每个格点分析值均是由数量相当的邻近观测值构造而成，同一波长的波信号由相同数量的观测资料来刻画，从而保证分析结果的一致性。在每次迭代完后，利用 9 点平滑算法[17] 来平滑温、盐度场，以消除由分析带来的某些小尺度噪音，获得年际尺度的气候态温、盐度信号。

类似于上面的方案，再以这一气候态背景场作为初始场，选择影响半径为 555 km，构造四个季节的背景场；然后，选取 333 km 的影响半径，以季节背景场作为初始场，构造 12 个月（1 – 12 月）的气候态背景场信息，以此 12 个月的背景场作为最终逐月（96 个月）分析对应的初始场。在构建年际、季节和月气候态背景场的时候，选择的影响半径分别是 777 km、555 km 和 333 km，目的在于先保留大尺度信号，随后保留中、小尺度信号，使得最终 12 个月的气候态背景场信息相对真实、可靠。

3.2 构建逐月分析场

有了上面构建的气候态背景场为初始场和由实验确定的计算参数，通过上节介绍的式（2）就可以构建出逐月的 Argo 网格资料集。这里值得一提的是，在计算过程中，还需对分析结果进行反复检验，如在剖面的深层，一般温、盐度的变化不大，故误差曲线通常较为集中，但若发现存在分散的曲线，则表明对应月份的 Argo 资料存在质量问题，质量控制工作还存在纰漏，需进一步检查核对，并剔除相应异常点，再重新进行逐月客观分析。最后得到了 2002 年 1 月到 2009 年 12 月期间太平洋海域（60°S ~ 60°N，120°E ~ 80°W）逐年逐月的 Argo 网格资料集，其水平分辨率为 1° × 1°，垂向为 48 层，时间分辨率为 1 个月，共 96 个月。

3.3   网格资料误差分析

标准差（SD）用来表示由客观分析方法本身对散点资料进行插值构建时带来的截断误差，以刻画分析方法本身的精确度。

图 4 显示了研究海区 96 个月的温、盐度标准差（每个垂向层次）垂直分布，可以看出，从表层到 800 m 深度以上，温度 SD 在 0.08 ~ 0.34℃ 之间，盐度 SD 则在 0.008 ~ 0.038 之间；而到了 800 m 层以下，SD 随深度增加而明显减少，温度 SD 仅为 0.02 ~ 0.08℃，盐度 SD 则在 0.002 ~ 0.008。

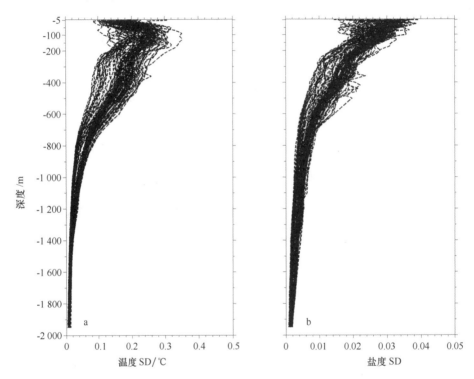

图 4   标准差（SD）随深度变化曲线（a. 温度 SD（℃），b. 盐度 SD）

Fig. 4   Standard deviations （SD） of temperature （a） and salinity （b））

as a function of depth

从平均标准差的时间变化图（见图 5）中可以看到，很明显，在 2006 年以前，由于 Argo 资料的观测剖面还不够多，使得构建的网格资料误差稍大，温度和盐度的标准差变化波动较大，温度误差波动范围在 0.07 ~ 0.25℃ 之间，盐度误差则为 0.011 ~ 0.025；之后，无论是温度还是盐度的标准差，变化都比较平稳，温度标准差约为 0.19℃，盐度约为 0.021。而整个太平洋海域温度平均标准差最大为 0.212℃，平均为 0.097℃；盐度最大则为 0.021，平均为 0.017。

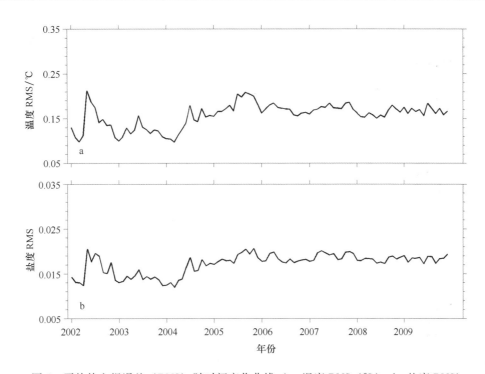

图 5   平均均方根误差（RMS）随时间变化曲线（a. 温度 RMS（℃），b. 盐度 RMS）

Fig. 5   Temporal variation of root mean square errors（RMS）of temperature（a）and salinity（b）

4   结果检验

选取几个代表性的剖面和时间序列与 CTD、TAO 和 WOA05 等历史观测资料进行比较、分析，以此来检验构建的 Argo 网格资料集的可靠性。

4.1   剖面检验

选取 Argo 剖面浮标观测较少的 2002 年 2 月和较多的 2008 年 10 月的网格资料与同时期的 CTD 仪观测资料比较。其中 2002 年 2 月的 CTD 测站位于 24.997°N，137.039°E（见图 6a）附近的西北太平洋海域，对应的网格点位于 25°N，137°E 附近，恰好与 CTD 站位置重叠；2008 年 10 月，有两个 CTD 仪观测剖面，分别位于 23.753°N，132.998°E 和 23.998°N，133.25°E 附近的西北太平洋海域（见图 7b）。从图 6 可以清楚地看出，在 2002 年 2 月，当时 Argo 计划还实施不久，所以布放的 Argo 剖面浮标还十分有限，该区域只有少量的 Argo 资料（见图 6a），而到了 2008 年 10 月，全球海洋上布放的 Argo 剖面浮标已经达到了 3 000 个以上，该区域的 Argo 资料也有了较快的增加（见图 6b）。为了便于比较，分别绘制了两幅温、盐度垂直分布图（见图 7、8）。图中蓝线代表由 CTD 仪观测的资料，红线代表 Argo 网格资料。

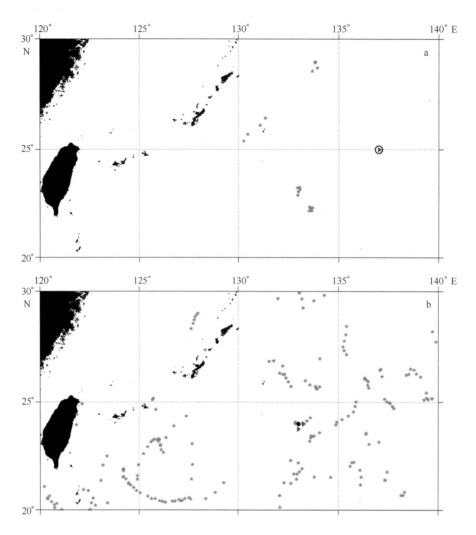

图6　选取的 Argo 网格点（黑色圆圈）、CTD 站点（红色三角形）
及 Argo 原始剖面（绿色五角星）分布

a. 2002 年 2 月，b. 2008 年 10 月

Fig. 6　Distribution of selected Argo grid points（black circles），CTD sites
（red triangles）and Argo original profiles（green five-pointed star）

a. February 2002，b. October 2008

　　图 7a 可以看到，总体上，温度随深度增加而逐渐减小，但在 1 000 m 层以上，
两者差别显得较大些，尤其是在 200 m 层以上，差别特别明显，除了上层海洋本身受
外界（比如太阳辐射、风混合和海流等因素）的影响要比下层来得大外，CTD 是 2
月 1 日时观测的结果，而 Argo 却是 2 月该格点附近所有 Argo 剖面分析的结果，何况
2002 年 2 月该格点附近的 Argo 剖面离 CTD 观测点较远，因此，CTD 资料与 Argo 网

格资料在 1 000 m 水深以上，尤其是在 200 m 上层差异较大实属正常。且 1 000 m 层以下，两者变化基本吻合。再看盐度垂直分布曲线（见图 7b），自 5 m 到 700 m 层，盐度随深度增加而递减，形成较强的盐跃层；随后，盐度随深度增加却略有升高。同样，在 700 m 水深以上，特别是 200 m 上层，两者差异较大，而在 700 m 层以下，两者几乎吻合，其原因与温度变化相同。由此可以看出，网格资料可以弥补 Argo 观测稀疏、零散的不足，且完全可以反映格点附近温、盐度的垂直分布变化，尤其是温、盐跃层的分布特征，这足以表明 Argo 网格资料是可以信赖的。

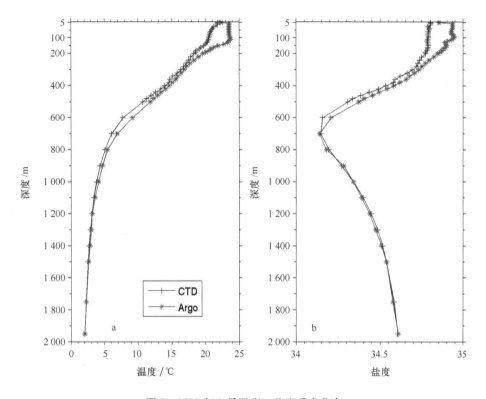

图 7　2002 年 2 月温度、盐度垂直分布

Fig. 7　Vertical distribution of temperature and salinity derived from Argo gridded data （red）
and CTD cast in February 2002

　　图 8 所显示的 2008 年 10 月 Argo 网格点上温、盐度垂直分布的比较结果，两者几乎完全吻合，表明，Argo 网格资料不仅是值得信赖的，而且也是可靠的。当然，两者变化如此一致与该时期布放的 Argo 剖面浮标大量增加，观测剖面显著增多（见图 6b）也有密切的关系。不难相见，在 Argo 计划实施早期（2006 年以前），由于当时布放的 Argo 剖面浮标还较少，观测剖面更稀疏、零散，而且剖面观测深度也是深浅不一（有的剖面可以达到 1 500 m 或 2 000 m，有的却只有 1 200 m，甚至 1 000 m，还有的仅有温度剖面而缺少盐度剖面），所以导致重构的 Argo 网格资料误差会大些。

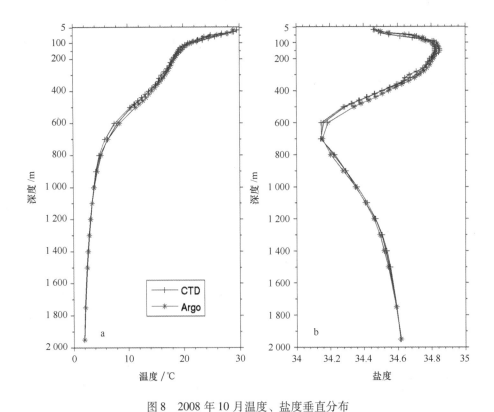

图 8   2008 年 10 月温度、盐度垂直分布

Fig. 8   Vertical distribution of temperature and salinity derived from Argo gridded data（red）

and CTD cast in October 2008

不过 2006 年以后，随着各国际 Argo 成员国投放浮标数量的不断增加，特别是在 2007 年以后，全球海洋上正常工作的 Argo 剖面浮标数量始终维持在 3 200 个左右，提供的观测剖面达到了每年 10 万条左右，因此，由 2006 年以后的 Argo 剖面浮标观测资料重构的 Argo 网格资料应该更可信、可靠。

4.2   时间序列检验

考虑到 TAO 观测资料在时间上的连续性，并能与 Argo 网格资料在时空上一一对应，选定了两种资料在赤道太平洋 0°，147°E 附近海域的温、盐度时间序列分布与 WOA05 对应月份气候态资料进行对比分析，分别计算了 Argo 与 WOA05 和 TAO 与 WOA05 的温、盐度差，并绘制了两幅温、盐度偏差时间序列分布图（见图 9、10），从而来进一步检验 Argo 网格资料的可靠性。由于 TAO 只能提供表层到 700 m 深度左右的温、盐度资料，且最大观测深度会随浮标的起伏发生变化，因此这里统一取 600 m 层以上的资料计算温、盐度偏差。为了清晰起见，图中显示了温度偏差在 ±1℃ 以上，以及盐度偏差在 ±0.2 以上的等值线。

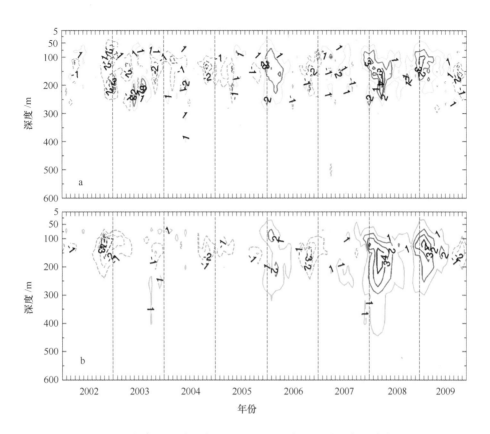

图9　赤道太平洋海域 0°N，147°E 温度偏差时间序列分布

a. Argo – WOA05，b. TAO – WOA05

Fig. 9　Time variation of temperature anomalies in equatorial Pacific Ocean 0°N，147°E

as a function of depth

a. Argo – WOA05，b. TAO – WOA05

　　由图9可见，Argo、TAO 与 WOA05 之间的温度偏差主要出现在 50 m 至 300 m 水深之间，且出现最大偏差的时间也几乎一一对应；而且在 2006 年以前，除在 2002 年的秋冬季 TAO 的温度偏差要大于 Argo 外，其他时间段均要优于 Argo。这一点也充分说明了由于 2006 年之前 Argo 观测剖面较少，从而造成 Argo 网格资料的偏差明显大于 TAO，但随着布放的 Argo 浮标数量增加，2006 年以后的温度偏差，Argo 又明显小于 TAO。再看一幅盐度偏差分布图（见图10），其盐度偏差主要出现在 5 ~ 250 m 深度之间。而且可以明显分为两个时间段，即 2002 年 1 月 – 2005 年 12 月和 2006 年 1 月 – 2009 年 12 月。前段，Argo 盐差明显大于 TAO；而后段则相反，Argo 盐差要小于 TAO，且最大盐差和正、负盐差出现的时间段两者也几乎一一对应，这进一步佐证了 Argo 网格资料是值得信赖的，也是可靠的。

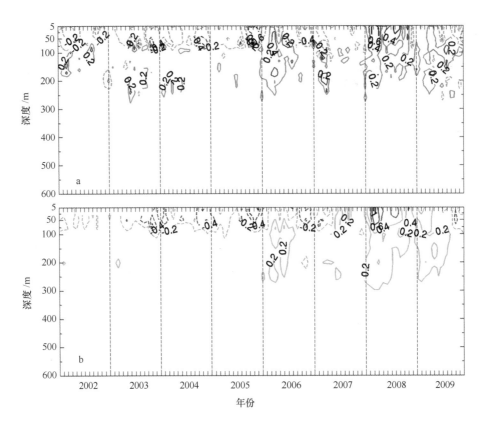

图 10　赤道太平洋海域（0°N，147°E）盐度偏差时间序列变化

a. Argo – WOA05，b. TAO – WOA05

Fig. 10　Time variation of salinity anomalies equatorial Pacific Ocean 0°N，147°E as a function of depth

a. Argo – WOA05，b. TAO – WOA05

4.3　温、盐度分布特征检验

选取了几个代表性层次（5 m、150 m 和 500 m）和断面（10°N 和 150°W）来扼要探讨太平洋海域温、盐度的气候态分布特征。同时，还选取了几个相同层次和断面上的 WOA05 温、盐度分布做比较分析，进一步检验 Argo 网格资料集的可靠性。

4.3.1　温度

图 11a₁ 呈现了太平洋海域 5 m 层温度大面分布。可以看到，太平洋区域的温度分布大体上呈现以赤道为中心，朝南北两极逐渐降低的趋势，且等温线除个别区域外，总体上与纬度线平行；可见表层温度主要受太阳辐射的影响，地域分布特征十分明显；此外，等温线在 20°N ~ 20°S 区域内十分稀疏，随着温度从热带向两极地区过渡，等温线愈来愈密集，且在南北纬 40°附近分布尤为突出，明显代表"极锋"[18] 所在的位置。由图可见，表征西太平洋暖池的 28℃ 包络线分布在 20°N ~ 18°S 之间。此

外，智利外海明显有一股低温水（<18℃）沿岸北上，其低温舌端可以楔入暖池区域，Levitus 早就注意到了东太平洋区域的这一低温分布特征[9]，并指出这主要与南美及秘鲁沿岸的上升流有关。由 Argo 资料反映的太平洋海域表层温度分布的主要特征同样呈现在由 WOA05 资料绘制的表层气候态温度分布图（见图 11b$_1$）中，除等温线分布更趋于平滑，以及赤道东太平洋的冷舌西向传播的势力没有图 11a$_1$ 强以外，似乎并没有太大的区别。

图 11a$_2$ 表明 150 m 层温度分布特征为，赤道附近海域存在一条贯穿太平洋东—西海域的低温（<19℃）带，并以该低温带为中心，形成南北两个高温（>20℃）区，南半球高温区的影响范围（间于 5°N~28°S，东界可抵 100°W）比北半球（间于 10°~26°N，东界不到 140°W）大，且温度也要比北半球的高。在由 WOA05 资料所反映的次表层温度分布图上，在 8°N 附近同样存在一条贯穿东—西太平洋的次低温带（<19℃），且北半球高温区的北界（24°N）要比 Argo 显示的更南缩，东界（148°W）更西缩，且高温中心的温度（>26℃）也要低 1℃ 左右。由 WOA05 显示的南半球高温区范围与 Argo 相比，虽无太大的差别，但高温中心（>26℃）区比后者要小得多（见图 11b$_2$）。

由图 11a$_3$ 表明 500 m 层温度尽管维持了次表层上呈现的南北太平洋两个高温区特征外，其影响范围和最高温度值都要比次表层小（或低）得多。北太平洋高温区（>9℃）向北（间于 18°~34°N）、向西（170°W）收缩，其高温中心（>12.5℃）出现在日本以南海域；而南太平洋高温区（>9℃）则向南（间于 40°~18°S）、向西（152°W）收缩，其高温中心（>11.5℃）呈现在澳大利亚以东沿岸海域。赤道海域出现了一条次高温度（>8℃）带，呈东部宽（间于 13°S~18°N）、西部窄（0°~3°S）的分布趋势，从两极到赤道中层温度呈现低（<6℃）、高（>9℃）、次低（<8℃）和次高（>8℃）的分布态势。而且在新西兰岛东南海域，呈现一个明显的低温舌（<6℃）沿 180°W 经线由南向北伸展。而由图 11b$_3$ 表明，500 m 层上 Argo 与 WOA05 呈现出基本相同的温度分布特征。一个细微差别出现在新西兰岛东南海域低温水（<6℃）北上的势力上，由 Argo 显示的低温水舌前端可以到达 45°S 附近，而在 WOA05 中显示只能抵达 46°S 附近，由等温线的弯曲和密集程度来看，Argo 资料刻画的这一中尺度现象比 WOA05 更细致。

图 12a$_1$ 给出了沿太平洋 10°N 断面上的温度分布。可以看到，温度从表层向下逐渐降低。总体上看，等温线在 250 m 水深以上，由西向东上倾；以下则略呈自西向东下倾的趋势。25~200 m 水深之间等温线分布尤为密集，明显存在强温跃层，且随着等温线由西向东上翘，温跃层下界不断抬升，导致东部跃层出现的深度更浅，强度更强，且在 100°W 附近，明显存在低温水涌升的迹象，一直可以跟踪到表层海域。由 WOA05 资料给出的同一断面上的温度分布（见图 12b$_1$）可以看出，总体上与 Argo 给出的分布特征别无两样，只是由 28℃ 等温线表征的暖池厚度（约 50 m）要浅一些，且东界（175°E）范围也要明显西缩。

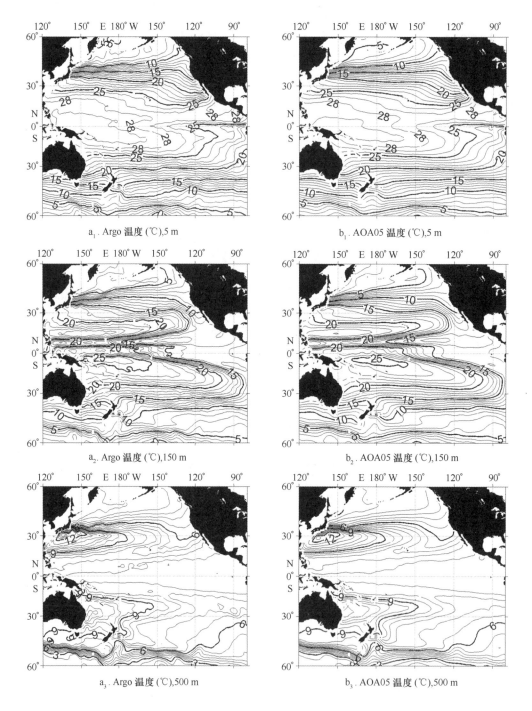

a₁. Argo 温度 (℃),5 m

b₁. AOA05 温度 (℃),5 m

a₂. Argo 温度 (℃),150 m

b₂. AOA05 温度 (℃),150 m

a₃. Argo 温度 (℃),500 m

b₃. AOA05 温度 (℃),500 m

图 11　太平洋海域温度大面分布（5 m，150 m，500 m）

Fig. 11　Temperature distribution in the Pacific Ocean（5 m，150 m，500 m）

　　图 12b$_1$ 给出了一条处于东太平洋经向 150°W 断面上的温度分布。总体而言，断面上温度分布呈南北低、中间高以及上层高、下层低的特点。以赤道为界，在南、北半球呈现两个高温中心，其中南半球高温中心（＞28℃）位于约 10°S 附近，而北半球高温中心（＞27℃）大约处于 5°N 附近；且南部高温区（＞20℃）厚度(240 m)明显大于北部（160 m）。温度的"马鞍形"分布特征显然与 10°N 附近出现的低温水涌升有关。值得注意的是，温度分布的上述这些特征几乎相似地呈现在另一幅由 WOA05 给出的断面图（见图 11b$_2$）中；可以看到，除了等值线比 Argo 给出的（图 11a$_2$）更平滑些外，几乎找不出有什么特别的不同。

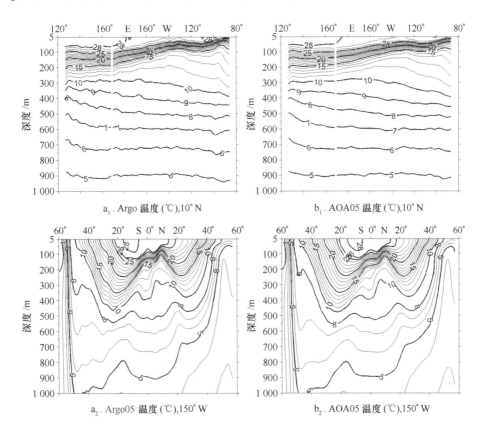

图 12　太平洋海域温度断面分布（10°N，150°W）

Fig. 12　Temperature distribution in the Pacific Ocean along section 10°N（a$_1$，b$_1$）and 150°W（a$_2$，b$_2$）

4.3.2　盐度

　　图 13a$_1$ 为太平洋海域 5 m 层的盐度分布。由图可见，太平洋海域表层盐度分布比水温的分布更为复杂。在纬向上，盐度基本呈高低起伏的带状分布特征，从赤道向副热带地区，盐度呈"马鞍形"的双峰分布。即在赤道附近海域，盐度（＜34.5）较低，而在副热带海域，盐度较高；仔细比较发现，在北太平洋副热带海域（间于

22°~32°N)，盐度高于 35.0，而在南太平洋副热带海域（间于 13°~27°S），盐度则可高达 36.0。从南北副热带向副极地区域，盐度又逐渐降低，至两极海域降达 34.0 以下。由此可见，盐度的地域性分布特征较为明显，这显然与降水和蒸发有密切的关系。从另外一幅由 WOA05 资料绘制的表层盐度分布图（见图 13b$_1$）上，可以看出与图 13a$_1$ 有几乎相似的分布特征。所不同的是，由 Argo 资料给出的棉兰老岛以东海域（0°~10°N）的低盐水盐度值（<33.9）要比 WOA05 资料给出的盐度值（>34.1）更低些。

次表层（150 m）盐度分布（见图 13a$_2$）态势总体来看和表层较为相似，但也存在一些不同：南、北半球两个高盐区的范围已经明显收缩，且北半球高盐区范围收缩得尤其明显；北太平洋西边界区的等盐线由赤道向北极上倾，而东边界处的等盐线则由北极向赤道下倾，并向西汇入到赤道地区；南太平洋副热带地区，等盐线则由赤道向南极下倾，且高盐水（>36.0）东西向的势力范围较表层而言，有明显的扩大（171.5°E~106°W）。另外，副极地区域 34.0 等盐线已不再呈现封闭的特征，而是出现多个低值中心。

图 13b$_2$ 呈现了与图 13a$_2$ 基本相同的分布特征。一个比较明显的差别在于北太平洋副热带区域的东边界，由 Argo 资料显示的北极低盐舌（<34.5）向西扩展得更远（154°W 附近），而 WOA05 资料则显示该低盐舌向西扩展不到 137°W（见图 13b$_2$）；另外，南太平洋副热带地区的高盐水（>36.0），Argo 资料显示其向西可以延伸到 171°E 附近，而 WOA05 资料则表明，这一个高盐水向西延伸只到 176°E 附近。

图 13a$_3$ 给出了太平洋海域 500 m 层的盐度分布，可以看出，整个太平洋海域中层的盐度相比次表层（见图 13a$_2$）已有明显降低（<35.0），北半球高盐（>34.5）区的范围收缩得最明显，仅出现在日本以南的一个狭窄的区域中；相比而言，南半球高盐（>34.75）区的范围虽然比次表层有较显著的收缩，但与北半球相比，仍要大得多，主要位于澳大利亚以东海域（20°~40°S，150°E~180°）。北半球副极地的低盐水（≤34.25）向南扩展到 16°N 附近，几乎占据了整个北太平洋，且其低盐中心处于表层和次表层所呈现的"极锋"以下区域，即位于 40°N 附近的 180°~130°W 之间区域；而南半球的副极地低盐水（<34.5）则北上至 15°S 附近，但低盐中心远没有北半球显著，且最低盐度值（<34.25）也要比北半球高，但位置更偏南（50°S 附近）；南、北半球高盐区之间（10°N~15°S）则是一条盐度较为均匀的次高盐（>34.6）带，呈东部宽（间于 16°S~14°N）西部窄（11°S~2°N）的分布趋势。由 WOA05 资料绘制的中层盐度分布（见图 13b$_3$）呈现了与图 13a$_3$ 基本相似的特征。但北太平洋副热带高盐水的最高盐度，WOA05 显示为 34.45，而 Argo 资料显示为 34.50；另外，北半球低盐（<34.25）舌（18°N 附近）西向（135°E）扩展的势头，明显弱于 Argo 资料（124°E）所展现的。

图 14a$_1$ 给出的是气候态 10°N 断面上的盐度分布，总体来看，盐度呈现上层（50 m 以浅）低（<34.25）、次表层（75~260 m）高（>34.70）和中层（650 m

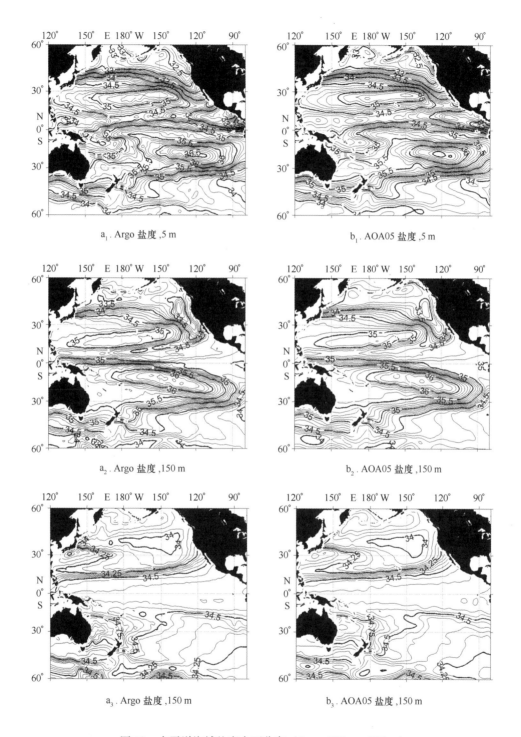

a₁. Argo 盐度,5 m

b₁. AOA05 盐度,5 m

a₂. Argo 盐度,150 m

b₂. AOA05 盐度,150 m

a₃. Argo 盐度,150 m

b₃. AOA05 盐度,150 m

图 13　太平洋海域盐度大面分布（5 m，150 m，500 m）

Fig. 13　Salinity distribution in the Pacific Ocean (5 m, 150 m, 500 m)

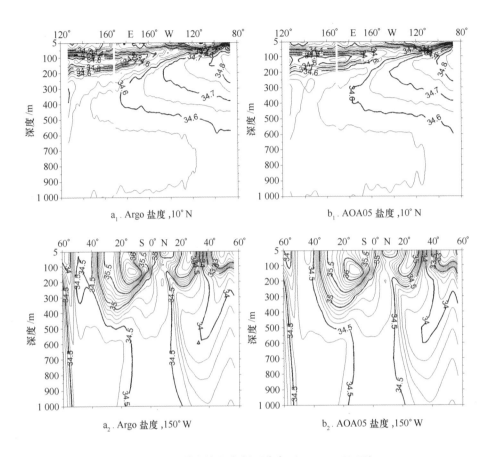

图 14　太平洋海域盐度断面分布 （10°N, 150°W）

Fig. 14　Salinity distribution in the Pacific Ocean along section 10°N （a₂, b₁） and 150°W （a₂, b₂）

深度以下） 次低 （<34.6） 的分布特点。表层盐度存在两个低盐区，一个间于 127°
~165°E，最低盐度 34.0，一个间于 155°~86°W，最低盐度低于 33.5；相反，次表
层却存在两个高盐区 （>34.70），一个出现在 173°W 以西海域，最高盐度达 34.9 以
上；而另一个在 145°W 以东海域，最高盐度达 34.85；值得注意的是，两个高盐中心
出现的深度 （约 140 m） 虽大体一致，但其强度显然西部要大于东部；在表层和次表
层盐度的作用下，50~100 m 水深间出现强盐度跃层。由 WOA05 资料绘制的 10°N 断
面盐度分布 （见图 14b₁） 给出了与图 14a₁ 几乎相似的特征，但也存在着一些不同点，
比如 WOA05 显示的西部区域的表层低盐 （<34.5） 水向东仅扩展到 157.5°E 附近区
域，而 Argo 资料表明这股低盐水能到达更东 （165°E） 区域；另外，Argo 资料显示，
240~650 m 深度间，位于 127°E 以东的 34.5 等盐线逐渐向上 （东） 抬升 （扩展） 到
40 m 深度 （160°W） 附近，而在图 14b₁ 中，该等盐线仅出现在 150°E 以西海域，且
向上抬升的高度仅能到达 240 m 水深附近。显然，无论是向上抬升或者是向东扩展的

势力均要弱得多。

图 14a$_2$ 给出了沿 150°W 断面的盐度分布。由图可见，南、北两极海域（约南、北纬 45°以南、北）盐度普遍低于 34.5，且北极海域盐度（＜34.3）要低于南极区域的盐度（＜34.4）；南、北极的低盐水均有明显的下沉趋势，南极低盐水（＜34.3）下沉深度可及 450 m 左右，而北极可影响到 1 000 m 深度附近。断面中部的高盐（＞34.5）区域呈现南北不对称的双峰结构。大体上以 7°~8°N 为界，在南北太平洋呈现两个高盐中心，其中南太平洋的高盐（＞36.0）中心位于约 13°S 附近，而北太平洋的高盐（＞35.0）中心大约处于 18°N 附近；且北部高盐（＞35.0）区厚度（180 m）明显小于南部（390 m）。由 WOA05 资料给出的同一断面上的盐度分布（见图 14b$_2$）特征几乎与图 14a$_2$ 相同，只是由 Argo 资料显示的在南太平洋 51°~42°S 和 24~340 m 深度之间出现的一封闭等盐（34.5）线，而在 WOA05 资料中却未见踪迹。这进一步表明了 Argo 网格资料可以刻画出比 WOA05 数据集更细致的特征。

5　结语

（1）基于一种改进的 Cressman 逐步订正法[15]构建了 Argo 气候态初始场。该方案首先确定影响半径，然后计算各个垂向层次以此影响半径为半径（起始半径）的圆形区域内的有效观测平均数，然后在迭代计算中，要求每个网格点周围的观测点数不少于对应的有效观测平均数，否则逐步扩大影响半径，直到满足要求，该方案的优势是使得每个格点的分析值均是由数量相当的邻近观测值构造而成，因此同种波长的波信号由相同数量的观测资料来刻画，从而可以保证分析结果的一致性。由这一方案，并分别选取起始影响半径为 777 km、555 km 和 333 km，构造了年、季节和月气候态月平均初始场，效果较为明显。

（2）再利用 Barnes 逐步订正法[13-14]构建了太平洋海域（60°S~60°N，120°E~80°W）2002 年 1 月－2009 年 12 月期间逐月的月平均温、盐度网格资料集，其水平分辨率为 1°×1°，垂直分辨率为 48 层；Barnes 客观分析所用的最优计算参数通过试验获取，即 $\alpha = 8.0 \times 10^4 \ km^2$，$R = 5.55 \times 10^2 \ km$，$\gamma = 0.2$，$n = 2$。

（3）构建的 Argo 网格资料集，在 2006 年以前，由于资料相对缺乏，误差稍大。网格资料的平均标准差最大为 0.212℃，平均为 0.097℃；盐度最大则为 0.021，平均为 0.017。

（4）将构建的 Argo 网格资料集与研究海域获取的 CTD、TAO 和 WOA05 等资料进行了客观分析和比较，发现 2006 年之前，由于 Argo 资料相对较少，导致构建的网格资料集存在一定的误差；而在 2006 年以后的 Argo 网格资料与历史观测资料较为吻合。由此可见，由逐步订正法构建的 Argo 网格资料集是值得信赖的，也是可靠的。

（5）由 Argo 网格资料集显示的研究海域温、盐度主要分布特征，在 WOA05 资料集中同样能够呈现，且两者差别不大；但 WOA05 资料显示的结果更为平滑，相比之下，Argo 网格资料可刻画一些更细致的特征，如在 500 m 层温度大面分布上，Argo 资料显示的新西兰岛以南海域的低温舌要更明显些。

致谢： 感谢审稿专家的宝贵意见，感谢凌征博士最初的帮助和建议！曾得到卫星海洋环境动力学国家重点实验室数值计算中心的支持与帮助，在此表示感谢！

参考文献：

[1]   许建平，刘增宏，孙朝辉，等. 全球 Argo 实时海洋观测网全面建成[J]. 海洋技术，2008，27（1）：68 – 70.

[2]   Roemmich D, Gilson J. The 2004 – 2008 mean and annualcycle of temperature，salinity， and steric height in the global ocean from Argo program[J]. Progr Oceanogr, 2009, 82：81 – 100.

[3]   Hosoda S, Ohira T, Nakamura T. A monthly mean dataset of global oceanic temperature and salinity derived from Argo float observations[R]. JAMSTEC Rep Res Dev, 2008, 8：47 – 59.

[4]   Gaillard F, Autret E, Thierry V, et al. Quality control of large Argo datasets[J]. J Atmos Oceanic Technol, 2009, 26：337 – 351.

[5]   Bhaskar T U, Ravichandran M, Devender R. An operational Objective Analysis System at INCOIS for generation of Argo Value Added Products[R]. Technical Report No. INCOIS/MOG – TR – 2/07, 2007.

[6]   Masafumi K, Tsurane K, Hiroshi I, et al. Operational Data Assimilation System for the Kuroshio South of Japan：Reanalysis and Validation[J]. Journal of Oceanography, 2004, 60：303 – 312.

[7]   Martin M J, Hines A, Bell M J. Data assimilation in the FOAM operational short range ocean forecasting system：a description of the scheme and its impact[J]. Q J R Meteorol Soc, 2007, 133：981 – 995.

[8]   Oke P R, Brassington G B, Griffin D A, et al. The Bluelink ocean data assimilation system (BODAS) [J]. Ocean Modelling, 2008, 21：46 – 70.

[9]   Levitus S. Climatological Atlas of the World Ocean[R]. NOAA Professional Paper No. 13, U. S. Gov. Printing Office, 1982：1 – 173.

[10]   Locarnini R A, Mishonov A V, Antonov J I, et al. World Ocean Atlas 2005, Volume 1：Temperature[R] // Levitus S. NOAA Atlas NESDIS 61, U. S. Gov. Printing Office, Washington, D. C. , 2006：1 – 182.

[11]   Akima H. A new method for interpolation and smooth curve fitting based on local procedures[J]. Journal of the ACM, 17：589 – 602.

[12]   Smith D R, Pumphry M E, Snow J T. A comparison of errors in objectively analyzed fields for uniform and nonuniform station distribution[J]. Atmos Oceanic Technol, 1986, 3：84 – 97.

[13]   Barnes S L. A technique for maximizing details in numerical weather Map analysis[J]. J Appl Meteor, 1964, 3：396 – 409.

[14]   Barnes S L. Mesoscale objective analysis using weighted time – series observations[J]. NOAA Tech

Memo ERL NSSL – 62, 1973: 1 – 9.

[15]   Cressman G P. An operational objective analysis system[J]. Mon Wea Rev, 1959, 87: 367
        – 372.

[16]   李宏. 利用客观分析法重构 Argo 网格资料的初步研究[D]. 杭州：国家海洋局第二海洋研
        究所, 2011.

[17]   Schuman F G. Numerical methods in weather prediction：Ⅰ. Smoothing and filtering[J]. Mon Wea
        Rev, 1957, 85: 357 – 361.

[18]   冯士筰，李凤岐，李少菁. 海洋科学导论[M]. 北京：高等教育出版社, 1999.

The study of establishment of Argo gridded data by successive correction

LI Hong[1,2], XU Jianping[1,3], LIU Zenghong[1,3], SUN Chaohui[1]

1. *The Second Institute of Oceanography, State Oceanic Administration, Hangzhou 310012, China*

2. *Zhejiang Institute of Hydraulics and Estuary, Hangzhou 310020, China*

3. *State Key Laboratory of Satellite Ocean Environment Dynamics, Hangzhou 310012, China*

Abstract: Monthly gridded temperature and salinity of the Pacific Ocean from January 2002 to December 2009 are established with 48 levels from 5 m to 1 950 m vertically and $1° × 1°$ horizontal resolution horizontal by successive correction. Error analysis of the grid data shows that the temperature standard deviation (SD) error for the whole Pacific Ocean is generally 0.097℃ and that of salinity is 0.017. The Argo grid data were compared with the CTD sections and TAO and WOA05 datasets respectively, and which result in good agreements with historic observation data after 2006. Before 2006, the Argo grid data have some error because the Argo data is relatively less. In addition, Argo grid data can reveal the Pacific regional temperature and salinity distribution and main characteristics, and WOA05 data to make contrast, comparatively speaking, the Argo grid data can reveal finer features then WOA05. Therefore, the Argo grid data established with successive correction is worthy of trust, is a reliable.

Key words: Argo data; successive correction; gridded data; Pacific Ocean

（该文发表于《海洋通报》31 卷第 5 期, 46 – 58 页）

奇异谱方法在西北太平洋温盐场重构中的应用

王璐华[1,2]，张韧[2*]，王辉赞[2,3]，陈奕德[2]，陈建[4]，高飞[5]，王公杰[2]

1. 解放军 71901 部队，山东 聊城 252000
2. 解放军理工大学 气象海洋学院，江苏 南京 211101
3. 国家海洋局 第二海洋研究所 卫星海洋环境动力学国家重点实验室，浙江 杭州 310012
4. 北京应用气象研究所，北京 100029
5. 海军海洋测绘研究所，天津 300061

摘要：本文利用 2007 年 1 月 1 日至 2012 年 12 月 31 日期间的 Argo 剖面浮标观测资料，采用提出的时空插值与奇异谱相结合的方法，尝试重构了西北太平洋海域的三维温盐度场，并与历史 TAO、SODA 站点资料进行了比较验证。结果表明，在时空插值有效数据比例较高的海域，重组温盐数据的时间序列与 TAO 长期观测站点的相关性较好；重组温盐场在垂向剖面上的分布模态与 SODA 对应得较好，在水平空间场中奇异谱重组的温、盐度场时空变化信息与 SODA 的相似程度也较高；经奇异谱方法重组的温、盐度时间序列的准确性，主要依赖于模态和滞后延迟时间的选取、缺测数据的多少以及时间序列的稳定性和周期性等因素。本文重构的西北太平洋海域三维温盐度场，选取的观测期间内 Argo 浮标数量较多，进行时空插值时的有效数据所占比重较大，故获得的重构温、盐度数据是真实可靠的，可以用于海洋和大气科学领域的基础研究及其业务化预测预报中。

关键词：奇异谱方法；Argo 资料；重构；温盐度场；西北太平洋海域

1 引言

　　奇异谱方法是基于经验正交函数建立起来的用于提取时间序列主成分，并用于时间序列预报或重组的方法。由于奇异谱方法不考虑影响时间序列分析对象的动力因

基金项目：国家自然科学基金项目（41276088，41206002，41306010）。

作者简介：王璐华（1989—），男，硕士研究生，从事物理海洋学研究。

*通信作者：张韧，教授，博导，从事海气相互作用研究。E-mail：zren63@126.com

素，其基本思想完全建立于时间序列本身的特征信号，因此奇异谱方法也是经验性的[1]。自从奇异谱方法提出以来，已经在气象和海洋领域得到较为广泛的应用，如Schoellhamer[2]成功利用奇异谱方法完成合成及真实缺损时间序列的重组试验；Kondrashov 等[3]利用实测的缺损资料，分析并比较了不同参数设置下的奇异谱试验的计算结果，指出试验的准确度与精度依赖于缺损数据的周期结构、缺损数据所占比例，以及整个时间序列的稳定性和周期结构等；Hossein[4]通过将奇异谱方法与其他几种预报方法比较发现，奇异谱方法的预测能力最准确；Jian 等[5]利用奇异谱方法曾对尼诺 3 区的海面温度异常和南方涛动指数（Southern Oscillation Index，SOI）做过预测。

另一方面，在所有的海洋现场观测资料中，Argo 剖面浮标及其全球 Argo 实时海洋观测网基本实现了对全球海洋三维温、盐度场的观测，但是 Argo 浮标并不能提供时空连续的温、盐度数据。因此，利用 Argo 数据构造时空连续的三维温盐场是当前比较热门的研究方向，常用的构造方法有客观分析法（包括逐步订正法和时空插值法等）。这种方法计算量较小，且计算效率高，但容易受现场观测数据量的影响，尤其是在现场观测数据较少的区域，重构的温盐场会出现时空不连续的状况。考虑到 Argo 剖面浮标观测的温、盐度信息具有一定的规律性[6-8]，而且奇异谱方法具有利用非连续时间序列的周期信号构建连续时间序列的优势，因此可以设计一个结合传统客观分析方法和奇异谱方法的综合方案，以弥补传统客观分析方法构建的温盐场出现时空不连续现象的缺陷。

关于奇异谱方法应用于海洋温、盐度场重构的效果，目前的文献资料还较少。本文尝试采用时空插值方法，将 Argo 散点数据插值成在时空分布上非完整的温、盐度时间序列，然后利用奇异谱方法将非完整的温盐度时间序列重组为完整的温盐时间序列，最后对重组的时间序列进行客观分析和质量验证，测试并检验奇异谱方法在海洋温盐场重构中的有效性。

2　数据与方法

2.1　数据

本文用于三维温盐场重构试验的原始数据来自全球 Argo 实时海洋观测网提供的剖面数据，从中国 Argo 数据中心网下载得到。Argo 剖面浮标是一种由卫星跟踪的自动漂流观测设备，其观测深度为表层至 2 000 m，一般情况下每 10 d 进行一次剖面观测，该浮标目前携带的传感器可以进行压力、温度、电导率（盐度）和溶解氧等要素的观测[9]。截止到 2013 年 10 月 23 日，在全球海洋中已经累计投放了 9 771 个浮标，获得了100 多万条观测剖面。Argo 数据在应用之前，先进行了相关的质量控制[10]。

为了检验重构（或称重组）的温、盐度场的代表性和可靠性，我们分别采用了TAO 和 SOED 数据进行分析验证。其中 TAO 是设置在太平洋赤道海域的热带大气 –

海洋观测网，总共有 69 个锚碇浮标观测站组成，观测要素包括温度、盐度和海流等。

2.2 方法

2.2.1 时空插值方法

本文试验中非完整时间序列的三维温盐场，是基于改进的时空插值法[11]得到的。时空插值方法的计算原理较为简单，容易推广，但它也较易受到观测数据量的影响。当现场观测数据较多时，较易构造出在时空上连续的三维温盐场；而在现场观测数据较少时，构造的三维温盐场会出现时空不连续的现象。本文选取时空插值法，进行非完整时空分布的三维温盐场重构。时空插值法的计算公式如下所示：

$$v_g = \frac{\sum\limits_{i=1}^{n} \gamma_i w_{i,g} v_i}{\sum\limits_{i=1}^{n} \gamma_i w_{i,g}},$$

$$\gamma_i = \begin{cases} \dfrac{\alpha_1 + \alpha_k}{2} & i = 1, \\[2mm] \dfrac{\alpha_i + \alpha_{i-1}}{2} & 2 \leqslant i \leqslant k, \end{cases}$$

$$w_{i,g} = \frac{2 - \left[\dfrac{(x_i - x_g)^2}{D_x^2} + \dfrac{(y_i - y_g)^2}{D_y^2} + \dfrac{(t_i - t_g)^2}{T^2} \right]}{2 + \left[\dfrac{(x_i - x_g)^2}{D_x^2} + \dfrac{(y_i - y_g)^2}{D_y^2} + \dfrac{(t_i - t_g)^2}{T^2} \right]},$$

式中，g 为待插值点；i 为观测点；D_x 为纬向上的影响半径；D_y 为径向上的影响半径；T 为时间影响半径；t_i 为现场数据的时刻；t_g 为插值点的时刻。其中参数 D、T 的选取需考虑插值场的分辨率以及现场数据的数量。γ_i 为角度权重系数，$w_{i,g}$ 为距离的权重系数。关于改进的时空插值法的具体描述请参考相关文献[11]。

2.2.2 奇异谱方法

奇异谱（Singular Spectrum Analysis，SSA）本身是一种基于 EOF 分析、谱分析和自回归模型等的综合分析方法。该方法的主要思想是通过变量的几个主成分来构建自回归预报模型，然后进行原始时间序列的插补或预报，特别适合用于研究具有周期振荡信号的时间序列。而多通道奇异谱则是在奇异谱的基础上，进行多变量分析。限于篇幅，这里不对奇异谱方法的具体原理进行叙述，详细解释说明可参考相关文献 [12]。

3 温盐场重构与质量检验

3.1 温盐场重构

利用奇异谱方法，重构缺损数据的主要过程[11]。

假设分析变量是中心化的一维时间序列 x_1，x_2，$\cdots$，x_N，令其延迟位相为，则按动力系统分维数的方法，可以建立二维的相空间 X，

$$
X = \begin{vmatrix}
x_1 & x_2 & \cdots & x_{i+1} & \cdots & x_{N-M+1} \\
x_2 & x_3 & \cdots & x_{i+2} & \cdots & x_{N-M+2} \\
\cdots & \cdots & \cdots & & & x_{N-M+3} \\
x_M & x_{M+1} & \cdots & x_{i+M} & \cdots & x_N
\end{vmatrix},
$$

式中，N 为时间长度，M 为延迟位相或称为嵌入维数。

其算法流程主要分为如下两步。

第一步：用交叉验证方法确定最优参数 M 和 K（M 为延迟位相，K 为模态数）。

（1）给定最大延迟位相 M，一般不超过 $N/3$（N 为原时间序列的长度），不小于 $N/10$。延迟位相从初始值为 1 开始进行迭代循环。

（2）设定最优模态数 K 的初始值为 1，在给定 M 值的情况下进行迭代循环，计算最优模态数。

（3）原始时间序列 x_1，x_2，$\cdots$，x_N 分为三类：训练数据 X_{train}、交叉验证数据 X_{cross_valid} 和待插补数据 X_{fill}。其中，X_{train}、X_{cross_valid} 为已知数据（或称观测数据），X_{cross_valid} 是为原始时间序列中随机选取的数据，在试验中为未知数据，这样做可以使最后插补的数据与对应的原始数据进行对比，以验证插补的效果质量，其中 X_{fill} 为对其进行插补的缺测数据。

（4）将 X_{train} 进行中心化，使其期望值为 0，记录其期望值 X_{fve}，并将 X_{cross_valid} 及 X_{fill} 对应位置处的数值用 0 代替。

（5）在循环体内部，进行延迟位相为 M 的计算过程，取前对应前 K 个主成分进行重构试验，得到重构数据 X_{recon}，X_{cross_valid}、X_{fill} 处的数值用 X_{recon} 中对应位置处的数值代替。

（6）计算得到的重构序列与重构前的序列的差值，若小于给定的误差值，则认为计算成功；若大于，则继续进行迭代循环，直至小于给定误差为止，再跳转至 g）。

（7）在得到小于给定误差的重构数据后，进行交叉验证试验。计算 X_{cross_valid} 处的插补值与该处已知观测数据值的均方根误差，再跳转至 e），直至所有的循环结束。

（8）循环结束后，即可得到一系列的交叉验证数据的均方根误差，选取最小误差对应的模态及延迟位相，即得到最优参数 K_{opt} 与 M_{opt}。

第二步：SSA 插补缺测数据。

（1）在给定的最优参数 K_{opt} 与 M_{opt} 下，将原始数据分成训练数据 X_{train} 与待插补数据。

（2）将数据中心化，重复第一步中的（4），区别在于没有交叉验证数据。

（3）按最优参数 K_{opt} 与 M_{opt} 进行模态数为 K_{opt}、延迟位相为 M_{opt} 的奇异谱重构试验；最终得到重构数据集。

为了检验奇异谱方法在海洋温盐场重构中的效果，我们选取西北太平洋海域（0°~45°N、120°E~180°W）为本文研究的试验区域。对观测数据进行时空插值时，其时空影响半径设置为：纬向为3°、经向为2°，空间分辨率为1°×1°；时间影响半径取为30 d，即构建月均数据场。这样的选取主要考虑了 Argo 浮标的剖面观测周期为10 d，以及可以覆盖3°×3°空间范围等因素。时间段取为 2007 年 1 月 1 日至 2012 年 12 月 31 日。垂向深度间隔取 10，20，30，50，…等 25 个标准深度层。由于早期的 Argo 剖面浮标没有 0 m 层观测数据，所以重构的温盐场第一层取自 10 m，最大深度层设置为 2 000 m。

由于奇异谱方法是对原始时间序列进行分解，以捕捉主要的周期信号，因此重组的数据质量会受制于原始时间序列中缺损数据的比例、位置，以及原始时间序列的周期结构和稳定性等因素。试验中经时空插值处理后的西北太平洋海域三维温盐场有效数据所占的比例基本在 60% 以上；只在小部分海域（如近赤道区域）由于 Argo 浮标较为稀少，其有效数据的比例在 50% 以下。在时空插值的基础上进行奇异谱重组试验，并对重组结果进行相关的质量检验，以验证重组的效果及合理性。

3.2　重构温盐度场质量验证

3.2.1　单站（点）数据检验

时空插值结果会直接影响到重构温盐场的可靠性，为此，我们首先对时空插值的结果进行了分析检验。时空插值温度场与盐度场的有效数据比例如图 1 所示，由图可见，在西北太平洋海域，温、盐度有效数据所占比例基本在 60% 以上，即在 2007 - 2012 年期间，时空插值构造的 30 d 分辨率的温盐场中，不连续时间序列中的有效数据占整个时间段的 60% 以上。尤其在黑潮区域，有效数据比例更高；远离西边界区域的有效数据比例，则要相对少些。在赤道海域，数据比例基本上在 50% 左右，这里也是 TAO 观测站布设的主要区域。显然，利用 TAO 单站（点）观测资料来分析检验温、盐度数据时空插值后的质量会有较好的代表性，同时也可以反映整个研究海域温、盐场数据质量。

需要指出的是，TAO 的单站资料是一种固定点的逐日观测资料。于是，我们选取位置在 5°N、156°E 处的一个站点，利用 TAO 观测的单站温、盐度资料，同时还利用了 SODA 再分析资料，对重组数据质量进行分析检验。该站处的时空插值温、盐度有效数据比例为 67%。图 2 显示了该站 100 m 和 200 m 层上的温度随时间变化曲线。可以看出，3 种数据源的温度分布曲线走向基本一致，且重组时刻的温度与 TAO、SODA 的温度相差无几，尤其是与 SODA 温度时间序列相比，吻合程度似乎更高些。不过，在 100 m 和 200 m 层上，重组温度时间序列即使与 TAO 相比，相关系数分别达到了 0.740、0.659，其相似度也是比较高的。

图 3 显示了 100 m 和 200 m 层上盐度随时间变化曲线。由图可以看出，重组盐度

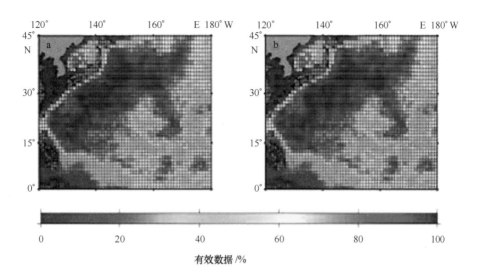

图 1　时空插值有效数据的百分比（a. 温度，b. 盐度）

Fig. 1　Percentage of effective data from spatial-temporal interpolation result（a. temperature，b. salinity）

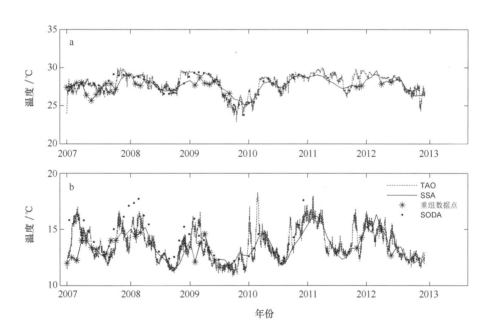

图 2　奇异谱重组温度（实线）与 TAO（虚线）、SODA（圆点）温度的时间序列分布

a. 100 m 层，b. 200 m 层；星点：重组时刻的数据点

Fig. 2　Time series of temperature from SSA reconstruction data（solid line）

and TAO（dash line），SODA（dot）data set

a. 100 m，b. 200 m. star：data points reconstructed by SSA method

的时间序列走向与 TAO、SODA 的基本一致，仅在 2007 年，重组的序列与 TAO 相差似乎稍大些，主要与该时期的缺损数据较多有关，这表明奇异谱重组缺损数据的质量与缺损数据的分布是有直接关联的。不过，在 100 m 和 200 m 层上，重组盐度与 TAO 盐度的相关系数仍分别达到了 0. 420、0. 495，其相关程度比温度似乎要差一些。

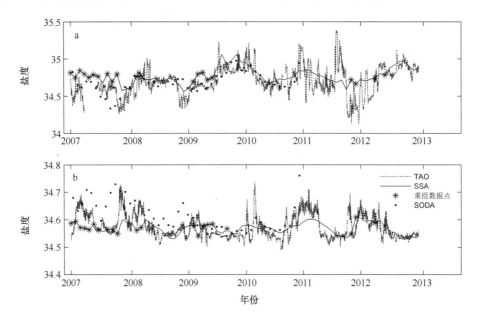

图 3　奇异谱重组盐度（实线）与 TAO（虚线）、SODA（圆点）盐度的时间序列分布
a. 100 m 层，b. 200 m 层；星点：重组时刻的数据点
Fig. 3　Time series of salinity from SSA reconstruction data（solid line）
and TAO（dash line），SODA（dot）data set
a. 100 m, b. 200 m.　star：data points reconstructed by SSA method

　　与 TAO 站点资料所做的误差分析后可以发现，经奇异谱重组的温、盐度数据误差（见图 4、5）要比重组前大，其中 5 幅小图（a、b、c、d、e）分别代表 TAO 站点（EQ、156°E）、（2°N、156°E）、（5°N、156°E）、（8°N、156°E）和（5°N、147°E）上的温、盐度误差垂直分布。由图 4 可见，在 100~300 m 深度内，温度误差特别明显，且奇异谱重组的温度误差普遍要高于时空插值的结果；而在 100 m 以上水层和 300 m 水深以下的区域，两者的误差则要小得多，尤其在 300 m 层以下，两者基本相同。至于 100~300 m 深度内，尤其是 200 m 附近差别较大的原因，可能与该水层中存在温跃层有关。也就是说，奇异谱无法识别温度存在剧烈变化区域的复杂信号，从而导致重组的温度数据出现瑕疵。
　　在盐度误差分布（见图 5）中，尽管在 5 个站点上的盐度误差分布存在些许不同，但基本上在 100 m 以上水域中奇异谱重组的盐度误差普遍要大于时空插值的结果。除了站点（2°N、156°E）和站点（8°N、156°E）以外，100 m 水深以下重组的

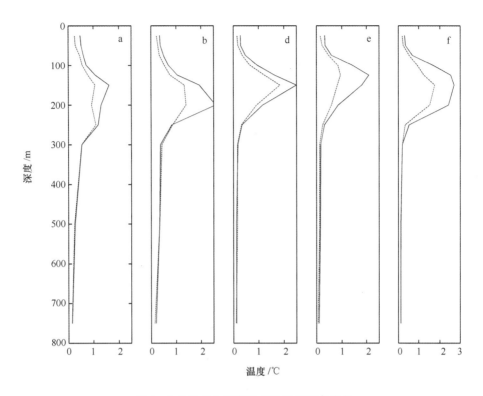

图4　5个站点上温度均方根误差垂直分布

实线：奇异谱重组温度与TAO温度的均方根误差；虚线：时空插值温度与TAO温度的均方根误差

Fig. 4　The vertical distribution of the root mean square error of temperature at 5 stations

solid line：RMS between SSA reconstructed temperature and TAO temperature；

dash line：RMS between spatial – temporal interpolated temperature and TAO temperature

盐度误差与时空插值的结果较为接近，甚至已经重合。与温度在温跃层区域误差的差别较为显著的情况类似，盐度则出现在100 m以浅水域中，主要受降水等因素的影响所致[13]。与奇异谱重组温度在温跃层附近效果较差的原因一样，重组盐度在受降水影响的上层水域由于盐度变化信号较为复杂，奇异谱方法没有捕捉到足够多的信息。

3.2.2　单站（点）EOF模态检验

奇异谱重组数据最大的一个优点就是，站点数据的时间序列可以连续起来。因此，对站点的时间变化信息进行了分析比较，主要是与SODA的站点数据进行比较。选取的站点位于5°N、140°E处，称SODA – 1。在2007年至2010年期间，SODA – 1站上的温、盐度有效数据覆盖率为55%。

图6给出了SODA – 1站上的温、盐度EOF模态。其中图$6a_1$、$6b_1$为温度的第一、二模态；图$6c_1$、$6d_1$为温度第一、二时间主成分；图$6a_2$、$6b_2$为盐度第一、二模态；图$6c_2$、$6d_2$为盐度第一、二时间主成分。由图可以看出，重组的温、盐

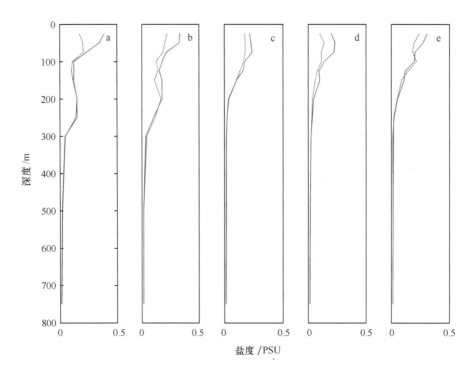

图5　5 个站点上盐度均方根误差垂直分布

实线：奇异谱重组温度与 TAO 温度的均方根误差；虚线：时空插值温度与 TAO 温度的均方根误差

Fig. 5　The vertical distribution of the root mean square error of salinity at 5 stations（Same as Fig. 4）

solid line：RMS between SSA reconstructed temperature and TAO temperature；dash line：

RMS between spatial-temporal interpolated temperature and TAO temperature

度与 SODA 在空间模态以及时间序列的走向基本一致。在第一、二模态中，温、盐度变化最大的区域主要集中在 300 m 以浅水域，其中温度在前两个模态中变化较大的区域出现在 100～200 m 水深范围内，也即温跃层所处的区域；盐度在第一模态中变化较大的区域出现在近表层，在第二模态中则出现在 100 m 以浅水域中。在图中，时空插值的时间序列都用黑点表示，用来区分时空插值的时间序列与奇异谱重组的时间序列。可以看出，重组的时间序列与 SODA 的吻合程度较好，且其走向也基本一致。温度第一时间主成分的相关系数为 0.351，第二时间主成分的相关系数为 0.596，均通过了置信度为 95% 的 t 检验。盐度第一时间主成分的相关系数为 0.704，第二时间主成分的为 0.546，同样都通过了置信度为 95% 的 t 检验。

　　通过上述分析检验可以发现，缺损数据的多少对于奇异谱重组的结果影响很大。一般来讲，在西北太平洋海域，在非缺损数据所占比例达到 60% 以上时，奇异谱插补的效果较为明显；而在非缺损数据的比例较低（20% 以下）时，其插补的效果相对较差。对于非缺损数据较高的温、盐度时间序列，奇异谱重组的结果在变化趋势上与 SODA 类似，且其空间模态与时间系数都存在类似的结构。虽然，第

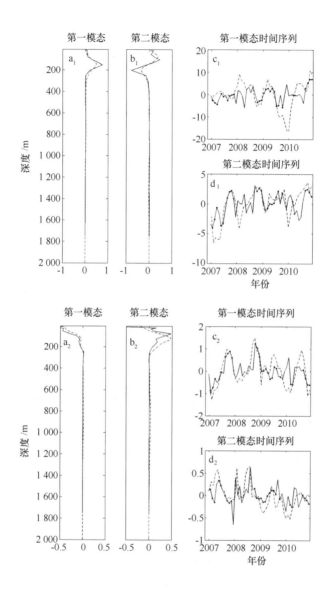

图6　SODA-1站上的温、盐度EOF模态

实线为经奇异谱重组的时间主成分，黑点为时空插值的时间主成分；虚线为SODA的时间主成分

Fig. 6　EOF modes of temperature and salinity at station SODA-1

solid line：principal component of SSA reconstructed dataset；dot：principal component of

spatial-temporal interpolated dataset；dash line：principal component of SODA dataset

一、二模态所占比重与SODA的有些差别，但主要变化信息都集中在前两个模态。
其中空间模态都能表现出变化显著的水域；时间系数也存在着类似显著周期，且相
关性较高，都能通过置信度为95%的t检验。鉴于在西北太平洋海域的温、盐度时
空插值有效覆盖率绝大部分都在60%以上，有理由认为时空插值与奇异谱方法均

可应用在西北太平洋海域中，且可获得比较满意的结果。

3.2.3 空间场 EOF 模态检验

本节主要利用 EOF 分析空间场的时间变化信息，以检验重组结果的在空间结构上的效果。主要选取研究海域中温、盐度变化比较明显的 200 m 层进行验证，且主要针对温、盐的第一个主要模态进行分析。至于深水区域的温、盐场，从上述单站点的检验中已经看到，其变化基本处于稳定状态，且重组的温盐场结构与气候态类似，故不再进行过多的描述。

由图 7 可以看到，在 200 m 层温度场中，奇异谱重组温度与 SODA 温度的空间模态相似性较高，其相关系数达 0.664；其时间序列也类似，相关系数达 0.970。但两者的方差贡献率不同，分别为 12.1%、25.7%，且在黑潮延伸体区域以及赤道海域，重组温度的空间函数值与 SODA 的略有不同。盐度（见图 8）与温度存在类似的分布信息，其中空间函数的相关系数为 0.469、时间序列的相关系数为 0.941。空间场的差异以及方差贡献率的差异在盐度场中同样有所体现。

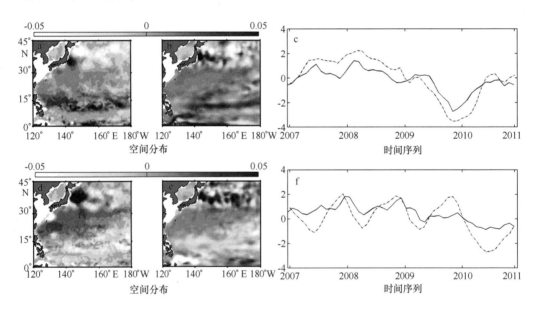

图 7　200 m 层温度 EOF 第一、二模态

a. 奇异谱重组温度；b. SODA 温度；实线：奇异谱重组温度；虚线：SODA 温度

Fig. 7　The first and second EOF modes of temperature at 200 m

a. SSA reconstructed temperature mode；b. SODA temperature mode. Solid line：

SSA reconstructed temperature；dash line：SODA temperature

综上所述，奇异谱重组的温盐场与 SODA 呈现了类似的结构变化信息，并且两者之间的相关性均较高。当然，重组温盐场在模态比重上与 SODA 还是存在一些差异的。但就总体来讲，重组温盐场所表现出的变化信息还是可靠的。

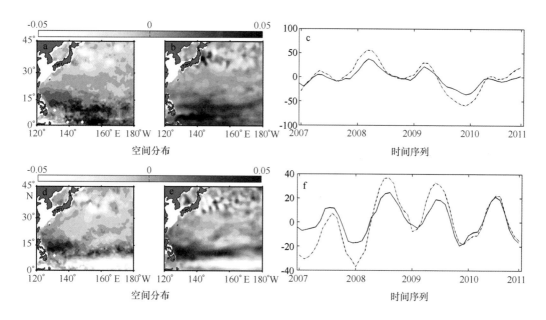

图8　200 m 层盐度 EOF 第一、二模态

a. 奇异谱重组温度；b. SODA 温度；实线：奇异谱重组温度；虚线：SODA 温度

Fig. 8　The first and second EOF modes of salinity at 200 m

a. SSA reconstructed temperature mode; b. SODA temperature mode. Solid line:
SSA reconstructed temperature; dash line: SODA temperature

4　小结

本文利用 2007 年 1 月 1 日至 2012 年 12 月 31 日期间的 Argo 剖面浮标观测资料，采用时空插值方法构造出西北太平洋海域（0°~45°N、120°E~180°W）不连续的三维温盐场，再结合奇异谱方法进行不连续温、盐度时间序列的重组，最终重造出时空连续的三维温盐场。为了评估和检验重组数据的效果，又利用历史 TAO 和 SODA 资料分别从单站点时间序列和空间场出发，分别对重构的三维温盐场的数据质量进行了验证。结论如下：

（1）与实测资料的对比结果表明，在时空插值有效数据比例较高的海域，即 Argo 资料较多的区域，重组温盐数据的时间序列与 TAO 长期观测站点的相关性较好，其周期结构及走向较为一致；但重组温盐场的数据质量与原始数据相比，在温跃层所处的区域温度质量明显下降，而在受降水等因素影响较大的近表层水域，其盐度质量同样较低。除此以外，重组温盐场的数据质量都比较高。

（2）与 SODA 站点资料相比，重组温盐场在垂向剖面上的分布模态与 SODA 对应得较好，其相关的时间主成分也与 SODA 对应的主成分有较好相关性；在水平空间场中，奇异谱重组的温、盐度场时空变化信息与 SODA 的相似程度也是较高的。

（3）利用奇异谱方法重组的温、盐度时间序列的准确性，主要依赖于模态和滞后延迟时间的选取、缺测数据的多少以及时间序列的稳定性和周期性等因素。对于现场观测站点有效时间序列较少的区域，由于奇异谱无法捕捉到主要的周期信号，其重组效果就不理想；而对于那些站点时间序列较多的区域，奇异谱重组的数据质量就较高。

本文利用时空插值方法并结合奇异谱方法重构的西北太平洋海域三维温盐度场，由于选取的观测期间内 Argo 浮标数量较多，进行时空插值时的有效数据所占比重较大，故获得的温、盐度数据是真实可靠的，可以用于海洋和大气科学领域的基础研究及其业务化预测预报中。上述方法可以推广应用到整个太平洋海域，甚至全球海洋中。

参考文献：

［1］ Dettinger M D, Ghil M, Strong C M, et al. Software expedites singular-spectrum analysis of noisy time series, Eos Trans［J］. AGU, 1995, 76(2)：12.

［2］ Schoellhamer D H. Singular spectrum analysis for time series with missing data［J］. Geophysical Research Letters, 2001, 8(16)：3187 – 3190.

［3］ Kondrashov D, Ghil M. Spatio-temporal filling of missing points in geophysical data sets［J］. Nonlinear Processes in Geophysics, 2006, 13：151 – 159.

［4］ Hossein H. Singular spectrum analysis：Methodology and comparison［J］. Journal of Data Science, 2007, 5：239 – 257.

［5］ Jiang N, Kondrashov Dmitri, Ghil Michael, et al. Forecasts of Niño-3 SST anomalies and SOI based on singular spectrum analysis combined with the maximum entropy method［J］. Experimental Long-lead Forecast Bulletin, 1996, 5(2)：51 – 53.

［6］ 王彦磊，黄兵，张韧，等. 基于 Argo 资料的世界打样温度跃层的分布特征［J］. 海洋科学进展, 2008, 26(4)：428 – 502.

［7］ 孙振宇，刘琳，于卫东. 基于 Argo 浮标的热带印度洋混合层深度季节变化研究［J］. 海洋科学进展, 2007, 25(3)：.34 – 41.

［8］ 孙莎莎，胡瑞金. 基于 Argo 的热带印度洋上层海温研究［J］. 中国海洋大学学报, 2010, 40(9)：12 – 20.

［9］ 许建平. 阿尔戈全球海洋观测大探秘［M］. 北京：海洋出版社, 2002.

［10］ 王辉赞，张韧，王桂华，等. Argo 浮标温盐剖面观测资料的质量控制技术［J］. 地球物理学报, 2012, 2：577 – 589.

［11］ 王辉赞. 基于 Argo 的全球盐度时空特征分析、网格化产品重构及淡水通量反演研究［D］. 南京：解放军理工大学, 2011.

［12］ 吴洪宝，吴蕾. 气候变率诊断和预测方法［M］. 北京：气象出版社, 2005.

［13］ 冯士笮，李凤岐，李少菁. 海洋科学导论［M］. 北京：高等教育出版社, 1999.

SSA's performance in the reconstruction of temperature and salinity field in the northwest Pacific Ocean

WANG Luhua[1,2], ZHANG Ren[2*], WANG Huizan[2,3], CHEN Yide[2], CHEN Jian[4], GAO Fei[5], WANG Gongjie[2]

1. *Unit No. 71901 of People's Liberation Army, Liaocheng 25200, China*
2. *Institute of Meteorology and Oceanography, People's Liberation Army University of Science and Technology, Nanjing 211101, China*
3. *State key Laboratory of Satellite Ocean Environment Dynamics, Second Institute of Oceanography, State Oceanic Administration, Hangzhou 310012, China*
4. *Beijing Institute of Applied Meteorology, Beijing 100029, China*
5. *Naval Institute of Hydrographic Surveying and Charting, Tianjing 300061, China*

Abstract：Based on the Argo profile data from January 1, 2007 to December 31, 2012, a method combining the spatial-temporal interpolation and singular spectrum analysis (SSA) is put forward to reconstruct the 3-D temperature and salinity fields in the Northwest Pacific Ocean, of which the result is compared to that of TAO and SODA dataset. The result shows that the time series of reconstructed data corresponds well with the TAO data in the area rich of spatial-temporal interpolated data; the EOF modes of the reconstructed vertical profile are well in consistence with the SODA data, the EOF modes of the horizontal fields are also consistent with the SODA horizontal fields. The accuracy of the reconstructed data based on SSA method depends on the optimal modes, the delayed time, the amount of the missing data, stability and periodicity of the time series. In the chosen time range, the Argo buoys are abundant enough in the northwest Pacific Ocean and the effective interpolated data occupies much of the whole time series, as a result, the reconstructed temperature and salinity fields are reliable and capable to be applied to oceanic and atmospheric research and forecast.

Key words：SSA method; Argo; reconstruction; T/S fields; northwest Pacific Ocean

基于 Argo 资料的梯度依赖相关尺度
估计方法

张春玲[1,2]，许建平[1,2,3]，鲍献文[1]

1. 中国海洋大学 海洋环境学院，山东 青岛 266003
2. 国家海洋局 第二海洋研究所，浙江 杭州 310012
3. 卫星海洋环境动力学国家重点实验室，浙江 杭州 310012

摘要：本文基于 Argo 资料最优插值客观分析实验，对目前被广泛应用的背景误差协方差矩阵经验公式进行了改进，发展了一种能有效提高 Argo 资料客观分析精度的相关尺度估计方法，使之能自动适应海洋水文要素梯度的变化，简称"梯度依赖相关尺度法"。利用高斯脉冲和空间能量谱分析方法，在理论上验证了梯度依赖相关尺度对 Argo 客观分析精度改进的有效性；并进行了太平洋海域 Argo 温、盐度资料客观分析试验，结果证明：利用海洋水文要素梯度变化对相关尺度进行自动调整可以提高分析方案的适应能力，能够使目前普遍使用的资料客观分析方法在具有较大海洋梯度的海区充分吸收观测资料的短波信息，得到的分析结果更接近真实海洋。

关键词：梯度依赖相关尺度；背景误差协方差；最优插值；空间谱分析；Argo 资料

1 引言

在利用最优插值方法对 Argo 资料进行客观分析时，背景误差协方差矩阵对观测信息的传播和平滑，以及反映不同变量之间的关系中起着重要作用，它决定着观测值订正到背景场的程度，以及观测点上的信息传播到分析格点上的方式。但背景误差协方差矩阵的统计特征很难精确确定，通常以经验公式给定，即确定某一海区

基金项目：国家海洋公益性行业科研专项经费项目（2013418032）；国家科技基础性工作专项（2012FY112300）；国家自然科学青年科学基金项目（41206022）；国家海洋局第二海洋研究所基本科研业务费专项（JG1207）。

作者简介：张春玲（1981—），女，山东省武城县人，博士研究生，主要从事物理海洋学资料分析研究。E-mail：zhangchunling81@163.com

的水平相关尺度，再假定任意两点的误差协方差为距离的 e 指数函数，称之为相关尺度法[1-2]，本文称之为传统相关尺度法（Traditional Correlation Scale Method, TC-SM）。该方法因适用范围广、计算量小而为大多数同化方案所采用。此外，Gaspari和 Cohn[3] 基于卷积理论讨论了数据同化中误差协方差函数的构建；Weaver 和 Courtier[4] 利用标准扩散方程构建了各向同性的相关模型，其相关性由单独的经纬度及深度决定；Fu 等[5] 利用热带太平洋大洋环流模式的输出结果，构建了由 Riishøjgaard[6] 提出的背景误差协方差矩阵形式，使相关函数的同心椭圆等值线在一定程度上趋近于背景场的等值线；而 Zhang 等[7] 则采用了半正交小波变换来构建背景误差协方差矩阵。

无论哪种方式构建背景误差协方差矩阵，都存在一个关键的问题：怎样确定空间相关尺度，即资料分析的"有效半径"。许多学者利用观测资料和数值模式的结果估计背景误差协方差矩阵的相关尺度。如，Hollingsworth 和 Lonnberg[8] 用观测增量方法对欧洲中期数值预报中心（European Centre for Mediumrange Weather Forecasts, ECM-WF）全球同化系统的短期预报风场误差的结构进行统计。这种方法主要利用观测信息相对于背景信息的偏差，通过函数拟合来获得背景误差方差及相关尺度，依赖于足够密集以致可以提供多种尺度信息的观测网，而且所估计的相关尺度通常为常数。许多学者[9-12] 采用此方法确定分析变量的常数相关尺度。但在不同地点，海洋要素场一般具有不同的相关尺度，利用目前的海洋观测资料还很难把这种相关尺度的变化准确估计出来。这样就会造成在数据同化或客观分析过程中观测资料的各种尺度信息，尤其是较短尺度的信息不能得到充分提取。为了解决这个问题，Kuragano 和 Kamachi[13] 曾利用高度计观测资料来获取海面高度的时–空相关尺度；Carton 等[14] 构建了一种依赖于纬度和深度的相关尺度解析形式；He 等[15] 采用顺次三维变分方法，通过逐次改变滤波参数，依次提取不同尺度的观测信息；Li 等[16] 提出了多重网格数据同化方法，波长或相关尺度由网格的粗细来表达。

这些相关尺度估计方法由于受到所采用的观测资料或数据同化方法的限制，对 Argo 资料最优插值客观分析实验并不适用，目前广泛应用的仍是传统相关尺度法。但由于 Argo 资料的空间分布密度较大，其中包含有多种尺度的海洋要素变化信息，对 Argo 资料进行分析时会丢失许多信息[17]。本文利用水平梯度对相关尺度进行了有效改进，发展了一种梯度依赖相关尺度法（Gradient-dependent Correlation Scale Method, GDCSM），以进一步增强数据分析方法在较大海洋要素梯度海区对观测资料短波信号的提取能力，利用空域–频域分析在理论上证明了此方案的可行性，并进行了一维模拟试验及太平洋海区的 Argo 温、盐度数据客观分析实验。计算结果表明，梯度依赖相关尺度法可以明显减小客观分析的误差，得到更为接近实际海洋环境的网格化数据。

2　梯度依赖相关尺度估计方法

2.1　客观分析方案

本文采用的客观分析方案为基于最小二乘理论的最优插值法, 其基本方程为[18-19]:

$$X^a = X^b + W[y^o - H(X^b)], \tag{1}$$

式中, X^a 为分析场; X^b 为背景场; y^o 是观测场; H 是从分析格点到观测点的双线性插值算子。最小二乘意义下的最优权重矩阵 W 具有以下形式:

$$W = BH^T(R + HBH^T)^{-1}, \tag{2}$$

即, W 为线性方程组 $W(R + HBH^T) = BH^T$ 的解。我们假定背景场和观测值均为无偏的, 如果背景场和观测值是有偏的, 原则上可以预先校正这些偏差, Dee 等[20]曾提出如何在分析循环中做模式偏差估计的方法。一般来说, 假定不同位置上的测量误差不相关是合理的, 这样观测误差协方差矩阵 R 为一个对角矩阵; 我们还可以假设背景误差是常数 σ_{bg}^2, 等于格点上的背景误差方差, 并对所有的格点是一样的。对一个受 p 个观测值影响的特定格点 g, 式 (2) 中最优权重 W 是以下线性方程组的解:

$$\sum_{j=1}^{p} w_{gj}\mu_{jk} + \eta_k w_{gk} = \mu_{gk} \qquad k = 1, \cdots, p, \tag{3}$$

式中, μ_{jk} 是两个观测站点 j、k 的背景误差相关; μ_{gk} 是观测站点 k 和格点 g 间的背景误差相关; $\eta_k = \sigma_{ok}^2/\sigma_{bg}^2$ 是观测误差与背景误差的平方比。基于本文的假设, η_k 对所有观测为一常数 (以下均记为 η), 此参数在最优插值客观分析系统中起着重要作用, 其反映了计算结果中实际观测信息与背景场信息所占得比重, 人们经常"调试"该参数以控制赋予观测的权重大小。

在求解线性方程组 (3) 时, 观测值的选择取决于观测点与分析格点的距离 (在最大影响半径以内), 且离分析格点距离最近、精确度最高的优先。这样, 背景误差相关在某种程度上取决于两点间的距离。因此, 人们使用高斯指数函数来估计背景误差相关[2,19]。这个假设虽然较粗略, 但其在一定程度上反映了背景误差相关的真实结构。目前广为采用的是高斯函数形式[1-2,23-24]:

$$\mu \sim \exp\left(-\frac{r^2}{b^2\cos\phi}\right) L^2 = b^2\cos\phi, \tag{4}$$

式中, b 一般取 $5° \sim 10°$; ϕ 为格点的纬度; r 为两点间的距离; 即其相关尺度随纬度变化。本文将式 (4) 表示的背景误差相关函数称为传统相关尺度法 (Traditional Correlation Scale Method, TCSM)。

虽然, 传统相关尺度法随纬度的变化来调节不同海域的相关尺度, 但每个分析格点的经向和纬向的相关尺度都是相同的; 同一纬度上, 所有格点的相关尺度也是相同的；且对于不同的分析层和不同的分析变量，其相关尺度均有相同分布。因此，用该方法对海洋资料进行客观分析，尤其是对包含多种尺度信息的海洋资料（如 Argo）分析时，难免会丢失很多信息。为此，本文将基于分析变量（温度或盐度）的扩散方程来考虑背景误差相关，从而确定各项异性的相关尺度模型。

2.2　基于扩散方程的背景误差相关模型

采用最优插值法进行资料客观分析，即是通过有效估计先验信息（背景场）和所有可利用的观测数据，力求分析格点上最接近实际观测的分析值。而这个过程可以近似看作为海洋要素（温度或盐度）由观测场到背景场的一种扩散过程，将分析变量由初始状态（观测场）到背景场的过渡状态的集合记为 $\Omega \subset R$，由于格点的分析值不可能达到临界状态，故 Ω 为开集，以下，我们从扩散方程出发来考虑式（3）中相关函数的意义和相关尺度的选择。

首先考虑一维扩散方程：

$$\begin{cases} \dfrac{\partial \xi}{\partial t} = k\dfrac{\partial^2 \xi}{\partial z^2}, \\ \xi(z, T_o) = \varphi(z), \end{cases} \tag{5}$$

这里，ξ 表示分析变量（温度或盐度），T_o 表示分析场的初始状态，k 为扩散系数。此扩散方程在一维实数空间中的解析解 $\xi(z, t)$ 是由初始条件 $\varphi(z)$ 在 Ω 上积分的结果，为确定其积分过程，我们考虑方程（5）在傅氏空间可表示为：

$$\frac{\partial \hat{\xi}(\hat{z}, t)}{\partial t} = -k\,\hat{z}^2 \hat{\xi}(\hat{z}, t), \tag{6}$$

式中，$\hat{\xi}(\hat{z}, t)$ 为 $\xi(z, t)$ 的傅里叶变换形式，$\hat{z}$ 是傅氏空间变量。方程（6）两边在集合 Ω 上积分，即：

$$\int_{\Omega} \frac{\partial \hat{\xi}(\hat{z}, t)}{\partial t}\mathrm{d}t = \int_{\Omega} -k\,\hat{z}^2 \hat{\xi}(\hat{z}, t)\,\mathrm{d}t \tag{7}$$

等价于

$$\hat{\xi}(\hat{z}, t) = \hat{\xi}(\hat{z}, T_o)\exp(-kT\hat{z}^2), \tag{8}$$

这里，$\hat{\xi}(\hat{z}, T_o)$ 为初始条件 $\varphi(z)$ 的傅氏变换，T 为背景场与观测值的差，且 $T \in \Omega \subset R^+$。

由方程（8）可得，扩散方程（6）在傅氏空间的解析解为其初始条件的傅氏变换与一个高斯函数的积，而高斯函数的傅氏变换仍是高斯函数。因此，式（6）在实数空间的解可以表示为初始条件与一个高斯函数的卷积：

$$\xi(z, t) = \frac{1}{\sqrt{4\pi kT}}\int_{z'}\varphi(z')\exp\left\{-\frac{(z-z')^2}{4kT}\right\}\mathrm{d}z'. \tag{9}$$

由此得到的分析场与式（1）所代表的物理意义是一致的。因此，人们常把 $2kT$

作为式（9）中高斯函数相关尺度的平方 L^2，从而得到式（3）中背景误差相关的高斯模型[1,3-4]：

$$\mu \sim \exp\left(-\frac{r^2}{2L^2}\right) \qquad r = |z - z'|. \qquad (10)$$

这里令 $L'^2 = 4kT$，且不考虑垂向相关，则相关模型在二维实数空间 R^2 可表示为：

$$\mu_{xy} \sim \exp\left(-\frac{r_x^2}{L'^2_x} - \frac{r_y^2}{L'^2_y}\right), \qquad (11)$$

式中，r_x 和 r_y 为两点间的距离；L'_x 和 L'_y 分别是经向和纬向的相关尺度。

2.3 梯度依赖相关尺度

不难看出，相关尺度 L'_x、L'_y 与扩散系数 k 有关。虽然在实际海洋中的扩散系数难以确定，但可以确定的是，温、盐度扩散并不是各向同性的。这里借鉴 Perona 和 Malik[21] 提出的用于图像处理的 P – M 扩散算法，考虑二维空间 R^2 的各向异性扩散方程：

$$\xi_t = \mathrm{div}(k(x,y,t) \cdot \nabla\xi) = k(x,y,t) \cdot \Delta\xi + \nabla k \cdot \nabla\xi, \qquad (12)$$

式中，div 表示散度；Δ 是拉普拉斯算子；∇ 表示梯度。k (x, y, t)：$R^3 \to R^+$ 为一个非负有界函数，如果 k (x, y, t) 为常数，则式（12）为二维空间的各向同性扩散方程。为确定函数 k (x, y, t) 形式，我们引入偏微分方程的最大值原理[22—23]。

假设，$F \subset R^n$，且 F 为开集；$T = (a, b)$ 为一维实数区间；$D = F \times T = \{(x, t) : x \in F, t \in T\}$，$D$ 为开边界域；$\overline{D}$ 是 D 的闭域；∂D 为 D 的边界，并令 $\partial'D$ 和 $\partial''D$ 分别表示底边界和上边界：

$$\partial'D = \{(x,t):x \in F, t = a\} \cup \{(x,t):x \in \partial F, t \in T\},$$
$$\partial''D = \{(x,t):x \in F, t = b\}, \qquad (13)$$

则扩散方程的最大值原理可以表述为：假设在闭域 $\overline{D}$ 上存在一个连续函数 ξ：$R^{n+1} \to R$，ξ 在 $D \cup \partial''D$ 上二阶可微，如果 ξ 在 D 上满足微分不等式：

$$C(x,t) \cdot \xi_t - k(x,t) \cdot \Delta\xi - \nabla c \cdot \nabla\xi \leqslant 0. \qquad (14)$$

C：$R^{n+1} \to R^+$ 和 k：$R^{n+1} \to R^+$ 为 $\overline{D}$ 上的连续函数，且在 $D \cup \partial''D$ 可微，那么函数 ξ 满足最大值原理，即：

$$\max_{\overline{D}}(\xi) = \max_{\partial'D}(\xi). \qquad (15)$$

若将式（14）中的不等式写为等式，并令 C $(x, t) = 1$，式（14）即为各向异性扩散方程（12），即式（12）是式（14）的一个特例。所以，如果函数 $k(x, y, t)$ 是非负可微函数，那么扩散方程（12）也符合最大值原理，也就是说，温度（盐度）由观测场向背景场扩散中，只要找到合适的非负可微函数 $k(x, y, t)$，便能在底边界（观测场）取得最大扩散值，即分析场的最优估计值等于实际观测值。

在方程（12）中，如果函数 $k(x, y, t)$ 不随空间尺度变化，即 $k(x, y, t) = k(t)$，任何形式的函数 u 的空间微分均是方程（12）的解，并且这些解都满足最大值原理，这显然不符合实际。因此，函数 $k(x, y, t)$ 与空间尺度有关，如空间梯度或拉普拉斯算子等形式的函数均符合要求，不妨设 $k(x, y, t) = g(|\nabla\xi|)$，即温、盐度在各个方向的扩散系数与梯度幅值有关。

同时，根据信息在空域和频域的对应关系，随空间位置突变的信息在频域是高频，而缓变的信息在频域是低频。具体到海洋要素场，空间梯度大则代表频域的高频信息，也即要素信号的空间尺度小，空间梯度小表明该区域信息在频域为低频，亦即空间尺度大。因此，在梯度较小的地方应采用较大的扩散系数，而在梯度较大的地方则采用较小的扩散系数。结合式（11）可得，L'_x, L'_y 应为水平梯度的非负可微函数，且相关尺度随水平方向梯度的增加而单调递减，这里我们给出该函数的一种简单形式：

$$\begin{cases} L'_x = \dfrac{L_x}{W_x}, & W_x = 1 + \left(\left|\dfrac{\partial X}{\partial x}\right| \Big/ \overline{\left|\dfrac{\partial X}{\partial x}\right|}\right), \\ L'_y = \dfrac{L_y}{W_y}, & W_y = 1 + \left(\left|\dfrac{\partial X}{\partial y}\right| \Big/ \overline{\left|\dfrac{\partial X}{\partial y}\right|}\right), \end{cases} \tag{16}$$

由于 Argo 资料目前在一些海域还比较稀疏，故取较大的相关尺度常数：$L_x = L_y = 10°$；$\left|\dfrac{\partial X}{\partial x}\right|, \left|\dfrac{\partial X}{\partial y}\right|$ 分别为经向和纬向的分析变量（温度或盐度）梯度，$\overline{\left|\dfrac{\partial X}{\partial x}\right|}, \overline{\left|\dfrac{\partial X}{\partial y}\right|}$ 为水平梯度均值，采用多年平均的客观分析数据计算。对于相对梯度的上界（最大值），理论上，在梯度较大的海域，若观测资料足够密集，相关尺度越小，分析方案的最小截断误差就越小，对短波信息吸收的越充分。由于目前海洋观测剖面还比较稀疏，即使 Argo 浮标观测网，其观测密度也仅为 $3° \times 3°$，因此，如在黑潮和湾流等海洋要素变化较大的区域，选用过小的相关尺度也是没有意义的，这里通过数值试验确定，在太平洋海域 W 和 η 的最佳取值分别为 3 和 0.25。

以 2009 年 8 月份太平洋海域的 100 m 层为例，由式（16）及以上参数确定的温、盐度的梯度依赖相关尺度分布如图 1 所示。为了清楚地显示相关尺度的详细结构，图中每个小椭圆在 $3° \times 3°$ 的交错网格内生成，图中给出的是相关系数介于 0.84 ~ 0.98 范围内的经向（椭圆横轴半轴长）和纬向（椭圆纵轴半轴长）相关尺度分布。很显然，对不同的分析变量、研究海域和分析层，以及相同格点的不同方向（经向和纬向）来说，其对应的相关尺度都是不相同的。由于实际海洋中，温、盐度纬向梯度一般要大于经向梯度，因此，在大部分格点上，纬向相关尺度（椭圆纵轴半轴长）要小于其经向相关尺度（椭圆横轴半轴长）。且在黑潮暖流和亲潮寒流的交汇区、南北纬 40° 左右的极锋区及副热带复合区等温度梯度较大的海区，温度相关尺度较小（见图 1（左））；而在寒暖流交汇区，由于盐度存在显著差异，其盐度梯度特别大，所以相应的盐度相关尺度也就较小（见图 1（右））。

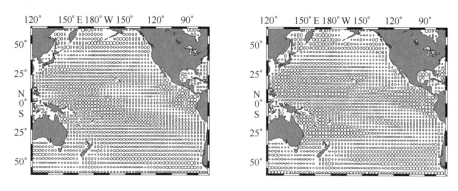

图 1　100 m 层温（左）、盐（右）度的梯度依赖相关尺度

Fig. 1　The distribution of gradient-dependent correlation scales of T（left）and S（right）at 100 m

3　试验效果分析

3.1　空域 – 频域理论检验

高斯脉冲是电磁学和信息处理技术中最为常用的信号源，高斯脉冲作为时域仿真的输入信号，其转化为频域形式的信号也是高斯形状，高斯信号的主要优点是：一个有限的带宽会根据频率范围设置，自动计算合适的激励时间脉冲信号。高斯脉冲可在我们所关心的频域频带上形成非零频谱，非常有利于在频域内对信号处理系统的信息处理能力进行检验。

这里以包含连续周期波动的高斯脉冲信号作为观测数据，分别采用 TCSM（方程（4））和 GDCSM（方程（16））两种方法，进行最优插值数据分析，并对计算结果做谱分析，以测试两种相关尺度估计方法对提取不同频率（尺度）信息能力的作用。

高斯脉冲的时域形式为[24]：

$$E_i(t) = \exp\left(-\frac{4\pi(t-t_0)^2}{\tau^2}\right),\qquad(17)$$

式中 τ 为常数，决定了高斯脉冲的宽度，脉冲峰值出现在 $t=t_0$ 时刻，如图 2a 所示。

其傅立叶变换后的频域形式为：

$$E_i(f) = \frac{\tau}{2}\exp\left(-j2\pi f t_0 - \frac{\pi f^2 \tau^2}{4}\right),\qquad(18)$$

频谱图形如图 2b 所示，其中，负频率部分已去掉。通常取 $f = 2/\tau$ 为高斯脉冲的频宽，这时频谱为最大值的 4.3%，高斯脉冲的有效频谱范围从 0 到 $2/\tau$。此处取 $\tau = 5$ 个单位长度，则信号包含的最小尺度为 2.50 个单位长度，信号间距为 0.25 个单位长度。

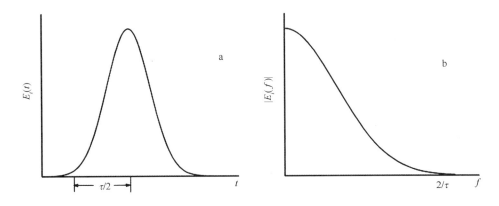

图 2　高斯脉冲时域波形（a）与频谱（b）

Fig. 2　Gauss pulse waveform（a）and spectrum（b）

这里，分析网格间距为 1 个单位长度。以高斯信号作为"观测"数据，对上述高斯信号的分布，其无量纲化计算结果如图 3 所示。

（1）从时域（见图 3a）来看，采用 TCSM 时，分析结果与高斯信号源相比有较大的变形，最小频宽增大，波形振幅也明显减小；而 GDCSM 的波形和最小频宽均与高斯信号源对十分接近。

（2）从频域（见图 3b）来看，很显然，采用 TCSM 时，随着频率的增加，分析结果的功率与高斯信号源的功率相比迅速减小，并且频率较高时，TCSM 的能量损耗很大；而 GDCSM 的功率与高斯信号源的功率相比，虽也随频率的增加逐渐减小，但其速率较 TCSM 明显缓慢，且在高频的能量损耗不大。

（3）由输出信号与高斯信号源的功率谱的比值（见图 3c）可以看出，基于TCSM 的客观分析方案的信号提取能力，随着波长的减小迅速减弱，对尺度越小的信息，分析结果损耗就越严重；而基于 GDCSM 的信号提取能力，对短波信息的提取能力则显著增强。

综上可见，与 TCSM 相比，式（16）给出的梯度依赖相关尺度估计方法可以在不改变网格精度和不增加额外计算量的情况下，显著提高客观分析或数据同化方案对短波信息的提取能力。由于海洋中的短波信息即为梯度较大的海洋锋或跃层等海洋现象，因此，GDCSM 在海洋锋或跃层处的分析结果明显优于 TCSM。

3.2　现场观测资料试验

选取 2009 年 8 月份太平洋海域的 Argo 资料，分别采用 GDCSM 和 TCSM 两种方法进行客观分析试验，通过统计检验等方式来验证 GDCSM 的可靠性。其中，客观分析试验的背景场采用全球海洋三维温、盐度格点数据集（WOA09）中 8 月份的气候态平均场，Argo 温、盐度剖面数据由中国 Argo 实时资料中心提供，并进行了质量再

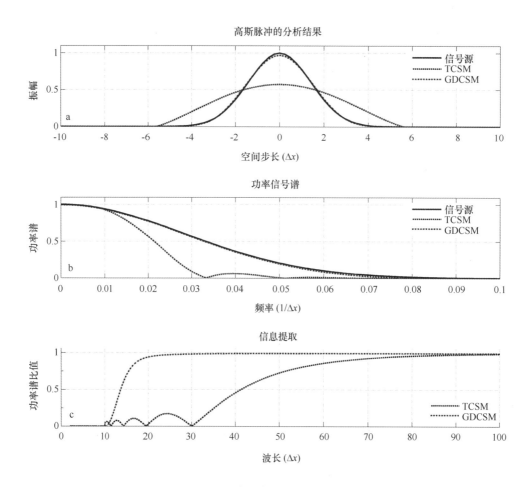

图 3　高斯信号分析结果

Fig. 3　Gauss signal analysis results

控制处理（包括观测参数及观测层数检验、水陆点及区域检测、密度逆变检验、温盐度范围检验、时间判断和 3 倍均方差检验等），最后利用 Akima 插值法[25]将温、盐度剖面资料垂向插值到各标准层上。

　　众所周知，海洋上中尺度涡旋的时间尺度通常在数天至数月之间，空间尺度则在数十到数百千米之间，而对其研究的主要数据源为由卫星高度计提供的大面积、准同步海表面高度异常（SSHa）或海平面异常（SLA）数据[26]。为此，我们借助太平洋海域海平面异常（SLA）分布（见图 4，由色差表示）所揭示的冷暖涡分布情况，比较由两种方法计算得到的温度场（见图 4，由等值线表示）。由 2009 年 8 月份的月平均海平面异常分布不难看出，太平洋海域存在很多涡旋，尤其是由北赤道流、黑潮、黑潮延伸体、北太平洋流及加里福尼亚流组成的位于北太平洋副热带海域的环流圈边缘，存在大量的中尺度涡现象。显然，由 GDCSM 得到的温度等值线分布在很多区域

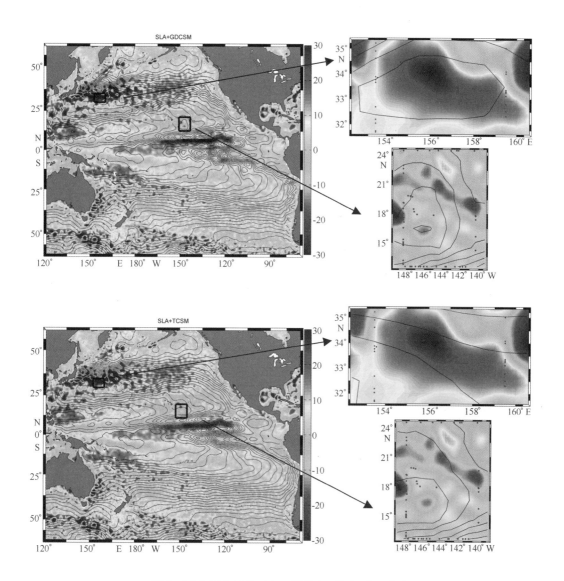

图 4   2009 年 8 月份 100 m 层温度（℃）大面分布

Fig. 4   The temperature distribution at the 100 m layer in August，2009

更接近由海面高度异常所反映的"真实"海温场。我们选取区别比较明显的两个小区域（31.5°～35.5°N，151.5°～162.5°E）和（12.5°～24.5°N，150°～139°W）进行比较分析（图 4 右，黑色点为对应区域内 Argo 观测的剖面位置）。由图可见，由 GDCSM 得到的温度等值线能够较清楚地勾划出海面高度异常在（34°N，156°E）和（16°N，146°W）两处显示的中尺度涡；而由 TCSM 的计算结果中，在这两点处却没有暖涡和冷涡存在的迹象。

为了证实冷暖涡的"真实性"，我们选取了两个代表性格点（34°N，156°E）

和（16°N，146°W）周围 3 度范围内的 Argo 观测剖面与这两点处的 WOA09 8 月份气候态温度剖面，并分别计算了两处的垂向偏差（图 5）。结合图 4（右）可以看出，格点（34°N，156°E）周围 3 度范围内的 Argo 只有一个观测剖面（位于 33.84°N、154.58°E 附近），而且接近暖涡中心，把该观测剖面与 WOA09 8 月份气候态温度剖面相比，温度明显偏高，证明该暖涡确实存在。而在格点（16°N，146°W）周围有 6 个观测剖面，且距离冷涡中心较远，与 WOA09 8 月份气候态温度剖面相比，这些观测剖面的温度值在 50 m 以下均偏低，50 m 以浅可能由于混合或距离中心较远等原因，温度反而偏高，但总体趋势也证明了 100 m 层处存在冷涡的合理性。

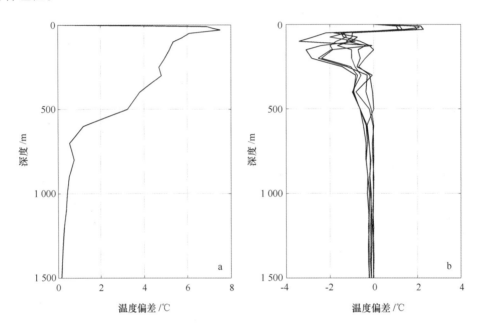

图 5　两个代表性格点（34°N，156°E）（a）、（16°N，146°W）（b）附近的温度垂直偏差分布
Fig. 5　The vertical distribution of temperature deviation around the grid point
(34°N，156°E)（a）and（16°N，146°W）（b）

由于海洋中物理量（如流速分量和温、盐、密度等）的时间序列或空间序列可以看作平稳随机过程的一次取样，且海洋观测值的偶然误差服从正态分布，并可以将非正态海洋数据进行正态化处理。因此，许多海洋数据的分析处理（如回归分析的线性拟合，在 Bayes 准则下最佳判别函数的求解等），都是建立在正态分布的假设基础上[27-28]。这里，我们首先在北太平洋（30.5°N，136.5°E）、赤道太平洋（0.5°N，174°E）及南太平洋（28.5°S，172°E）海域各选择一个网格点，进行置信概率为 95% 的区间估计，其结果如表 1~3 所示。

在北太平洋格点（30.5°N，136.5°E）上（见表 1），GDCSM 的结果中，只有 2 个分析层（150 m 和 200 m）上的温度估计值和 3 个分析层（100 m、1 250 m 及 200 m）上的盐度估计值未落入对应的置信区间，且未落入置信区间的估计值与临界值的差别均不大，温度差小于 0.1℃，盐度差小于 0.04。相比之下，TCSM 的温、盐度结果中，绝大多数分析层的估计值均在置信区间之外，只有少数层次（温度为 400 m 和 500 m，盐度为 20 m、50 m、250 m、300 m 及 500 m）上的估计值在置信概率为 95% 的置信区间内。

表1　北太平洋格点上置信度为 95% 的区间估计

Table 1　The confidence interval estimate with 95% on the North Pacific

层次	$T/℃$			S		
	$\bar{X} \pm t_\alpha(n-1) \cdot S/\sqrt{n}$	GDCSM	TCSM	$\bar{X} \pm t_\alpha(n-1) \cdot S/\sqrt{n}$	GDCSM	TCSM
10 m	29.31~29.51	29.45	29.12	34.157~34.267	34.251	34.268
20 m	29.04~29.77	29.44	29.00	34.387~34.503	34.449	34.484
30 m	28.57~29.63	29.07	28.00	34.438~34.564	34.515	34.586
50 m	24.18~25.20	24.57	25.22	34.592~34.684	34.635	34.675
75 m	21.99~22.88	22.35	23.59	34.667~34.708	34.706	34.785
100 m	20.93~21.66	21.25	22.16	34.724~34.745	34.753	34.780
125 m	20.11~20.67	20.38	21.44	34.732~34.744	34.770	34.818
150 m	19.81~20.21	19.73	20.91	34.735~34.746	34.745	34.749
200 m	19.07~19.40	19.05	19.55	34.699~34.713	34.743	34.746
250 m	17.79~18.18	18.09	18.25	34.735~34.751	34.737	34.742
300 m	16.76~17.30	17.06	17.34	34.797~34.834	34.799	34.814
400 m	14.51~15.48	14.86	15.23	34.733~34.827	34.779	34.832
500 m	10.84~12.30	11.42	11.83	34.647~34.791	34.708	34.770

在赤道太平洋格点（0.5°N，174°E）上（见表 2），对于 500 m 以浅的各层温度估计值，GDCSM 只有 125 m 层的估计值在置信区间之外，且其与临界值的差只有 0.01℃，其余各层，GDCSM 的温度分析值有 95% 的可信度；而 TCSM 500 m 以浅各层的温度分析值均在其对应的置信区间之外，且各层温度均高于置信区间的最大临界值。对于盐度，GDCSM 除 300 m、400 m 层的分析值未落入置信区间外，其余各层的盐度分析值在 95% 的置信概率下是可信的；TCSM 的结果中除 150 m、

250 m 和 500 m 层的盐度估计值有 95% 的可信度，其余各层盐度分析值均大于置信区间的上界，其可信度均小于 95%。

表 2　赤道太平洋格点上置信度为 95% 的区间估计

Table 2　The confidence interval estimate with 95% on the Equator Pacific

层次	$T/℃$			S		
	$\bar{X} \pm t_\alpha(n-1) \cdot S/\sqrt{n}$	GDCSM	TCSM	$\bar{X} \pm t_\alpha(n-1) \cdot S/\sqrt{n}$	GDCSM	TCSM
10 m	29.50~29.70	29.68	30.69	34.833~35.118	34.958	35.166
20 m	29.50~29.71	29.66	30.68	34.834~35.121	34.960	35.193
30 m	29.52~29.72	29.67	30.68	34.842~35.120	34.980	35.252
50 m	29.45~29.65	29.61	30.66	34.952~35.208	35.075	35.217
75 m	29.36~29.64	29.63	30.35	35.183~35.357	35.241	35.363
100 m	27.74~28.56	28.03	29.37	35.269~35.459	35.416	35.549
125 m	26.03~28.01	26.02	28.14	35.335~35.602	35.543	35.621
150 m	23.42~26.06	24.68	26.13	35.296~35.665	35.483	35.566
200 m	17.81~20.24	19.25	20.54	34.995~35.234	35.193	35.282
250 m	13.46~14.87	14.11	15.50	34.905~35.000	34.968	34.990
300 m	11.04~11.86	11.22	12.46	34.815~34.863	34.868	34.866
400 m	8.62~8.86	8.69	9.85	34.671~34.684	34.712	34.730
500 m	7.22~7.48	7.45	8.63	34.625~34.642	34.631	34.637

　　在南太平洋格点（28.5°S，172°E）上（见表 3），GDCSM 与 TCSM 两种方法的温、盐度估计值都有较高的可信度：GDCSM 各层的温度估计值均在置信概率为 95% 的置信区间之内，绝大多数分析层的盐度估计值也在其对应的置信区间内，即使是未落入置信区间的盐度值（125 m 层），其与置信区间临界值的差也只有 0.005；TCSM 只有 10 m、300 m、400 m 的温度分析值在置信区间之外，盐度也有一半的分析值包含在置信区间之内。而两种方法相比，GDCSM 在该格点上的分析结果仍比 TCSM 有较高的可信度。

表3　南太平洋格点上置信度为95%的区间估计

Table 2　The confidence interval estimate with 95% on the South Pacific

层次	$T/℃$			S		
	$\bar{X} \pm t_\alpha(n-1) \cdot S/\sqrt{n}$	GDCSM	TCSM	$\bar{X} \pm t_\alpha(n-1) \cdot S/\sqrt{n}$	GDCSM	TCSM
10 m	19.53~21.04	20.06	19.46	35.511~35.688	35.617	35.667
20 m	19.34~20.84	19.95	19.40	35.510~35.687	35.617	35.667
30 m	19.16~20.63	19.83	19.32	35.515~35.684	35.617	35.685
50 m	18.97~20.43	19.81	19.21	35.535~35.664	35.617	35.667
75 m	18.84~20.24	19.64	19.03	35.544~35.654	35.610	35.672
100 m	18.25~19.62	19.20	18.77	35.556~35.643	35.633	35.660
125 m	18.10~19.38	18.93	18.45	35.586~35.617	35.622	35.695
150 m	17.74~19.07	18.57	18.14	35.577~35.655	35.606	35.631
200 m	16.75~18.13	17.73	17.28	35.541~35.662	35.607	35.633
250 m	15.96~17.26	16.78	16.12	35.511~35.667	35.574	35.602
300 m	15.21~16.43	15.66	14.95	35.421~35.592	35.479	35.521
400 m	12.73~13.61	13.25	12.65	35.161~35.306	35.262	35.335
500 m	10.23~10.74	10.63	10.43	34.981~35.056	34.990	35.060

　　图6给出了3个格点上由两种方法的计算结果与实测温、盐度偏差的垂直分布。很明显，无论温度还是盐度，3个格点上由 GDCSM 的计算结果都比 TCSM 更接近 Argo 实测值。如图6（左）所示，在各个分析格点上，GDCSM 与实测的温度偏差都明显比 TCSM 小，特别是在北太平洋和赤道太平洋海域，GDCSM 与实测的温度偏差基本都在0.1℃以下；在南太平洋海域100~250 m 深度之间，GDCSM 与实测的温度偏差稍大，但也不超过0.2℃。而 TCSM 与实测的温度偏差，在每个格点的大部分层次上都超过了0.5℃，尤其是在赤道太平洋海域，两者各个层次上的温度偏差基本都在1.0℃以上。

　　相对于温度，两种计算结果与实测的盐度偏差差别较小（见图6（右）），但在各个海域的每个层次上，GDCSM 的结果仍比 TCSM 更接近实测的。在北太平洋海域，GDCSM 与实测的最大盐度偏差约为0.04，而 TCSM 则达到0.1；赤道太平洋海域250 m 层以下，两种盐度计算结果与实测资料都十分接近，盐度偏差均小于0.05，但在200 m 水深以浅，TCSM 与实测的盐度偏差明显比 GDCSM 大，最大约为0.2；GDCSM 在南太平洋海域与实测的盐度偏差基本在0.02以下，而 TCSM 与实测的盐度偏差在大部分层次上都超过了0.05。

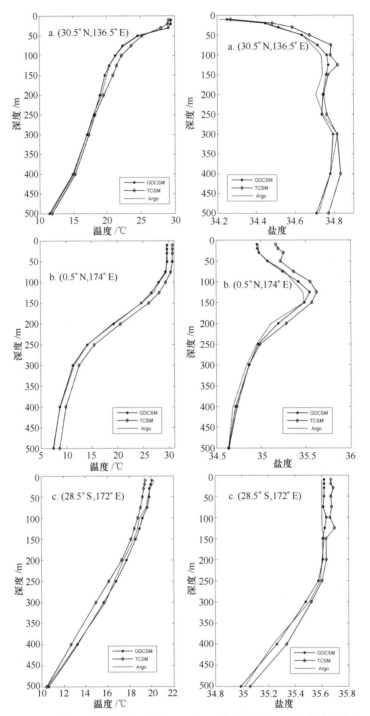

图 6　不同方法计算结果与实测温（左）、盐度（右）偏差的垂直分布
a. 北太平洋；b. 赤道太平洋；c. 南太平洋

Fig. 6　The vertical distribution of the temperature（left）and salinity（right）deviation between
the calculated and the measured results
a. the North Pacific；b. the Equator Pacific；c. the South Paicific

为验证 GDCSM 在整个太平洋海域的分析效果，图 7 给出了两种方法的计算结果相对于历史 GTSPP（Temperature and Salinity Profile Project，其中已剔除 Argo 剖面资料）的温、盐度均方根误差（RMS）分布。显然，在整个太平洋海域，除 500 m 层以外，GDCSM 的温度均方根误差均比 TCSM 小 0.10℃以上，两者的最大温度 RMS 都出现在 150 m 层，GDCSM 为 1.00℃，TCSM 约为 1.21℃。两种结果的盐度 RMS 在 200 m 层以下比较接近，而在 200 m 以浅的各层上，GDCSM 的盐度 RMS 均比 TCSM 小 0.01 以上，30 m 层达到 0.03。

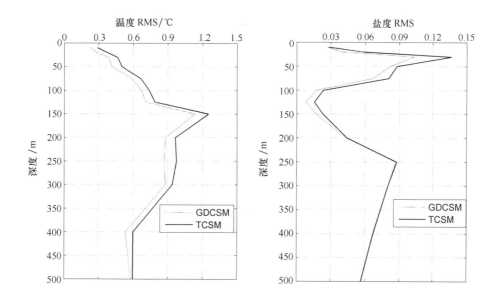

图 7　两种方法的结果相对于 GTSPP 的温、盐度均方根误差垂向分布

Fig. 7　The vertical distribution of root mean square error for the results of two

methods with respect to the GTSPP temperature and salinity

由以上分析可见，GDCSM 比 TCSM 能更充分地提取观测资料的信息，从而提高分析的精度，得到更接近真实海洋环境场的分析结果。

4　小结

本文基于温、盐度扩散方程，推导了各向异性条件下相关尺度与梯度的关系，进而给出了改进的相关尺度法（梯度依赖相关尺度法，GDCSM）计算公式，即梯度依赖相关尺度根据水平梯度的变化规律，自动调整各分析点的温、盐度水平相关尺度；并通过空间能量谱分析方法及现场资料客观分析试验，验证了 GDCSM 的可行性与有效性。结果表明：

（1）在谱分析结果中，无论是从时域、频域，还是从功率谱的比值都可以看出，与 TCSM 相比，GDCSM 可以在不改变网格精度和不增加额外计算量的前提下，能显著提高最优插值客观分析方案对观测信息的提取能力。尤其是对高频信号的提取分析能力，大大优于 TCSM，也就是说，GDCSM 能明显改善海洋锋和跃层等存在较大梯度海域的资料分析能力。

（2）现场资料的置信区间估计结果中，由 TCSM 得到的温、盐度可信数据个数与 GDCSM 的分析结果比较，其总可信度分别由 31% 和 36% 提高到 92% 和 85%。也就是说，GDCSM 相比 TCSM，其分析结果的可信度有了明显提高；且 GDCSM 能更细致地刻画海洋中的中尺度涡现象。

（3）在各个分析格点上，GDCSM 与实测的温度偏差都明显比 TCSM 小，GDCSM 不超过 0.2℃，TCSM 则要大于 0.5℃；相对于温度，两种计算结果与实测的盐度偏差差别较小，但在各个海域的每个层次上，GDCSM 的结果仍要比 TCSM 更符合实测的（GDCSM 约为 0.04，TCSM 约为 0.1）。在整个太平洋海域，GDCSM 在各个层次上的温、盐度均方根误差都要比 TCSM 明显减小，温度约 0.1℃，盐度约 0.01。

由此可见，与 TCSM 相比，GDCSM 能够明显增强数据分析方案在海洋梯度较大海区对较小波长信息的提取能力，即在锋面和跃层区域，其计算结果更接近真实观测值。

值得指出的是，GDCSM 还可以得到与提高网格密度相同的分析效果，而计算量并没有明显增加。可以看到，若将高斯脉冲作为输入信号，并用谱分析方法考察数据分析方案信息提取能力的做法，只是把数据分析方案本身看作一个封闭信号处理系统，与数据分析方案的具体构建方法无关，可适用于任意的数据分析系统。

参考文献：

[1] Derber John, Anthony Rosati. A Global Oceanic Data Assimilation System[J]. Journal of Physical Oceanography, 1989, 19: 1333 –1347.

[2] Behrinoer David W, Ming Ji, Ants Leetmaa. An improved coupled method for ENSO prediction and implications for ocean initialization: Part Ⅰ. The ocean data assimilation system[J]. Monthly Weather Review, 1998, 126: 1013 – 1021.

[3] Gaspari G, Cohn S E. Construction of correlation functions in two and three dimensions[J]. Q J R. Meteorol Soc, 1999, 125: 723 – 757.

[4] Weaver A, Courtier P. Correlation modeling on the sphere using a generalized diffusion equation [J]. Q J R Meteorol Soc, 2001, 127: 1815 – 1846.

[5] Fu Weiwei, Zhou Gumlgqing, Wang Huijun. Ocean Data Assimilation with Background Error Covariance: Derived from OGCM Outputs[J]. Advances in Atmospheric Sciences, 2004, 21(2): 181 – 192

[6] Riishøjgaard L P. A direct way of specifying flow-dependent background error correlations for meteorological analysis system[J]. Tellus, 1998, 50A: 42 – 57.

[7]　Zhang Weimin, Cao Xiaoqun, Xiao Qinnong, et al. Variational Data assimilation using wavelet background error covariance：Initialization of Typhoon Kaemi（2006）［J］. Journal of Tropical Meteorology, 2010, 16(4)：334 – 340.

[8]　Hollingsworth A, Lonnberg P. The statistical structure of short-range forecast errors as determined from radiosonde data. Part I：The wind field［J］. Tellus, 1986, 38A：111 – 136.

[9]　Meyers G, Phillips H, Smith N, et al. Space and timescales for optimal interpolation of temperature – tropical Pacific［J］. Progr Oceanogr, 1991, 28：189 – 218.

[10]　Reynolds R W, Smith T M. Improved global sea surface temperature analysis［J］. J Clim, 1994, 6：929 – 948.

[11]　Bonekamp H, Oldenborgh G J V, Burgers G. Variational assimilation of TAO and XBT data in the HOPE OGCM：Adjusting the surface fluxes in the tropical ocean［J］. J Geophys Res, 2001, 106：16693 – 16709.

[12]　庄照荣，薛纪善，庄世宇，等. 资料同化中背景场位势高度误差统计分析的研究［J］. 大气科学，2006, 30(3)：533 – 544.

[13]　Kuragano T, Kamachi M. Global statistical space – time scales of oceanic variability estimated from the TOPEX/POSEIDON altimeter data［J］. J Geophys Res, 2000, 105：955 – 974.

[14]　Carton J A, Chepurin G, Cao X. A simple ocean data assimilation analysis of the global upper ocean 1950 – 95. Part Ⅰ：Methodology［J］. J Phys Oceanogr, 2000, 30：294 – 309.

[15]　He Zhongjie, Xie Yuanfu, Li Wei. Application of the sequential three-dimensional variational method to assimilating SST in a global ocean model［J］. Journal of Atmospheric and Oceanic Technology, 2007, 25：1018 – 1033.

[16]　Li Wei, Xie Yuanfu, He Zhongjie, et al. Application of the multigrid data assimilation scheme to the China seas' temperature forecast［J］. Journal of Atmospheric and Oceanic Technology, 2008, 25：2106 – 2116.

[17]　Xie Y, Koch S E, McGinley J A, et al. A space-time Multiscale analysis system：A sequential variational analysis approach［J］. Mon Wea Rev, 2010, 139：1224 – 1239.

[18]　Gandin L S. Objective Analysis of Meteorological Fields［M］. Gidromet, Leningrad, 1963：1 – 242.

[19]　Kenneth H Bergman. multivariate analysis of temperature and wind using optimums interpolation［J］. Mon Wea Rev, 1979, 107(11)：1423 – 1444.

[20]　Dee D P, Da Silva A. Data assimilation in the presence of forecast bias［J］. Quart J Roy Meteor Soc, 1998, 124：269 – 295.

[21]　Perona P, Malik J. Scale – space and edge detection using anisotropic diffusion. IEEE Trans［J］. Pattern Analysis and Machine Intellogence, 1990, 12：629 – 639.

[22]　John F. Partial Differential Equations［M］. New York：Springer Verlag, 1982：1 – 442.

[23]　普劳特 M H, 温伯格 H F. 微分方程的最大值原理［M］. 叶其孝，刘西垣，译. 北京：科学出版社，1985：1 – 312.

[24]　许录平. 数字图像处理［M］. 北京：科学出版社，2007：1 – 80.

[25]　Akima H. A new method for interpolation and smooth curve fitting based on local procedures［J］. J

Assoc Comput Mech, 1970, 17: 589 – 602.

[26] 高理，刘玉光，荣增瑞. 黑潮延伸区的海平面异常和中尺度涡的分析[J]. 海洋湖沼通报，2007(1): 14 – 23.

[27] 陈上及. 非正态海洋数据的正态化及其应用[J]. 海洋通报，1991，4(10): 79 – 84.

[28] 方欣华，庄子禄. CTD 资料正态性检验方法的探讨[J]. 海洋湖沼通报，1995，2: 7 – 11.

Research for gradient-dependent correlation scale method based on Argo data

ZHANG Chunling[1,2], XU Jianping[1,2,3], BAO Xianwen[1]

1. *College of Physical and Enviromental Oceanongraphy, Ocean University of China, Qingdao 266003, China*
2. *The Second Institute of Oceanography, State Oceanic Administration, Hangzhou 310012, China*
3. *State Key Laboratory of Satellite Oceanography Environment Dynamics, Second Institute of Oceanography, State Oceanic Administration, Hangzhou 310012, China*

Abstract: Based on the optimal interpolation objective analysis of the Argo data, improvements are made to the empirical formula of a background error covariance matrix widely used in data assimilation and objective analysis systems. Specifically, an estimation of correlation scales that can improve effectively the accuracy of Argo objective analysis has been developed. This method can automatically adapt to the gradient change of a variable and is referred to as "gradient-dependent correlation scale method". Its effect on the Argo objective analysis is verified theoretically with Gaussian pulse and spectrum analysis. The results of one-dimensional simulation experiment show that the gradient-dependent correlation scales can improve the adaptability of the objective analysis system, making it possible for the analysis scheme to fully absorb the shortwave information of observation in areas with larger oceanographic gradients. The new scheme is applied to the Argo data objective analysis system in the Pacific Ocean. The results are obviously improved.

Key words: gradient-dependent correlation scale; background error covariance; optimal interpolation; spatial spectrum analysis; Argo data

（该文英文稿发表于《Acta Oceanologica Sinica》32 卷第 7 期，66 – 77 页）

基于卫星遥感与 Argo 观测资料的西北太平洋温度场重构

王璐华[1,2]，张韧[2*]，陈建[3]，高飞[4]，王辉赞[2,5]，孔凡龙[1]

1. 解放军 71901 部队，山东 聊城 252000
2. 解放军理工大学 气象海洋学院军事海洋环境实验室，江苏 南京 211101
3. 北京应用气象研究所，北京 100029
4. 海军海洋测绘研究所，天津 300061
5. 国家海洋局第二海洋研究所卫星海洋环境动力学国家重点实验室，浙江 杭州 310012

摘要： 卫星遥感资料具有时空分辨率高的优点，而 Argo 等现场观测资料的准确度较高但分辨率较低。基于卫星遥感资料和历史海洋观测资料，利用海面信息与垂向温度的回归关系计算出垂向三维温度"粗场"，再结合 Argo 等现场观测资料对温度"粗场"进行订正，最终获得"精细化"的温度场。本文基于这一实验方案构建了西北太平洋海域 0.5°×0.5° 网格的周平均三维温度场，通过对数据产品的质量验证表明，其实验结果与 TAO 观测网中站点数据的相似程度较高，与 SODA 再分析数据的误差要偏大些，而与 WOA09 再分析数据的误差则要小；实验数据的时空分布信息在 200 m 深度的温跃层附近与 SODA 的信息类似，而在表层其空间模态类似，但时间主成分存在一定差异。基于上述统计分析，可以认为此方案较为合理地构造了西北太平洋海域的三维温度场，对以后更大区域中的温度场重构具有一定的借鉴意义。

关键词： 卫星遥感；Argo；三维温度场；重构；西北太平洋海域

1 引言

三维温度场重构是人们一直比较关注的问题，较为传统的方法是利用客观分析法对 Argo、CTD、XBT 等现场观测数据进行插值，从而建立一个完整的三维温度场。常见的客观分析法包括：逐步订正法、最优插值，以及三维变分、四维变分同化方法

基金项目： 国家自然科学基金项目（41276088，41206002，41306010）资助。

作者简介： 王璐华（1989—），男，硕士研究生，从事物理海洋学研究。

* **通信作者：** 张韧，教授，博导，从事海气相互作用研究。E-mail: zren63@126.com

等。利用卫星遥感数据进行三维温度场反演是当前比较热门的一个研究方向，其基本理论思想是通过建立海面信息与垂向温度信息的回归关系，结合卫星遥感数据，反演出垂向的温度场。Argo 资料虽然具有真实可靠、覆盖面广等优点，但也存在观测剖面稀少、时空分布不均匀[1]缺点；而卫星遥感产品具有全天候、时空分辨率高等优点，但反演精度相对较低。可见，将 Argo 剖面浮标观测资料与卫星遥感反演资料结合，可以优势互补，缓解和弥补 Argo 资料稀少的不足[2]。近年来，国外海洋观测资料与卫星遥感资料的融合研究已取得较大进展，如 Guinehut 等[3]利用高分辨率的卫星高度计和海表温度遥感产品，用多元回归方法产生次表层变量粗估场，再与观测资料融合得到了 0 ~ 200 m 层的月平均海温场；Reynolds 等[4]将卫星遥感产品和海表温度观测数据进行融合，重构了海表温度场；Wills 等[5]用卫星高度计、海表温度和 XBT 现场资料融合得到 0 ~ 800 m 深度内的上层海洋热含量变化，他们先用高度计资料统计生成次表层变量粗估场，然后用"差别估计"结合现场观测资料得到融合的客观分析场；Sakurai 等[6]用"Poisson 方程调整法"对遥感数据偏差修正，然后用最优插值法将现场观测资料和卫星遥感数据融合，产生逐日的海表温度。Magdalena 等[7]研究表明，当 Argo 剖面浮标与卫星高度计结合时，将会使研究结果更加可靠。国内也有部分学者进行过相关方面的研究，韩梅等[8]通过建立垂向的盐度剖面回归模型，结合现场散点盐度数据构造出三维盐度场；王喜东等[9]则利用卫星遥感与现场观测的剖面温度回归关系，建立起了三维温度场与盐度场；修树孟等[10]则进行过多时间尺度方法构建海表温度信息与垂向温度回归关系模型的相关研究。

本文目的是要建立一套基于卫星遥感的三维温度场，以促进国内三维温度场重构研究工作。其实验的主要内容是，首先利用卫星遥感资料"反演"得到垂向三维温度场，然后结合 Argo 等现场观测数据，以获得最终的精细化温度场。

2 实验数据与方法

2.1 实验数据

实验采用的海面温度(SST)数据由 NOAA 中心网站提供，为 AVHRR 高分辨率辐射计和 AMSR - E 高级微波扫描辐射计相结合的数据产品。SST 资料的空间分辨率为 $0.25° \times 0.25°$，时间分辨率为 1 d。

海面高度数据为 AVISO 的海平面高度异常数据（Sea Level Anomaly，SLA），该数据融合了 Jason - 1/Jason - 2/Envisat 等卫星高度计资料，其空间分辨率达到了 $0.25° \times 0.25°$，时间分辨率为 7 d。高度计数据覆盖全球范围，具有精度高、实时性较好的优点，已经运用于各种海洋物理现场研究。

现场数据主要采用 Argo 资料以及 WOD09（未包括 CTD）和 SODA 资料，其中 Argo 数据来源于中国 Argo 资料中心网站，在应用前进行了质量控制，其控制方法可以参考相关文献[11]。

2.2 实验原理与方法

2.2.1 实验原理

利用卫星遥感资料反演垂向三维温度场的基本思想是，通过统计历史温度剖面资料与海面温度以及海水动力高度资料，建立垂向温度异常与海面温度异常以及海水动力高度异常之间的关系。实验采用直接回归方法，建立海表信息与垂向温度的回归关系，方法参考 Guinehut 等[12]。通常情况下，由于海水动力高度异常数据的计算较为繁复，一般通过统计海水动力高度异常与海面高度异常之间的回归关系，建立海水动力高度与海面高度异常之间的回归系数，进而用海面高度异常数据代替海水动力高度数据；再利用实时的卫星遥感海面温度与海水动力高度异常数据，"反演"出垂向的三维温度场。由于"反演"得到的三维温度场准确率较低，需要进行订正，其订正方法采用时空插值法，结合 Argo 以及部分 WOD09 温度数据进行订正，最终得到"精细化"的三维温度场。

2.2.2 海水温度回归系数的计算

对于分析点 i、深度 k 处的温度，可通过 i 点处的海面温度反演得到：

$$T_{i,k}(SST) = \overline{T_{i,k}} + a_{i,k}^{T_1}(SST - \overline{T_{i,1}}), \tag{1}$$

$$\overline{T_{i,1}} = \frac{\sum_{j=1}^{N} b_{i,j} T_{j,k}^o}{\sum_{j=1}^{N} b_{i,j}}, \tag{2}$$

$$a_{i,k}^{T_1} = \frac{\sum_{j=1}^{N} b_{i,j}(T_{j,k}^o - \overline{T_{i,k}})(T_{j,1}^o - \overline{T_{i,1}})}{\sum_{j=1}^{N} b_{i,j}(T_{j,1}^o - \overline{T_{i,1}})^2}, \tag{3}$$

式中，$\overline{T_{i,k}}$ 为点 i、k 层的气候态温度；$a_{i,k}^{T_1}$ 为此点处的回归系数；$T_{j,k}^o$ 为点 j、k 层的现场温度；$b_{i,j}$ 为 i 与 j 点的相关系数，其计算公式为：

$$b_{i,j} = \exp\{-[(x_i - x_j)/L_x]^2 - [(y_i - y_j)/L_y]^2 - [(t_i - t_j)/L_t]^2\}, \tag{4}$$

式中，L_x、L_y、L_t 分别为经向、纬向和时间的相关尺度。

对于海水剖面温度同样可以建立与海水动力高度的关系：

$$T_{i,k}(SLA') = \overline{T_{i,k}} + a_{i,k}^{T_2}(SLA' - \overline{h_i}), \tag{5}$$

式中，$\overline{h_i}$ 为 i 点处的比容高度异常的加权平均，SLA' 为格点 i 处订正后的海平面高度异常数据，用来代替比容高度数据。

那么，综合海面温度、海面高度与剖面温度之间的关系，可以建立以下公式：

$$T_{i,k}(SST, SLA') = \overline{T_{i,k}} + a_{i,k}^{T_3}(SST - \overline{T_{i,1}}) + a_{i,k}^{T_4}(SLA' - \overline{h_i}) +$$
$$a_{i,k}^{T_5}[(SST - \overline{T_{i,1}})(SLA' - \overline{h_i}) - \overline{SLA' \cdot SST_i}], \tag{6}$$

式中，$\overline{T_{i,k}}$ 为第 i 点、第 k 层的平均温度；$\overline{SLA' \cdot SST_i}$ 为 $(SST - \overline{T_{i,1}})$ $(SLA' - \overline{h_i})$ 的加权平均；$a_{i,k}^{T_3}$、$a_{i,k}^{T_4}$、$a_{i,k}^{T_5}$ 由 Cholesky 分解得出，为第 i 点、第 k 层的回归系数。

式（6）也可以写作：

$$\delta T(z) = \alpha(z) \cdot \delta SST + \beta(z) \cdot \delta SLA', \tag{7}$$

式（7）中的 α、β 为深度、时间以及地理位置的函数，分别写作为：

$$\alpha(z) = \frac{\langle \delta SLA', \delta SLA' \rangle \cdot \langle \delta SST, \delta T(z) \rangle - \langle \delta SLA', \delta SST \rangle \cdot \langle \delta SLA', \delta T(z) \rangle}{\langle \delta SLA', \delta SLA' \rangle \cdot \langle \delta SST, \delta SST \rangle - \langle \delta SLA', \delta SST \rangle^2}, \tag{8}$$

$$\beta(z) = \frac{\langle \delta SST, \delta SST \rangle \cdot \langle \delta SLA', \delta T(z) \rangle - \langle \delta SLA', \delta SST \rangle \cdot \langle \delta SST, \delta T(z) \rangle}{\langle \delta SLA', \delta SLA' \rangle \cdot \langle \delta SST, \delta SST \rangle - \langle \delta SLA', \delta SST' \rangle^2}, \tag{9}$$

式中，δ 表示相对时间平均的异常；$\langle\ \rangle$ 表示变量之间的协方差。回归系数由定点现场观测数据得到，海面温度主要由卫星遥感的海表面温度代替，再由温盐信息计算得到的动力高度，这里主要由 AVISO 观测的海面高度数据代替。

2.2.3 "粗场"的精细化

由温度回归关系反演得到的剖面温度数据，只是"粗场"数据，其空间分辨率虽然比较高，但精度较低，需要利用现场观测数据校对。而事实上，现场观测数据较为稀少，"粗场"的时空分辨率又较高，若只考虑"粗场"时间点上的现场观测数据，则可供利用的资料较少；假若将时间半径扩大，考虑利用较长时间范围内的现场观测数据进行校正，则可能会过度平滑温度时间序列。于是，考虑到时空插值方法可以同时进行时间与空间的权重分配，故本文将利用时空插值方法进行"粗场"校对。

限于篇幅，这里不再对时空插值的基本原理进行过多的描述，详细请参考王辉赞的文章[13]。这里的"粗场"相对而言可以看作是一种背景场，传统的时空插值方法因无法考虑背景场信息，此处不能直接应用。为此，我们对传统时空插值方法做进一步改进。改进的公式如下式所示：

$$v_g = v_{gb} + \frac{\sum_{i=1}^{n} w_{i,g}(v_i - v_{gb})}{\sum_{i=1}^{n} w_{i,g}}, \tag{10}$$

式中，v_{gb} 即是格点 g 处的"粗场"数据，v_g 为精细化后的数据，v_i 为现场观测数据，$w_{i,g}$ 为格点 i 与待插值点 g 处的权重。改进的公式考虑到了背景场的信息，对现场观测数据的加权平均实际上是现场观测数据异常的加权平均。

3 实验设置与预处理

3.1 实验设置

实验参考 Guinehut 等[12]的设置，建立全球 $0.5° \times 0.5°$ 网格大小的回归系数矩阵。

回归系数矩阵在纬向的影响半径设置为 5°,经向影响半径由 10° 增至 25°,以保证至少有 500 个现场剖面数据进行回归系数的计算。实验中的回归系数按照季节进行划分,总共有 4 组全球温度回归系数矩阵。由于卫星遥感的海面温度与海面高度数据的空间分辨率为 0.25° × 0.25°,时间分辨率为 7 d,故可以建立全球分辨率为 0.5° × 0.5°、时间分辨率为 7 d 的网格化三维温度场。实验基于此系数建立了西北太平洋海域的三维温度场,时间段选为 2008 年 1 月 2 日至 2012 年 12 月 31 日。

进行现场观测数据订正时,纬向影响半径设置为 2°,经向为 1°,时间影响半径设置为 7 d。影响半径的选取主要基于"粗场"的时空分辨率以及 Argo 浮标的观测周期考虑,影响半径过大,会造成温度场数据过于平滑或"失真";影响半径过小,则会因为选取的现场观测数据过少,而造成改善效果不明显。

3.2　海面高度数据的预处理

实验过程中,首先要获得海水动力高度数据(近似视为比容高度),其计算公式参考 Oblers 等[14] 为:

$$h = \int_0^H \frac{[v(T,S,p) - v(0,35,p)]}{v(0,35,p)} \mathrm{d}z, \tag{11}$$

式中,v 是海水比容,$v(0,35,p)$ 为海水温度为 0℃、盐度为 35 时的海水比容,即标准比容;H 是参考层深度,这里设置为 1 500 m。由于海水比容高度数据的计算利用到了现场观测数据等,计算过程比较繁复,因此在实际计算过程中,应用了 Willis 等[15] 的研究结果,尽量避免繁复的计算过程。由 Willis 等的研究表明,海平面高度异常数据与比容高度有着很好的对应关系。为此,在实验中,首先统计出海平面高度异常数据与比容高度的关系,然后用海平面高度异常数据来代替比容高度,计算方法参考 Guinehut 等[5]。

海面动力高度是由海面高度数据计算得到的,两者之间相关系数的分布如图 1a 所示。可以看到,在西北太平洋海域,海面动力高度异常与海面高度之间的相关系数在 0.9 以上,两者之间具有较高的相关性,可以建立线性回归关系。两者之间的回归系数如图 1b 所示,可以看出,两者之间的回归系数则在 0.8 以上,这意味着西北太平洋海域约有 80% 以上的海面高度信息可以转换为海面动力高度信息,并且其回归系数与纬度有着较大关系,即在低纬海域的系数较高,可以达到 1;而随着纬度增加,回归系数逐渐减小至 0.8。通常而言,在低纬海区,海洋垂直结构主要是斜压性的。因此,海面高度与海面动力高度之间的回归系数可以达到 0.8 以上;随着纬度升高,海洋的斜压性结构减弱,正压性增强,回归系数逐渐降低至 0.8。气候态海面高度由 2004 年至 2010 年共 7 a 的数据计算得出,而海面高度异常则基于此气候态结果获得,进而可以得到 4 个季节的海面高度异常数据,分别用于季节性温度回归系数的计算。

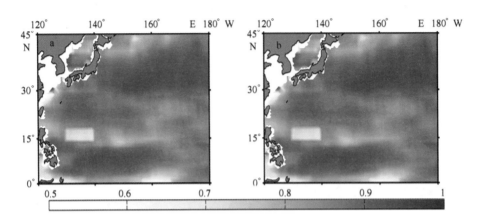

图1　海面动力高度异常与海面高度关系

a. 相关系数分布；b. 回归系数分布

Fig. 1　Relations between sea dynamic height and sea surface height

a. distribution of correlation coefficients；b. distribution of regression coefficients

4　海水温度回归系数分布特征

图 2 显示了剖面温度回归系数 α 在 200 m 层上的大面分布和沿 150°E 经线的断面分布。可以看出，4 个季节的 α 值虽存在一些不同之处，但整体分布形式基本不变；其中冬、春季节低纬地区的 α 值要高于夏、秋季节；30°N 附近海域的 α 值在 4 个季节基本保持不变，就整个研究海域而言，这里的 α 值最小。在 150°E 经向断面（图 2e—h）上，α 值基本上按纬度排列，低纬区域的 α 值较高，随着纬度增加 α 值逐渐减小；在 40°N 以北海域，α 值又有所增加，呈现为纬向带状分布。

图 2e、f、g、h 分别显示了 α 值在冬、春、夏、秋季沿 150°E 经线的断面分布情况。可以看到，α 值呈现出随深度、纬度变化的趋势。在 200 m 深度附近的 α 值最大，表层以及深水区的 α 值则较小；同时，在 200 m 至 600 m 水深区域，α 值在南北方向上存在梯度，其分布形式与纬度存在较大关系。在图 2 还可以看到，α 值在不同季节和不同水域随深度均有不同的变化。在春、秋、冬季的 0°～15°N 附近海域、150 m 水深附近的 α 值，明显较秋季大；而在 45°N 附近海域，其 α 值则在夏、秋季较大。

由图 3 可以看到，剖面温度回归系数 β 的分布特征与深度、纬度的关系为：表层 β 值基本不变；在低纬区域的 200 m 深处，β 值较小，并随着纬度增加，β 值渐增；在 200 m 以下水域，β 值基本不变，且量值较小。此外，β 值随季节也有明显变化。表层及 200 m 层上的 β 值在冬、春季变化最明显；而在夏、秋季，其 β 值则较小；300 m 以下水域的 β 值在 4 个季节基本保持不变。

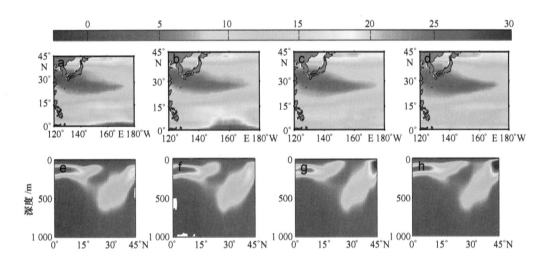

图 2　剖面温度回归系数 α 分布

a、b、c、d 分别呈现了 200 m 层上冬、春、夏、秋季的大面 α 分布;

e、f、g、h 分别呈现了冬、春、夏、秋季沿 150°E 经向断面 α 分布

Fig. 2　characteristics of coefficient α

a, b, c, d display the horizontal distribution of α at 200 m in winter, spring, summer, autumn respectively;

e, f, g, h display the sectional distribution of α along 150°E in winter, spring, summer, autumn respectively

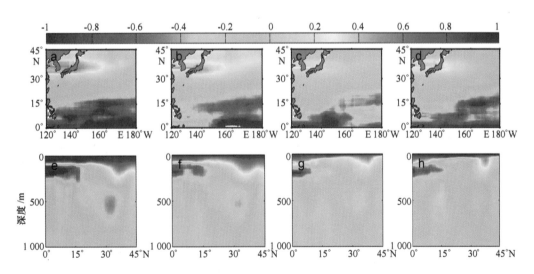

图 3　剖面温度回归系数 β 分布

a、b、c、d 分别呈现了 200 m 上冬、春、夏、秋季的大面 β 分布;

e、f、g、h 分别呈现了冬、春、夏、秋季沿 150°E 经向断面 β 分布

Fig. 3　distribution of coefficient β

a, b, c, d display the horizontal distribution of β at 200 m in winter, spring, summer, autumn respectively;

e, f, g, h display the sectional distribution of β along 150°E in winter, spring, summer, autumn respectively

5　实验结果分析

5.1　单站点数据比较

　　由卫星遥感反演的海面温度，其最大的一个优势就是时间分辨率较高。考虑到位于赤道太平洋海域的 TAO 观测网站点数据在时间上是连续的，为此将利用 TAO 的观测资料来对反演温度数据进行检验（见图 4），其中 a、b、c、d、e 分别给出了 5 个站点（EQ、156°E；2°N、156°E；5°N、156°E；8°N、156°E；5°N、147°E）100 m 层上的温度时间序列分布；f、g、h、i、j 分别为上述 5 个站点 200 m 层上的温度时间序列分布。通过比较 100 m 层和 200 m 层上温度时间序列分布可知，TAO 与卫星遥感和 SODA 的走向是基本一致的；但与 SODA 相比，卫星遥感与 TAO 之间的温度差值在部分站点显得较大。计算表明，在 100 m 层和 200 m 层上，TAO 在站点（EQ、156°E）处的观测温度与卫星遥感反演温度的相关系数分别为 0.545 和 0.687；而在站点（2°N、156°E）处分别为 0.627、0.732；站点（5°N、156°E）处分别为 0.680、0.585；站点（8°N、156°E）处分别为 0.711、0.690；站点（5°N、147°E）处分别为 0.759、0.554。可见，在全部 5 个 TAO 站点上的相关系数都是较大的，这表明卫星遥感反演温度与 TAO 现场观测资料的相似程度是较高的，两者变化趋势基本一致。但是，传统的相关系数计算方法会忽略掉波动较小的短周期信号，而卫星遥感反演法的一个优势就是能利用卫星时空高分辨率的特点，反演出较高时空分辨率的海面温度。因此，我们的实验将对反演温度的各个周期信号进行分析，以检验反演温度的精度。

　　为了研究各个数据源的周期信号分布，采用了小波分析方法进行周期信号实验。小波分析（wavelet analysis）又称为多分辨率分析（multi-resolution analysis），它可以在时域和频域两个方面进行时间序列周期信号的分析，克服了传统功率谱方法只在频域上进行周期信号分析的不足。关于小波分析的原理可以参阅参考文献 [16]，这里不再展开介绍。为简便起见，实验只在 5 个站点中选取了其中的一个站点（EQ、156°E）进行周期信号分析。

　　图 5 分别给出了站点（EQ、156°E）处 100 m 和 200 m 层上由 TAO 观测温度与卫星反演温度的小波分析结果。比较图 5a 和图 5b 可以看到，在 2010 年前后出现了较强的短周期信号（图 5a），其中以 4~16 d 的信号较为显著，且 32~64 d 左右的周期信号也较为显著，但时间跨度较短，长周期信号中以 512 d 左右的信号显著，较集中于 2010 年；在图 5b 中，32~64 d 的周期信号较为显著，且同样集中在 2010 年，其分布结构与 TAO 呈现很好的对应关系。但在其他时间段，32 d 左右的周期信号也较显著，而在 TAO 的相应时间段，对应的周期信号则不太显著；且反演温度长周期信号的分布结构与 TAO 的类似，主要集中在 2010 年。对于未超过 95% 置信度、且信

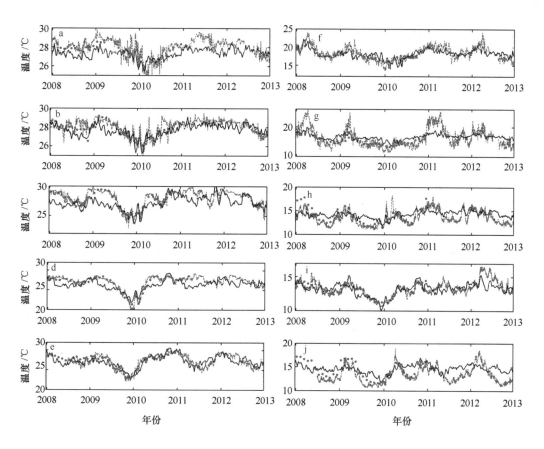

图 4　各站点上的温度时间序列

a－e 分别代表 100 m 层上的 5 个站点（依序为 EQ，156°E；2°N，156°E；5°N，156°E；8°N，156°E；5°N，
147°E）；f－j 分别代表 200 m 层上的 5 个站点（位置同上）。图中蓝色虚线代表 TAO 的观测温度；黑色实线
代表由卫星遥感反演的温度；红色点线代表 SODA 再分析温度

Fig. 4　Time series of in situ temperature

a－e represent the 5 sites at 100 m（EQ，156°E；2°N，156°E；5°N，156°E；8°N，156°E）；f－j represent the
above 5 sites at 200 m. Blue dashed line：temperature of TAO dataset；black solid line：the reconstructed temperature；
dot：temperature of SODA

号较强的周期信号，反演温度与 TAO 温度的结构基本类似，主要的周期信号为 64 ～
512 d，在所有时间段上其强度都较强。在图 5c 和图 5d 中，两者的周期信号则存在
一些差别：16 ～64 d 的周期信号在两者中强度都较弱，且分布都较为稀疏，但反演温
度的信号则在 2010 年通过了置信度为 95% 的检验；TAO 温度中小于 8 d 的周期信号
在所有时间段都较为显著，而在反演温度中，只有部分时间段的 16 d 信号较为显著。
其它信号的周期特征与图 5a、5b 中的信息类似。

　　实验还对 TAO 相应站点处反演温度的误差进行了计算，同时也计算了 SODA 和
WOA09 的误差，以便对反演温度数据质量进行对比检验。图 6 显示了温度随深度变

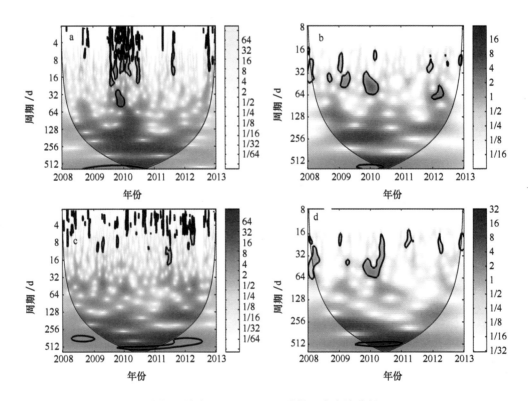

图 5　站点（0°、156°E）处的温度小波分析

a、b 分别为 100 m 层上的 TAO 和卫星反演温度；c、d 分别为 200 m 层上的 TAO 和卫星反演温度

Fig. 5　wavelet analysis of temperature at EQ, 156°E

a, b represent the data of TAO dataset and reconstructed dataset at 100 m;

c, d represent the data of TAO dataset and reconstructed dataset at 200 m

化的误差曲线，其中黑点代表 SODA 温度误差、实线为反演温度误差、虚线为 WOA09 温度误差。由图可以看出，3 种温度误差随水深变化走向基本一致，表层区域的误差较小，随后随着水深增加至 150 m 附近时，误差逐渐增大并最终达到极大值；在 250 m 深度以下，误差随深度增加而逐渐减小。比较 5 个站点上的误差可以发现，在 100 ~ 200 m 深度处，卫星反演的结果较 SODA 的大一些，而较 WOA09 的误差小；在表层，卫星反演结果与 SODA 的一致，较 WOA09 的小；在 300 m 以下的中层，三者的误差基本一致。由以上分析可知，反演温度的误差基本上在温跃层处较大，而在表层和中层以下误差则较小。

5.2　空间结构分析

实验还对 10 m 层温度场的时空变化信息进行了分析，主要采用 EOF 方法分析温度异常值的变化。图 7 给出了 10 m 层上温度的第一、二模态分布。在温度第一模态中，反演温度的空间场与 SODA 的空间场类似，变化显著的区域出现在 30°N 以北海

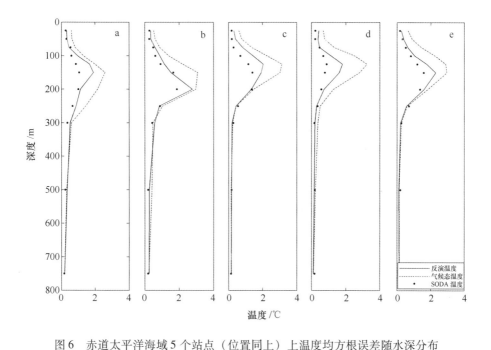

图 6　赤道太平洋海域 5 个站点（位置同上）上温度均方根误差随水深分布
实线代表卫星反演与 TAO；点线代表 SODA 与 TAO；虚线代表 WOA09 与 TAO
Fig. 6　Vertical RMS of temperature at the above 5 sites
dot line：RMS between SODA temperature and TAO temperature；dashed line：
RMS between WOA09 temperature and TAO temperature

域、以南海域变化不明显。两空间场的相关系数达到了 0.822，表明两者具有很高的相似性。在时间序列中，两者之间的相关性也较大，其相关系数可达到 0.961。但从时间序列的走向来看，反演温度的时间序列更多地表现出短周期的信号，显著周期包括 0.5、1、1.5、2、8、12 个月的主周期信号，波动振幅偏弱；而 SODA 则更多地表现出长周期的变化信号，其季节性的信号明显，波动振幅较大，主要表现为 8 与 12 个月的振荡周期。在温度的第二模态中，两空间场也存在相似的结构，在 0°~15°N 所包围的海域内其空间函数值基本在 0 附近，表明这一区域的第二模态温度变化很小；在 15°~30°N 海域内，空间函数值较高；而在黑潮延伸体区域，空间函数值为负，且数值较大。两空间场之间的相关系数为 0.436，具有较高的相似性，但空间模态的具体分布形式及空间函数值却存在一定的差异。时间序列的相关系数为 0.283，相关性较低。其中反演温度的时间序列存在以 15 d 和 30 d 为主要周期的信号，短周期信号明显；而 SODA 温度时间序列的主要周期信号为 6、8、12 个月，时间序列较为平滑。

　　基于以上统计分析结果，再对 200 m 层上的温度场做一分析。由图 8 可以发现，反演温度与 SODA 温度第一模态的方差比重分别为 18.2%、25.7%，两者相差不大。由第一模态还可以看出，两者的空间场结构非常相似，在低纬赤道区域的函数值都较

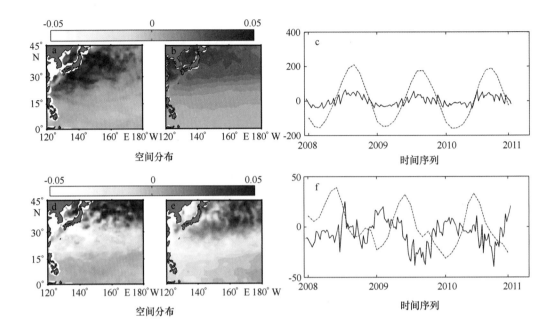

图 7　10 m 层温度场模态

a、b 分别为反演温度和 SODA 温度第一空间模态；d、e 分别为反演温度和 SODA 温度第二模态；c、f 分别为
温度第一、二模态时间主成分；实线代表反演温度；虚线代表 SODA 温度（℃）

Fig. 7　EOF modes of T at 10 m

a，b represent the 1st mode of reconstructed data and SODA data；d，e represent the 2nd mode of reconstructed data and
SODA data；c，f represent the time series of 1st and 2nd mode. Solid line：principal component of reconstructed tempera-
ture；dashed line：principal component of SODA temperature（℃）

高，分布范围都较大；黑潮延伸体区域的空间函数值正负交错排布，其他区域的函数
值较小，分布类似。两空间场的相关系数达到了 0.797，相关程度高。同时，我们还
计算了时间序列的相关性，相关系数高达 0.912，超过置信度为 95% 的 t 检验。两者
都存在类似的长周期趋势，以及 8、12、24 个月的显著周期。但两者也存在一些差
别，即反演温度存在一些短周期信号，如 2 个月的显著周期。这也是反演温度的优势
之一，即利用卫星遥感资料获取的实时剖面数据，可以获得具有时空分辨率高的数
据。在第二模态中，反演温度与 SODA 温度的方差比重分别为 8.3%、14.3%，两者
比重略有不同。由空间图像可以看出，两者的空间结构也是类似的，在 0°~5°N 包围
的热带海域内空间函数值为负；10°~20°N 之间的函数值为正；黑潮延伸体区域的函
数值正负交错，但也存在一些差异。就整体而言，两空间场的相关程度较高，相关系
数为 0.452。时间序列中，两者的变化趋势类似，都存在 12、24 个月的显著周期，相
关系数为 0.475，相关性较好。与第一模态的时间序列一样，反演温度的时间序列也
存在短周期的信号，如 1 个月的显著周期。

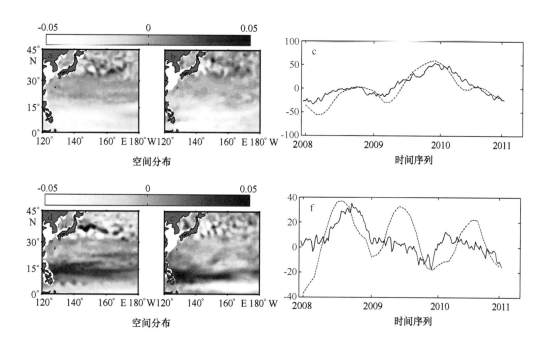

图 8　20 m 层温度场模态

a、b 分别为反演温度和 SODA 温度第一空间模态;d、e 分别为反演温度和 SODA 温度第二模态;c、f 分别为
温度第一、二模态时间主成分;实线代表反演温度;虚线代表 SODA 温度(℃)

Fig. 8　EOF modes of T at 20 m

a, b represent the 1st mode of reconstructed data and SODA data; d, e represent the 2nd mode of reconstructed data and
SODA data; c, f represent the time series of 1st and 2nd mode. Solid line: principal component of reconstructed tempera-
ture; dashed line: principal component of SODA temperature(℃)

6　小结

　　卫星遥感资料具有时空分辨率高的优点,而 Argo 等现场观测资料的准确度较高
但分辨率则较低。为此,本文提出了一个基于卫星遥感资料和历史海洋观测资料,利
用海面温度与垂向温度的回归关系计算出垂向三维的温度"粗场",再结合 Argo 等现
场观测资料对该温度"粗场"进行订正,最终获得"精细化"的温度场的实验方案,
构建了西北太平洋海域 0.5°×0.5°网格的周平均三维温度场。

　　通过对数据产品的质量验证表明,其实验结果(即反演温度)与 TAO 观测网中
站点温度的相似程度较高,与 SODA 再分析温度的误差要偏大些,而与 WOA09 再分
析温度的误差则要小。经小波分析可知,反演温度的周期信号与 TAO 温度基本类似。
此外,经误差计算表明,反演温度的误差在温跃层要较 SODA 的稍大,较 WOA09 的
要小,其他深度层则相差无几。通过对反演温度场的时空变化信息与 SODA 的信息进

行比较可知，反演的温度场要比 SODA 的更加能反映出短周期的信号，具有 SODA 数据所不具有的优势；但是，反演的温度在表层与 SODA 还是存在一些差别的，具体变现为在表层的时间主成分上，其波动振幅较 SODA 的弱，而空间函数值要较 SODA 的大一些；在次表层水域，两者相差无几。可见，反演得到的温度场可以较为真实地反映出海洋温度场的变化特征，其可信度较高。

　　鉴于反演温度场结合了卫星遥感资料与现场观测资料的优势，故其时空分辨率比较高，且精度也有一定的保证。因此，利用卫星遥感数据反演垂向温度场也不失为构造大洋三维温度场一种较为理想的方法。

参考文献：

［1］　Balmaseda M, Anderson D, Vidard A. Impact of Argo on analyses of the global ocean［J］. Geophysical Research Letters, 2007, 34(3): 383 – 398.

［2］　Cummings James A. Impact of Argo Profiles on Real-Time Ocean Data Analyses for GODAE［R］. 2nd Argo Science Workshop, Venice, Italy 13 – 18 March 2006.

［3］　Guinehut S, Le Traon P Y, Larnicol G, et al. Combining Argo and remote-sensing data to estimate the ocean three-dimensional temperature fields – a first approach based on simulated observations［J］. Journal of Marine Systems, 2004, 46: 85 – 98.

［4］　Reynolds R W, Zhang H M, Smith T M, et al. Impacts of in situ and additional satallite data on the accuracy of a sea-surface temperature analysis for climate［J］. Int J Climatol, 2005, 25: 857 – 864.

［5］　Willis Josh K, Roemmich Dean, Cornuelle Bruce. Combining altimetric height with broadscale profile data to estimate steric height, heat storage, subsurface temperature, and sea-surface temperature variability［J］. Journal of Geophysical Research, 2003, 108 (C9): 3292, doi: 10.1029/2002JC001755.

［6］　Sakurai T, Yukio K, Kuragano T. Merged Satellite and In-situ Data Global Daily SST, Geoscience and Remote Sensing Symposium, 2005［C］. IGARSS'05 Proceedings, 4, 2005: 2606 – 2608.

［7］　Magdalena A Balmaseda. Observing system experiments with ECWMF operational ocean analysis (ORA – S3)［R］. OSE Workshop, Paris 5 – 7 November, 2007.

［8］　韩梅, 魏亮, 汪伟. 采用最优插值法的海水盐度数据同化研究［J］. 声学技术, 2008, 27(5): 406 – 407.

［9］　王喜东, 韩桂军, 李威, 等. 利用卫星观测海面信息反演三维温度场［J］. 热带海洋学报, 2011, 30(6): 1 – 17.

［10］　修树孟, 张钦, 逄爱梅. 卫星遥感 SST 反演海水温度垂直剖面的方法研究［J］. 遥感应用, 2009, 5: 73 – 76.

［11］　王辉赞, 张韧, 王桂华, 等. Argo 浮标温盐剖面观测资料的质量控制技术［J］. 地球物理学报, 2012, 2: 577 – 589.

［12］　Guinehut S, Dhomps A L, Larnicol G, et al. High resolution 3-D temperature and salinity fields derived from in situ and satellite observations［J］. Ocean Science, 2012, 8: 845 – 857.

［13］　王辉赞. 基于 Argo 的全球盐度时空特征分析、网格化产品重构及淡水通量反演研究［D］. 南京：解放军理工大学，2011.

［14］　Oblers D, Gouretski V, Seib G, et al. Hydrographic Atlas of the Southern Ocean［M］. Alfred Wegener Institute, 1992：17.

［15］　Guinehut S, Le Traon P-Y, Larnicol G. What can we learn from global ltimetry/Hydrography comparisons? ［J］. Geophysical Research Letters, 2006, 33：L10604.

［16］　徐长发，李国宽. 实用小波方法［M］. 武汉：华中科技大学出版社，2005.

Reconstruction of temperature field in the northwest Pacific Ocean based on the satellite and Argo data

WANG Luhua[1,2], ZHANG Ren[2]*, CHEN Jian[3], GAO fei[4],

WANG Huizan[2,5], KONG Fanlong[1]

1. *Unit NO. 71901 of PLA, Liaocheng 252000, China*

2. *Institute of Meteorology and Oceanography, PLA University of Science and Technology, Nanjing 211101, China*

3. *Beijing Institute of Applied Meteorology, Beijing 100029, China*

4. *Naval Institute of Hydrographic Surveying and Charting, Tianjin 300061, China*

5. *State Key Laboratory of Satellite Ocean Environment Dynamics, Second Institute of Oceanography, State Oceanic Administration, Hangzhou 310012, China*

Abstract：As known, satellite data's spatial and temporal resolution is very high and the observed Argo data is much more accurate but randomly distributed. The vertical temperature field is reconstructed using the regression coefficients between the sea surface data and the submarine temperature based on the satellite data, thereafter, the reconstructed temperature field is modified using the Argo data. According to the above strategy, the weekly 3-D temperature field of the northwest Pacific Ocean is reconstructed with a spatial resolution of 0.5° ×0.5°. Moreover, the quality of the obtained temperature is tested by comparison with the TAO time series and SODA data. The result shows that the obtained temperature is very similar with the TAO series and the RMS is slightly bigger than the SODA data and smaller than the WOA09 data. The spatial and temporal signals are compared with the SODA data, and the result shows a high similarity at 200m layer, but the principal component is slightly different at 10 m layer. Based on the above statistical analysis, the strategy of constructing the temperature field using satellite data is much reasonable and serving as a reference of temperature reconstruction.

Keywords：satellite data；Argo data；3-D temperature field；reconstruction；northwest Pacific Ocean

全球海洋 Argo 网格资料集及其验证

李宏[1]，许建平[2,3]*，刘增宏[2,3]，孙朝辉[3]，赵鑫[1]

1. 浙江省水利河口研究院，浙江 杭州 310020
2. 卫星海洋环境动力学国家重点实验室，浙江 杭州 310012
3. 国家海洋局 第二海洋研究所，浙江 杭州 310012

摘要：本文简要介绍了 2004 年 1 月 –2011 年 12 月期间全球海洋（59.5°S ~ 59.5°N，180°W ~ 180°E）Argo 网格资料集（BOA_Argo）的制作过程，并着重探讨了该资料集与历史观测资料集（如 WOA09 和 TAO），以及同类型的 Argo 网格资料集等进行的比较与验证。结果表明，利用逐步订正法构建的 BOA_Argo 与其他资料集相比，除了相互间吻合程度较高，能较客观地呈现出全球海洋中的一些中、大尺度海洋特征外，由 BOA_Argo 资料集揭示的一些重要物理海洋现象的结构和特征显得更细致，更能反映这些现象的演变过程和变化规律；加上 Argo 资料严格的质量控制过程，确保了 BOA_Argo 资料集的质量和可靠性。该资料集不仅可以作为研究全球海洋状况或揭示物理海洋现象的基础资料，还可以作为海洋数值模式的开边界条件与初始场。

关键词：Argo；逐步订正法；网格资料集；验证；全球海洋

1 引言

国际 Argo（Array for Real-time Geostrophic Oceanography，简称"Argo"）计划自 2000 年底正式实施以来，经历了 10 年的发展，投放到全球海洋的 Argo 浮标累计已经超过 8 500 个。早在 2007 年 11 月，该计划就已达到了其预期目标，即由 3 000 个剖面浮标组成的全球 Argo 实时海洋观测网全面建成了[1]，且截至 2012 年 11 月，全球海洋上正常工作的浮标数量已经达到 3 618 个（http：//www. argo. ucsd. edu/）。10 多年来，Argo 累计获取的温、盐度剖面资料已经达到 100 万条（http：//

基金项目：国家海洋公益性行业科研专项经费项目（201005033）；国家科技基础性工作专项（2012FY112300）；国家自然科学基金（41206022）；卫星海洋环境动力学国家重点实验室开放基金（SOED1307）。

作者简介：李宏（1986—），男，硕士，主要从事物理海洋学资料分析研究。E-mail：slvester_ hong@163. com

*通信作者：许建平，研究员，博导。E-mail：sioxjp@139. com

www. argo. org. cn），且每天还在以 360 条剖面或每月 11 000 条温盐度剖面的速度递增。

相对于早期的常规观测手段，Argo 浮标获取温、盐度剖面的速度非常惊人，按目前的速度估算，Argo 观测网仅需要 8 a 时间就可以收集到另外 100 万条温、盐度剖面，这是常规观测手段无法比拟的。然而，无论是常规观测手段还是 Argo 浮标获取的温、盐度等海洋要素，都存在着观测深度不一致，以及观测时间上的不连续和空间上的离散性等问题，使得应用范围受到一定的限制。早在 20 世纪 80 年代，美国的 Levitus[2] 就针对这一问题做过世界海洋范围内水文和气象资料的客观分析，将历史上全球海洋通过常规观测手段获得的散点资料构建成为网格资料。Levitus 的工作使得 WOA（World Ocean Altas）系列资料集（WOA01[3]、WOA05[4] 及 WOA09[5] 等）不断推出，这是将历史散点观测资料构建成为时空范围内规则一致的网格资料，并得到成功应用的范例。

目前，Argo 浮标提供的剖面资料已经远远超过长时期收集的历史资料数量，仅对 Argo 资料进行客观分析，也完全可以揭示全球海洋重要的物理海洋现象。许多 Argo 成员国都已在对 Argo 资料进行客观分析，开发针对 Argo 数据的网格化产品[6-9]，作为研究全球海洋现象的基础资料的补充，这极大方便了人们的应用。但是，不难发现，国际上构建这些 Argo 网格资料，大多采用最优插值法，也有一些学者采用更为复杂的数据同化技术，并融合大型的海洋数值模式，构建时空更为一致的再分析产品等[10-12]。这些方法虽然效果明显，但计算量大，并且观测资料及数值模式的各种误差统计信息难以获取，操作起来相对复杂。

为此，我们利用一种简单、有效的客观分析方法[13]，构建了一套全球海洋 Argo 温盐度网格资料集。为了便于人们应用，本文简要介绍该资料集的制作过程和验证结果。

2　资料来源与方法

2.1　资料及预处理

选用了由中国 Argo 实时资料中心（http：//www. argo. org. cn/）提供的 2002 年 1 月 –2011 年 12 月期间 59.5°S ~ 59.5°N，环全球的 Argo 温、盐度剖面资料。为了批量、快速地对所有 Argo 资料进行质量再控制及预处理，统一对 Argo 资料进行必要的质量再控制及资料预处理。最终有 615 284 条温、盐度剖面通过了质量再控制（见图 1），被用来制作 Argo 网格资料集。

2.2　客观分析方法

重构 Argo 网格资料集主要采用了逐步订正法。逐步订正的思想最初由 Cress-

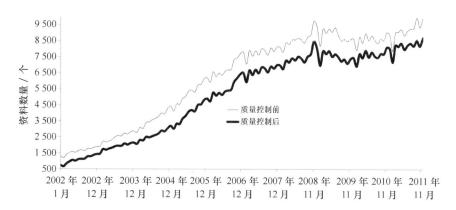

图 1　2002 年 1 月 – 2011 年 12 月期间质量控制前后 Argo 资料个数逐月分布

Fig. 1　The number of Argo data point before and after data quality control from
January 2002 to December 2011

man[14] 提出，首先要求给出网格点的初始值（通常由背景场提供），然后从每一个观测中减去对该观测点的估计值（一般通过对观测点周围的背景场格点值进行双线性插值获得）得到观测增量，通过将分析格点周围影响区域内的观测增量进行加权组合得到分析增量，再将分析增量加到背景场上得到最终的分析场，并进行逐步迭代，直到分析值达到某种预期的精度。至于迭代公式、权重函数，以及参数值实验和确定等过程，可以参考文献 [13]，在此不再赘述。

2.3　网格资料制作流程

Argo 网格资料集构建流程如图 2 所示。在网格资料制作过程中，尤其要注意以下几点：

（1）尽管获得的 Argo 资料已经经过各国 Argo 资料中心的实时质量和延时质量控制，但检查发现仍有一些有质量问题的数据包含其中。因此，统一对 Argo 资料进行必要的质量再控制工作（图 1 显示的 1 ~ 7 步），并利用 Akima 插值法[15] 将资料垂向插值到标准层（48 层），然后进行 1° × 1° 区间的资料融合处理。图 2 给出了资料控制前后逐年逐月的 Argo 剖面资料个数。

（2）利用变半径的 Cressman 逐步订正法构建背景场，均采用三次迭代，构建年、季节和月气候态背景场时，采用的初始影响半径分别为：777 km、555 km 和 333 km。如，对年际气候态背景场，采用三次迭代，每次迭代初始影响半径均取为 777 km，但若格点周围观测个数少于以 777 km 为半径的圆形面积内的平均观测个数[16]，则逐步扩大影响半径，直到满足要求。

（3）以第 3 步完成的月气候态背景场为对应月份客观分析的初始场，利用Barnes[17] 逐步订正法构建 2004 – 2011 年期间逐月的 Argo 网格温、盐度资料集。在

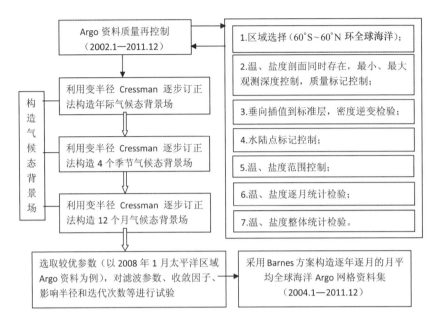

图 2　Argo 网格资料集构建流程

Fig 2　Construction process of Argo gridded datasets

Barnes 方法中，通过实验[16]选取迭代次数为 2，影响半径为 555 km，滤波参数为 8 × 10^4 km²，收敛因子为 0.2。

3　网格资料集说明

名称：BOA_Argo。

时间范围：2004 年 1 月 – 2011 年 12 月。

时间分辨率：逐年逐月。

空间范围：59.5°S ~ 59.5°N，180°W ~ 180°E。

空间分辨率：水平 1° × 1°（经向：0.5：1.0：359.5；纬向：–59.5：1.0：59.5）；垂向标准层为：5 m，10 m，20 m，30 m，40 m，50 m，60 m，70 m，80 m，90 m，100 m，110 m，120 m，130 m，140 m，150 m，160 m，170 m，180 m，190 m，200 m，220 m，240 m，260 m，280 m，300 m，320 m，340 m，360 m，380 m，400 m，420 m，440 m，460 m，480 m，500 m，600 m，700 m，800 m，900 m，1 000 m，1 100 m，1 200 m，1 300 m，1 400 m，1 500 m，1 750 m，1 950 m，总共 48 层。

数据文件：BOA_Argo_＊＊.mat，如：BOA_Argo_2004_01.mat 表示 2004 年 1 月的网格资料，在 matlab 下可直接导入。包含的变量有：经度（lons，360 × 120）、纬

度（lats，360×120）、垂直层次（depth，48）、温度（temperature，360×120×48）、盐度（salinity，360×120×48）；在 matlab 软件下可直接读入（load 文件名）。

水陆点文件：landmask. mat，其中 lons（360×120）和 lats（360×120）为经纬度网格，landmask（360×120×48）为陆海标记，1 表示海洋，0 表示陆地。

4　结果检验

将重构的 Argo 网格资料集与 WOA09 气候态数据集（来源于 http：//www. nodc. noaa. gov/OC5/WOA09/woa09data. html）、同类型 Argo 网格资料集（来源于 http：//www. argo. ucsd. edu/Gridded_fields. html）和 TAO、TRITON 锚碇浮标（来源于 http：//www. pmel. noaa. gov/tao/index. shtml）实测资料进行了客观分析，限于篇幅，利用 Argo 资料仅绘制了代表性观测层（10 m）上的温、盐度大面分布图（图 3、图 4）；另外，绘制了 10 m、150 m 及 500 层对应温、盐度差值（Argo – WOA09）大面分布图（图 5 ~ 10）和太平洋海域 Niño3. 4 区的 ENSO 指数时间序列分布图（见图 11），以及在太平洋（P 点：0°N，147°E）、大西洋（A 点：10°S，10°W）和印度洋（I 点：5°S，95°E）等 3 个代表性站点上的温、盐度随时间变化图（见图 12 ~ 18）等，以验证 Argo 网格数据集的可靠性。

4.1　与 WOA09 数据集比较

从图 3 可以看出，全球海洋近表层（10 m）温度大致呈纬向带状分布，而在经向，即南—北方向上的变化非常明显。高温区（>28℃）主要分布在低纬度（20°S ~ 20°N）区域内。自热赤道（平均在 7°N 附近）向两极，温度逐渐降低，且在 40°S 附近为寒暖流的交汇处，等温线较为密集，温度水平梯度大，形成所谓的"极锋"；北半球黑潮和湾流所在位置，温度梯度较大。两极地区，温度分布与纬线几乎平行，明显与太阳辐射有直接的关系。Argo 资料反映的全球海洋 10 m 层温度分布特征与 WOA09 数据集反映的（图略）较为相似，后者等值线似乎更为平滑。两者的一个明显不同点在于，Argo 资料给出的 29℃ 等温线横切太平洋与印度洋海域，而 WOA09 资料显示 29℃ 等温线仅出现在太平洋海域，而且对应的范围要小得多。印度洋海域的 29℃ 等温线由 Scripps 海洋研究所构建的 Argo 网格数据集[6]中同样可以反映出来（图略）。

图 4 呈现了全球海洋近表层（10 m）盐度大面分布。由图可见，大西洋海域的盐度最高，自赤道向两极地区，盐度呈现"马鞍形"的双峰分布特征，即南北副热带区域为高盐区，最高盐度达 37.5 以上，赤道附近区域为低盐区；自副热带向两极海域，盐度逐渐降低。太平洋海域盐度次之，自赤道向两极区域，同样呈现"马鞍形"的分布特征，但最高盐度仅在 36.5 以上（不超过 37.0），平均比大西洋低 1.0；在南北半球 40°附近的寒暖流交汇处，盐度水平梯度也比较大，形成"极锋"，至两

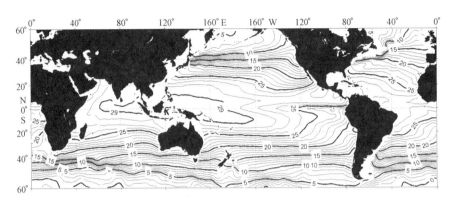

图 3   全球海洋 10 m 层温度（℃）大面分布

Fig. 3   Temperature（℃）distribution at depth of 10 m in the global ocean

极海域盐度降低到 34.0 以下，这与极地海区结冰、融冰的影响有密切关系。印度洋海域盐度最低，但自赤道向两极区域同样呈"马鞍形"分布特征，且南半球 40°S 海域盐度锋面特征最为显著。盐度的地域性分布特征较为明显，与降水和蒸发有密切的关系。除了等盐线更为光滑外，由 WOA09 数据集提供的全球海洋盐度分布（图略）与 Argo 揭示的特征基本相似。

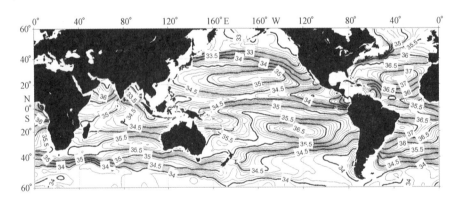

图 4   全球海洋 10 m 层盐度大面分布

Fig. 4   Salinity distribution at depth of 10 m in the global ocean

为了定量分析 Argo 与 WAO09 的差异，绘制了全球海洋 10 m、150 m、500 m 层上温度和盐度差值（Argo – WOA09）分布图（见图 5 ~ 10），图中仅绘制了温度差异在正负 0.3℃以上、盐度差异在正负 0.1 以上的等值线。

可以看出，Argo 资料显示的 10 m 层温度一般比 WOA09 要高（见图 5），平均幅度在 0.5℃左右，其中，西北太平洋黑潮海域和大西洋湾流海域最大差异可达 3℃，可能与这两个海域海洋环境复杂多变有关，这与 Roemmich 等的结论也是一致的[6]。Argo 资料显示的温度比 WOA09 低的海域，主要分布在南半球高纬度（40°S 以南）

海域以及东太平洋的局部海域，但变幅均在 0.3℃ 以下。其他海域 Argo 资料显示的温度一般都要高于 WOA09，其变幅大约在 0.5℃ 左右，这可能与全球海洋变暖有关。因为构建 WOA09 气候态网格数据集所用的原始历史资料的时间序列较长（约从 1900 年至 2009 年），而 BOA_ Argo 网格数据集的时间系列相对较短，仅为 2004 年 1 月 – 2011 年 12 月期间的观测资料。

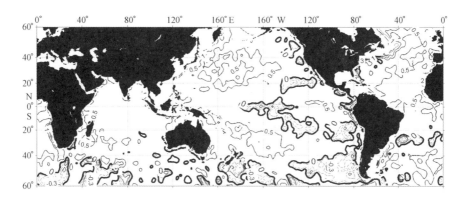

图 5　全球海洋 10 m 层温度差值（℃）分布（Argo – WOA09）
Fig. 5　Temperature difference（℃）（Argo – WOA09）distribution
at depth of 10 m in the global ocean

　　从盐度差值（Argo – WOA09）分布图（见图 6）上可以看到，同样在黑潮和湾流海域，盐度差异较大，尤其是湾流海域，Argo 与 WOA09 最大盐度差可达 1.0 以上；在边缘海或者近海海域为 0.2 左右，其他海域盐度差异较小（0.1 以下），这显然与西边界海域存在的强流，以及边缘海和近海海域容易受到径流、降水等因素的影响有关。当然，与上面提到的两种资料集的时间序列长度不同，可能也有一定的关系。此外，或许由于受黑潮和湾流等强流速的影响，Argo 剖面浮标从 2 000 m 深度上浮至海面，其剖面位置漂移过大造成观测资料存在偏差所致。至于边缘海和近海海域，布放的 Argo 剖面浮标相对各大洋的公开水域而言就比较少，且其观测资料相对 WOA09 等历史观测资料（偏重于边缘海和近海海域观测）就显得更少，出现较大的温度和盐度差异也是情有可原。

　　图 7 ～ 10 分别给出了 150 m 层和 500 m 层上 Argo 与 WOA09 之间的温度差和盐度差分布。显而易见，温度和盐度差异大的海域依然出现在西边界流区（黑潮、湾流流经海域）及边缘海，与 10 m 层相比，其差异有所减小；而且，随着深度增加，两者的差异显得更小。这也反映了海水在深层比较恒定的特征，即海水温、盐度愈往深层变化愈小。显然，由 Argo 资料集所呈现的物理海洋现象是真实、可靠的，尤其是在深海大洋区域，Argo 资料集更值得信赖。

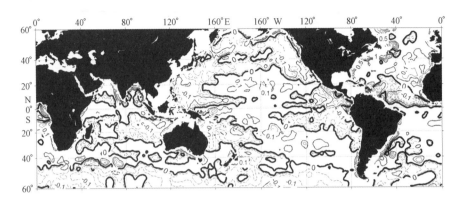

图 6　全球海洋 10 m 层盐度差值分布（Argo – WOA09）

Fig. 6　Salinity difference（Argo – WOA09）distributions at depth of 10 m in the global ocean

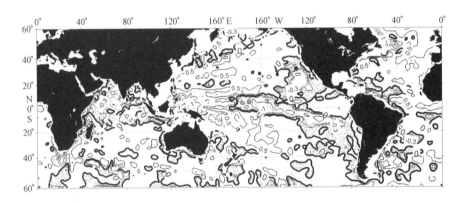

图 7　全球海洋 150 m 层温度（℃）差值分布（Argo – WOA09）

Fig. 7　Temperature difference（Argo – WOA09）distributions at depth of 150 m in the global ocean

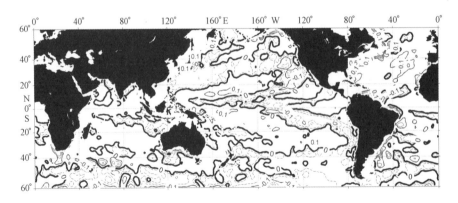

图 8　全球海洋 150 m 层盐度差值分布（Argo – WOA09）

Fig. 8　Salinity difference（Argo – WOA09）distributions at depth of 150 m in the global ocean

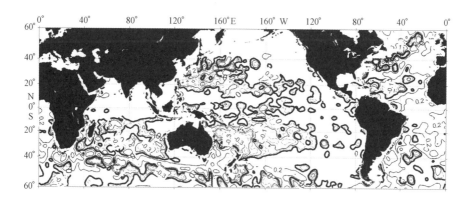

图 9　全球海洋 500 m 层温度差值（℃）分布（Argo – WOA09）

Fig. 9　Temperature difference（℃）（Argo – WOA09）distributions

at depth of 500 m in the global ocean

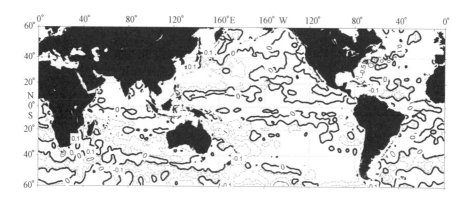

图 10　全球海洋 500 m 层盐度差值分布（Argo – WOA09）

Fig. 10　Salinity difference（Argo – WOA09）distributions at depth of 500 m in the global ocean

4.2　ENSO 信号检验

图 11 给出了 2004 年 1 月至 2011 年 12 月期间 Niño3.4 区的 ENSO 指数序列分布。图中，BOA_Argo 为利用本文网格产品计算的 ENSO 指数，而 Argo_Scripps、Argo_Jamstec、Argo_EN3 分别为利用美国斯克里普斯海洋研究所[6]、日本海洋科学技术厅[7]和英国气象局提供的网格资料计算的 ENSO 指数。这几种网格资料产品均以 Argo为主要原始数据，其中 Argo_EN3 所用的原始数据（如 WOD05、GTSPP、Argo、AS-BO 等）种类最多（表 1）。此外，图中的 NOAA/CPC 则表示由美国气候预报中心提供的 ENSO 指数。由图可见，NOAA/CPC 的指数曲线与其他 4 条指数曲线相比，呈现出独树一帜的分布态势，且显得较为光滑；而其他几条指数曲线则变化较为复杂，包含了许多小尺度信号。但由本文网格产品（BOA_Argo）计算得到的 ENSO 指数曲线，

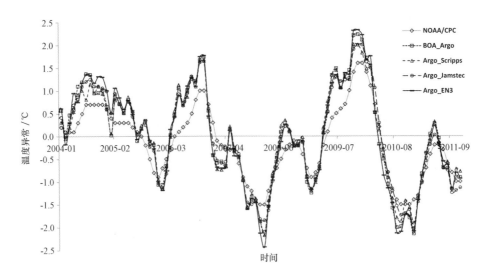

图 11　2004 年 1 月至 2011 年 12 月期间 Niño3. 4 区的 ENSO 指数时间序列分布

Fig. 11　Temporal variation of ENSO index at Niño3. 4 region

from January 2004 to December 2011

与美国（Argo_Scripps）、日本（Argo_Jamstec）和英国（Argo_EN）的计算结果十分相近，且与日本和英国的结果符合得更好些。这也表明了本文网格产品（BOA_Argo）不仅能准确反映 Niño3. 4 区 ENSO 指数的变化，而且也能揭示存在的许多小尺度信号。

表 1　不同类型 Argo 网格资料集

Table 1　Different Argo gridded datasets

网格资料集 名称	资料范围	水平 分辨率	垂向 分辨率	所用原始 资料	初始场	方　法	开发机构
BOA_Argo	全球海洋 59. 5°S ~ 59. 5°N 180°W ~ 180°E	1° × 1°	5 ~ 1 950 m 不等48 层	Argo	通过插值 原始 Argo 资料获得	逐步订 正法	中国 Argo 实时资料 中心
Argo_Scripps	全球海洋 59. 5°S ~ 59. 5°N 180°W ~ 180°E	1° × 1°	2.5×10^4 ~ $1\,975 \times 10^4$ Pa 不等58 层	Argo	通过插值 原始 Argo 资料获得	最优插 值法	Scripps 海洋 研究所
Argo_Jamestec	全球海洋 60. 5°S ~ 70. 5°N 180°W ~ 180°E	1° × 1°	10×10^4 ~ $2\,000 \times 10^4$ Pa 不等25 层	Argo，部分 CTD 和锚碇资料	WOA05	最优插 值法	日本海洋 科学技术 中心
Argo_EN3	全球海洋 83°S ~ 89°N 180°W ~ 180°E	1° × 1°	5 ~ 5 350 m 不等42 层	WOD05，GTSPP， Argo，ASBO	FOAM 模式提供	最优插 值法	英国 气象局

我们还利用上述 4 个网格资料集（见表 1）计算得到的 Niño3.4 区 ENSO 指数，与美国气候预报中心（NOAA/CPC）提供的 ENSO 指数做相关分析，得到的相关系数如表 2 所示。可以看到，各个网格资料集（BOA_Argo、Argo_Scripps、Argo_Jamstec 和 Argo_EN3）的 ENSO 指数与 NOAA/CPC ENSO 指数的相关系数分别为：0.950 4、0.940 3、0.966 2 和 0.952 6。其中，BOA_Argo 与其他资料集之间的相关系数都在 0.95 以上。这表明 BOA_Argo 网格资料集所提供的温度资料能够较好地反映 ENSO 信号。

表 2　不同资料提供的 ENSO 指数相关系数表

Table 2　Correlation coefficient of ENSO index provided by different datasets

资料	资料				
	NOAA/CPC	BOA_Argo	Argo_Scripps	Argo_Jamestec	Argo_EN3
NOAA/CPC	1.0	**0.950 4**	0.940 3	0.966 2	0.952 6
BOA_Argo	**0.950 4**	1.0	**0.993 3**	**0.987 7**	**0.992 5**
Argo_Scripps	0.940 3	**0.993 3**	1.0	0.986 4	0.989 1
Argo_Jamestec	0.966 2	**0.987 7**	0.986 4	1.0	0.987 7
Argo_EN3	0.952 6	**0.992 5**	0.989 1	0.987 7	1.0

4.3　与锚碇浮标资料比较

为了进一步检验 Argo 网格数据集的可靠性，并考虑到时间和空间上的连续性，我们选取赤道太平洋和印度洋附近海域的长期锚碇浮标（如 TAO、TRITON 等）观测资料来进行对比分析，其中在太平洋（P 点：0°N，147°E）、大西洋（A 点：10°S，10°W）和印度洋（I 点：5°S，95°E）各选取了一个代表性观测站点。但锚碇浮标资料本身由于浮标体在海面上起伏不定，以及电子传感器故障或其他问题，会导致观测深度不一，以及某些年份的观测值缺失等。为此，我们尽量选取那些锚碇浮标垂直深度较深，且时间上能够覆盖 2004 年 1 月 – 2011 年 12 月期间的温、盐度剖面资料。

图 12 和图 13 分别为 2004 年 1 月至 2011 年 12 月期间赤道太平洋海域 P 点上温、盐度断面分布。由图可见，在整个观测期间，无论是由 Argo 还是锚碇浮标观测的温、盐度分布、变化趋势较为一致，等值线的弯曲、起伏，混合层深度由浅到深，跃层深度、厚度，甚至强度的变化，以及次表层高盐层及高盐核的位置等，几乎均呈现了一一对应的关系。总体而言，由锚碇浮标资料（图 12a）显示的温度等值线比 Argo 的要更光滑些，这可能与采集数据的时间分辨率和资料处理方法有关。因为 BOA_Argo 为逐月资料，而所用的锚碇浮标原始资料的时间分辨率为逐日的，为了匹配起见，我

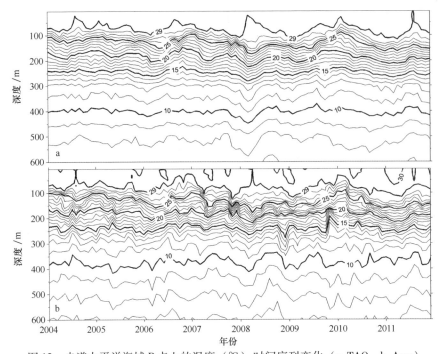

图 12　赤道太平洋海域 P 点上的温度（℃）时间序列变化（a. TAO，b. Argo）

Fig. 12　Temporal variation of temperature at Point P as a function of depth in the equatorial Pacific
（a. TAO，b. Argo）

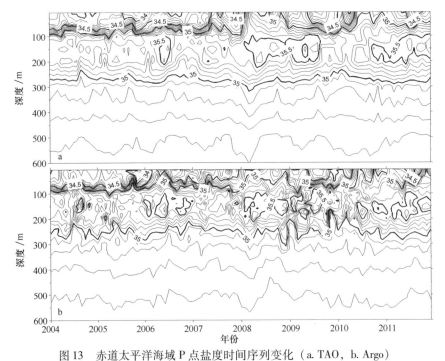

图 13　赤道太平洋海域 P 点盐度时间序列变化（a. TAO，b. Argo）

Fig. 13　Temporal variation of salinity at Point P as a function of depth in the equatorial Pacific
（a. TAO，b. Argo）

们对锚碇浮标资料取平均得到对应的逐年逐月资料，相当于对锚碇浮标资料进行了平滑处理，导致等值线分布比较光滑。

图 14、图 15 分别为 2004 年 1 月至 2011 年 12 月期间大西洋海域 A 点上温度和盐度时间断面分布。其中，在该点上获得的锚碇浮标温度和盐度观测的最大深度不尽相同，分别为 500 m 和 120 m，都要比太平洋 P 点上的观测深度浅；而且锚碇浮标盐度观测在 2006 年前后还存在资料缺测的情况。不过，无论是等温线还是温跃层的分布和变化，两者都呈现了较好的对应关系，尤其在 60 m 层以浅的水域中，不仅均体现出了温度的季节性变化特点，而且两者一一对应，充分反映了上层海洋温度受太阳辐射影响产生的显著变化。而对盐度分布（见图 15）来说，由于获得的锚碇浮标资料观测深度较浅，而上层海洋又受到风、降水和蒸发等气象因素的影响较大，两者似乎存在着一定差异（平均误差小于 0.3）。但是看似杂乱无章的变化，两者也是一致的。与太平洋 P 点处盐度在约 75 m 层以浅水域呈现低盐（<34.5）、150 m 层附近为一条高盐（>35.0）带的分布形势不同，在大西洋 A 点处 100 m 上层几乎呈一片高盐水（>36.0）区，甚至可高达 36.8 以上；而在 100

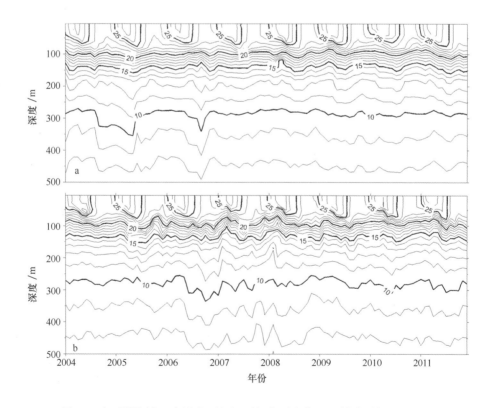

图 14　大西洋海域 A 点温度（℃）时间序列变化（a. 锚碇浮标，b. Argo）

Fig. 14　Temporal variation of temperature at Point A as a function of depth in the Atlantic Ocean

（a. TRITON，b. Argo）

m 层以下，却为一片相对低盐（＜35.8）区。盐度分布的这种态势无论是从 Argo 还是锚碇浮标资料中都有一一对应的关系，而且由 Argo 反映的相对低盐区中的盐度会更低（＜35.7）些。

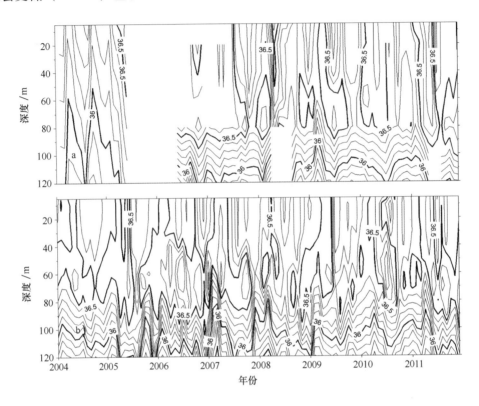

图 15　大西洋海域 A 点盐度时间序列变化（a. 锚碇浮标，b. Argo）

Fig. 15　Temporal variation of salinity at Point A as a function of depth in the Atlantic Ocean

(a. TRITON, b. Argo)

图 16 和图 17 分别为研究期间在印度洋海域 I 点上的温度和盐度时间断面分布。其中锚碇浮标观测在 2004 年上半年、2008 年末至 2009 年初均存在数月温度和盐度资料同时缺测的现象，而且在 2009 年 3 月至 2011 年 12 月期间的 75 m 下层缺测盐度资料。尽管如此，在图中我们依然能看到两者温度、盐度变化的许多相同之处，无论是在 Argo 还是锚碇浮标盐度断面（见图 16）上，75 m 上层均为一片高温（＞28.0℃）区，并在 100~150 m 水深之间均存在温度跃层，等温线都表现为随季节变化上下起伏分布；在盐度断面分布（见图 17）上，50 m 上层呈现为低盐（＜34.5）区，其间的一个个低盐中心（＜34.2）明显具有季节变化特征，75~150 m 水深之间由一连串高盐核（＞35.0）所构成的高盐带占据，大约在 200 m 层以下，由一片相对高盐（约34.9左右），且十分均匀的水体盘踞。需要指出的是，大约在 2005 年 11 月 –

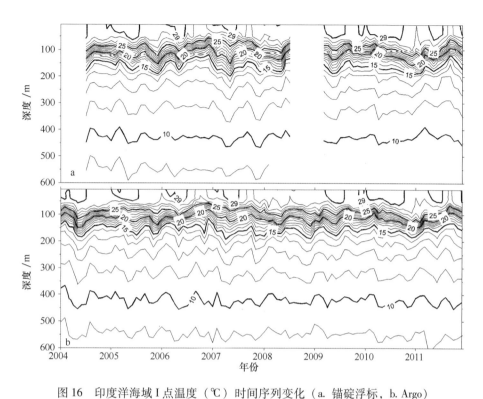

图 16　印度洋海域 I 点温度（℃）时间序列变化（a. 锚碇浮标，b. Argo）

Fig. 16　Temporal variation of temperature at Point I as a function of depth in the Indian Ocean

（a. TRITON，b. Argo）

2006 年 2 月期间，锚碇浮标盐度断面分布显示在 200 m 层附近出现了一个深度相对较深、且孤立的高盐（>35.5）核，最高可达 35.8 以上。而在 Argo 盐度断面分布图上，这一时期的次表层盐度分布却无异常。为了探求这一差异的原因，我们绘制了利用其他 Argo 网格资料集（由 Scripps 海洋研究所和日本 Jamstec 中心提供）对应位置上同时间序列的盐度断面分布（图 18），发现这两个资料集所显示的盐度分布特征与 BOA_Argo 基本一致，均未发现在次表层（约 200 m 水深）的高盐水核，而是在 200 m 层以下呈现了与 BOA_Argo 盐度断面（见图 17b）完全相同的分布特征，即这里确实由一片相对高盐（约 34.9 左右）、且十分均匀的水体盘踞。由此可见，BOA_Argo 网格资料的长时间序列也是经得起考验，值得依赖的。

5　结束语

利用逐步订正法构建完成了 2004 年 1 月 – 2011 年 12 月期间全球海洋（59.5°S ~ 59.5°N 环全球海洋）Argo 网格资料集，简称"BOA_Argo"，其时间分辨率为月，水平分辨率为 1°×1°，垂向从表层（5 m）到 1 950 m 层内间隔不等的 48 层；并采用历

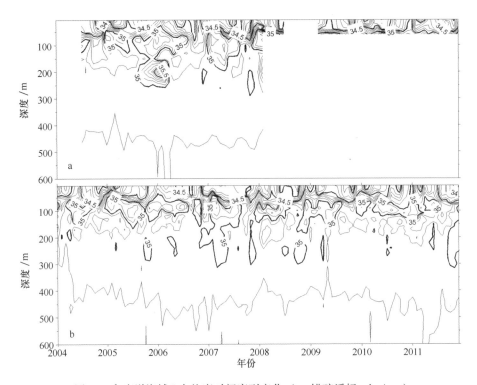

图 17　印度洋海域 I 点盐度时间序列变化（a. 锚碇浮标，b. Argo）

Fig. 17　Temporal variation of salinity at Point I as a function of depth in the Indian Ocean
（a. TRITON，b. Argo）

史观测资料（WOA09、TAO 等），以及同类型的 Argo 网格资料集，对重构的 Argo 网格资料集（BOA_Argo）进行了比较和验证。结果表明，BOA_Argo 无论与历史观测资料（WOA09、TAO 等），还是其他同类型的 Argo 网格资料集相比，除了相互间吻合程度较高，能较客观地呈现出全球海洋中的一些中、大尺度海洋特征外，由 Argo 资料揭示的一些重要物理海洋现象的结构和特征显得更细致，更能反映这些现象的演变过程和变化规律；加上 Argo 资料严格的质量控制过程，确保了重构的网格资料集的质量和可靠性。该资料集不仅可以作为研究全球海洋状况或揭示物理海洋现象的基础资料，还可以作为海洋数值模式的开边界条件与初始场。

BOA_Argo 资料集随着时间的推移和 Argo 资料的不断增加，其数据版本也在不断更新，广大用户可从中国 Argo 实时资料中心网站（www. argo. org. cn／数据产品）免费下载使用，并欢迎提供宝贵意见和建议。

致谢：本文工作得到了海洋公益性行业科研专项经费项目"印度洋海域海洋环境数值预报系统研制与示范"（201005033），国家科技基础性工作专项"西太平洋 Argo 实时海洋调查"（2012FY112300），卫星海洋环境动力学国家重点实验室开放基金

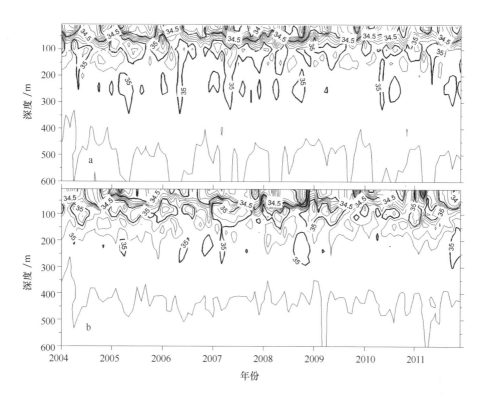

图 18　印度洋海域 I 点盐度时间序列变化（a. Argo_Jamstec，b. Argo_Scripps）

Fig. 18　Temporal variation of salinity at Point I as a function of depth in the Indian Ocean

（a. Argo_Jamstec，b. Argo_Scripps）

（SOED1307），国家自然科学基金（41006052），国家海洋局第二海洋研究所基本科研业务费专项（JT0904）及浙江省重点科技创新团队项目（2010R50035）的共同资助。曾得到卫星海洋环境动力学国家重点实验室数值计算中心的支持与帮助，在此表示感谢！

参考文献：

[1]　许建平，刘增宏，孙朝辉，等. 全球 Argo 实时海洋观测网全面建成[J]. 海洋技术，2008，27（1）：68-70.

[2]　Levitus S. Climatological atlas of the World Ocean[R]. NOAA Prof. Pap. 13, U. S. Gov. Print. Off. , Washington, D. C. , 1982：1-173, w/microfiche attachments.

[3]　Boyer T P, Stephens C, Antonov J I, et al. World Ocean Atlas 2001, Vol. 2：Salinity［M］// Levitus S. NOAA Atlas NESDIS 50. U. S. Government Printing Office, Washington, D. C. , 2002：1-165.

[4]　Locarnini R A, Mishonov A V, Antonov J I, et al. World Ocean Atlas 2005, Volume 1：Tempera-

ture ［M］// Levitus S. NOAA Atlas NESDIS 61. U. S. Gov. Printing Office, Washington, D. C. ,
2006: 1 – 82 .

[5]　Locarnini R A, Mishonov A V, Antonov J I, et al. World Ocean Atlas 2009, Volume 1: Tempera-
ture ［M］// Levitus S. NOAA Atlas NESDIS 68. U. S. Government Printing Office, Washington,
D. C. , 2010: 1 – 184.

[6]　Roemmich D, Gilson J. The 2004 – 2008 mean and annual cycle of temperature, salinity, and steric
height in the global ocean from Argo program［J］. Progr Oceanogr, 2009, 82: 81 – 100.

[7]　Hosoda S, Ohira T, Nakamura T. A monthly mean dataset of global oceanic temperature and salinity
derived from Argo float observations［R］. JAMSTEC Rep Res Dev, 2008, 8: 47 – 59.

[8]　Gaillard F, Autret E, Thierry V, et al. Quality control of large Argo data sets［J］. J Atmos Oceanic
Technol, 2009, 26: 337 – 351.

[9]　Bhaskar T U, Ravichandran M, Devender R. An operational Objective Analysis system at INCOIS
for generation of Argo Value Added Products［R］. Technical Report No. INCOIS/MOG – TR – 2/
07, 2007.

[10]　Masafumi K, Tsurane K, Hiroshi I, et al. Operational data assimilation system for the Kuroshio
South of Japan: Reanalysis and validation［J］. Journal of Oceanography, 2004, 60: 303 – 312.

[11]　Martin M J, Hines A, Bell M J. Data assimilation in the FOAM operational shortrange ocean fore-
casting system: a description of the scheme and its impact［J］. Q J R Meteorol Soc, 2007, 133:
981 – 995.

[12]　Oke P R, Brassington G B, Griffin D A, et al. The Bluelink ocean data assimilation system （BO-
DAS）［J］. Ocean Modelling, 2008, 21: 46 – 70.

[13]　李宏, 许建平, 刘增宏, 等. 利用逐步订正法重构 Argo 网格资料的初步研究[J]. 海洋通
报, 2012, 31 (5): 46 – 58.

[14]　Cressman G P. An operational objective analysis system［J］. Mon Wea Rev, 1959, 87: 367
– 372.

[15]　Akima, H. A new method for interpolation and smooth curve fitting based on local procedures［J］.
J Assoc Comput Mech, 1970, 17: 589 – 602.

[16]　李宏. 利用客观分析法重构 Argo 网格资料的初步研究[D]. 杭州: 国家海洋局第二海洋研
究所, 2012: 34 – 35.

[17]　Barnes S L. Mesoscale objective analysis using weighted time-series observations. NOAA Tech.
Memo. ERL NSSL – 62, National Severe StoST Laboratory, Norman, OK, 1973,
41pp. procedures［J］. J Assoc Comput Mech, 1970, 17: 589 – 602.

The global ocean Argo gridded datasets
and confirmation

LI Hong[1], XU Jianping[2,3], LIU Zenghong[2,3], SUN Chaohui[3], ZHAO Xin[1]

1. *Zhejiang Institute of Hydraulics & Estuary*, *Hangzhou* 310020, *China*
2. *State Key Laboratory of Satellite Ocean Environment Dynamics*, *Hangzhou* 310012, *China*
3. *The Second Institute of Oceanography*, *State Oceanic Administration*, *Hangzhou* 310012, *China*

Abstract：This paper briefly introduces the production process of the global ocean（59.5°S −59.5°N, 180°W − 180°E）Argo gridded datasets from January 2004 to December 2011, and then compared the datasets with historical observation data sets（such as WOA09 and TAO）, and other Argo gridded datasets, we find that they not only result in good agreements with each other, but also the BOA_Argo gridded data sets can objectively present some large-scale ocean phenomenon, and structure or characteristics of some important physical oceanographic phenomena revealed by the BOA_Argo data is more detailed in the global ocean. The strict quality control process of Argo data, to ensure that the gridded datasets reconstructed in good quality and reliability. The BOA_Argo gridded datasets not only can be used as study of global ocean conditions to reveal the physical oceanographic phenomena, but also provide reference for open boundary and initial fields of ocean numerical model.

Key words：Argo; successive correction; gridded data sets; confirmation; world ocean

（该文发表于《海洋通报》32 卷第 6 期，108 – 118 页）

Argo 剖面浮标观测资料的质量控制技术研究

王辉赞[1,2]，张韧[1]*，王桂华[2]，安玉柱[1]，金宝刚[1]

1. 解放军理工大学 气象海洋学院 军事海洋环境军队重点实验室，江苏 南京 211101
2. 国家海洋局 第二海洋研究所 卫星海洋环境动力学国家重点实验室，浙江 杭州 310012

摘要： Argo 剖面浮标可用来监测全球大洋从海表到约 2 000 m 深层的变化，鉴于 Argo 浮标的剖面观测数据存在位置错误、可疑剖面、异常数据以及盐度漂移等诸多问题，必须对 Argo 浮标资料进行有效的质量控制。本文基于 Argo 剖面浮标观测资料与法国海洋开发研究院（IFREMER）提供的可靠历史观测数据集，提出了一种 Argo 资料质量控制的新方法。该方法通过寻找 Argo 浮标观测的不同剖面位置与其"最佳匹配"的历史观测剖面的对比判别，可以有效地识别 Argo 观测误差，特别是能够有效甄别由 Argo 剖面位置所处的环境改变导致的盐度正常变化与由 Argo 浮标所携带的传感器自身漂移所引起的盐度误差，减少了对 Argo 盐度偏移现象的误判，有效缩短了对 Argo 资料质量控制的时间；同时提出的基于"三倍标准差"的异常数据检测方法，将其与传统异常数据检测方法结合，进行剖面异常数据剔除，实现了对异常数据的有效剔除。基于本文提出的 Argo 资料质量控制方法，对中国 Argo 实时资料中心网站提供的全球 Argo 剖面浮标观测资料进行了质量控制再分析，进一步剔除和订正了其中的一些数据误差，生成了经数据质量再控制后的全球 Argo 剖面数据资料集。通过将质量再控制处理前、后的 Argo 数据与 Ishii 网格化资料集提供的盐度数据进行比较和客观分析，发现处理后的盐度误差比处理前明显减小，表明本文提出的方法合理有效。

关键词： Argo 剖面浮标；传感器漂移；异常数据；资料质量控制

基金项目： 国家自然科学基金青年基金项目（41206002）；中国科学院战略性先导科技专项（A 类）资助（XDA11010103）；国家重点基础研究发展计划（2007CB816005）；中加国际科技合作项目（2008DFA22230）。

作者简介： 王辉赞（1983—），男，湖南省浏阳市人，博士，主要从事物理海洋学研究。E-mail：wanghuizan@126.com

*通信作者：张韧（1963—），男，四川省峨眉市人，博士，教授，博导，主要从事海气相互作用研究。E-mail：zren63@126.com

1 引言

国际 Argo 计划虽于 1998 年提出，但在 2000 年初才开始实施。它是一个大约由 3 000 个浮标组成的全球实时海洋观测计划[1-2]。Argo 计划第一次使得连续观测温、盐度等海洋要素成为可能，它每年大约能够获得 10 万条从海表到约 2 000 m 深的温、盐度实时观测剖面数据，是以往所有的国际海洋调查所无法比拟的。特别是在南半球次表层，其盐度观测的剖面数量比之前所有历史盐度观测数量之总和还多。Argo 剖面浮标观测资料主要包括温度、盐度和压力要素，少数浮标还包括叶绿素浓度、溶解氧等要素。Argo 浮标的寿命一般为 2 ~ 4 a，因此为保持 Argo 观测网的连续运行，需要不断地增加和补充投放 Argo 浮标。Argo 计划自 1998 年提出以来，加入 Argo 观测网的浮标越来越多，浮标观测剖面数量随着时间变化不断增多，特别是 2000 年 Argo 计划正式实施以后，Argo 浮标观测的剖面数量增加迅速，至 2007 年底全球 Argo 观测网初步建成（即达到了预期在全球范围内大洋中布放 3 000 个浮标的目标）后基本趋向稳定，每月可提供大约 8 000 条以上剖面，每年提供上十万条 Argo 温、盐度剖面。截止 2010 年 5 月，全球海洋中正常运行的 Argo 浮标数量一直保持在 3 000 个以上。

Argo 浮标自投放时刻起即按照初始设置的频率、深度等参数在海洋中自动漂移，在运行过程中，由于受到环境异常变化、数据传输以及传感器老化、腐蚀等因素的影响，其观测数据容易出现欠准确甚至错误的问题。特别是由于测量盐度的电导率传感器容易受到海面油污染、生物附着或防止生物附着的杀伤剂泄漏等因素的影响，导致其盐度数据产生漂移或偏移等[3]。由于 Argo 浮标在海洋中自由漂移和抛弃式的特性，使其一旦施放便决定了其难以进行大范围实验室回收校正，也很难确定在海洋中长期漂流后传感器产生误差的原因，而对于出现的可疑数据全部舍弃又十分可惜。因此，对观测资料进行合理有效的质量控制是十分必要的[4]。

目前，国内外学者在这方面做了不少工作[5-12]，国际 Argo 计划也建立了"实时（24 ~ 72 h 以内）"和"延时（90 d 以内）"两种质量控制模式[13]。但通过检验全球海洋中所有 Argo 浮标的观测数据发现，由于各国 Argo 资料中心对浮标观测资料质量控制过程的差异，目前提供的全球 Argo 浮标观测数据质量参差不齐，突出的问题有剖面位置错误、可疑剖面、异常数据以及盐度漂移等。因此，如何对 Argo 剖面浮标的观测资料做进一步的质量控制，包括识别并剔除可疑的观测以及订正盐度漂移数据等，对于 Argo 剖面资料的使用至关重要。本文在传统质量控制方法的基础上，基于法国海洋开发研究院（IFREMER）提供的可靠历史观测数据集，提出了对中国 Argo 实时资料中心网站提供的全球 Argo 剖面浮标观测资料进行数据质量再控制的新方法。

2 Argo 观测资料存在的问题

2.1 Argo 剖面位置错误

由于 Argo 数据传输、浮标初始设置等方面存在的问题，导致 Argo 浮标观测剖面所记录的位置发生错误。Argo 浮标剖面观测位置的经度和纬度是否合理，可以按照浮标在海洋中运行速度不能超过海流速度上限来判断。特别是一些明显的位置错误问题，可以通过绘制 Argo 运行轨迹图很容易判断出来。如图 1 为 1900854 号浮标的漂移轨迹，颜色从浅蓝到深红代表 Argo 浮标随时间变化的漂移轨迹，右侧图例为不同颜色所对应的剖面号（下同）。从图中可以看出，该浮标其中一个剖面的经纬度位置出现错误，其原因可能是由于卫星定位过程出现误码所致。

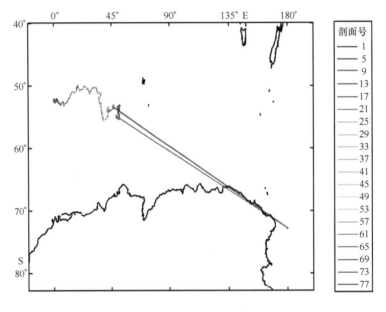

图 1 1900854 号浮标剖面位置错误
Fig. 1   Wrong position of No. 1900854 float

2.2 存在可疑的 Argo 剖面

由于 Argo 浮标所携带的传感器老化、数据传输等原因，导致出现一些可疑的观测剖面。其观测误差基本出现在整个剖面上，从而导致该剖面观测数据都不可用。如 1900052 号浮标最后运行阶段的剖面（见图 2）出现了明显的盐度偏低情况，这可能与传感器老化有关，这些数据剖面为可疑剖面。

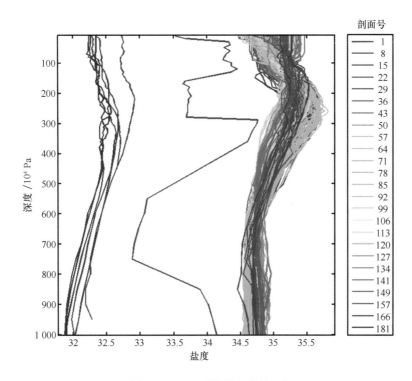

图 2   1900052 号浮标可疑剖面

Fig. 2   Suspicious profile of No. 1900052 float

2.3   Argo 剖面异常数据

在 Argo 剖面数据采集时，出现某个要素值的大小与相邻值差异很大的情况，这个值被称为异常数据（或称尖峰现象）。异常数据的出现与传感器受外界信号影响、数据通讯错误以及海水突变层（或跃层）等因素有关。如图 3 中呈现的 1900104 号浮标盐度剖面随海水压力（深度）的变化，可以看出该浮标观测的个别剖面存在盐度突变。经过对剖面观测数据的对照检查发现，第 1 号剖面在 289.1×10^4 Pa 和 329.6×10^4 Pa 深处，以及第 70 号剖面的 $1\,347.4 \times 10^4$ Pa 深处，分别出现了异常数据。

2.4   Argo 盐度偏移现象

Argo 盐度剖面出现偏移现象（见图 4），主要包括以下两种原因：（1）Argo 浮标运动过程中其观测环境的变化。比如浮标漂移距离较远，甚至属于不同水域、具有不同水团属性。（2）Argo 浮标本身由于海面油污染、生物附着或防止生物附着的杀伤剂泄漏等原因，导致装载的测量盐度的电导率传感器受到影响，使得观测剖面中的盐度值出现误差或错误，这里称为"Argo 盐度漂移现象"。盐度漂移出现时即使其观测环境未发生任何变化，其盐度观测值也会随着观测时间推移而发生相应的变化。但如

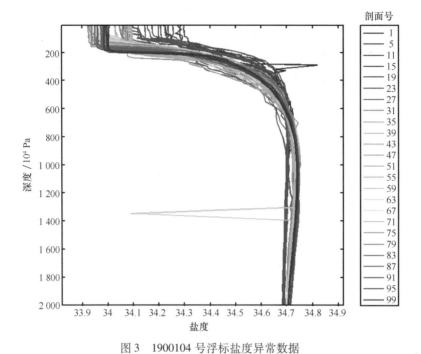

图 3 1900104 号浮标盐度异常数据

Fig. 3 The abnormal salinity data of No. 1900104 float

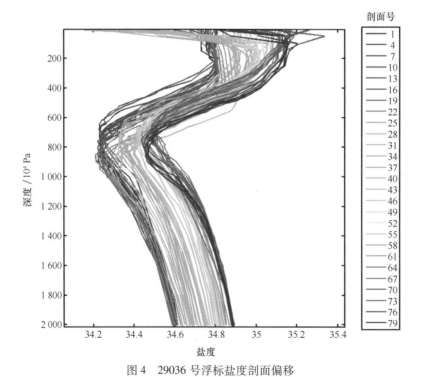

图 4 29036 号浮标盐度剖面偏移

Fig. 4 The profiles of No. 29036 float with salinity offset

果单从剖面偏移进行简单分析有可能将二者混淆，把真实的海水性质变化，即由于 Argo 浮标漂移进入了具有不同海水特性的水体（或水团）中，误认为传感器受到了污染或生物附着的影响。正由于造成 Argo 盐度剖面发生偏移的原因不同，需要正确识别产生偏移的原因，并对其中出现盐度漂移现象的剖面进行有效校正。

3　基于可靠历史资料鉴别 Argo 剖面误差的方法

利用传统的船载 CTD（Conductivity-Temperature-Depth sensor，温盐深传感器）仪进行测量时，可以通过采集代表性层次上的水样来对其温、盐度观测值进行实验室校正，而 Argo 剖面浮标一旦布放不再回收的特点，决定了无法获得这种"真实"的现场资料。利用 Argo 浮标观测剖面附近或周围海域已经获得的历史水文资料，对其温、盐度观测剖面进行校正是目前有效的处理方法。法国海洋开发研究院（IFREMER）提供了一种经过较为严格质量控制的可靠历史海洋温盐参考数据集。本文提出将 Argo 浮标观测资料与该历史资料集进行对比，进而对 Argo 资料剖面误差进行识别的质量控制技术途径。

3.1　轨迹追踪与最佳匹配剖面

由于 Argo 浮标观测位置在海洋中随时间不断漂移，不同的观测剖面所处的位置不一样，因此要根据不同的剖面来选择用于进行对比的"最佳匹配"历史剖面。对于某个具体的 Argo 观测剖面，选择与之"最佳匹配"的历史剖面的依据是：（1）历史剖面的观测深度尽量深；（2）历史剖面的观测位置与该 Argo 剖面空间距离尽量近。具体寻找 Argo 剖面运行轨迹对应可靠历史剖面资料的流程如图 5 所示。

以 1900345 号浮标为例，对寻找其漂移轨迹对应"最佳"历史数据剖面的情况进行说明。图 6 呈现了该浮标观测剖面与对应的"最佳匹配"历史剖面的位置，以及温、盐度垂直分布。其中附图左侧为 Argo 浮标信息，右侧为根据 Argo 浮标各个剖面寻找的对应"最佳匹配"历史温盐剖面信息；从上至下依次表示的是剖面位置图、温度垂直分布图和盐度垂直分布图。从右侧的图中可以看出，Argo 剖面所对应的"最佳"历史剖面的"虚拟"轨迹（非真实漂移轨迹，而是与 Argo 浮标漂移轨迹对应的历史剖面集合）与 Argo 浮标漂移轨迹基本一致。通过寻找所有 Argo 剖面浮标对比历史剖面观测结果表明，本文所提出的寻找"最佳匹配"历史剖面的方法是可行的。

3.2　Argo 浮标观测误差剖面识别

通过对比 Argo 浮标温盐剖面观测和历史剖面观测的漂移轨迹、压力－温度和压力－盐度分布，可以对 Argo 剖面浮标观测误差进行有效判断。Argo 出现漂移轨迹错误和异常数据现象可以较为容易地从图中识别。当 Argo 剖面与其"最佳匹配"历史

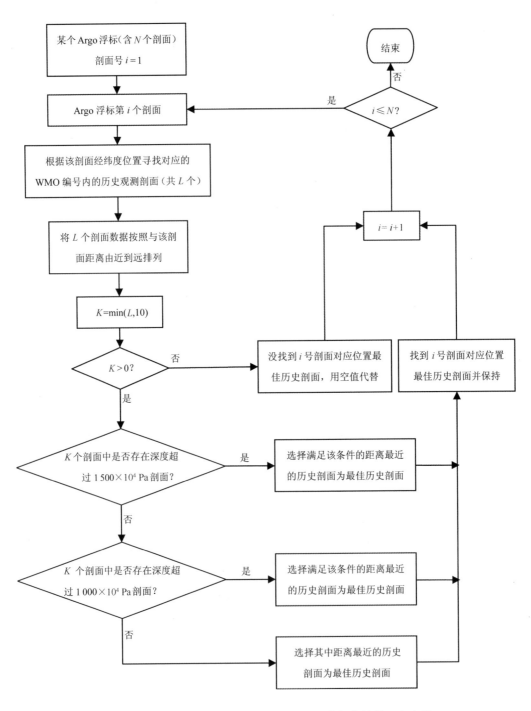

图 5　基于漂移轨迹追踪的 Argo 剖面与历史数据集最佳匹配流程

Fig. 5　Flow chart based on the Argo trajectory and its "optimal matching" historical dataset

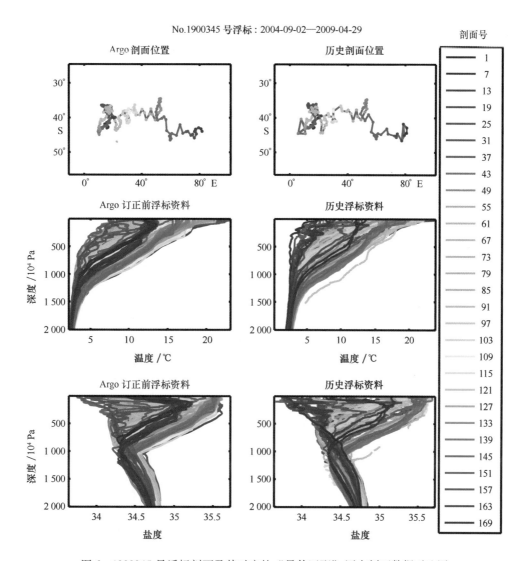

图 6　1900345 号浮标剖面及其对应的"最佳匹配"历史剖面数据对比图

Fig. 6　Comparison diagram between No. 1900345 float profiles and its corresponding
"optimal matching" historical profiles

剖面的漂移轨迹比较一致时，则分别进行两者之间的压力－温度和压力－盐度分布曲线的对比。如果两者对比不一致，尤其是在 $1\,000 \times 10^4$ Pa 水深以下存在明显差异时，有可能该 Argo 剖面存在问题。对于整体偏离比较大的剖面，则认为是可疑剖面。

　　另外，对于 Argo 盐度发生偏移的原因也可以较容易地从与历史剖面对比中判断。如果在 $1\,000 \times 10^4$ Pa 水深以下 Argo 盐度发生偏移而历史盐度剖面未出现偏移，则可判断产生 Argo 剖面偏移的原因是浮标传感器出现了问题；而如果 Argo 盐度和历史盐度剖面同时发生偏移，则判断产生 Argo 剖面偏移的原因是由于 Argo 浮标漂移进入了具有不同海水性质的水体（或水团）所致。因此，通过寻找"最佳匹配"历史剖面的方法并绘制其与 Argo 剖面的对比图，可以有效识别 Argo 浮标存在的观测误差及其是否产生盐度漂移。

4　Argo 温盐剖面的质量控制方法

4.1　Argo 剖面位置错误及可疑剖面处理

Argo 浮标在海洋中随海水运动（或海流）漂移，其漂移速度会随着不同区域、季节的海流状况而有所不同。浮标的漂移速度可以用相近的两个剖面的位置和时间推断得到。但在任何情况下，Argo 浮标的漂移速度不会超过 3 m/s。以前面图 1 中的 1900854 号浮标为例，可见从 66 号至 67 号剖面位置和从 67 号至 68 号剖面位置，浮标漂移的大圆距离分别为 5 550.6 km 和 5 360.2 km，而相邻剖面的时间间隔均为 10 d，据此可以计算其漂移速度均超过 6 m/s。但若直接计算 66 至 68 号剖面之间漂移速度，则仅为 0.12 m/s。由此可以判断，67 号剖面的位置有误。其他剖面位置错误，也可通过类似的计算进行判断。对于剖面出现位置错误的情况，可以通过去除该剖面或者进行位置插值来纠正。图 7 为订正后的浮标漂移轨迹，通过与图 1 比较可以看出，该浮标的剖面位置错误已经得到有效校正。

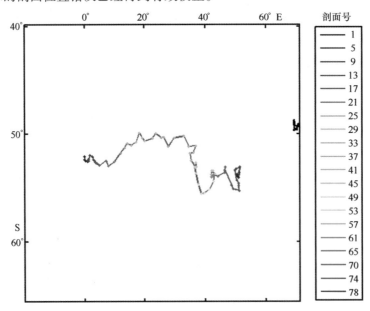

图 7　1900854 号浮标订正后的漂移轨迹

Fig. 7　Calibrated trajectory of No. 1900854 float profiles

　　根据 Argo 观测剖面与历史观测剖面的对比分析，也可以判断出可疑的剖面，并在质量控制时对可疑观测剖面进行剔除处理。以前面图 2 中的 1900052 号浮标为例，通过对比（图略）可以发现，基于历史观测的"最佳匹配"剖面的盐度不低于 34.5，而 Argo 观测剖面出现了盐度过低的情况，为此可以基本上判断低于 34.5 的浮标观测剖面是错误的，故将 166 至 181 号剖面做了剔除处理（见图 8）。

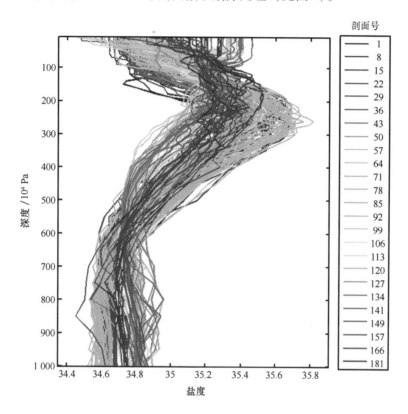

图 8　1900052 号浮标订正后的压力－盐度垂直分布

Fig. 8　Pressure-salinity vertical distribution of No. 190052 calibrated float profiles

4.2　Argo 温盐剖面异常数据剔除方法

　　Argo 出现异常数据情况，需要采用客观判断的方法进行剔除。由于 Argo 剖面数据在时间和空间的散乱性（即非时空网格化数据），使得一些常用的异常数据处理方法并不适用。在对 Argo 资料进行实时质量控制[13]时，通常针对异常数据采用如下的传统阈值判断剔除方法处理。该检测要求利用如下的温度和盐度剖面计算公式完成，即：

$$检测值 = | V_2 - (V_3 + V_1)/2 | - | (V_3 - V_1)/2 | ,$$

式中，V_2 是尖峰值，V_1 和 V_3 是同剖面与之相邻的上下采样点观测值。对于温度：当压力小于 500×10^4 Pa 时，如果检测值超过 6.0 则 V_2 标记为错误；当压力大于或等于

500×10^4 Pa 时，如果检测值超过 2.0 则 V_2 标记为错误。对于盐度：当压力小于 500×10^4 Pa 时，如果检测值超过 0.9 则 V_2 标记为错误；当压力大于或等于 500×10^4 Pa 时，如果检测值超过 0.3 则 V_2 标记为错误。不妨称此异常尖峰数据检测为"传统的异常数据检测法"。

分析表明，传统的异常数据检测方法明显存在不足：（1）只针对单个剖面进行处理，没有有效利用相邻剖面的观测数据；（2）不考虑采样点间深度间隔的变化，而是只用该采样点与其同一个剖面上下相邻点观测值比较；（3）检测临界阈值的选取不随区域和深度而变化，从而导致阈值对于某些区域和更深层观测而言偏大。如果利用传统异常数据剔除方法对前面图 3 中的 1900104 号浮标进行检测，则可得到如图 9a 的异常数据剔除结果。从该图可以看出，虽然对第 70 号剖面 $1\ 347.4 \times 10^4$ Pa 深处出现的异常数据做了剔除处理，但对第 1 号剖面 289.1×10^4 Pa 和 329.6×10^4 Pa 深度上的异常数据却没有剔除。显而易见，对于该剖面而言，传统异常数据检测法所设置的检测阈值在该处明显偏大。

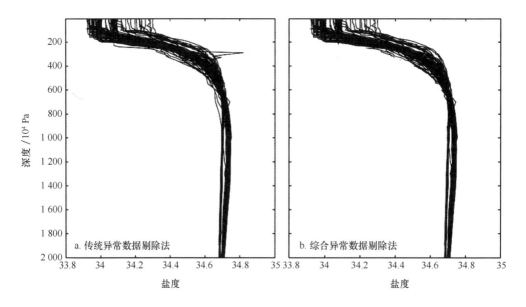

图 9 针对 1900104 号浮标采用不同检测方法处理的盐度垂直分布

Fig. 9 Vertical distribution of No. 1900104 float salinity after different test methods

针对传统的异常数据检测法存在的不足，本文提出基于"三倍标准差"的剔除剖面异常数据的方法，称"改进的异常数据检测法"，其简要流程如图 10 所示。在"三倍标准差"异常数据检测中，需要计算浮标观测位置处对应的均值和标准差，该均值和标准差随着浮标所在的区域和观测深度而变化，从而有效地避免了传统异常数据检测法的不足。在计算出各观测层变量的均值和标准差后，对其在垂向上进行中值滤波，有利于滤去个别由于异常数据等现象造成的均值或标准差的异常值，使均值和标准差曲线更加真实和平滑。需要指出的是，在进行该算法之前，首先应对 Argo 浮标观测剖面进行分组：如果发现相邻两个剖面之间空间距离超过某一阈值（本文取为 10°）的情况，则将这两个剖面分属于两个不同的组，分别进行检测流程（见图 10）的检测。这主要考虑了：当两个剖面之间的距离相对较大时，其所处海域的水

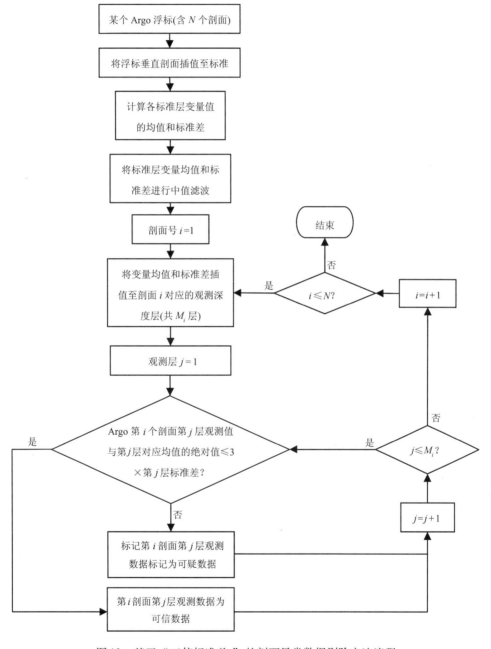

图 10　基于"三倍标准差"的剖面异常数据剔除方法流程

Fig. 10　Flow chart of eliminating abnormal data based on the three times the standard deviation method

团属性可能不一样，若放在一起计算，得到的观测均值和标准差就不能很好地代表剖面所处海域的水团性质，从而造成不恰当的判断。因此，进行分组计算有利于将不同区域属性的剖面区分开，便于正确判断和检测。另外，基于"三倍标准差"的异常数据剔除方法不仅能够剔除尖峰，还能够对某些可疑剖面进行有效剔除。

传统的异常数据检测法只是基于单个剖面的异常数据剔除处理，仅仅考虑了垂直上下相邻观测层的关系；而改进的异常数据检测法是基于多个剖面的异常数据剔除处理，充分考虑了与其他剖面之间的关系。也就是说，这两种方法可以实现互补，即可以采用将传统的异常数据检测法与改进的异常数据检测法相结合的综合方法，对 Argo 剖面中的异常数据进行综合检测，可以有效地剔除尖峰和可疑观测数据（或剖面）。图 9b 给出了采用综合异常数据剔除法对 1900104 号浮标观测剖面进行检测处理的结果。通过图 9a 和图 9b 的对比可以看出，采用综合异常数据剔除法可以有效地剔除其第 1 号剖面在 289.1×10^4 Pa 和 329.6×10^4 Pa 深度上的尖峰，有效弥补了传统异常数据剔除法的不足。

4.3　Argo 盐度偏移订正方法

Argo 浮标漂移空间范围比较大的时候，单从盐度垂直分布图上很难确定盐度偏移是由 Argo 浮标位置变化造成的，还是由浮标所携带的传感器因受到生物附着或防止生物附着的杀伤剂泄漏等原因造成的，容易造成人为误判，从而产生错误的校正或处理结果。另外，出现盐度漂移的浮标也仅占布放在全球海洋上的全部浮标的一小部分，如果对所有 Argo 浮标的观测剖面进行盐度漂移订正，不但容易造成错误的校正结果，而且也十分耗时费力。因此，如何简单、有效地辨别 Argo 盐度产生偏移的原因，对于盐度资料的质量控制，乃至提高 Argo 资料的质量都是至关重要的。

通过将 Argo 浮标观测剖面与其对应的"最佳匹配"历史观测剖面对比的方法，可以有效识别 Argo 浮标产生盐度偏移的原因，即这种偏移究竟是由观测剖面的位置变化产生的，还是由浮标携带的电导率传感器受到污染所致？而前者往往是由于不同海域水团属性的变化造成的，其观测数据是可信的；对于后者，则需对观测剖面进行盐度偏移或漂移订正。

众所周知，海水的两个主要状态变量为位温（θ）和盐度（S），可以通过一定的模式相互关联，代表了一个海区的平均特征[14]。利用 Argo 浮标观测剖面附近的现场或历史 CTD、Bottle 和 Argo 等观测资料，通过客观分析比较，可以方便地检验浮标所携带的传感器是否受到了污染，尽可能降低对浮标长期观测的误判，并利用现场 CTD 资料对出现漂移误差的盐度资料进行校正。目前，已有的 Argo 盐度偏移订正方法有 Wong 等[15]提出的 WJO 方法（以论文所有作者首字母缩写命名）、Bohme 等[16]提出的 BS 方法，以及 Owens 等[17]提出的 OW 方法等，其中以最新发展的 OW 方法最为合理有效。OW 方法优势在于：（1）采用观测位温层作为垂直坐标，允许温度逆层，增加了数据的可靠性，如南大洋；（2）采用分段线性拟合模型，更好地代表了传感器漂移，消除了在转换阶段传感器漂移的"过"或"欠"调整；（3）利用统计方法选择"断点（breakpoint）"的个数，减少主观判断。

图 11 为 29036 号浮标观测剖面（图左侧）与其对应的"最佳"历史观测剖面（图右侧）的对比，可以发现，虽然历史观测剖面的虚拟轨迹与 Argo 浮标的漂移轨迹相近，但历史观测剖面中的盐度值并未出现偏移，而 Argo 剖面中却出现了较大偏移。据此，可以判断出 Argo 盐度剖面存在偏移，需要对该浮标的观测剖面进行盐度漂移订正。

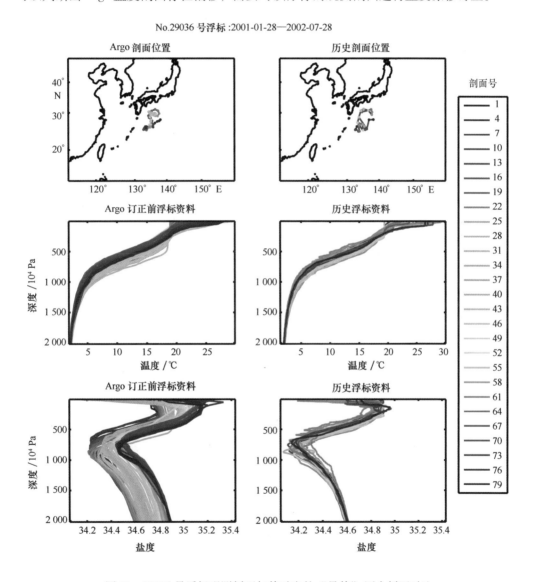

图 11　29036 号浮标观测剖面与其对应的"最佳"历史剖面对比

Fig. 11　Comparison diagram between No. 29036 float profiles and its corresponding "optimal matching" historical profiles

采用 OW 方法对其进行盐度漂移订正（其方法详见文献［17］），得到如图 12 的校正结果。从该图可以看出，通过盐度漂移订正后的浮标盐度剖面与"最佳匹配"的历史剖面比较一致，有效地订正了由于传感器漂移造成的盐度偏移误差。

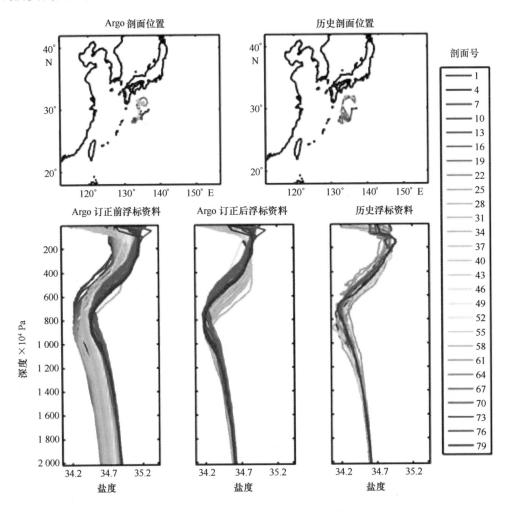

图 12　29036 号浮标观测剖面订正前、后与对应的"最佳匹配"历史剖面对比

Fig. 12　The comparison of No. 29036 uncalibrated float profiles, calibrated float profiles, and their corresponding "optimal matching" historical profiles

4.4　Argo 资料质量控制处理前后效果对比

通过对上述处理前、后的剖面进行对比表明，处理后的数据比处理前更合理，可以有效剔除存在问题的数据。为了进一步验证利用本文提出的质量控制方法所做的数据处理效果，首先对处理前、后的时空散点数据（即非网格数据）分别进行时空权重插值[18]的网格化客观分析，再与 Ishii 网格化再分析数据[19]进行对比试验。这里应

用的 Ishii 数据为 1°×1°网格的海洋上层再分析数据集，并将其作为一个独立的数据集，对本文所做的质量控制处理结果进行比较验证。由于对 Argo 浮标观测剖面进行质量再控制时，只对存在问题的数据进行了处理，而保留了合理的观测数据，所以部分区域处理前后数据没有发生变化。此外，比较数据质量控制效果时，选取了一个处理前后数据订正或剔除比较多的代表性位置，即位于西北太平洋海域 28°N、132°E 处的格点。图 13 给出了该代表性点位置（28°N，132°E）20×10⁴ Pa 层上的盐度时间序列变化曲线。从图中可以清楚地看到，经过质量控制处理后的 Argo 数据与处理前相比，与 Ishii 数据更为一致，也就是说，未采用本文提出的质量控制方法处理的 Argo 数据，与 Ishii 数据之间存在较大的偏差。误差分析表明，处理前、后的 Argo 数据在 28°N、132°E 位置 20×10^4 Pa 层上的平均误差分别为 0.089 和 0.008 7，其均方根误差分别为 0.086 和 0.052。由此可见，处理后的数据误差明显减小。

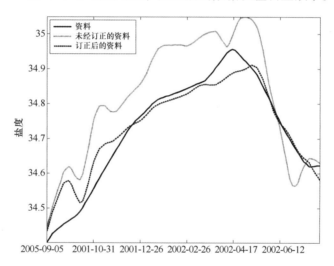

图 13　西北太平洋海域一个代表性格点位置（28°N，132°E）20×10^4 Pa
层上的盐度时间序列变化曲线

黑色实线代表 Ishii 网格化数据；虚线代表未经订正的 Argo 客观分析值；
点划线代表经过校正后的 Argo 客观分析值

Fig. 13　Time series of salinity in the representative grid point (28°N, 132°E) in the northwest
Pacific Ocean at 20×10^4 Pa

The black solid line represents the Ishii gridded salinity data, the dashed line represents the salinity data analyzed
objectively from uncalibrated Argo observations, the dash-dot line represents the salinity data analyzed objectively
from calibrated Argo observations

为了进一步验证重构数据的效果，在不同观测层分别计算处理前、后数据的分析值与 Ishii 数据的均方根误差（见图 14）。从图中可以看出，误差随深度总体上呈减小趋势，且在不同深度层上处理后的数据均方根误差比处理前小，这表明通过质量控制后的 Argo 数据已经将某些可疑的数据进行了剔除或订正，使得处理后的数据分析结果较处理前更合理、有效。

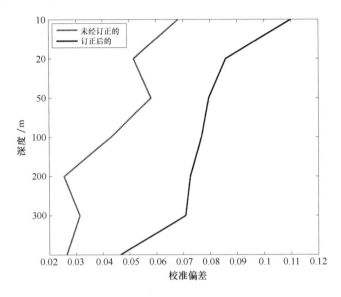

图 14   格点位置（28°N，132°E）不同观测层上处理前、后 Argo 盐度分析值
与 Ishii 数据间的均方根误差

Fig. 14   Root mean square error between the Argo salinity data analyzed objectively from uncalibrated/
calibrated data and Ishii salinity data at different levels in the grid point (132°E, 28°N)

5   讨论和小结

Argo 剖面浮标布放后，由于观测环境剧烈变化、数据传输错误，以及传感器受到海面油污染、生物附着或防止生物附着的杀伤剂泄漏等因素的影响，使得 Argo 观测会存在剖面位置错误、异常数据、可疑剖面以及盐度漂移等情况。对 Argo 浮标提供的温、盐度剖面进行观测误差识别和有效质量控制具有重要的意义。

本文提出的 Argo 资料质量控制方法与以往方法的不同和优势主要包括：（1）提出基于不同剖面位置选择其对应的"最佳匹配"历史剖面资料，通过对比 Argo 与历史观测剖面对应的漂移轨迹和温、盐度垂直分布图，可有效地识别 Argo 浮标的观测误差，特别是可以将由 Argo 剖面位置的环境变化所引起的正常盐度偏移，与由 Argo 浮标携带的电导率传感器本身漂移所引起的盐度误差有效地区分开来，减少了对浮标盐度偏移原因的误判；（2）提出基于"三倍标准差"的改进的异常数据检测方法，并将其与传统检测法相结合进行异常数据剔除，可以改进传统方法存在的不足，有效地实现异常数据的剔除；（3）利用 OW 方法进行盐度漂移订正费时又费力，有效识别产生盐度漂移的剖面可以为 Argo 数据质量控制节约时间和人力资源。通过将质量再控制处理前后的 Argo 数据与 Ishii 盐度资料进行比较发现，处理前、后的数据误差明显减小，这也表明了本文提出的方法是合理、有效的。

采用本文提出的 Argo 资料质量控制方法，对中国 Argo 实时资料中心网站提供的全球 Argo 浮标剖面观测资料进行了质量再控制，进一步剔除和订正了其中的一些观测误差，生成了经过质量再控制后的全球 Argo 再分析资料集，并已公布在中国 Argo 实时资料中心网站（http：//www. argo. org. cn/）和中国 Argo973 项目网站（http：//www. soed. org. cn/973/index. asp）上，供广大用户免费下载共享。随着 Argo 计划的不断实施和 Argo 浮标观测剖面的不断增多，Argo 数据用户也在日益增加，Argo 资料在提高海洋和天气业务化预测预报水平，乃至促进海洋科学的发展方面将会发挥出愈来愈重要的作用，而有效的数据质量控制工作对于提高 Argo 资料的观测精度和确保 Argo 资料的质量，同样具有越来越重要的科学和应用价值。

致谢：感谢卫星海洋环境动力学国家重点实验室主任陈大可研究员的指导帮助以及中国 Argo 实时资料中心刘增宏和国家海洋信息中心于婷的有益讨论；感谢许建平研究员对本文的修改完善提出的宝贵建议；感谢张伟涛在文字表达等方面给予的帮助与建议；感谢中国 Argo 实时资料中心网站（http：//www. argo. org. cn/）提供的全球 Argo 剖面浮标观测资料和法国海洋开发研究院（IFREMER）提供的历史温盐观测剖面参考数据集。

参考文献：

[1]　Argo Science Team. Argo：The global array of profiling floats[M] // Koblinsky C J, Smith N R. Observing the Oceans in the 21st Century. Godae Project Office, Bureau of Meteorology, Melbourne, Australia, 2001：248 – 258.

[2]　许建平. 阿尔戈全球海洋观测大探秘[M]. 北京：海洋出版社，2002.

[3]　Oka E, Ando K. Stability of temperature and conductivity sensors of Argo profiling floats[J]. Journal of Oceanography, 2004, 60：253 – 258.

[4]　宋建国，李辉，刘垒，等. 合成地震记录制作中的质量控制方法研究[J]. 地球物理学进展. 2009, 24(1)：176 – 182.

[5]　Gaillard F, Autret E, Thierry V, et al. Quality control of large Argo datasets[J]. J Atmos Oceanic Technol, 2009, 26：337 – 351.

[6]　Nakamura T, Ogita N, Kobayashi T. Quality control method of Argo float position data[J]. JAMSTEC Report of Research and Development, 2008, 7：11 – 18.

[7]　Ji F, Li S. Quality control of ARGO data based on climatological TS models[J]. Marine Science Bulletin, 2004：19 – 27.

[8]　童明荣. Argo 剖面浮标观测资料的处理和校正方法探讨[D]. 杭州：国家海洋局第二海洋研究所，2004.

[9]　童明荣，刘增宏，孙朝辉，等. ARGO 剖面浮标数据质量控制过程剖析[J]. 海洋技术，2003, 22 (4)：79 – 84.

[10]   童明荣，许建平，马继瑞，等. ARGO 剖面浮标电导率传感器漂移问题探讨[J]. 海洋技术，2004，23(3)：105 – 124.

[11]   刘增宏，许建平，孙朝辉. Argo 浮标电导率漂移误差检测及其校正方法探讨[J]. 海洋技术，2007，26 (3)：72 – 76.

[12]   刘增宏，许建平，朱伯康，等. Argo 资料延时质量控制及其应用探讨[G] ∥许建平. Argo 应用研究论文集. 北京：海洋出版社，2006：224 – 240.

[13]   Wong A P, Keeley R Carval . Argo Quality Control Manual Version 2. 2[M]. Argo Data Management Team, 2006.

[14]   Emery W J, Dewar J S. Mean temperature-salinity, salinity – depth and temperature – depth curves for the North Atlantic and the North Pacific[J]. Progress in Oceanography, 1982, 11(3)：219 – 256.

[15]   Wong A P, Johnson G C, Owens W B. Delayed-mode calibration of autonomous CTD profiling float salinity data by $\theta - S$ climatology[J]. Journal of Atmospheric and Oceanic Technology, 2003, 20 (2)：308 – 318.

[16]   Bohme L, Send U. Objective analyses of hydrographic data for referencing profiling float salinities in highly variable environments[J]. Deep-Sea Research Part II：Topical Studies in Oceanography, 2005, 52(3/4)：651 – 664.

[17]   Owens W, Wong A. An improved calibration method for the drift of the conductivity sensor on autonomous CTD profiling floats by $\theta - S$ climatology[J]. Deep-Sea Research Part I：Oceanographic Research Papers, 2009, 56(3)：450 – 457.

[18]   Zeng L, Levy G. Space and time aliasing structure in monthly mean polar – orbiting satellite data [J]. J Geophys Res, 1995, 100 (D3)：5133 – 5142.

[19]   Ishii M, Kimoto M, Kachi M. Historical ocean subsurface temperature analysis with error estimates [J]. Mon Wea Rev, 2003, 131：51 – 73

An approach for quality control of Argo profiling float data

WANG Huizan[1,2], ZHANG Ren[1], WANG Guihua[2],
AN Yuzhu[1], JIN Baogang[1]

1. *PLA Research Center of Ocean Environment Numerical Simulation, Institute of Meteorology and Oceanography, PLA University of Science and Technology, Nanjing 211101, China*

2. *State Key Laboratory of Satellite Ocean Environment Dynamics, the Second Institute of Oceanography, State Oceanic Administration, Hangzhou 310012, China*

Abstract：Argo profiling floats can be used to monitor the variability of upper ocean from surface to about 2 000 meter. However, there are several wrong position profiles, abnormal data, suspicious profiles and salinity drift profiles in Argo observations, Argo quality control is very important. Based on the Argo profiling float data and the reliable historical data set of France IFREMER, we proposed a new approach to perform quality control of Argo profiling float data. We first found the corresponding "optimal matching" historical profiling data from the reliable historical data set of France IFREMER for different Argo profiles and then compared the Argo float data with their corresponding "optimal matching" historical profiling data, the Argo observation error could be identified effectively. Especially, we can distinguish between the normal change in salinity caused by the environmental changes of Argo profiling positions and the salinity error caused by the Argo sensor drift efficiently, thereby reducing the misjudgment of the Argo salinity offset causes and saving computational time. This paper also proposed a synthetical method of abnormal data test by combining the traditional abnormal data test method with the abnormal data test method based on "three times the standard deviation" proposed in this paper to eliminate the abnormal observations effectively. With the proposed approach of Argo data quality control, a new Global Argo Profiling Floats Data Set are produced from the global real-time Argo float data provided by the website of "China Argo Real-time Data Center" by removing and calibrating some wrong profiling observations. In comparison with Ishii gridded salinity data, the root mean square error of the objectively analyzed data from Argo calibrated data after quality control is smaller than that from the uncalibrated data, which shows that the approach proposed in this paper is reasonable and effective.

Key words：Argo profiling float; sensor drift; abnormal data; quality control

（该文发表于《地球物理学报》55 卷第 2 期，577－588 页）

基于 Flex RIA WebGIS 的 Argo 资料共享与可视化平台研究

吴森森[1,2]，张丰[1,2]，杜震洪[1,2]，刘仁义[1,2]

1. 浙江大学 浙江省资源与环境信息系统重点实验室，浙江 杭州 310028
2. 浙江大学 地理信息科学研究所，浙江 杭州 310028

摘要： Argo 资料已成为当前海洋环境和气候变化研究最重要的数据来源。自 2007 年全球 Argo 实时海洋观测网建成以来，每年提供的 Argo 剖面数据稳定增长。面对覆盖范围不断拓展的观测网，以及观测要素的不断增加和剖面数据的海量上升，如何有效地对其进行组织管理和信息服务已经成为 Argo 数据共享进程中亟需解决的关键问题。本文根据 Argo 剖面数据的时空特点和信息服务需求，设计了一个适合多源异构 Argo 资料一体化管理的数据组织模型，提出了基于 Flex RIA WebGIS 技术的 Argo 资料共享与可视化平台构建方案，重点讨论了多源数据组织、地图切片与双缓存等关键技术，并展示了利用该平台查询和显示 Argo 浮标信息、漂移轨迹信息和剖面资料信息等的应用实例。结果表明，研发的 Argo 资料共享与可视化平台不仅为 Flex RIA WebGIS 的推广应用提供了一种新的思路，更为 Argo 资料用户提供了一个更加友好、功能更强的用户界面。

关键词： Argo 资料；Flex RIA WebGIS；多源异构；数据共享；可视化平台

1 引言

国际 Argo 计划自 2000 年底正式实施以来，美国、澳大利亚等 30 多个沿海国家共同布放了约 10 000 多个 Argo 剖面浮标，其所组成的全球 Argo 实时海洋观测网，首次真正意义上实现了对全球海洋上层温度、盐度和海流的实时观测[1]。自 2007 年以

基金项目： 国家自然科学基金（41101356，41101371，41171321）；国家科技基础性工作专项（2012FY112300）；国家海洋公益性行业科研专项经费资助（201305012）；浙江省攻关项目（2013C33051）；中央高校基本科研业务费专项（2013QNA3023）；江苏省高校自然科学研究项目（11KJA420001）。

作者简介： 吴森森（1991—），男，博士，主要研究方向为海洋时空数据可视化。E-mail：wusensengis @ gmail. com

来，该观测网每年提供多达 10 万条海水温度和盐度剖面资料，为人们对海洋和气候等自然环境的研究起到了非常重要的作用[2]。

随着全球海洋中浮标数目的不断增加，今后每年获取的 Argo 资料的量级还将不断攀升。为了方便人们对 Argo 资料直观、高效的检索与共享，从刚开始的分发光盘数据集逐渐发展成通过互联网平台进行共享，并结合 WebGIS 和地理空间技术，国内学者研发了许多基于地理空间位置的 Argo 资料网络共享平台，如浙江大学刘仁义等[3]开发的"Argo GIS 系统"、浙江大学王帅等[4]研发的"基于 WebGIS 的 Argo 数据共享服务系统"、中国 Argo 实时资料中心的"Argo 网络数据库可视化平台"[5-6]等。

然而，传统架构下的 WebGIS 是基于页面的、服务器端数据传递的模式[7]，已难以满足用户对 Argo 数据空间可视化分析和复杂用户交互的迫切需求。日渐成熟的富互联网应用系统（Rich Internet Application，RIA）技术给开发具备丰富用户交互体验的 WebGIS 应用带来新契机，其强大客户端处理能力能有效解决 WebGIS 交互性差、响应速度慢的问题。

本文将引入实现 RIA 的 Flex 技术，设计了基于 RIA 的 WebGIS 框架，并实现了一个基于此框架的 Argo 资料共享与可视化平台。

2　构建 WebGIS 框架

2.1　WebGIS 与 Flex RIA 概述

Argo 资料共享和可视化平台从技术上讲是基于 Web、地理空间可视化技术的信息系统，从应用属性上讲是海洋观测信息与地理信息的管理系统，但其本质特征是基于空间位置信息的 WebGIS（网络地理信息系统）。WebGIS 的网络属性使用户通过互联网即可便捷地使用地理空间服务，其与一般 Web 信息系统相比，WebGIS 最大特点是在空间框架下实现图形、图像数据与属性数据的动态连接，提供可视化查询和空间分析的功能[8]。但是，WebGIS 是基于页面的模型，客户端事件处理能力低，几乎无法进行复杂的用户交互，难以满足用户更高、更快、更全方位的 GIS 体验。

RIA 的概念最初是由 Macromedia 提出，是集桌面应用程序的最佳用户界面功能与 Web 应用程序的普遍采用、快速、低成本部署及互动多媒体通信的实时快捷于一体的新一代网络应用程序[9]。Flex 是一种基于组件的实现 RIA 的广泛应用的技术。Flex RIA 与 WebGIS 结合，可为 Argo 资料共享平台提供一种基于标准的、更灵活高效的解决方案。

2.2　基于 Flex RIA 构建 WebGIS 的关键技术

在 WebGIS 的体系结构下，传统的单一数据中心的理念已不复存在，带有空间位置属性的 Argo 资料可能分布在网络的任意节点中，采用传统的 WebGIS 技术进行数据管理和信息共享显然已经无法满足，而若在 RIA 环境下进行数据的管理和表达，利用客户端计算资源进行运算，减少客户端与服务器间的交互，减轻服务器负载，提高系统效率[10]，则会取得比较令人满意的结果。

基于 Flex RIA 的 WebGIS 框架如图 1 所示。

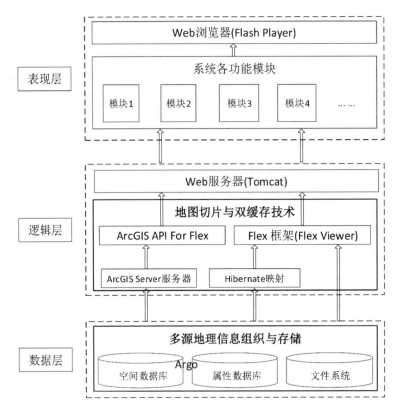

图 1　基于 Flex RIA 的 WebGIS 框架

Fig. 1　The WebGIS framework based on Flex RIA

框架分为 3 层，分别为表现层、逻辑层和数据层。

（1）表现层。它以 Web 浏览器，准确的说是 Flash 播放器为平台，对数据进行显示和表达，是直接与用户交互的层，具有丰富的可视化界面，为用户提供地图交互、信息检索、数据分析的交互接口。

（2）逻辑层。这是框架的核心层，连接表现层和数据层的枢纽。它接收处理来自客户端的请求，处理业务逻辑，并根据请求类型和内容调用数据层的数据服务，并对数据进行分析、处理，再将结果返回给表现层，从而做出响应。

（3）数据层。它作为框架的最底层，负责多源异构数据的组织和管理，维护各种数据之间的关系，为系统存取数据提供保障。

框架中涉及的关键技术主要有多源地理信息组织与存储技术和地图切片与双缓冲

技术,具体介绍和实现如下。

2.2.1 多源地理信息组织与存储

Argo 资料共享和可视化平台涉及的数据主要包括栅矢混合的基础地理空间数据、海量的 Argo 元数据、剖面观测信息等,数据量十分巨大,同时数据来源和数据格式也非常多。针对如此庞大的多源异构数据集,基于特征、场、时、空、属多域一体化的多源异构海量时空数据组织、管理与建模技术,采用自主开发的空间数据库引擎完成了海量 Argo 数据库的构建,实现了 Argo 浮标数据、基础地理数据等的高效入库和统一集成,如图 2 所示。

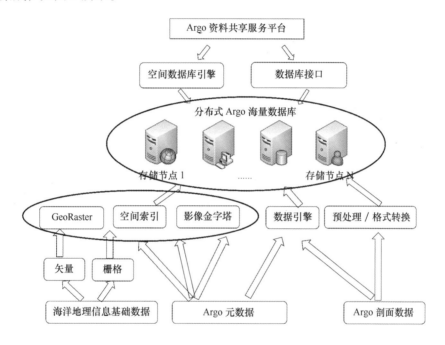

图 2　多源地理信息组织与存储

Fig. 2　Organization and storage of multi-source geographic information

2.2.2 地图切片与双缓存技术

为了提高平台地理底图数据的获取和显示速度,改善用户体验,我们将地图切片技术引入到 Flex WebGIS 的系统框架中。按照金字塔结构将地图数据划分为 2×2 等分,作为第一层;然后对其中每一块再次进行 2×2 等分,作为第二层,……,依次类推,到第 N 层时将有 2^{N+1} 个切片数据。因此,从金字塔的顶层到底层,单个切片数据的分辨率将越来越高,但整层表示的地理范围不变。

地图切片金字塔采用四叉树结构的索引方式,存储所有节点信息,在不同的比例下检索和显示不同层次的地图切片数据。每个节点对应一个切片数据,它包括切片的标识号、行列号、层次号和坐标范围。

对任一切片的坐标范围可以通过以下计算得到:

$$TileX_{\min} = X_{\min} + j \frac{X_{\max} - X_{\min}}{2^l}, \tag{1}$$

$$TileY_{\min} = Y_{\min} + i \frac{Y_{\max} - Y_{\min}}{2^l}, \tag{2}$$

$$TileX_{\max} = TileX_{\min} + \frac{X_{\max} - X_{\min}}{2^l}, \tag{3}$$

$$TileY_{\max} = TileY_{\min} + \frac{Y_{\max} - Y_{\min}}{2^l}, \tag{4}$$

式中, (i, j) 为当前切片的行列号, l 为层次号, $(X_{\min}, X_{\max}, Y_{\min}, Y_{\max})$ 为整个地图坐标范围。由于地图数据的范围固定,建立的金字塔索引无需更新,所以索引采用分级顺序进行存储,每一级按标识号顺序存储切片信息,这样可以有效地提高查询效率。

在利用地图切片技术的基础上,再引入基于 C/S 架构的双缓存技术,有效的提高了系统处理效率。由于每个索引项对应的地图切片数据在地图的位置、大小是固定不变的,因此可以利用 Flex 的缓存技术在客户端建立数据缓存,用于存储地图索引文件和切片数据,在下次数据获取时就可以先检索客户端索引文件,对已存储的数据将不再进行请求,直接取出进行渲染,从而有效的提高地图显示的效率。

3 平台设计

3.1 平台体系结构设计

根据系统所涉及的 Argo 数据特点,选择了开源的数据库管理系统 MySQL 进行数据库表结构设计,并通过编程完成批量数据的自动入库工作,同时将系统所用到的基础地理空间数据和地图切片数据以文件系统进行集成。利用 WebGIS 技术将空间数据在 ArcGIS Server 中进行服务发布,通过 Hibernate 对象持久化技术将 Argo 数据库中的数据库表进行 O/R 映射,提高数据访问效率,再通过 J2EE 和 RIA 技术实现对 Argo 数据处理、分析和显示,最终利用 Web 服务器 Tomcat 功能建立 Argo 资料共享与可视化发布平台,以供用户访问。平台体系结构设计如图 3 所示。

3.2 Argo 数据与数据库设计

Argo 数据的常用格式有 NetCDF、ASCII、TESAC 和 BUFR 等几种[5],本平台将这些多源异构的 Argo 数据统一自动入库到 MySQL 数据库中,进行高效的数据访问和处理工作。此外,为了简化业务逻辑层对数据库内数据的操作过程,专心地实现业务逻辑而不用分心于繁琐的数据库方面的逻辑,本平台引入了 Hibernate 对象持久化技术,

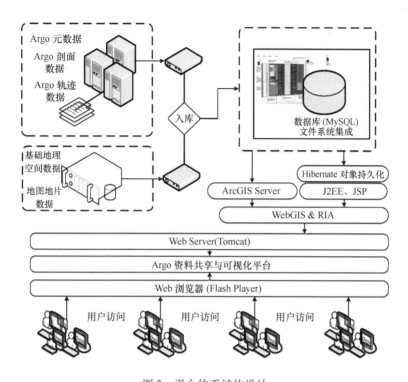

图 3　平台体系结构设计

Fig. 3　Platform architecture design

有效地将 Argo 数据库表与业务对象进行 O/R 映射，提高业务应用性能，并提供更灵活的业务逻辑。其中 Argo 原始数据、数据库表、Java 类映射关系如图 4 所示。

3.3　平台功能组成与模块设计

Argo 资料共享与可视化平台的功能组成与模块设计如图 5 所示，其主要功能具体介绍如下。

3.3.1　数据查询模块

数据查询模块实现对数据库中 Argo 信息的查询，并将查询结果显示在系统底图上。根据查询条件的不同，又可分为基于浮标元信息查询和基于浮标位置信息查询。基于浮标元信息查询是指根据浮标的编号、投放国家、最新日期和投放日期进行查询；基于浮标位置信息的查询则是根据浮标所处的洋区、投放位置和最新位置进行查询。

3.3.2　数据可视化模块

数据可视化模块根据用户的查询条件，获取相应的浮标剖面观测信息和地理空间信息并对其显示，主要包括温盐度曲线（T－S）、温度垂直分布（T－P）和盐度垂直分布（S－P）图的显示，以及浮标漂流轨迹的可视化表达分析。

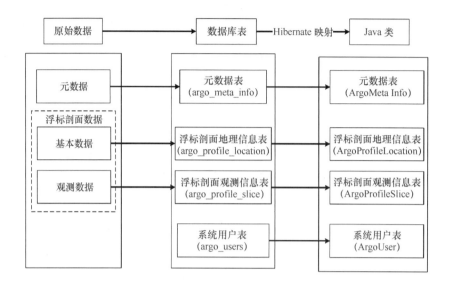

图 4   Argo 数据与数据库运作流程

Fig. 4   The processing flow of Argo data and database

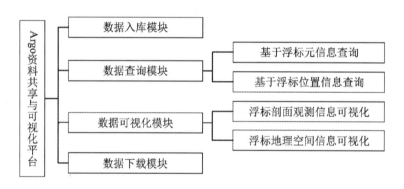

图 5   功能组成与模块设计

Fig. 5   Functional component and module design

4   平台应用实例

基于上面提出的平台架构和技术选择方案，选用了 Windows Server 操作系统作为服务器、MySQL 数据库管理系统为 Argo 数据管理平台，并利用了对象持久化技术 Hibernate 来提高数据访问的效率；再采用基于 RIA 的 WebGIS 体系框架，以 JAVA 和 MXML 作为主要开发语言，完成了 Argo 资料共享与可视化平台的研发。下面将通过几幅图例来简单描述该平台的应用功能。

4.1   Argo 浮标信息查询

用户可以方便地利用 Argo 资料共享与可视化平台对 Argo 浮标信息进行查询。用户可以按照平台的提示信息,根据各自的需求,选择不同的查询条件(如浮标编号、投放国家、最新日期和投放日期等)对自己想要了解的信息进行查询;平台会自动将符合条件的浮标最新位置直观地以图标的形式,显示在平台地理底图上。图 6 给出了该平台上显示的"Argo 浮标信息查询界面"。其中有 4 个满足用户查询条件的浮标位于北印度洋海域,同时在每个图标的下方显示了该浮标的编号。

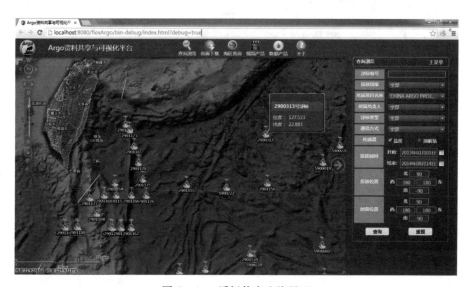

图 6   Argo 浮标信息查询界面

Fig. 6   Argo float information query interface

4.2   Argo 轨迹信息查询

用户还可以通过该平台获得浮标的漂移轨迹信息,可以通过点击查询到的浮标(图标或编号),实现其功能。图 7 给出了该平台上显示的"Argo 轨迹信息查询显示界面",可见一个位于斯里兰卡东南印度洋海域上的 Argo 浮标的漂流轨迹,以及在每个定位点上的时间信息等。

4.3   Argo 剖面资料查询

用户也可以通过该平台进一步了解所查询的某个浮标在某个时间(或剖面)上温、盐度信息,如该剖面上的温盐度曲线(T - S)或温度垂直分布(T - P)和盐度垂直分布(S - P)图等信息。图 8 给出了由该平台显示的"Argo 剖面资料查询显示界面"。图中呈现了上面查询到的其中一个浮标在某个剖面上的温盐度曲线(T - S)。

图 7　Argo 轨迹信息查询显示界面

Fig. 7　Argo trajectory information query and display interface

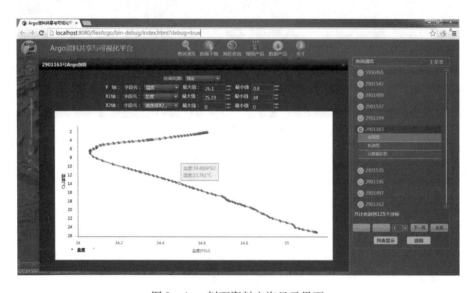

图 8　Argo 剖面资料查询显示界面

Fig. 8　Argo profile data query and display interface

5　结束语

当前 Flex RIA 技术已日渐成熟，将其与 WebGIS 相结合已成为 GIS 领域一个重要的研究方向，本文提出的基于 Flex RIA WebGIS 的 Argo 资料共享与可视化平台的系统架构，实现了 Argo 资料统一入库、查询、分析和 GIS 可视化等功能，不仅有效解决了当前 Argo 资料快速增加和用户实时获取之间的矛盾，而且还有效克服了传统基于 WebGIS 的 Argo 资料共享平台存在的交互性差、响应速度慢等缺陷，为 Argo 资料用户提供了一个更加友好、功能更强的用户界面，并为 WebGIS 的应用和 Argo 资料共享与可视化提供了一种新的解决思路。

参考文献：

[1]　杨朝晖，孙朝辉，吴晓芬. 中国大洋观测网填补深海观测空白[N]. 科技日报，2013 - 07 - 20(001).

[2]　许建平，刘增宏，孙朝辉，等. 全球 Argo 实时海洋观测网全面建成[J]. 海洋技术，2008，27(1)：68 - 70.

[3]　刘仁义，刘南，尹劲峰，等. 全球海洋环境观测数据（Argo）及 ARGOGIS 系统[J]. 自然灾害学报，2004，13(4)：93 - 98.

[4]　王帅，徐从富，陈雅芳. 基于 WebGIS 的 Argo 数据共享服务系统[J]. 海洋科学. 2011，35(3)：32 - 36.

[5]　孙朝辉，刘增宏，滕骏华，等. Argo 数据的网络可视化集成平台开发及其应用[J]. 海洋技术，2006，25(3)：135 - 139.

[6]　宁鹏飞，孙朝晖，刘增宏，等. Argo 网络数据库可视化平台技术及其应用[J]. 海洋技术，2007，26(4)：77 - 82.

[7]　付达杰. 基于 Flex RIA WebGIS 的新农村数字社区管理系统设计与实现[J]. 计算机与现代化，2013(4)：125 - 127.

[8]　张宏，丰江帆，闾国年. 基于 RIA 技术的 WebGIS 研究[J]. 地球信息科学，2007，9(2)：37 - 42.

[9]　陈爽，付凯. Flex 与 ActionScript3 程序开发[M]. 北京：清华大学出版社，2010.

[10]　汪林林，胡德华，王佐成，等. 基于 Flex 的 RIA WebGIS 研究与实现[J]. 计算机应用，2008，28(12)：34 - 37.

Research on Argo data sharing and visualization platform based on Flex RIA WebGIS

WU Sensen[1,2], ZHANG Feng[1,2], DU Zhenhong[1,2], LIU Renyi[1,2]

1. *Zhejiang Provincial Key Laboratory of GIS, Zhejiang University, Hangzhou 310028, China*

2. *Institute of GIS, Zhejiang University, Hangzhou 310028, China*

Abstract: Argo data has become the most important data source for the marine environment and climate change research. Since the global Argo real-time ocean observing network has been completed in 2007, the quantity of Argo profile data provided annually has increased rapidly. However, faced with the expanding coverage of observing network, the fast increasing observing elements and rising profile data size, how to effectively organize, access and use Argo data on real-time has become the key issue of Argo data sharing. Based on the temporal and spatial characteristics and the information service requirements of Argo data, this paper firstly designed a data organization model suitable for the integrated management of multi-source heterogeneous Argo data and proposed an Argo data sharing platform construction solution based on Flex RIA WebGIS. After that, this paper introduced the multi-source data organization, map tile technology with double buffering and other key technologies, and gave an "Argo data sharing and visualization platform" instance implementing the querying and display of Argo metadata, profile data, trajectory information and so on. The result shows that the platform not only puts forward a new way to promote the use of Flex RIA WebGIS, but also provides a more user-friendly and powerful user interface.

Key words: Argo data; Flex RIA WebGIS; multi-source heterogeneous; data sharing; visualization platform